वेध
पर्यावरणाचा

निरंजन घाटे

मेहता पब्लिशिंग हाऊस

VEDHA PARYAVARNACHA by NIRANJAN GHATE

वेध पर्यावरणाचा : निरंजन घाटे / विज्ञानविषयक

Email : author@mehtapublishinghouse.com

© निरंजन घाटे

प्रकाशक   : सुनील अनिल मेहता, मेहता पब्लिशिंग हाऊस,
           १९४१, सदाशिव पेठ, माडीवाले कॉलनी, पुणे – ४११०३०.

प्रथमावृत्ती : एप्रिल, २००१ / जानेवारी, २००५ /
           डिसेंबर, २००८ / सुधारित आवृत्ती : एप्रिल, २०१७

मुखपृष्ठ   : मेहता पब्लिशिंग हाऊस

P Book ISBN 9788177661767
E Book ISBN 9789386454720

E Books available on : play.google.com/store/books
                        www.amazon.in

मला लिहिण्यासाठी सतत टोचणी लावणाऱ्या
अनिल मेहतांना–

मनोगत

एखादे पुस्तक लिहितांना अनेक संदर्भ बघावे लागतात पण विज्ञान कादंबरी आणि विज्ञान कथा वाचून एखादं पुस्तक लिहावंसं वाटणं, हे आता मला जरा कौतुकाचंच वाटतं. यापूर्वीही मी लिहिलेल्या पर्यावरण विषयक लेखांचे संग्रह निघाले. त्यांच्या आवृत्त्याही झाल्या पण वसुंधरा, विज्ञानाचं शतक, उत्क्रांती लिहिल्यावर पर्यावरणावर एक ग्रंथ लिहायला हवा असं मला वाटलं ते दोन-तीन पुस्तकांमुळे यात थॉमस एम. डिशनं संपादित केलेला 'द रुईन्स ऑफ अर्थ' हा विज्ञानकथा संग्रह, ट्रेव्हर हॉईलची 'द लास्ट गास्प' ही कांदबरी; आणि 'ईव्हन द बर्ड्स आर कफिंग' हे प्रदूषणांवरच्या व्यंग चित्राचं पुस्तक.

ह्या तीन पुस्तकांनी खरं तर मला पर्यावरणाच्या हानीमुळं ओढवणाऱ्या महासंकटांची जाणीव करून दिली असं म्हटलं तर वावगं ठरू नये. याच सुमारास मी नववीच्या विद्यार्थ्यांसाठी म. फुले वस्तुसंग्रहालयात विज्ञान वर्ग आयोजित करीत असे. त्या विद्यार्थ्यांमध्ये पर्यावरण विषयक जागृती होती, तेवढी मोठ्या माणसांमध्येही नव्हती, असं दिसून येत होतं. तेव्हा नुकताच उत्क्रांतीसंबंधीचं लेखन हातावेगळं केलं होतं. नव्या प्रकल्पासाठी पर्यावरण हा विषय निवडला. अॅटनबरोच्या व्हिडिओफिती, नॅशनल जिऑग्रॉफीच्या व्हिडिओफिती पाहात होतो. मग माझ्या मुलांना आणि जमणाऱ्या विद्यार्थ्यांना मराठीतून त्यांचं सार सांगत होतो. पण राहून राहून मराठीत पर्यावरण आणि परिस्थितीकीवर एखादं मोठं पुस्तक लिहावं, असं वाटत होतं. एक एक प्रकरण लिहिता लिहिता मध्येच या पुस्तकाला विश्रांती घ्यावी लागली. 'एकविसावं शतक' या पुस्तकानं मधली दोन वर्ष खाल्ली. १९९१ ते ९४ आणि मग ९६-९७ या वर्षात नवनवे संदर्भ हाती आले. क्योटो परिषदेमध्ये बरीच चर्चा झाली आणि अमेरिकेनंच त्या संमती पत्रावर सही करायला नकार दिला.

दरम्यानच्या काळात ओझोन विवरही गाजलं. यामुळे ओझोनवर जरा जास्त भर घ्यावा लागला. पर्यावरणावर समग्र माहिती देणारा ग्रंथ लिहिणे म्हणजे मारुतीच्या

शेपटास चिंध्या गुंडाळण्याचा उद्योग आहे. कुठंतरी थांबायला हे हवंच. शिवाय पुस्तकाचं अर्थकारणही असतं. ते लक्षात ठेवून मग हात आवरता घेतला. शक्यतो मी प्रकाशकांचे आभार मानत नाही पण अनिल मेहता यांनी मला मोठमोठी पुस्तकं लिहिताना जे प्रोत्साहन दिलंय ते नमूद करणं मी माझं कर्तव्य समजतो. शिवाय अनिल मेहता आता माझे प्रकाशक नाहीत, ते काम आता सुनीलवर आलेलं आहे त्यामुळे अनिल मेहतांच्या प्रोत्साहनाचा मी विशेष उल्लेख करतो आणि हे पुस्तक त्यांनाच अर्पण करतो.

या सुधारित आवृत्तीत जे लेख घेतले आहेत, त्यासाठी इ.स. २००० ते २०१५ या काळात प्रसिद्ध झालेल्या 'द अर्थ', 'द ट्वेंटी फर्स्ट सेंच्युरी' आदी मासिकातील लेखांचा आधार घेतला आहे.

निरंजन घाटे

अनुक्रमणिका

आपले पूर्वज आणि पृथ्वीचे वातावरण

आजकाल ज्या ज्या वेळी हवामानबदलाची चर्चा होते, त्या त्या वेळी सर्वप्रथम १९व्या शतकातील औद्योगिक क्रांतीला दोष देण्यात येतो. दगडी कोळशाचा मोठ्या प्रमाणात इंधन म्हणून वापर सुरू झाला आणि औद्योगिक समूहांनी वातावरणामध्ये कार्बन-डाय-ऑक्साइड आणि इतर वायू हवेत सोडायला सुरुवात केली. ही हरितगृह परिणामाची सुरुवात मानण्यात येते. पुढे पेट्रोल व डिझेलवर चालणाऱ्या वाहनांनी यात भर घातली. हे आपण पाठ्यपुस्तकातून, वृत्तपत्रांतून वाचतो आणि इतर माध्यमे सातत्याने हेच आपल्याला सांगत असतात. आपणही हे म्हणणे सहज स्वीकारतो.

पण अलीकडच्या संशोधनावर विश्वास ठेवायचा तर आपल्या पूर्वजांनी पहिली शेती केली, त्या दिवशीच आपण वातावरण बिघडवायला सुरुवात केली. सुमारे आठ हजार वर्षांपूर्वी वातावरणातील कार्बन-डाय-ऑक्साइडचे प्रमाण हळूहळू वाढावयास सुरुवात झाली, असे नवे पुरावे हाती आले आहेत. नैसर्गिक कालगतीनुसार खरे तर या काळात कार्बन-डाय-ऑक्साइडचे प्रमाण कमी व्हायला हवे होते; पण त्याउलट ते वाढले.

यानंतर तीन हजार वर्षांनी पुन्हा असाच प्रकार घडला होता. मात्र या वेळी वातावरणातील मिथेनचे प्रमाण वाढले होते. याचा परिणाम दूरगामी ठरला. जर ही वाढ झाली नसती तर आजही उत्तर अमेरिका, युरोप आणि उत्तर आशियाचा बराच मोठा भाग आज आहे त्यापेक्षा सरासरीने ३ अंश ते ५ अंश सेल्सियसने थंड असता. तसे झाले असते तर या भागात शेती करणे अवघड झाले असते. या शिवाय कॅनडातले छोटे हिमयुग यापूर्वी हजारो वर्षे आधीच सुरू झाले असते. (छोटे हिमयुग म्हणजे डोंगरमाथ्यावर बर्फाचे आवरण तयार होते.) त्याऐवजी गेल्या हजार वर्षांमध्ये पृथ्वीचे सरासरी तापमान हे उबदार आणि स्थिर राहिलेले आहे.

विसाव्या शतकाच्या उत्तरार्धापर्यंत हा प्रकार शास्त्रज्ञांच्या लक्षात आलेला नव्हता. विल्यम एफ. रुडिमान हे प्राचीन वातावरणाचा अभ्यास करीत होते. सर्वसाधारणपणे वातावरणातील बदल हे चाकोरीबद्ध असतात. त्यानुसार जसे बदल घडत गेले ते बघताना रुडिमान याच्या लक्षात, ही चाकोरी सोडून आठ हजार वर्षांपूर्वीचे वातावरण बदलल्याचे लक्षात आले. हे विल्यम रुडिमान भूशास्त्रज्ञ असून, व्हर्जिनिया विद्यापीठात पर्यावरण शास्त्राचे प्रोफेसर ॲमेरिटस म्हणून नियुक्त झाले आहेत. १९९३ ते ९६ या काळात प्रा. रुडिमान हे व्हर्जिनिया विद्यापीठाच्या पर्यावरण विभागाचे प्रमुख होते. शिक्षण क्षेत्रात शिरण्याआधी त्यांनी सागरी अवसादनांवर डॉक्टरेट केली. नंतर ते अमेरिकी नौदलाच्या सागर संशोधन विभागात शास्त्रज्ञ म्हणून कार्यरत होते. त्यानंतर जगद्विख्यात लामाँट-डोहर्टी अर्थ ऑब्झर्वेटरीमध्ये वरिष्ठ संशोधक म्हणून त्यांनी काम केले आणि १९९१ मध्ये ते व्हर्जिनिया विद्यापीठात प्राध्यापक म्हणून रुजू झाले.

जेव्हा वातावरणातील बदलांचे चक्र खंडित झाल्याचे त्यांच्या लक्षात आले, तेव्हा नेहमीचे बदलाचे चक्र थांबण्यासाठी कोणते कारण घडले असावे, याचा शोध घेण्यास त्यांनी सुरुवात केली. त्या अभ्यासाचा निष्कर्ष म्हणजे मानवी शेतीचा हा परिणाम आहे, असा होता. तेव्हापासून औद्योगिक क्रांतीपर्यंत मानवी शेती संबंधित व्यवहारांनी सातत्याने पृथ्वीच्या वातावरणामध्ये कार्बन-डाय-ऑक्साइड आणि मिथेन या वायूची भरच घातली आहे. त्यानंतर आधुनिक तंत्रज्ञानाच्या प्रगतीनं या वाढीचा वेग जास्त केला, एवढेच.

रुडिमन यांना त्यांचे म्हणणे वादग्रस्त आणि चाकोरीबाहेरचे असल्यामुळे सनसनाटी आहे, याची कल्पना आहे. काही पर्यावरणतज्ज्ञांनी त्यांचे म्हणणे उचलून धरले आहे तर काहींनी त्यांच्या म्हणण्यास कडवा विरोध केलेला आहे. साधारणपणे कुठल्याही नव्या विचाराच्या किंवा नव्या कल्पनेच्या बाबतीत जे घडते, त्याला ही वर्तणूक अपवाद मात्र नाही.

१९७० नंतरच्या दशकामध्ये जे संशोधन झाले, त्यानुसार पृथ्वीच्या सूर्याभोवतीच्या भ्रमणमार्गांत तीन वेळा अपेक्षित बदल झाले. त्यामुळे पृथ्वीच्या जलवायुमानावर (क्लायमेट) कोट्यवधी वर्षे टिकून राहतील असे परिणाम झाले, हे शास्त्रज्ञांना माहीत झाले.

या बदलांमुळे पृथ्वीच्या विविध भागांमध्ये पोचणाऱ्या सौर प्रारणांच्या प्रमाणात सुमारे १० टक्के कमी-जास्त असा फरक पडतो. गेल्या तीस लक्ष वर्षांमध्ये सूर्यप्रकाशाच्या प्रमाणात झालेल्या बदलामुळे हिमयुगांची एक शृंखलाच पृथ्वीवर अवतरली. सूर्यप्रकाश पृथ्वीवर पोहोचण्यातले हे बदल सूर्याभोवती पृथ्वी प्रदक्षिणेच्या कक्षेतील बदलांमुळे घडून येतात. हे बदल लक्ष, तसेच ४१ हजार आणि २२ हजार वर्षांनी घडतात. यामुळे पृथ्वीच्या उत्तर गोलार्धांत जी हिमयुगे अवतरली, त्या प्रत्येक दोन हिमयुगाच्या

दरम्यान काही अल्पकाळ उबदार असे जलवायुमान पृथ्वीवर होते. दोन हिमयुगांच्या दरम्यान असलेल्या उबदार काळाला आंतरहिमयुगीन काळ असे म्हणतात.

मानव कपिंपासून वेगळा होऊन उत्क्रांत होत होता. त्या प्रदीर्घ काळात- हा काळ काही कोटी वर्षांचा आहे- अनेक हिमयुगे आली आणि गेली. अगदी अलीकडच्या काळातले हिमयुग संपले तेव्हा त्याआधी १ लाख वर्षे ज्या भूभागावर प्रचंड मोठ्या प्रमाणावर बर्फ साठले होते, तो भाग हळूहळू हिममुक्त झाला. सुमारे दहा हजार वर्षांपूर्वी हिमयुगात बर्फाच्छदित असलेला जवळ जवळ सर्वच भूभाग हिममुक्त झाला होता. या हिममुक्त काळाच्या आगमनाबरोबर मानवी संस्कृती बहरली. लेखनकलेचा शोध लागला. त्याचबरोबर धर्मही उदयास आले. बहुतेक सर्व शास्त्रज्ञ या उबदार काळाला सांस्कृतिक उदयकाळ मानतात आणि त्याचे श्रेय नैसर्गिक चक्राला देतात, पण रुडिमान यांना हा उबदार काळ पूर्णपणे नैसर्गिक होता, असे वाटत नाही.

अलीकडच्या काळात अंटार्क्टिकात आणि ग्रीनलँडमध्ये असलेल्या हिमथरांमध्ये जे संशोधन झाले, त्यात इथल्या हिमाचे क्रोड काढून त्यांचा अभ्यास करण्यात आला. त्यातून पृथ्वीच्या प्रागैतिहासिक आणि त्याही आधीच्या काळातील जलवायुमानाचा अंदाज शास्त्रज्ञांना घेता आला. त्या अभ्यासात पृथ्वीच्या प्रागैतिहासिक काळातले हरितगृह परिणाम घडवून आणणाऱ्या वायूंचे वातावरणातील एकूण प्रमाण किती असावे, याचीही माहिती वातावरणतज्ज्ञांच्या हाती आली.

अंटार्क्टिकातील व्हस्तोक स्थानकावरील तीन किलोमीटर लांबीच्या (खोलीच्या) हिम क्रोडामध्ये प्राचीन काळातील हवेचे बुडबुडे कोंडले गेले होते. त्यांच्या अभ्यासावरून त्या काळातील वातावरणात कोणते वायू किती प्रमाणात असावेत, हे कळू शकले. यावरून गेल्या ४ लाख वर्षांमध्ये वातावरणातील मिथेन आणि कार्बन-डाय-ऑक्साइड वायूचे प्रमाण विशिष्ट प्रमाणात कायम कमी-जास्त होत होते; त्यात एक तालबद्धता होती, असे दिसून आले. ही तालबद्धता सौर प्रारणांच्या तीव्रतेवर आणि हिमतक्त्याच्या एकूण आकारमानावर अवलंबून होती, हे नंतरच्या अभ्यासातून दिसून आले.

आपली पृथ्वी ही स्वतःभोवती फिरताना अक्षाभोवती एकाच परिघात फिरत नाही तर डगमगते. भोवऱ्याची गती कमी झाल्यावर तो जसा कलतो आणि फिरतो तसे हे पृथ्वीचे डगमगणे असते. यामुळे पृथ्वीचा उत्तर गोलार्ध काही काळ सूर्याला जवळ येतो तर काही काळ लांब जातो. ज्या वेळी उत्तरी भूखंडे अशा प्रकारे सूर्यसापेक्ष झुकलेली असतात, त्या वेळी वातावरणामध्ये मिथेन वायू वाढतो.

दलदलीच्या भूप्रदेशातील वनस्पतीजन्य पदार्थांच्या कुजण्यामुळेही मिथेनवाढ घडून येते. दलदलीच्या भूप्रदेशातील वनस्पती उन्हाळ्यात फोफावतात, मग

मरतात आणि ओलसर भूमीत आणि दलदलीत त्याचे विघटन व्हायला सुरुवात होते. जेव्हा उन्हाळा सरासरीपेक्षा जास्त उष्ण आणि जास्त काळ टिकणारा असतो तेव्हा दक्षिण आणि आग्नेय आशियात हिंदी महासागरातून जास्त ओलावा हवेत येतो. यामुळे मौसमी पावसाचे प्रमाण वाढते. एरवी कोरडे असणाऱ्या भूप्रदेशातही यामुळे ओलावा वाढतो.

तिकडे उत्तर आशिया आणि युरोपमध्ये उन्हाळ्याची तीव्रता वाढल्यामुळे तिथल्या गोठलेल्या दलदलीत ओलावा वाढतो. चिखलातल्या बर्फाचे पाणी होते; आणि ते बराच काळ टिकते. या दोन्ही घटनांमुळे दर २२००० वर्षांनंतर वनस्पतींची अतिरिक्त वाढ, त्या कुजणे, त्यामुळे वातावरणातले मिथेनचे प्रमाण वाढणे, या गोष्टी घडत असतात.

ज्या वेळी पृथ्वीचा उत्तर भाग सूर्यापासून दूर जातो, तेव्हा मिथेन वाढ हळूहळू कमी कमी होत जाते. ११००० वर्षांनंतर ती नीचांकी असते; कारण त्या काळात पृथ्वीच्या उत्तर भागावर उन्हे कमी प्रमाणात पडतात.

ज्या वेळी रुडिमान यांनी व्हस्तोकच्या हिमक्रोडांचा अभ्यास केला, तेव्हा गेल्या दहा-पंधरा हजार वर्षांतील नोंदींनी त्यांचे लक्ष वेधून घेतले. ११ हजार वर्षांपूर्वी जेव्हा सध्याचा आंतर हिमयुगीन काल सुरू झाला (इंटर ग्लेशियल पीरियड), त्या वेळी वातावरणातील मिथेनचे प्रमाण यापूर्वींच्या चक्राशी सुसंगत होते. हळूहळू जसा उन्हाळा ढळू लागला, तेव्हा ते दर अब्ज भागात शंभर एवढे कमी झाले.

जर हे प्रमाण पूर्वींच्या चक्राशी सुसंगत असते, तर ते आणखी काही काळामध्ये दर अब्ज कणात ४५० मिथेनचे कण एवढे कमी व्हायला हवे होते. त्याऐवजी सुमारे ५ हजार वर्षांपूर्वी हा कल उलटा झाला आणि मिथेनचे प्रमाण परत दर अब्जास ७००च्या जवळपास गेले. थोडक्यात म्हणजे, जेव्हा मिथेनचे प्रमाण कमी व्हायला हवे होते, त्या वेळी ते कमी न होता चक्क वाढलेले होते. ते जेवढे असायला हवे त्यापेक्षा दर अब्जास २५० कणांनी जास्त होते.

मिथेनप्रमाणेच कार्बन-डाय-ऑक्साइडही गेल्या काही हजार वर्षांमध्ये असाच अपवादात्मक वाढल्याचे दिसून येत होते. दोन आंतर हिमयुगीन काळात सर्व हिमनद्या आणि हिमारवरण पूर्णपणे मागे हटण्यापूर्वींच कार्बन-डाय-ऑक्साइड वायू त्याची वातावरणामधील कमाल पातळी गाठीत असे. साधारणपणे दर दहा लाख कणांत २७५ ते ३०० कार्बन-डाय-ऑक्साइडचे रेणू ही या वायूची कमाल पातळी मानली जाते. ही कमाल पातळी गाठली गेली की, कार्बन-डाय-ऑक्साइडची पातळी हळूहळू कमी होऊ लागते. साधारणपणे पुढची पंधरा हजार वर्षे ही पातळी सरासरीने दर दहा लाखांत २४५ कण या पातळीवर स्थिरावते.

सुमारे दहा हजार पाचशे वर्षांपूर्वी कार्बन-डाय-ऑक्साइडने त्याची कमाल

पातळी गाठली. नंतर अपेक्षेप्रमाणे त्याचे प्रमाण कमी कमी होऊ लागले. हे कमी कमी होणारे प्रमाण आजमितीस कमी कमी होत नीचांकी पातळीवर यायला हवे होते. त्याऐवजी सुमारे ८००० वर्षांपूर्वी याउलट ते परत वाढू लागले. त्याची पातळी दरदशलक्षास ४० कणांनी वाढली होती.

याचे स्पष्टीकरण देताना इतर शास्त्रज्ञांनी जलवायुमानावर परिणाम करणाऱ्या इतर घटकांना यासाठी जबाबदार धरले. उत्तर ध्रुवीय प्रदेशातील दलदलींच्या क्षेत्रफळातील वाढ ही मिथेन वायुवाढीसाठी तर भूखंडावरील जंगले कमी झाली हे कारण कार्बन-डाय-ऑक्साइड वाढीसाठी जबाबदार धरले गेले. त्याचबरोबर सागरांच्या रासायनिक घटकांमधील बदलही या दोहोंसाठी कारणीभूत असल्याचे म्हटले गेले.

पण रुडिमनना हे पटत नव्हते, याचं कारण याआधीच्या चार आंतरहिमयुगीन काळातही सगळे घटक असेच असून, हरितगृह परिणाम करणाऱ्या वायूत या वेळेसारखी वाढ झालेली नव्हती. उत्तरी भूखंडातील हिमतक्ते वितळले होते. त्यामुळे उघड्या पडलेल्या जमिनीवर अरण्ये वाढली होती. बर्फ वितळल्यामुळे बरेच पाणी सागरात गेले होते. त्यामुळे सागराची पातळी वाढलेली होती. पृथ्वीकडे येणारी सौर प्रारणे वाढली होती; नंतर ती कमीही झाली होतीच.

या सर्व गोष्टींचा विचार करत, याच आंतर हिमयुगीन काळामध्ये हरितगृह परिणामकारक वायूंचे वातावरणातील प्रमाण का वाढावे, या प्रश्नाचे पटेलसे स्पष्टीकरण कुणीच देत नव्हते. यामुळेच या बदलासाठी एकदा नवा घटक कोणता असावा, याबाबत त्यांनी पुरावे गोळा करायचा प्रयत्न केला, तेव्हा हा नवा घटक नैसर्गिक नसून मानवी असायला हवा, असे त्यांना वाटू लागले. हा नवा घटक म्हणजे शेती हेही सहज कळण्यासारखे होते.

शेतीबाबतच्या तारीखवार पुराव्यांची उपलब्धता नसली तरी शेतीच्या बाबतीत कुठे काय घडले याची कालक्रमाने माहिती उपलब्ध आहे. सुमारे १८ हजार वर्षांपूर्वी विशिष्ट वेळी नदीकाठी गवताचे बी पेरले तर पुन्हा गवत उगवते आणि त्याच्या खाद्योपयोगी बिया सहज उपलब्ध होतात, हे आपल्या पूर्वजांच्या लक्षात आले. मात्र याचे पद्धतशीर शेतीमध्ये रूपांतर व्हायला आणखी सहा-सात हजार वर्षे जावी लागली.

सुमारे ११ हजार वर्षांपूर्वी मध्यपूर्व आणि उत्तर चीनमध्ये पद्धतशीरपणे शेती केल्याचे पुरावे उपलब्ध झाले आहेत. त्याच काळाच्या आसपास मेसोपोटेमिया आणि नंतर उत्तर भारतात शेती सुरू झाली असावी, असाही अंदाज आहे. अमेरिका खंडात मात्र शेती खूपच उशिरा सुरू झाली.

सुमारे तीन हजार वर्षांपूर्वी आज जी पिके घेतली जातात ती कुठे ना कुठे पृथ्वीवर घेतली जात होती. दोन हजार वर्षांपूर्वी संकराने पिकांमध्ये सुधारणा करता येते, याची बहुतेक शेतीप्रधान संस्कृतीमधील शेतकऱ्यांना कल्पना येऊ लागलेली होती.

शेती उद्योगातील बऱ्याच घटकांमुळे मिथेन वायूची निर्मिती होते. दलदलीच्या भूप्रदेशात ज्या कारणाने मिथेन वायू निर्माण होतो, तेच कारण यासाठीही लागू पडते. कुजणाऱ्या वनस्पती हे ते कारण आहे. शिवाय पाळीव प्राण्यांचे विष्ठाविसर्जन हे आणखी एक कारण यात गृहीत धरावे लागते.

या सर्व घटकांमुळे जसजशी मानवी लोकसंख्या वाढू लागली, तसतसे मिथेनचे वातावरणातील प्रमाण वाढू लागले. या सर्वांत महत्त्वाचा आणि प्रभावी असा एक घटक म्हणजे सुमारे पाच हजार वर्षांपूर्वी दक्षिण आणि आग्नेय आशियामध्ये सुरू झालेली भातशेती, हा होय, असे रुडिमनना वाटते.

सुमारे आठ हजार वर्षांपूर्वी युरोपमध्ये उत्तर अश्मयुगात मानवाने शेतीसाठी वने कापायला सुरुवात केली. तिथे मोकळ्या केलेल्या जागेत गहू, बार्ली, घेवडा आणि इतर शेंगभाज्या तसेच खाद्यान्न देणाऱ्या वनस्पतींची लागवड करायला सुरुवात केली.

५००० वर्षांपूर्वी आशियात भाताची लागवड सुरू झाली. भाताला ओलावायुक्त जमीन मिळावी यासाठी नदीचे पात्र वळविण्यासारखे उद्योग आधी चीनमध्ये ५ हजार वर्षांपूर्वी सुरू झाले. त्या काळात आशियात बहुतेक नद्यांच्या पूर क्षेत्रात भाताची लागवड सुरू झाली होती. त्यासाठी नद्यांची पात्रे वळविण्याचे उद्योग, बंधारे घालून पाणी वळवणे, कालवे खोदणे यांचीही सुरुवात झाली. त्याचबरोबर वातावरणातील मिथेनचे प्रमाणही वाढत गेले. भातशेती आणि मिथेनचे प्रमाण याची वाढ हातात घालून झाला, असे पुरावेही उपलब्ध आहेत.

गंगेचा दुआब, ब्रह्मपुत्रेचा भारत-बांगलादेशातील त्रिभुज प्रदेश, इंडोनेशिया यात सुमारे तीन हजार वर्षांपूर्वी मोठ्या प्रमाणात भातशेती होऊ लागली होती. इसवीसनाच्या पहिल्या सहस्रकांत अग्नेय आशियातील आणि भारतातील डोंगरउतारांवर पायऱ्या पायऱ्या करून भातशेती केली जाऊ लागली.

या पाच हजार वर्षांत नक्की किती जमीन शेतीखाली आली आणि त्यामुळे किती जास्त प्रमाणात मिथेन वायू हवेत मिसळला, हे सांगणारे पुरावे आज उपलब्ध नाहीत. पुरातत्त्व शास्त्रातले बरेच पुरावे अपघाताने उघडकीस येतात. तसे घडले तर यावर अधिक प्रकाश पडेल. शिवाय आधुनिक तंत्रज्ञानाच्या प्रगतीमुळे आणि नव्या अधिक कार्यक्षम प्रणाली असलेल्या बृहद्संगणकावरील सादृशीकरणामुळे कदाचित गेल्या पाच हजार वर्षांतील शेतीचा यथातथ्य इतिहास आपल्यापुढे उलगडेल. त्यामुळे मानवाने हिमयुग थोपवले का, हे स्पष्ट होऊ शकेल. एकाच भूमीवर सातत्याने शेती केली गेली आहे. त्यामुळेच खरे तर हे पुरावे नष्ट झाले असले तरी कुठे ना कुठे असे पुरावे उपलब्ध होतील आणि या प्रश्नावर प्रकाश पडेल, अशी आशा आहे.

पाश्चात्त्य पर्यावरणवादाची सुरुवात

सध्या पर्यावरण हा परवलीचा शब्द बनला आहे. मानवी आर्थिक लोभामुळे पर्यावरणाचा नाश हा विषय तसा नवा नाही; पण औद्योगिकीकरणानंतर त्याला जे भयानक स्वरूप प्राप्त झालं ते मात्र मानवाच्या दृष्टीनेही धक्कादायक ठरलं. त्यातच वैद्यकीय प्रगतीमुळं, इतर प्राण्यांची आणि पर्यावरणाची हानी करणाऱ्या मानवाची लोकसंख्या झपाट्यानं वाढली. या वाढत्या लोकसंख्येला अन्न हवं म्हणून शेतीच्या क्षेत्राचा विस्तार झाला. त्यामुळं जंगलांचा नाश झाला. पाण्यासाठी धरणं बांधली गेली. त्याचाही निसर्गावर परिणाम झालाच.

आपल्याकडे अशोकापासून शिवाजी महाराजापर्यंत अनेक सम्राटांनी निसर्गसंरक्षण महत्त्वाचं मानलेलं दिसून येतं. पाश्चात्त्यांमध्ये एवढी मोठी परंपरा नाही. गौरवर्णी अमेरिकेचा इतिहास पाचशे वर्षांचा. त्यातही ही मंडळी अमेरिकेत मुळात गेली ती लूट करायला आणि सधन बनायला. तरीही इंग्लंड अमेरिकेत अनाघ्रात निसर्गाचे संरक्षण करण्याचे काही प्रयत्न झाले. पण खऱ्या अर्थानं निसर्ग संरक्षण हे गेल्या दोनशे वर्षांमध्येच उदयास आलं असं म्हणायला हवं.

युरोपातले लोक वसाहती स्थापायला म्हणून बाहेर पडले आणि त्यांनी विषुववृत्तीय पर्जन्यारण्ये बघितली तेव्हा ते थक्क झाले यात शंका नाही. अशी दाट झाडी, इतके चित्रविचित्र प्राणी आणि पक्षी, त्यांनी प्रथमच बघितले होते. यामुळे काही लोक भारावून गेले. त्यांच्या निसर्गप्रेमास भरती आली तर व्यापारी वृत्तीच्या लोकांना तिथं अमाप पैसा दिसला. या दोन्ही वृत्तींच्या माणसांमध्ये जे झगडे झाले त्यातून अठराव्या शतकाच्या उत्तरार्धात हळुहळू पर्यावरणवादाची– ज्याला इंग्रजीत 'एन्व्हायरॉनमेंटॅलिझम्' म्हणतात– त्याची सुरुवात झाली.

पहिल्या पाश्चात्त्य दर्यावर्दी लोकांनी विषुववृत्तीय बेटांची आणि त्या भागातील

भूमीची जी वर्णनं केली; त्यामुळे पाश्चात्त्यांच्या कल्पनेत त्या ठिकाणी 'भूतलावरील स्वर्ग' अवतरलाय अशी या भूभागांची प्रतिमा तयार झाली होती. हाँते ॲलेघेरीनं त्याच्या 'डिव्हाईन कॉमेडी' या गाजलेल्या साहित्यकृतीमध्ये पृथ्वीवरला स्वर्ग दक्षिणी सागरात वसल्याचं चित्रित केलं होतं. पंधराव्या नि सोळाव्या शतकामध्ये ख्रिस्तोफर कोलंबस, फर्डिनांड मॅगेलान आणि इतर प्रवाशांच्या प्रवासवर्णनांवरून अशा बेटांची सत्यता पाश्चात्त्यांपर्यंत पोहोचली. या मागोमागच युरोपी व्यापाऱ्यांची जहाजं दूरदूर प्रवास करू लागली. व्यापाऱ्यांना– मग ते कुठलेही असोत– एखाद्या गोष्टीचा पैसा कसा करावा, हेच सर्व प्रथम सुचतं. सौंदर्यदृष्टी, निसर्ग संतुलन असल्या कल्पनांशी ते दूरान्वयानेही स्वत:चा संबंध येऊ देत नाहीत.

सतराव्या शतकातल्या निसर्ग शास्त्रज्ञांना ही गोष्ट सर्व प्रथम जाणवली. आशिया आणि विषुववृत्तीय बेटांवर तसंच अमेरिकेत वसाहती वाढणं म्हणजे निसर्गाच्या सत्यानाशास आमंत्रण हे समीकरण या निसर्गशास्त्रज्ञांनी आणि तत्त्ववेत्त्यांनी जाणलं. शेती, लाकडासाठी जंगलतोड, खनिजांसाठी उत्खनन, आदिवासींना दारूचं व्यसन लावून ख्रिश्चन बनवणं, आक्रमक आदिवासींना तत्कालीन बंदुकींसारखी आधुनिक हत्यारं आणि दारूगोळा पुरवणं, तसंच प्राण्यांची अनिर्बंध शिकार करणं, यांच्या सहाय्यानं वसाहतींमध्ये गोऱ्यांनी धुमाकूळ घातला. फ्रेंच, डच, आणि ब्रिटिशांच्या ईस्टइंडिज व ऑस्ट्रेलियातींचं वसाहतींच्या या वागणुकीचं चित्रण तत्कालिन चित्रकारांनी केलं.

इ.स. १६७७ मध्ये मॉरिशस बेटावरील एबनी वृक्षांच्या अरण्याची लांडगेतोड एका अज्ञात चित्रकारानं आपल्या कुंचल्यानं चित्रित केली. त्याचा परिणाम म्हणजे ब्रिटिश निसर्गप्रेमींना भांडवलशाही वसाहतवादाची काळी बाजू लक्षात आली. या काळात इंग्लंडमध्ये विज्ञानाला बरे दिवस आले होते. वैज्ञानिकांना राजदरबारी मान मिळू लागला होता. नवनव्या वसाहतीतील वनस्पती, प्राणी आणि खनिजांचा अभ्यास करून वैज्ञानिक मानमान्यता मिळवत होते. वेगवेगळ्या वैज्ञानिक विद्वत्सभांना राजमान्यता आणि शाही खजिन्यातून आर्थिक मदत मिळू लागली होती. हे वैज्ञानिक राजाला वेगवेगळ्या विषयांबाबत सल्ला देत असत. त्याचबरोबर ब्रिटिश व्यापारी आणि शिकारी जहाजांवरही वैज्ञानिक असायचे. यातले बरेचसे वैज्ञानिक डॉक्टर किंवा शाही वनस्पती उद्यानातून प्रशिक्षण घेतलेले वनस्पती शास्त्रज्ञ असत.

ईस्ट इंडिया कंपनीच्या धोरणात वैज्ञानिकांची नेमणूक हा महत्त्वाचा भाग होता. हेंड्रिक बी. ओल्डनलंड हा एक डच कंपनीचा वैज्ञानिक. त्याची कामं कोणती? वनस्पती उद्यानाचा परिरक्षक, डॉक्टर, नगर अभियंता आणि रस्ते, बांध व पूल बांधकाम विभागप्रमुख म्हणून तो दक्षिण आफ्रिकेत केप ऑफ गुड होप जवळच्या वसाहतीत रुजू झाला होता.

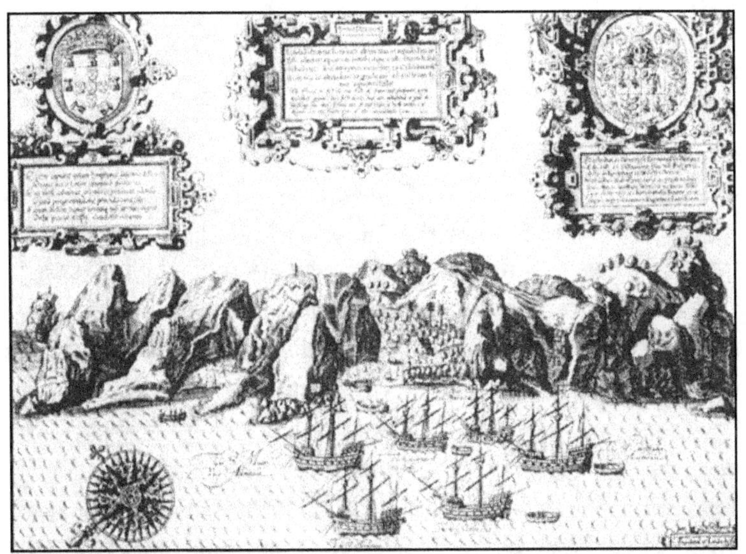

जसजसा या व्यापारी संस्थांचा विस्तार झाला तसतशी वैज्ञानिकांची संख्या वाढली. इ.स. १८३८ पर्यंत ब्रिटिश ईस्ट इंडिया कंपनीच्या पदरी आठशेहून अधिक सर्जन नोकरीला होते. भारत आणि ईस्ट इंडियामध्ये हे वेगवेगळ्या ठिकाणी राहून वैद्यकीय मदतीबरोबरच तिथल्या वनस्पती आणि प्राणीसृष्टीचा अभ्यास करीत, शिवाय खाणकाम कुठं करावं किंवा अजिबात करू नये या बाबत कंपनीस सल्ला देत.

एकविसाव्या शतकामध्ये सर्व वसाहतींमध्ये वैज्ञानिक संस्थांची आणि शास्त्रसभांची स्थापना करण्यात आली. यामुळे त्या त्या वसाहतीतील वैज्ञानिक माहिती आणि शोध यांची स्थानिक पातळीवर चर्चा होऊ लागली. माहितीची देवाणघेवाण आणि चर्चा यामुळे शास्त्रीय प्रगतीस हातभारच लागला. वसाहतींच्या पर्यावरणाचा आवाका, त्याचं होणारं नुकसान, नैसर्गिक साधनसंपत्तीची मोजदाद, नवनव्या प्राणीजाती आणि वनस्पतींचे परस्पर संबंध, आदिवासींच्या चालीरिती, प्राण्यांच्या वर्तणुकींची निरीक्षणे यांची लेखी नोंद ठेवण्याची पाश्चात्त्यांची पद्धत मग स्थानिकांनीही अनुसरली. त्यामुळेच आपल्या देशाविषयी भौगोलिक आणि निसर्गविषयक ज्ञान आपल्याला होऊ शकले. यातूनच काही पाश्चात्त्य निसर्ग अभ्यासकांना निसर्गसंरक्षणाच्या आवश्यकतेविषयी महत्त्व वाटू लागले.

याबाबत मॉरिशस बेटाचे महत्त्व अनन्य साधारण आहे. पारिस्थितिकी आणि पर्यावरण यांच्या अभ्यासाचं महत्त्व या बेटावरील परिसराच्या हानीमुळं पाश्चात्त्यांच्या

लक्षात आलं असं म्हटलं तर वावगं ठरू नये. या बेटावर सर्वप्रथम पोर्तुगीज आले. इ.स. १५९८ मध्ये डचांनी इथं सत्ता प्रस्थापित केली. इ.स. १७२१ मध्ये मॉरिशसवर फ्रेंचांनी ताबा मिळवला. डचांना निसर्गसंरक्षणाशी काहीच देणंघेणं नव्हतं. त्यांनी सहज तोडता येईल असं किनाऱ्याजवळपासचं सर्व जंगल तोडलं आणि तिथलं लाकूड हॉलंडला पाठवून दिलं. फ्रेंचांनी या बेटावर ताबा मिळवताच गेलेलं जंगल पुनर्प्रस्थापित करण्याचे प्रयत्न सुरू केले. या प्रयोगात जे फ्रेंच शास्त्रज्ञ गुंतले होते; ते सर्व रूस्सॉंच्या आदर्शवादाचे पाईक होते. फ्रेंच क्रांतीनंतर राजशाही थाटमाट सोडून निसर्गाला शरण जाण्याचा विचार फ्रेंच जनमानसात रूजू लागला होता. त्याचबरोबर निसर्गाची निगा राखली तर बेसुमार जंगलतोडीपेक्षा जास्त आर्थिक फायदा होऊ शकतो, हेही फ्रेंचांच्या लक्षात आलं होतं. अशा तऱ्हेनं फ्रेंचांनी निसर्गशेतीचा पाया घालण्याच्या दृष्टीनं पावलं उचलायला सुरुवात केली होती, असं म्हणावं लागेल. मॉरिशसमध्ये स्वार्थी आणि भांडवलशाही विचार दूर ठेवून निसर्गाधिष्ठित समाज प्रस्थापित करायचे ठरवले. यात फिलिबर्ट कॉमर्सन, पीएर पुऑब्रे आणि जॅकस हेन्री बर्नार्डीन द सेंट पिअर यांचा समावेश हाता. मानवी आर्थिक व्यवहारांचा जागतिक परिणाम गृहीत धरून या शास्त्रज्ञांनी आपल्या धोरणांची आखणी केली होती. कॉमर्सन हा प्रशिक्षित वनस्पती शास्त्रज्ञ होता. त्यानं लिनीअसच्या हाताखाली वनस्पतीशास्त्राचा अभ्यास केला होता तर लुई अँतुलान द बुगेनव्हिल बरोबर त्याच्या जहाजातून पृथ्वी प्रदक्षिणा केली होती. कॉमर्सन ची पत्नी जाँ बॅरेट ही सुद्धा या प्रवासात होती. सागरातून पृथ्वी प्रदक्षिणा करणारी पहिली स्त्री हा सन्मान तिनं या प्रवासात मिळवला. या प्रवासाची सुरुवात तिनं पुरुषी वेशात एक नोकर म्हणून केली. अर्ध्या प्रवासानंतर तिचं खरं स्वरूप उघडकीस आलं होतं. तिनंच इ.स. १८६८ मध्ये आपल्या पतीला मॉरिशस बेटावर प्रमुख वनस्पती शास्त्रज्ञपद स्वीकारायला भाग पाडलं होतं.

बर्नार्डीन हा अभियंता होता. मॉरिशस जंगलतोडीनं उजाड बनतंय हे पाहून त्याला धक्काच बसला. त्यामुळं मॉरिशसच्या निसर्गाचं संरक्षण करायचं ह्या वेडानं तो पछाडला गेला. याच सुमारास म्हणजे इ.स. १७६७ मध्ये पुऑब्रे मॉरिशसचा गव्हर्नर म्हणून दाखल झाला. शास्त्रीय ज्ञानाचा भू-व्यवस्थापनात उपयोग करणारा पहिला राज्यकर्ता अशी त्याची ख्याती आहे. आधी तो जेसुईट धर्मप्रसारक होता. त्यानं चीनी आणि भारतीय शाही बागांचं वैभव बघितलं होतं. त्याचबरोबर डच वसाहतींमध्ये वनसंरक्षणाच्या पद्धती अवलंबल्या जाऊ लागल्यानं त्यांचा कसा फायदा झाला हेही त्यानं अनुभवलं होतं. डचांना शास्त्रीय ज्ञान कसं जतन करावं याचा धडा मलबार प्रांतातल्या अेिवा जमातीनं दिला होता. वनस्पतींचा वैद्यकशास्त्रात वापर करण्यात ही जमात आघाडीवर होती. किंबहुना भारतीय वैद्यकशास्त्र वनस्पतींचा

वापर करून रोग मुळापासून नाहीसा करायचा प्रयत्न करतं आणि ऐझवांच्या वनस्पती पृथ:करणाच्या तुलनेत पाश्चात्य वनस्पतीशास्त्र फारच कच्चं आणि मागासलेलं ठरतं हे डचांच्या लक्षात आलं होतं. हेंड्रिक ऑड्रियन व्हान न्हीड टॉट ड्राकेन्स्टीननं जेव्हा केप कॉलनीतल्या वनस्पतीशास्त्र प्रमुख पदाचा स्वीकार केला तेव्हा त्यानं भारतीय वनस्पती औषधी विज्ञान- विशेषत: मल्याळी भाषेतील आयुर्वेदाच्या मिळतील त्या सर्व ग्रंथांचं लॅटिनमध्ये भाषांतर करून घेतलं होतं. हे भाषांतर ऑम्स्टरडॅम इथं बारा खंडात 'हॉर्टस मस्बेरीकस' या नावानं प्रसिद्ध झालं होतं. (मलबारचे मले असा याचा अर्थ) इथून पुढे आशियातील सर्व वनस्पतींचं पृथ:करण आणि अभ्यास या ग्रंथानुसार होऊ लागला. ऐझवांच्या ज्ञानानं प्रभावित झालेल्या डचांनी यानंतर त्यांच्या वसाहतीत वनसंरक्षणाचे कायदे केले.

पाश्चत्यांच्या दृष्टीनं त्या काळात निसर्गसंरक्षण ही संकल्पनाच नको होती. पण ते जिथं जिथं जेते म्हणून गेले त्या त्या सर्वत्र तथाकथित मागास लोकांमध्ये– मग ते पश्चिमेकडील रेडइंडियन असोत की पूर्वेकडचे भारतीय असोत– त्यांच्यामध्ये निसर्गसंरक्षण हीच संस्कृती मानण्यात येत होती; असं पुऑब्रेचं मत बनलं होतं. अशा तऱ्हेनं निसर्ग संरक्षणाला महत्त्व देणारी तीन माणसं मॉरिशस बेटावर एकत्र आली. मुख्य म्हणजे त्यांच्या हाती त्यांचे विचार कृतीत आणण्याकरिता सत्ता उपलब्ध होती. या तिघांनाही मॉरिशसमधल्या निसर्गाच्या विनाशामुळं मॉरिशसचं हवामान बदलेल आणि या पृथ्वीवरल्या स्वर्गाचं नरकात रूपांतर होईल अशी भीती वाटत होती. यामुळं १७६९ मध्ये निसर्गसंरक्षणाबाबतचा पहिला वटहुकूम काढण्यात आला. कुठल्याही जमिनदाराच्या मालकीच्या एकूण जमिनीत २५% जंगल असायलाच हवं, डोंगर उतारावरची झाडं तोडायला बंदी, जिथली झाडं आधीच तोडली गेली आहेत त्या प्रदेशात पुन्हा वृक्ष लागवड आणि सागरकिनाऱ्यापासून २०० यार्ड (सुमारे १९०मीटर) अंतरातील सर्व वृक्षराजीस संरक्षण, या वट हुकुमाद्वारे देण्यात आलं होतं.

इंग्रजांना फ्रेंच वैज्ञानिकांबद्दल आदर होता. नेपोलियनच्या वैज्ञानिकांनी इजिप्तमध्ये केलेल काम त्यांनी बघितलं होतं, त्यामुळे मॉरिशसवरील फ्रेंच निसर्गसंरक्षणाची मोहीम पाहून त्यांनी वेस्टइंडिज द्वीपसमूहात असेच कायदे केले. तिथल्या टोबेगो या बेटावर स्टीफन हेल्स आणि सोम जेनिन्स यांनी केलेलं काम पथदर्शक ठरलं. हेल्स हा वनस्पतींच्या शारीरिक प्रकियेचा अभ्यास करणाऱ्या आद्य शास्त्रज्ञांपैकी एक. तो इ.स. १६७७ मध्ये जन्मला आणि इ.स. १७६१ मध्ये त्याचं निधन झालं. पाण्याचं वनस्पतींमध्ये वहन कसं होतं; मुळांचं कार्य, पानांमधून बाहेर पडणारे बाष्प आणि वायू, हिरव्या वनस्पतींचा वातावरणावर होणारा परिणाम अशा अनेक विषयांवर त्यांनी सर्वांत आधी संशोधन केलं.

हेल्स आणि जेनिन्स हे अगदी जवळचे मित्र होते. जेनिन्स ग्रेट ब्रिटनच्या लोकप्रतिनिधी गृहात केंब्रिजचे प्रतिनिधित्व करीत. व्यापार आणि मळे यांचे नियंत्रक म्हणून ते टोबॅगोचे आयुक्तपदीही होते. न्यूटनने वापरलेल्या तंत्रांचा वापर करून हेल्सनी वनस्पती आणि वातावरण यांचा परस्परसंबंध प्रस्थापित केला होता. जर मोठ्या प्रमाणावर जंगलतोड झाली तर त्याचा स्थानिक वातावरणावर नक्कीच परिणाम होतो हे त्यांनी दाखवून दिलं होतं. वनस्पती कमी झाल्या तर जमीन धुपते, तसंच स्थानिक पर्जन्यमानावरही परिणाम होतो हेही त्यांनी शासनाच्या नजरेत जेनिन्समार्फत आणलं होतं. जमैका आणि बार्बाडोस बेटांवर ऊसाच्या मळ्यांसाठी फार मोठ्या प्रमाणावर वृक्षतोड करण्यात आली होती. तिथं उतारावरची माती वाहून उघडे खडक उरले आणि मग डोंगरात पाऊस आणि मळ्यांमध्ये पाणी नाही अशी परिस्थिती निर्माण झाली, हे ही त्यांनी आकडेवारीनं सिद्ध केलं.

परिणामत: जेनिन्सनं वनसंरक्षणासाठी नेमलेल्या समितीला हे मुद्दे पटवून देण्यात यश मिळवलं आणि इ.स. १७६४ मध्ये म्हणजे हेल्सच्या मृत्युनंतर तीन वर्षांनी टोबॅगोमध्ये संरक्षित वनांची स्थापना करण्यात आली. टोबॅगोच्या नकाशावर या अरण्यांची 'पावसासाठी आरक्षित' अशी नोंद करण्यात आली. पाऊस पडावा, जमीन धुपून जाऊ नये म्हणून संरक्षित वनं राखून ठेवण्याची ही कल्पना त्या काळात अभिनव होती. (या पार्श्वभूमीवर महाराष्ट्र शासनानं १९९० नंतर त्या प्रकल्पातील अरण्याचं आरक्षण उठवलंय, हे लक्षात घेतलं तर आपल्या शासनाला निसर्ग संरक्षणाची किती काळजी आहे ते लक्षात येतं.) टोबॅगोतील ही संरक्षित पर्जन्यवनं अशाप्रकारची सर्वात जुनी वनं असून आजही ती हयात आहेत. आणि १७६४ नंतर त्यांचं क्षेत्र त्याकाळातल्या पेक्षा आज बरंच वाढलेलं दिसून येतं.

अशाच प्रकारचा कायदा इ.स. १७९१ मध्ये सेंट व्हिन्सेंट या वेस्ट इंडिजमधील आणखी एका बेटावर अंमलात आला. द किंग्ज हिल फॉरेस्ट ऑक्ट असं या कायद्याचं नाव. या कायद्यातसुद्धा हवामान संरक्षणासाठी व वातावरणावरील दुष्परिणाम टाळण्यासाठी हा कायदा करण्यात येत आहे, असं स्पष्ट नमूद करण्यात आलं होतं. या कायद्यामागची प्रेरणा अलेक्झांडर अँडरसन यांची होती. ते या बेटावरील सेंट व्हिन्सेंट बोटॅनिक गार्डनचे परिक्षक होते. पश्चिम गोलार्धातील अशा प्रकारचं हे पहिलंच उद्यान होतं. इथल्या आदिवासींची संस्कृती या अरण्याशी निगडित होती. ती टिकवून त्यांचाही अभ्यास व्हावा म्हणून अँडरसन प्रयत्न करीत होता. दुर्दैवानं हा कायदा लंडनमध्ये मताला टाकला जात असतानाच स्थानिक कॅरिब आदिवासींची या बेटावरून हकालपट्टी करून त्या जागी आफ्रिकेतले गुलाम आणून त्यांच्या वस्त्या प्रस्थापित करण्यात आल्या.

मॉरिशस, टोबॅगो आणि सेंट व्हिन्सेंटवरील प्रयोगांनंतर इ.स. १८४७ मध्ये

भारतीय उपखंडातील वनसंरक्षणाची धोरणे आखण्यात आली. युरोपियनांच्या दृष्टीनं भारतीय उपखंड फार मोठं, वैचित्र्यपूर्ण हवामान असलेलं होतंच पण या संपूर्ण भूखंडावर स्वामित्व मिळवणं ही मॉरिशस किंवा कॅरिबियन बेटांवर स्वामित्व मिळवण्या इतकी सहजसाध्य गोष्ट नव्हती. दरम्यान अलेक्झांडर फॉन हंबोल्टनं निसर्गवादी तत्त्वज्ञानाचा युरोपात पाया घातला. मानव आणि त्याचा परिसर यांचा परस्पर संबंध त्यानं आवर्जून लक्षात घेतला. त्याचं तत्त्वज्ञान हिंदू तत्त्वज्ञानाच्या पायावर उभं होतं पण त्यातच मानवी विकासानं पर्यावरणाची हानी होऊ शकते आणि ते टाळणं माणसाच्या हाती आहे आणि हिताचं आहे, असंही हंबोल्टनं आग्रहपूर्वक सांगितलं होतं.

ब्रिटिश ईस्ट इंडिया कंपनीच्या बऱ्याच अधिकाऱ्यांवर फॉन हंबोल्टच्या तत्त्वज्ञानाचा पगडा होता. विशेषत: कंपनीच्या वैज्ञानिकांना हंबोल्टच्या तत्त्वज्ञानाची भारत ही प्रयोगशाळा आहे, असं वाटत होतं. अरण्यविच्छेद, पाणीपुरवठा, नद्यातला गाळ, दुष्काळ, वातावरणिक बदल आणि रोगराई यांचा कुठंतरी परस्परसंबंध आहे, केवळ 'कर्म' म्हणून याचं स्पष्टीकरण देणं योग्य ठरणार नाही, असंही त्यांना वाटत होतं. फॉन हंबोल्टनं जसा हिंदू तत्त्वज्ञानाचा अभ्यास केला होता त्याचप्रमाणं क्वेनेझुएलात राहून त्यानं जंगलतोड, बदलती परिस्थिती आणि व्हॅलेन्सिया सरोवराच्या बदलत्या पाण्याची आणि पाण्याच्या पातळीची बरीच वर्षे निरीक्षण केली होती.

भारतात हंबोल्टच्या विचारानं प्रभावित होऊन अलेक्झांडर गिब्सन, एडवर्ड बोलफोर, हयू क्लेग हॉर्न आदींनी निसर्ग संरक्षणाचा विडाच उचलला, हे सर्वजण स्कॉटिश होते. इ.स. १८५२ साली त्यांनी भारतातल्या निसर्ग साधनसंपत्तीबद्दल जो अहवाल तयार केला त्यात भारतीय जंगलांची काळजी घेण्यात यावी, त्याविषयी सुस्पष्ट कायदे करावेत आणि या जंगलांची निगा राखण्याविषयी वेळीच पावले उचलावीत नाहीतर पारिस्थितिकी हाहा:कारास तोंड द्यावं लागेल असं स्पष्ट म्हटलं होतं. भारतावर असं पारिस्थितिकी संकट कोसळलं तर त्याचे दूरगामी सामाजिक परिणाम होतील, असंही त्यांनी स्पष्ट केलं होतं. हा अहवाल तयार करताना त्या काळात पृथ्वीवर सर्वत्र चाललेलं संशोधन विचारात घेण्यात आलं होतं. या अहवालाचा निष्कर्ष साधारणपणे असा होता की फार मोठ्या प्रमाणावर जंगलतोड झाली तर त्याचा परिणाम पाऊस कमी होण्यात होईल, त्यामुळे नद्यांचं पाणी कमी होईल, डोंगर उतारावरील माती गाळाच्या स्वरूपात नद्यांच्या पात्रात साठून नद्यांची पात्रं उथळ होतील. यामुळे दुष्काळ आणि रोगराईस आमंत्रण मिळेल. याचं उदाहरण भारतातच मलबार किनाऱ्यावर उपलब्ध आहे, हे ही त्यांनी दाखवून दिलं होतं.

या अहवालाची ईस्ट इंडिया कंपनीनं तात्काळ दखल घेतली. ईस्ट इंडिया कंपनी ही काही निसर्ग संरक्षणासाठी भारतात आलेली नव्हती. स्वतःची तुंबडी भरणं

हाच तिचा प्रमुख उद्देश होता. जर या अहवालाप्रमाणे खरंच घडलं तर भारतातला आर्थिक फायदा घटत जाणार होता, हे कंपनीच्या लक्षात आलं. सोन्याची कोंबडी कापण्या ऐवजी रोज ती घालेल तेवढी अंडी गोळा करणं आणि ही कोंबडी जास्तीत जास्त दिवस जगवणं हे कंपनीच्या हिताचं होतं. या शास्त्रज्ञांप्रमाणेच स्थानिक संस्थानिकांनीही मुंबईच्या गव्हर्नरकडे झपाट्यानं होणाऱ्या जंगल तोडीबद्दल चिंता व्यक्त करणारे खलिते इ.स. १८३० पासून पाठवले होते.

यातच भारतात १८३५, १८३९, १८६०-६२ आणि १८७७-७८ या काळात दुष्काळ पडला. यामुळेच ब्रिटिशांनी भारतीय वनसंरक्षणाची पावलं त्यातल्या त्यात झपाट्यानं उचलली. भारतीय वनखात्याला महसूल विभागाने महत्त्वाचं खातं मानलं. भारतीय वनखातं आणि वनविषयक कायदे हे पुढं दक्षिण आफ्रिका, ऑस्ट्रेलिया आणि इतर ब्रिटिश वसाहतीत जसेच्या तसे उचलले गेले. ज्या भारतात अशा तऱ्हेनं पाश्चात्त्य वनसंरक्षण विषयक कायद्यांची निर्मिती झाली, ज्या भारतात १९४७ साली ३५% हून अधिक भूमी जंगलाखाली होती, त्या भारतात आज जेमतेम १५ ते १७% भूमीवर जंगल असावं आणि तेही शक्य तितक्या झपाट्यानं नाहीसं कसं करता येईल याबद्दल व्यापारी आणि राजकारण्यांनी हातमिळवणी करावी यासारखी खेदाची गोष्ट दुसरी कुठलीही नसेल.

भारतीय कायद्यांचा सर्वच वसाहतींवर परिणाम व्हायला एक वेगळीच घटना कारणीभूत ठरली. भारतात १८३५, १८३९ साली खूप मोठे दुष्काळ पडले. त्यानंतर भारतात हळूहळू कंपनी विरोधी वातावरण तयार झालं. १८५७ नंतर पुन्हा ज्यावेळी १८६० नंतर लागोपाठ दोन वर्षे, आणि १८७७, ७८ मध्ये दुष्काळ पडले तेव्हा ब्रिटिश शासनाला नव्या उठावाची भीती वाटू लागली. भारतातले भारतीय सैनिक जर १८५७ च्या चुका टाळून ब्रिटिशांविरुद्ध उभे राहीले तर पंचाईत होईल याची शासनाला जाणीव होतीच. यामुळं खरं तर १८५७ नंतरच वनविकास आणि वनसंरक्षणाकडं ब्रिटिश शासनानं लक्ष पुरवायला सुरुवात केली होती. याचा परिणाम इतर ब्रिटिश वसाहतींमध्येही दिसू लागला होता. दक्षिण आफ्रिकेतल्या केप वसाहतीत १८६२-६३ साली दुष्काळ पडला. तेव्हा तिथल्या निसर्गसंरक्षण चळवळीचा प्रमुख कार्यकर्ता जॉन क्रुंबी ब्राऊन यानं शासनावर दडपण आणून वनसंरक्षण विषयक कायदे करण्यास शासनास भाग पाडले. हे कायदे भारतातून जसेच्या तसे उचललेले होते. त्याच बरोबर गवताळ प्रदेशातलं गवत जाळण्यावरही या कायद्यानं बंदी घालण्यात आली. वनसंरक्षण आणि हवामान बदल यांचा परस्परसंबंध लावणारा एक शोध निबंध मार्च १८६५ मध्ये जेम्स फॉक्स विल्सन यांनी लंडन इथं रॉयल जिओग्राफिकल सोसायटीच्या सभेत सादर केला. दक्षिण आफ्रिकेतील ऑरेंज नदीतील पाण्याची वाढती कमतरता, हा या शोधनिबंधाचा विषय होता. जॉन विल्सन या

निसर्ग– शास्त्रज्ञाची वृक्षतोडीमुळं ऑरेंज नदीचं पात्र उथळ बनलं आहे, त्या नदीच्या पाणलोट क्षेत्रात पडणारा पाऊस कमी झाला आहे, आणि पात्र उथळ झाल्यामुळं पाण्याचं बाष्पीभवन जास्त प्रमाणात होतंय; परिणामतः कलाहारी वाळवंटाचा विस्तार होतोय याबद्दल खात्री पटली होती. प्रचंड मोठ्या प्रमाणावर आणि निष्काळजीपणे होणारी जंगलतोड वेळीच थांबवली नाही तर हे वाळवंट आफ्रिकेस ग्रासून टाकेल, अशी चिंताही त्यांनं शोधनिबंधात व्यक्त केली होती.

विल्सन यांच्या शोधनिबंधाच्या सादरीकरणाच्या वेळी आफ्रिका खंड पालथा घालणारे साहसी संशोधक डेव्हिड लिव्हिंगस्टन हजर होते. त्यांनी या संशोधनाचा प्रतिवाद केला. लिव्हिंगस्टनच्या मते पाऊस कमी होणे हे भूभौतिक प्रक्रियांवर अवलंबून होते. त्याचा जंगलतोडीशी काही संबंध नव्हता. तरीही जंगलतोड हा प्रकार चांगला नव्हे असंही त्यांनी सांगितलं. चार्ल्स् डार्विनचे जवळचे नातेवाईक सर फ्रान्सिस गाल्टन यांचंही यावेळी भाषण झालं. ते म्हणाले, 'युरोपियनांनी फार मोठ्या प्रमाणावर आधुनिक कुऱ्हाडी स्वस्तात आफ्रिकनांना उपलब्ध करून दिल्यामुळं जंगलतोड वाढली व त्यामुळे नंतर दुष्काळ पडला. भारतीय सैन्यातले कर्नल जॉर्ज बालफोर– एडवर्ड बालफोर यांचे बंधू– यांच्या मते युरोपियनांनी भारतात फार मोठ्या प्रमाणावर जंगलतोड करून तिथं व्यापारी फायद्याचे मळे निर्माण केले त्यामुळे भारतात दुष्काळ पडला होता. आफ्रिका आणि आशियात दुष्काळ पडायला युरोपियनांची निसर्गापासून झालेली फारकत आणि पैशांची हाव हे दोन मुख्य घटक कारणीभूत होते.

यासाठी काही प्रतिबंधात्मक उपाय करणं आवश्यक आहे, असंही बालफोर यांचं मत होतं. याबाबत त्रिनिदाद सरकारनं जारी केलेल्या कायद्याची त्यांनी माहिती दिली. त्रिनिदादला पाऊस पडावा म्हणून राजधानीभोवतालचं जंगल तोडायला शासनानं मनाई केली होती, ब्रिटिश वेस्ट इंडियामध्ये पोहोचण्यापूर्वी स्थानिक रेड इंडियन लोक विहिरी खणून विहिरींभोवती वृक्षारोपण करायचे. ज्या विहिरींभोवती डेरेदार वृक्ष असायचे त्या विहिरींमध्ये बारमाही पाणी असायचं.

इ.स. १८६६ मध्ये अशाच एका चर्चेत बालफोरनी मॉरिशसचं उदाहरण सांगितलं. त्यांच्या सांगण्यानुसार मॉरिशसमध्ये वृक्षतोडीस बंदी घालणारा कायदा झाल्यावर विहिरींचं पाणी वाढलं होतंच पण पाऊसही वाढला होता. यामुळे जर मोठ्या प्रमाणावर जंगलतोड झाली तर पर्यावरणात आणि हवामानात बदल घडून येतात असा एक विचारप्रवाह इ.स. १८६० नंतर वाढीस लागला.

जे. स्पॉट्सवुड विल्सन यांच्या लेखणीनंही पर्यावरण संरक्षणाची जाणीव निर्माण करण्यास बराच हातभार लावला. इ.स. १८५८ मध्ये 'ब्रिटिश असोसिएशन ऑफ अ‍ॅडव्हान्समेंट ऑफ सायन्स' या संस्थेच्या चर्चासत्रात पृथ्वी आणि वातावरणातील हळूहळू वाढणारी शुष्कता (आणि तिचे दीर्घकालीन परिणाम) अशा आशयाच्या

एका शोधनिबंधाचं त्यांनी वाचन केलं; 'जमिनीमध्ये घडवून आणण्यात येत असलेले बदल, जंगलतोड, आणि शेतीसाठी पाण्याचा अनियंत्रित वापर यामुळे वातावरणावर होणाऱ्या परिणामापेक्षाही कोणते तरी वेगळे घटक वातावरणातील वाफेच्या प्रमाणावर आणि पर्जन्यमानावर परिणाम घडवून आणत असावेत.' असं त्यांचं मत होतं. वातावरणातील ऑक्सिजन आणि कार्बॉनिक आम्ल यांचं प्रमाण बदलत चालल्यामुळे वातावरणाच्या इतर घटकांवर परिणाम होतो. वनस्पती आणि प्राणी यांच्या ऑक्सिजन वापरामुळे आणि कार्बन-डाय-ऑक्साईड सोडण्यामुळे वातावरणावर परिणाम घडून येतो, असंही विल्सनना वाटत होतं. या शोधनिबंधातला विल्सन यांचा अखेरचा परिच्छेद फारच खळबळ जनक ठरला होता. तो असा– 'पृथ्वीवरच्या भूशास्त्रीय घडामोडींमध्ये अनेक घटना घडत असतात. त्यामुळे काही दिवसांनी अशी परिस्थिती निर्माण होईल की मानवास पृथ्वीवर जगणं अशक्य होईल. पृथ्वीवर मानवाच्या आधी मानवापेक्षा कमी प्रतीचे प्राणी वावरले. त्यांच्या वावरण्यामुळे आणि इतर भूशास्त्रीय धारणांमुळे पृथ्वीवर काही काळापूर्वी मानवास वावरण्यायोग्य परिस्थिती निर्माण झाली. आता मानवी जीवनक्रमामुळे पृथ्वीची परिस्थिती बदलून आणखी काही काळानंतर मानवापेक्षा प्रगत आणि उच्च कोटीचे प्राणी वावरणं, त्यांना योग्य परिस्थिती निर्माण झाल्यावर संभवेल, यात आश्चर्य वाटायला नको.'

हवामानाच्या बदलामुळे माणूस पृथ्वीवरून नाहीसा होण्याची शक्यता आहे, हे १८५८ मध्ये अशा नाट्यमय रीतीने जाहीर झाल्यामुळे सर्वच बुद्धिवंतांना एक मानसशास्त्रीय धक्का बसला. पाश्चात्त्य वैज्ञानिक पशुपक्ष्यांच्या वेगवेगळ्या जाती नाहीसा होताना पाहात होतेच. इ.स. १६२७ मध्ये पोलंडमध्ये शेवटच्या ऑरॉकचं निधन झालं. अशा तऱ्हेनं युरोपातून वनगाय नाहीशी झाली. १६७० नंतर काही काळात डोडो नाहीसे झाले. इ.स. १६८० मध्ये पोलीश सरकारनं फार मोठ्या जंगलात शिकारीस बंदी घातली त्यामुळं नाहीसे होणारे विसेंट– युरोपीय रानगवे आणखी काही काळ जगू शकले. तर इ.स. १७१३ मध्ये सेंट हेलेना बेटावरची रेडवुडची झाडं जगवायचा एक प्रयत्न झाला.

इ.स. १८३५ च्या आसपास चार्ल्स् लायेलचं 'प्रिन्सिपल्स ऑफ जिऑलॉजी' हा ग्रंथ प्रसिद्ध झाला. त्यामुळे पृथ्वीवरून अनेक प्राणीजाती वेळोवेळी नाहीशा झाल्याचं शास्त्रज्ञांच्या लक्षात आलं. त्याच बरोबर अशा वंशविच्छेदास आपण कारणीभूत तर ठरत नाही ना, ही शंका प्रथमच शास्त्रज्ञांच्या म्हणजे पर्यायानं मानवजातीच्या मनात चुकचुकू लागली. लायेलनी बायबलमधल्या विश्वनिर्मितीच्या सिद्धांताचा फोलपणा जगाच्या नजरेसमोर आणला. पृथ्वीवरल्या सर्वच भू-भौतिक प्रक्रिया ह्या खूपच संथपणे घडतात, हेही त्यांनी ठामपणे सोदाहरण मांडलं; आणि जर निसर्गानं उत्पात घडवून आणायचे ठरवले तर मानवजात त्यापुढे हतबल आहे

हे ही सांगितलं.

लायेल यांच्याकडून स्फूर्ती घेऊन इतरही शास्त्रज्ञ भूशास्त्र आणि पुराजीव शास्त्राचा अभ्यास करू लागले. गेल्या शतकाच्या पाचव्या दशकात अर्नस्ट डिफेनबाख यांनी मॉरिशस, न्यूझीलंड आणि चॅदॅम बेटांवरील जीवसृष्टीचा अभ्यास केला. यावरून अनेक प्राणी नाहीसे होऊ शकतात हे त्यांच्या ध्यानात आलं. ह्यू एडविन स्ट्रिकलंड या पुराजीव शास्त्रज्ञानं युरोपीय आर्थिक व्यवहार जगभर पसरले तर अनेक प्राणी आणि वनस्पती नाहीशा होतील अशी शक्यता वर्तवली. त्याचबरोबर न्यूझीलंड हा जागतिक नैसर्गिक ठेवा, जाहीर करून तिथं सर्व प्रकारच्या व्यापारी व्यवहारांवर बंधन घालावं, असंही त्यांनी सुचवलं होतं.

इ.स. १८५९ मध्ये चार्लस डार्विन यांचा 'ओरिजिन ऑफ स्पेसीज' हा ग्रंथ प्रसिद्ध झाला. त्यामुळंही शास्त्रज्ञांना सजिवांच्या नामशेष होण्याच्या कहाण्यांमागची सत्यता पटायला मदतच झाली. त्याचबरोबर त्या प्रश्नाचं गांभीर्यही लक्षात आलं. 'ओरिजिन ऑफ स्पेसीज' या ग्रंथाचा पहिला परिणाम भारतात दिसून आला. इ.स. १८५६ मध्ये मद्रासच्या वनखात्याची स्थापना झाली होती. इ.स. १८६० मध्ये या वनखात्याचे प्रमुख ह्यू क्लेग हॉर्न यांनी जो अहवाल दिला त्यात 'अनियंत्रित जंगलतोड झाल्यास अनेक प्राणीजाती आणि वनस्पतीजाती नष्ट होतील. यामुळे उत्क्रांतीचा विचार सिद्ध करण्यासाठी लागणारा महत्त्वाचा पुरावा नष्ट होईल,' असं लिहिलं. शासकीय अधिकाऱ्यांना असल्या विचारांना महत्त्व द्यावंसं वाटत नाही याची क्लेग हॉर्न यांना कल्पना होतीच त्यामुळे त्यांनी यालाच 'यामुळे हवामानावर परिणाम होऊन वनखात्याचं उत्पन्न कमी होईल,' अशी पुस्तीही जोडली.

यानंतर ब्रिटिश सरकारने वसाहतीतील निसर्गसंपदा जपण्यासाठी आणि त्यापासून मिळणारं आर्थिक उत्पन्न सातत्यानं मिळत राहावं म्हणून निसर्ग संरक्षणाचे अनेक कायदे केले. त्यामानानं खुद्द ग्रेट ब्रिटनमध्ये पक्षी संरक्षण विषयक कायदा उशीरा म्हणजे १८६८ मध्ये केला गेला.

गेल्या शतकातील अनेक निसर्गसंरक्षणाचे कायदे हे शासकीय उत्पन्न कमी होईल या भीतीनेच करण्यात आले हे उघड आहे. ह्या शतकात अनेक देश स्वतंत्र झाल्यावर आर्थिक उन्नतीच्या मोहाला बळी पडून निसर्ग संपदेकडं दुर्लक्ष करण्यात आलं. यात भारत आघाडीवर आहे. या ऐवजी निसर्ग संपदेचं संरक्षण करून जास्त उत्पन्न मिळवता येईल याची जाणीव जर या शासनांना करून दिली गेली तर निसर्ग संरक्षणाचं काम कदाचित अधिक जोमानं व्हायला लागेल असं वाटतं; याही बाबतीत भारतानं आघाडीवर रहावयास हरकत नाही.

❖

पारिस्थितिकी अभ्यास आणि आपण

आजकाल पर्यावरण, परिसर अभ्यास हे शब्द आपल्या कानावर सतत आदळत असतात. इंग्रजीतील एन्वायर्नमेंट या शब्दाला पर्यावरण हा प्रतिशब्द मराठीत वापरला जातो परंतु 'इकॉलॉजी' या शब्दाला मात्र पारिस्थितिकी, परिसर अभ्यास असे निरनिराळे शब्द वापरण्यात येत असतात. यातला 'पारिस्थितिकी' हा शब्द मला जास्त योग्य वाटतो. आपल्या अवती भोवतीच्या परिस्थितीच्या सर्व घटकांचा एकत्रित प्रभाव जेव्हा दृग्गोचर होतो तेव्हा आपण 'परिस्थिती फारच बदललीय बुवा' असे उद्गार काढतो. मग ही परिस्थिती आर्थिक, सामाजिक, निसर्गविषयक कशीही असो. यामुळेच परिस्थिती हा एक रूढ आणि सर्व समावेशक शब्द आहे, हे निश्चित; आणि इकॉलॉजी म्हणजे आपल्या परिसरातील नैसर्गिक परिस्थितीवर होणारे परिणाम. हे केवळ प्रदूषणानेच घडतात असं नाही तर त्यासाठी इतर अनेक सामाजिक, आर्थिक घटकही जबाबदार असतात. पुन्हा 'इकॉलॉजी' शब्द कसा अस्तित्वात आला ते आपण आधी बघू या. 'इकॉलॉजी' हा शब्द पाश्चात्त्य असताना त्याचं मूल बघायचं कारण काय असा प्रश्न आपल्या मनात येईल. पण या किंवा अशा शब्दांच्या अस्तित्वात येण्याचा मागोवा घेतला तरी आपल्याला बरीचशी माहिती मिळू शकते. मराठी शब्द तयार करताना बरेचदा ते फक्त मूळ इंग्रजी शब्दास प्रतिशब्द म्हणून येतात. या उलट पाश्चात्त्य शब्द त्या संशोधकाच्या संशोधनातून उत्क्रांत झालेला आढळतो; म्हणून मूळ पाश्चात्त्य शब्दाचा उगम बघणं बरेचदा उद्बोधक ठरतं.

जर्मन जीवशास्त्रज्ञ अर्नस्ट हेकेल यांनं १८६६ मध्ये एक पुस्तक लिहिलं. ते बर्लिनमध्ये त्याच वर्षी प्रकाशित झालं. त्यामध्ये त्यानं एक महत्त्वाचं विधान केलं ते म्हणजे 'प्रत्येक सजीव हा त्याच्या आसपासची परिस्थिती आणि आपला वारसा

यांच्या संयुक्त प्रयत्नाने निर्माण झालेला असतो.' त्यांनं परिस्थिती आणि नैसर्गिक वारसा यांच्या या संयोगास 'ऑयकॉलीजी' (OECOLOGY) असं म्हटलं. या शब्दाचं मूळ ग्रीक ऑयकॉस (OIKOS) या शब्दात आहे. या ऑयकॉसचा अर्थ आहे 'घर'. खरे तर हेकेलच्या पूर्वीही सजीव आणि त्यांच्या सभोवतालची परिस्थिती यांच्या परस्परसंबंधांवर विचार झालेला होता. ऑरिस्टॉटलपासून हा विचार केला गेला आहेच; पण या विचाराला नाव द्यायचे काम हेकेलनं केलं. यामुळे सजीव आणि ते ज्या परिसरात आढळतात यांच्या परस्परसंबंधांचे विश्लेषण करणारं शास्त्र म्हणजे इकॉलॉजी किंवा पारिस्थितिकी; हे आता सर्वमान्य समीकरण झालं आहे.

हेकेलच्या काळात डार्विनवाद नुकताच जगापुढं आला होता. बहुतेक सर्व तत्कालीन जीवशास्त्रज्ञ या नव्या सिद्धांतामुळं भारावून गेलेले होते. हेकेल तर या सिद्धांतामुळं फारच प्रभावित झाला होता. याचं साधं नि सोपं कारण म्हणजे डार्विन वॅलेस सिद्धांत म्हणजेच नैसर्गिक निवडीचे तत्त्व आणि त्या सहाय्याने उत्क्रांती, या सिद्धांताचा पायाभूत घटक म्हणजे पारिस्थितिकी. बदलत्या परिस्थितीस तोंड देण्यात जे सजीव यशस्वी होतात ते टिकून राहतात. अशा बदलत्या परिस्थितीस तोंड देण्यासाठी त्यांच्यात जे बदल घडतात, तीच उत्क्रांती, असं या सिद्धांताचं स्वरूप असल्यानं हेकेल या सिद्धांताच्या प्रेमात पडला नसता तरच नवल.

काही अनुवंशिक फरक एखाद्या प्राण्याला एखाद्या खडतर परिस्थितीत जगण्यासाठी मदत करतात. त्यामुळे असा वंश वाढत जातो, तर हे आवश्यक फरक ज्यांच्यात पडले नाहीत; तो वंश नष्ट होतो. हे फरक आवश्यक की अनावश्यक हे ठरवण्याचं काम परिस्थिती करते, म्हणजेच हा संपूर्ण सिद्धांतच मुळी पारिस्थितिकी सिद्धांत होता. असं असून देखील हेकेलला मात्र म्हणावं तितकं महत्त्व त्या काळात लाभलं नाही. 'पारिस्थितिकी'चा शास्त्रज्ञांना हळुहळू विसर पडू लागला. आणि हेकेल न पारिस्थितिकीचं पुनरुज्जीवन व्हायला विसावं शतक उलगडावं लागलं. या शतकाच्या सुरुवातीस अमेरिकेतल्या शास्त्रज्ञांनी हळुहळू पारिस्थितिकी आणि परिसर अभ्यास म्हणजे इकॉलॉजी आणि एनवायर्नमेंट यांचा अभ्यास सुरू केला.

हा अभ्यास जरी या शतकाच्या सुरुवातीच्या काळात सुरू झालेला असला तरी या शतकात दोन महायुद्धे झाली आणि त्यांचा सर्व मानवजातीवर परिणाम झाला हे विसरून चालणार नाही. शिवाय प्रत्यक्ष युद्धाचा काळ ५-६ वर्षांचा असला तरी युद्धाच्या तयारीसाठी लागणारा जवळजवळ तेवढाच काळ आणि युद्धाच्या नुकसानातून डोके वर काढून देश सावरायला लागणारा कमीत कमी काळ यांचा हिशोब केला तरी या शतकातली ४० वर्षे तरी वाया गेली असं आपल्या लक्षात येईल.

याशिवाय युद्धकाळात आणि त्यानंतर बराच काळ संशोधन बंद असतं. जे काही संशोधन चालतं ते संहारक अस्त्रं आणि त्यापासून संरक्षण हे केंद्रबिंदू मानून

करण्यात येते; यामुळे पारिस्थितिकी सारख्या शास्त्रातील संशोधन मागं पडतं. हे विचारात घेता पारिस्थितिकी आणि परिसर अभ्यास यांना खरं महत्त्व गेल्या पंधरा-वीस वर्षांत प्राप्त झालं याचं आश्चर्य वाटू नये.

आपल्या आसपास घडणाऱ्या घटना, परिसरातल्या वस्तू, सजीव वगैरेंचं निरीक्षण करून त्यामागचा कार्यकारणभाव शोधण्याचा प्रयत्न यातून विज्ञानाची वाढ झाली. सुरुवातीच्या काळात या घटना; वस्तू निर्मिती, सजीवांचं अस्तित्व यासाठी देण्यात येणारं स्पष्टीकरण हे असंभाव्य तर्कांनी भरलेलं असे. पण पुढे तर्कशुद्ध विचार सुरू झाले आणि हळूहळू विज्ञानाचं प्रमाणीकरण होऊ लागलं. या स्पष्टीकरणांमागची अतार्किकता जसजशी दूर होऊ लागली तसतशा शास्त्रशाखा अधिकाधिक सुस्पष्ट होऊ लागल्या. याच बरोबर या तार्किक विवेचनातून इतरही अनेक संकल्पना स्पष्ट झाल्या. कुठलंही स्पष्टीकरण हे एखाद्या घटनेबाबतचे अखेरचे स्पष्टीकरण असू शकत नाही तर एखाद्या नव्या संशोधनानंतर या घटनेबाबतचे काही नवे पैलू आपल्या नजरेस येतात आणि मग त्या घटनेबाबतच्या कार्यकारणभावाबद्दल एखादे नवे स्पष्टीकरण पुढे येते. यामुळेच सततचे निरीक्षण, त्यातून विचारमंथन, नव्या सिद्धांताची निर्मिती हे अथकपणे चालू ठेवावे लागते. म्हणूनच विज्ञानात आणखी पन्नास वर्षांनी काय घडेल, हे सांगणे बरेचदा धाडसाचे ठरत असते, पण एखाद्या घटनेचे परिणाम काय घडतील, या बाबत तर्क करणेही मानवी संस्कृतीची अनिवार्य गरज असते. त्यामुळे विज्ञानाचे भविष्य काळावर करायचे प्रक्षेपण सतत चालूच असते आणि त्याला नवनव्या निरीक्षणांची व सिद्धांतांची सतत जोड देत, हे प्रक्षेपण अद्ययावत ठेवावे लागते. हे सर्व सांगायचं कारण म्हणजे 'पारिस्थितिकी' शास्त्र हे तसं अगदी अलीकडचं असलं तरी आज नैसर्गिक परिस्थितीची मानवाच्या म्हणजे तुमच्या आमच्या हावरट वृत्तीनं जी वाताहात होते आहे, त्याचे पुढच्या पिढीवर काय परिणाम होणार हे सांगण्याची जबाबदारी या उमलत्या शास्त्रावर येऊन पडली आहे; दुर्दैवाची गोष्ट अशी की पारिस्थितिकी शास्त्रज्ञांनी एखादी भविष्यवाणी केली आणि नव्या निरीक्षणांमधून त्यातील त्रुटी त्यांच्या लक्षात आल्या की ते आपल्या नव्या संशोधनाच्या सहाय्यानं एखादा नवा सिद्धांत मांडू लागतात. त्याबरोबर या शास्त्राचे टीकाकार डाव साधतात; आणि या शास्त्राचा फोलपणा दाखवण्यासाठी अशा संशोधनाचा उपयोग करतात. आणि त्यातून आपले नुकसान होण्याचीच शक्यता अधिक असते. असं असलं तरी पारिस्थितिकीच्या दृष्टीने पृथ्वीवर बरेच प्रश्न आहेत. हे सर्वजण आता मान्य करू लागले आहेत. या प्रश्नांपैकी खरेखुरे गंभीर प्रश्न किती? त्यांचे गांभीर्य किती? या बाबतच्या तपशीलात मात्र एकवाक्यता नाही. आत्तापर्यंत पारिस्थितिकी शास्त्रज्ञांनी जे संशोधन केलंय त्यावरून फक्त एकच गोष्ट ठामपणे सिद्ध झाली आहे. ती म्हणजे आपली पृथ्वी ही एक फार गुंतागुंतीची

प्रणाली आहे; आणि हा गुंता झटकन सुटण्यासारखा नाही. त्यामुळे परिसराचे पारिस्थितिकी संशोधन सतत होणे आवश्यक आहे.

पारिस्थितिकी शास्त्रज्ञ जेव्हा संशोधन करतात तेव्हा ते नक्की कशाचं संशोधन करतात, हा प्रश्न अनेकदा आपल्याला सतावत असतो. एखादा सजीव आणि त्याचा परिसर यांचा अभ्यास करणं हे पारिस्थितिकी तज्ज्ञाचं काम असतं. या संशोधनांती असं लक्षात आलं की एखाद्या सजीवाचा अभ्यास केला जातो तेव्हा त्या परिसरातील इतर सजीवांचीही या शास्त्रज्ञांना दखल घ्यावीच लागते. यामुळे मग पारिस्थितिकी शास्त्रज्ञ 'समुदाया'चा (कम्युनिटी) अभ्यास करू लागतात. हा 'समुदाय' म्हणजे नक्की काय? हा प्रश्नही आपल्यापुढे उपस्थित राहतोच.

समजा एक बाग आहे. त्या बागेच्या एका बाजूस भरपूर उंच भिंत आहे. त्या पलीकडे इमारती आहेत. उरलेल्या तीन बाजूंना कुंपण आहे आणि या कुंपणाला

लागून कुंपण मेंदी आहे; म्हणजे बागेच्या सीमारेषा अगदी सुस्पष्ट आहेत. कुंपणा पलीकडून रहदारीचे रस्ते आहेत. म्हणजे बाग त्या बाजूस वाढणार नाही, हे उघड आहे. ही बाग म्हणजे समुदाय आहे का? या बागेत बाहेरून पक्षी येतात. इथले पक्षी बाहेर उडून जातात. काही पक्षी बागेतच घरटी बांधतात. बाग सार्वजनिक असल्यानं या बागेत बाहेरून कुत्री-मांजरंही ये-जा करीत असतात. मांजरं या पलीकडच्या इमारतींमधून येतात. इथले उंदीर आणि पक्षी मारतात. परत जातात. इथे अनेक कीटक येत– जात असतात. ही सर्व आयाराम गयाराम मंडळी या समुदायाची सदस्य आहेत कां?

पारिस्थितिकीच्या अभ्यासकाला सुरुवातीस एक प्रतिरूप (मॉडेल) म्हणून ही बाग योग्य वाटली तरी हा खऱ्या अर्थानं समुदाय नाही. पलीकडच्या बंगल्यातल्या बागा आणि ही बाग यांच्यातील सजीवांना भिंत अडवू शकत नाही. मात्र फार मोठ्या प्रमाणावर विचार करायचा झाला तर भौगोलिक परिस्थिती बरेचदा खऱ्या अर्थानं दोन समुदायांच्यामध्ये भिंतीसारखी उभी राहिलेली दिसते. पारिस्थितिकी शास्त्रज्ञ 'परिस्थितीप्रणाली-इकोसिस्टिम' हा शब्द वारंवार वापरताना दिसून येतात. ही परिस्थितीप्रणाली म्हणजे काय तर आपण जो भूभाग वर्णन करू शकतो, त्याच्या नैसर्गिक सीमांनी त्याची व्याप्ती सुनिश्चित करू शकतो, असा प्रदेश. हा प्रदेश भौगोलिक दृष्ट्या शेजारच्या प्रदेशाशी संलग्न असू शकतो पण इथली नैसर्गिक परिस्थिती काही कारणांनी त्याच्या संलग्न भूप्रदेशापेक्षा वेगळी असते, वैशिष्ट्यपूर्ण असते.

इथं 'प्रणाली' हा शब्दप्रयोग महत्त्वाचा ठरतो. शास्त्रीय भाषेत जेव्हा 'प्रणाली' हा शब्दप्रयोग केला जातो तेव्हा त्याला एक विशिष्ट अर्थ असतो. या प्रणालीचे सर्व घटक एकमेकांशी जोडलेले असतात. त्यात एक अपरिहार्यता आणि अनिवार्यता असते. हे सर्व घटक एकत्र आले की ती प्रणाली सिद्ध होते. सुट्या सुट्या घटकांना एकत्र करून प्रणाली निर्माण होत नाही. सुट्या सुट्या घटकांना वेगळं ठेवलं तर त्यांना महत्त्व उरत नाही. तर सुटे सुटे घटक जेव्हा परस्पर सहकार्यानं संलग्न होतात तेव्हाच ही प्रणाली अस्तित्वात येते. त्या घटकांनी एकत्र व सुसूत्र काम करणं फार महत्त्वाचं ठरतं.

या बाबतीत एक चांगलं उदाहरण म्हणजे शेत आणि चिमण्या यांचं घेता येईल. शेतात चिमण्या असतात. चिमण्या असल्या की शिक्रे, ससाणे आणि मांजरं ही आलीच, शिवाय शेतकरीही चिमण्यांचे थवे हाकलतो. या चिमण्यांची संख्या वाढली की ससाणे आणि मांजरांची संख्या वाढते. पण जेव्हा रासायनिक कीटकनाशकं वापरून कीटकांच्या संख्येवर नियंत्रण ठेवण्याचे प्रयत्न झाले तेव्हा असं दिसून आलं की कीटकांची संख्या कमी होताच कीटकभक्षी पाखरांची– यात चिमण्या

आल्याच, संख्या कमी झाली. त्याच बरोबर त्या परिसरातील रानमांजरं, आणि शिकारी पक्ष्यांची संख्याही कमी झाली.

या बाबतचं आणखी एक उदाहरण फार गाजलेलं आहे. चीनमध्ये घडलेली घटना आहे ही. चिमण्या शेतातलं धान्य खातात म्हणून चिमण्या नष्ट कराव्यात असे आदेश निघाले. शेतकऱ्यांनी सतत झांजा वाजवायला सुरुवात केली. यामुळे चिमण्यांना विश्रांती मिळेना. काही चिमण्यांचे थवे दुसरीकडे निघून गेले तर काही चिमण्या थकून मरून पडल्या. यामुळे काय झालं? पीक वाढलंच नाही तर कीटकांच्या संख्येवरचं नैसर्गिक नियंत्रण नाहीसं झालं आणि त्यांची संख्या भरपूर वाढून शेतातलं पीक नष्ट झालं; आणि उत्पन्न वाढण्याऐवजी घटलंच.

इंग्लंडमध्येही हे नेहेमीच पहायला मिळतं. ससे, कोल्हे आणि गवत यांच्यातला हा अन्योन्य संबंध उदाहरण म्हणून फार चांगला आहे. जर सशांची संख्या वाढली तर कोल्हे वाढतात. एवढंच नव्हे तर हे जास्त ससे जास्त गवत खातात त्यामुळे गवत कमी होतं आणि सशांची उपासमार होते. मग सशांची संख्या कमी होते. त्यामुळे कोल्ह्यांची संख्या कमी होते आणि गवत पूर्ववत येतं. अशी ही नैसर्गिक शृंखला असते. कुठल्याही प्रणालित निसर्गत:च असा सतत समतोल राखण्याचा प्रयत्न सतत चालू असतो.

परिस्थिती प्रणाली प्रचंड मोठी असावीच लागते असंही नाही आणि ती छोटी असावी लागते असंही नाही. परिस्थिती प्रणाली ही बऱ्याच घटकांवर अवलंबून असते आणि यातले घटक बदलताच ही प्रणालीही बदलते. एखादं मोठं जंगल शेकडो चौरस किलोमीटर क्षेत्रात पसरलेलं असतं. ती परिस्थिती प्रणालीच असते. या उलट एखाद्या शेतात एक प्रचंड मोठं वडाचं झाड एखाद्या ओढ्याकाठी असतं. त्याची व्याप्ती तशी छोटी असली तरी तीही एक परिस्थिती प्रणालीच असते. रस्त्याच्या कडेला कॅनॉलमधलं पाणी सतत झिरपून एखादं बारमाही डबकं साचत राहतं, तीही एक परिस्थिती प्रणाली बनते.

कुठलीही परिस्थिती प्रणाली असो तिचा आसपासच्या इतर प्रणालींशी संबंध असतोच. अगदी काही दुर्मिळ अपवाद सोडले तर कुठलीही परिस्थिती प्रणालीही स्वंतत्र अस्तित्व उपभोगू शकत नाही आणि कुठलीही परिस्थिती प्रणाली स्वत:चा हवाबंद कप्पा निर्माण करू शकत नाही. चुनखडकातल्या काही गुहांमध्ये काही परिस्थिती प्रणाली स्वत:चा सवता सुभा करतात खरा पण तिथे सुद्धा बाहेरून येणारे भूजल हे महत्त्वाची भूमिका बजावत असतेच, हा अपवाद सोडला तर इतर सर्व परिस्थिती प्रणालीत सूर्यप्रकाश, पाऊस, वाहते पाणी, वनस्पतींचं कुजणं, मातीतल्या सजीवांमुळं होणारी मातीची हालचाल, वनस्पतींच्या परागकणांचा आणि बियांचा प्रसार यामुळे प्रत्येक प्रणालीच्या चोहो बाजूंच्या शेजाऱ्यांशी संबंध येतो आणि परस्पर

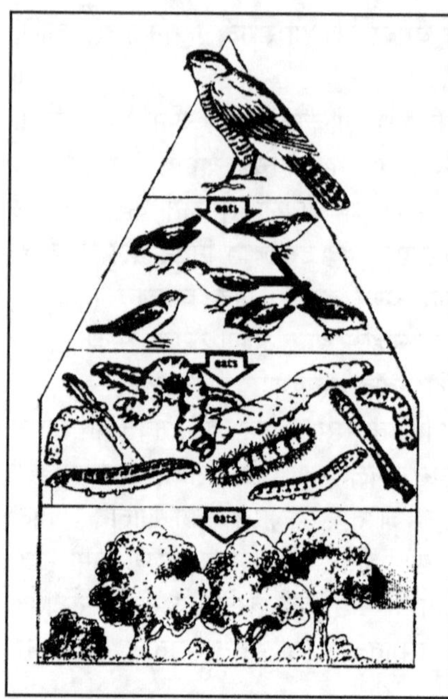

आदान-प्रदानही घडून येते.

कुठलीही परिस्थिती प्रणाली असो तिच्या सीमारेषा सुस्पष्ट नसतात तर त्या हळुहळू बदलत जातात आणि मगच बदल दिसून येतात. मानवी हस्तक्षेप नसेल तर जंगल विरळ होत होत जाते आणि मग गवताळ रान सुरू होते. नदीच्या काठी शेती नसेल तर वनस्पतींमध्ये हा हळुहळू घडत जाणारा बदल स्पष्ट दिसतो. टेकडीच्या माथ्यावर दाट झाडी असेल तर उतारावर काटेरी झुडपं मग गायरान असा टप्प्या टप्प्याने सरमिसळ झालेला निसर्ग आपल्या दृष्टीस पडतो. अशा या पुसट सीमारेषेस इंग्रजीत 'इकोटोन' म्हणतात. यास आपण 'सीमावर्ती परिस्थिती' असं म्हणू या. या सीमावर्ती परिस्थितीमध्ये दोन्ही बाजूच्या वनस्पती आणि प्राणी यांची सरमिसळ आढळते; यामुळे अशा परिस्थितीमध्ये खूप जाती आणि प्रजातींच्या वनस्पती आणि प्राणी यांची रेलचेल आढळते.

एखाद्या अरण्यालाही आपण परिस्थिती प्रणाली म्हणू शकतो. पृथ्वीवरच्या काही भागात ही अरण्ये म्हणजे वृक्ष, झाड-झुडपं आणि खुरट्या वनस्पतींचे मिश्रण प्रचंड मोठ्या भूभागावर पसरलेले आढळते. अशा प्रकारचे अरण्य कॅनडात, उत्तर युरोपात आणि आशियाच्या उत्तर भागात पसरलेलं आढळतं. याच्या दक्षिणेस असेच प्रचंड विस्ताराचे गवताळ प्रदेश आढळतात. उत्तर अमेरिकेतील प्रेअरी गवताळ प्रदेश आणि युरोप आशियातील स्टेपे गवताळ प्रदेश, ही अशा प्रकारची उदाहरणं आहेत. यांच्या दक्षिणेस आलो तर प्रचंड मोठाली वाळवंट पहायला मिळतात. तर विषुववृत्तीय जंगलं त्यांच्या अतिप्रचंड विस्ताराबद्दल प्रसिद्ध आहेतच, ही विषुववृत्तीय अरण्ये मध्य व दक्षिण अमेरिका, आफ्रिका, आशिया (आणि ऑस्ट्रेलियाच्या उत्तर टोकाला) आढळतात. या प्रचंड परिस्थिती प्रणालींना इंग्रजीत 'बायोन' असं म्हणतात. आपण यांना 'महापरिस्थिती' म्हणू या; आणि सागर तळापासून वातावरणाच्या टोकापर्यंत जिथे सजीव आढळतात त्या पृथ्वीच्या भागास 'बायोस्फीअर' असं म्हणण्यात येतं. याला आपण पृथ्वीचं 'जीवावरण' असं म्हणू.

पारिस्थितिकी शास्त्रज्ञ हा सजीव, सजीव आणि सजीव निसर्ग यांच्या परस्पर संबंधांचा अभ्यास करीत असतो. निसर्गात अशा परस्परसंबंधांची रेलचेल आढळते. यातला सर्वांत समजायला सोपा परस्पर संबंध हा भक्ष्य आणि भक्षक यांच्या मधला असतो. याशिवाय नर-मादी, पालक आणि पाल्य, समूहाचा नेता आणि अनुयायी, स्थानिक आणि उपरे असे संबंध प्राणी जगतात (यात माणूसही आला) तर आढळून येतातच पण वनस्पती सृष्टीतही आढळतात. उदा. जेव्हा एखाद्या ठिकाणी भरपूर अन्न पुरवठा किंवा वाढीस सुयोग्य परिस्थिती असेल तेव्हा त्याजागी खूप नवनव्या वनस्पती किंवा प्राणी दिसू लागतात. ही परिस्थिती पालटली की हे प्राणी किंवा या नव्या वनस्पती दुसरीकडे निघून जातात. तर स्थानिक त्याच जागी राहतात. चांगल्या परिस्थितीचा असा फायदा घेणाऱ्या पाहुण्या सजीवांना पाहुणे किंवा संधिसाधू (ऑपॉर्च्युनिस्ट) सजीव म्हटलं जातं. या पाहुण्या कलाकारांचे स्थानिक सजीवांशी तात्पुरते संबंध जुळून येत असतात. याचाही स्थानिक परिस्थितीवर परिणाम घडून येतो.

काही सजीव दुसऱ्या सजीवांसारखे दिसतात. यांच्यात फक्त बाह्य साम्य आढळते. त्यांचा परस्परांशी अर्थाअर्थी काहीही संबंध नसतो. पण केवळ स्वसंरक्षणार्थ या सजीवांनी दुसऱ्या खाद्य म्हणून अयोग्य, बेचव किंवा विषारी सजीवांसारखे रूप धारण केलेले असते. याशिवाय काही वनस्पती आणि काही प्राणी हे इतर वनस्पती आणि प्राणी यांच्याशी सहकार्य करून जगतात. हे परस्परसंबंध दोन्ही जीवांना फायदेशीर ठरतात. तर काही सजीवांमधले संबंध शोषक आणि शोषित या स्वरूपाचे असतात. हे शोषक आणि शोषित संबंध फार गुंतागुंतीचेही असू शकतात. म्हणजे एखाद्या शोषिताचे शोषण करणाऱ्या शोषकाचे शोषण करणारा अन्य सजीवही या संबंधात प्रवेश करतो. हे मूळ शोषिताच्या दृष्टीने फायदेशीर ठरू शकते.

या असल्या गुंतागुंतीत आणखी भर पडते ती हवामानामुळे. विषववृत्तीय प्रदेशात हा घटक फारसा जाणवत नाही कारण तिथले हवामान ऋतूप्रमाणे बदलत नाही. मात्र विषुववृत्तापासून जसजसे दूर उत्तरेस किंवा दक्षिणेस जावे तसतसे बदलते ऋतू आपला प्रभाव दाखवू लागतात. आणि जिथे ऋतू खूपच प्रभावी असतात म्हणजे हवामान अतिविषम असते तिथे तर परिस्थितीनुसार सजीवांना वागावे लागते. यातच पुन्हा हिमालयासारखी पर्वतराजी असेल तर आणखी वेगळे प्रश्न निर्माण होतात. हिमालय हा कर्कवृत्ताच्या उत्तरेस असून तो पूर्व-पश्चिम असे पसरले आहेत. इथे सूर्य कधीच डोक्यावर येत नसल्याने इथल्या उत्तरेच्या उतारांवर सूर्यकिरण थेट पडलेत असं कधीच होत नाही. दक्षिणेकडच्या उतारांवर मात्र सूर्यप्रकाश पडतो. यामुळे दक्षिणेकडे उतार असलेल्या भागावरच्या वनस्पती आणि प्राणीजीवन व उत्तरेकडे उतार असलेल्या वनस्पती आणि प्राणीजीवन यात फरक पडतो. यातच

हिमालयाची उंची गेली लक्षावधी वर्षे वाढत होती आणि अजूनही ती वाढतच आहे. त्यातच सध्या पृथ्वीवर आंतर हिमयुगीन मध्यंतर म्हणजे दोन हिमयुगांच्या मधला काळ (इंटर ग्लेशियल पिरीयड) चालू आहे, असं म्हटलं जातं. यामुळे हिमालयातली परिस्थिती सतत बदलत आली आहे आणि ती बदलतच राहणार आहे. या अशा बदलत्या परिस्थितीचा अभ्यास हे पारिस्थितिकी तज्ज्ञांना एक आव्हानच वाटत असतं.

पारिस्थितिकी हे शास्त्र अशा तऱ्हेनं अत्यंत गुंतागुंतीचे आहे; पण जेव्हा आपण गुंता सोडवायचा प्रयत्न करीत असतो तेव्हा कुठंतरी सुरुवात करणं भाग असतं. गुंताड्यातला धाग्याचा त्यातल्या त्यात झटकन सुटा वाटणारा भाग धरून जसा आपण गुंता सोडवायला सुरुवात करतो त्याचप्रमाणे पारिस्थितिकीचा अभ्यास करताना आपल्याला आकलन होणारा आणि झटकन लक्षात येणारा भाग म्हणजे अन्न शृंखला किंवा अन्न घटकावर सजीवांचे परस्परावलंबित्व.

कुठल्याही परिस्थिती प्रणालीत काही सजीव कच्चा माल वापरून सजीवांसाठी अन्न तयार करतात. हा कच्चा माल म्हणजे हवा, पाणी आणि जमिनीतून मिळणारे पोषक घटक. अनेक सूक्ष्मजीव या कार्यात मग्न असतात पण आपल्या नजरे समोरचं उदाहरण म्हणजे हिरव्या वनस्पती. या वनस्पतींमध्ये क्लोरोफिल नावाचा एक घटक असतो. सूर्यप्रकाशाच्या मदतीने क्लोरोफिलयुक्त वनस्पती पाण्याचं विघटन करून हायड्रोजन आणि ऑक्सिजन वेगळे करतात. यातला काही ऑक्सिजन हवेत सोडला जातो; आणि हवेतल्या कार्बन-डाय-ऑक्साईडशी हायड्रोजन आणि थोडा ऑक्सिजन यांचा संयोग करून शर्करा तयार केली जाते. याला 'प्रकाश संश्लेषण' असं आपण म्हणतो. हे आपण शाळेतच शिकतो पण याचं महत्त्व आपल्या लक्षात येत नाही. या प्रक्रियेचं महत्त्व विचारलं तर आपण असं म्हणू की यामुळे हवेतील कार्बन-डाय-ऑक्साईड कमी होतो आणि ऑक्सिजन वाढतो. ते खरंच आहे. वनस्पतींनी सर्व ऑक्सिजन अवलंबी सजीवांवर हे मोठेच उपकार केले आहेत; पण यातली दुसरी एक महत्त्वाची गोष्ट आपण लक्षात घेत नाही. ती म्हणजे वनस्पती सामान्य तापमानास आणि दाबास पाण्याचं विघटन करून ऑक्सिजन आणि हायड्रोजन वेगळा करतात. हे आपण एवढी विज्ञान तंत्रज्ञानाची प्रगती झाल्यावरही सहजगत्या आणि कमी खर्चात करू शकत नाही. किंबहुना पाण्याचं सहजगत्या विघटन करायची युक्ती आपल्याला सापडली तर मानव जातीचे अनेक प्रश्न सहजगत्या सुटतील.

वनस्पती जमिनीतून जे क्षार आणि पाणी मिळवतात त्यापासून प्रथिनांची निर्मिती करतात. हिरव्या वनस्पतीप्रमाणे काही सूक्ष्मजीव क्लोरोफिल ऐवजी दुसरे पर्यायी पदार्थ वापरून प्रकाश संश्लेषण पार पाडतात. तर इतर काही जीव आंबवण्याच्या

प्रक्रियेने (फर्मेंटेशन) म्हणजेच रासायनिक प्रक्रिया वापरून साध्या साध्या कच्च्या मालापासून विशेषत: अकार्बनी रसायनांपासून अनेक जटिल कार्बनी रसायने बनवित असतात. यांना इंग्रजीत ऑटो ट्रॉफ्स म्हणतात. ऑटो ट्रॉफ्स म्हणजे स्वत:चे अन्न स्वत: बनवणारे; यांना मराठीमध्ये 'स्वपोषित' असं म्हणतात. जे स्वत:चं अन्न स्वत: निर्माण करीत नाहीत तर अन्नासाठी दुसऱ्यावर अवलंबून असतात त्यांना हेटरोट्रॉफ्स किंवा परपोषित असं म्हणण्यात येतं. हे सजीव स्वपोषित सजीवांचे भक्षण करतातच पण यातले काही सजीव दुसऱ्या परपोषित सजीवांचे भक्षण करून आपणास हवी ती जटिल कार्बनी संयुगे मिळतात. तर माणसासारखे सर्वभक्षी सजीव स्वपोषित आणि परपोषित असे सर्व प्रकारचे सजीव खातात. यांना आपण शाकाहारी, मांसाहारी आणि सर्वभक्षी असे त्यांच्या खाण्याच्या सवयीनुरूप म्हणतो.

अन्न श्रृंखला हा शब्द आपण ऐकला असेलच. उंदीर शेतातले धान्य खातो. घुबड उंदराला खातं, ही एक श्रृंखला झाली; पण निसर्गात इतकं सोपं काहीच नसतं. तर अनेक श्रृंखला परस्परात मिसळून एक प्रकारचं जाळंच तिथे तयार झालेलं असतं. याचं कारण अगदी एका पिकाचं शेत घेतलं तरी त्यात तण असतं, उपपीक असतं, बांधावरची झाडी असते. शेतात मध्यभागी बरेचदा सावलीसाठी मोठा वृक्ष असतो. या सर्व वनस्पतींच्या बिया वेगवेगळ्या फळांमध्ये असतात. या वनस्पतींवर निरनिराळ्या प्रकारचे कीटक वाढतात. याशिवाय जमिनीत गांडुळं, पाण्याच्या पाटात गोगलगाई, विहिरीत व साठलेल्या पाण्यात शेवाळं, पाण निवळ्या असतात. जमिनीवर कातिणीची जाळी तर झाडांवर नानाप्रकारचे कोळी आपली जाळी विणतात. याशिवाय पैशांसारखे शतपाद व सहस्रपाद, साप, विंचू, उंदीर, घुशी, मुंगूस, कोल्हे, कावळे, चिमण्या, घारी, गिधाडं आणि ऋतूमानाप्रमाणे पाहुणे पक्षी शेतांमधून आढळतात.

पारिस्थितिकी तज्ज्ञ या सर्व प्रकारच्या सजीवांचे परस्परसंबंध तपासून पहात असतो. एकतर यात विविधता आणि वैचित्र्य असते आणि त्याही पेक्षा महत्त्वांचे म्हणजे हे परस्पर संबंध परिस्थितीच्या दृष्टीने महत्त्वाचे ठरू शकतात. आपण घुबडाचंच उदाहरण घेऊ. आपण कारण नसताना या पक्ष्याला अशुभ मानत असतो. घुबडे उंदीर, चिचुंद्र्या, घुशी, सरडे असे छोटे छोटे प्राणी खात असतात. जेव्हा शेतात घुबडं दिसेनाशी होतात तेव्हा साहजिकच असे कां घडले याचा विचार करणे आवश्यक ठरते. याचं कारण घुबडाला नैसर्गिक शत्रू फारसे नाहीत आणि ते आपल्याकडे अपवित्र मानले गेल्यामुळे शेतकरी त्याच्या वाटेस जात नाहीत. काही वेळा अंधश्रद्धा एखाद्या प्राण्यास कशी मदत करते याचं घुबड हे उत्तम उदाहरण आहे. घुबडाला दगड मारला तर घुबड तो दगड झेलते आणि उगाळू लागते. तो दगड जसजसा झिजतो तसतसे दगड मारणाऱ्याचे आयुष्य घटते अशी एक समजूत

आहे. ही समजूत प्रसारित व्हायचं कारण जिथे घुबडाचे वास्तव्य असते अशा ठिकाणी गोलगोल गोट्या पडलेल्या सापडतात आणि बरेचदा या गोट्यात केस असतात. घुबडाने आपल्या भक्ष्याला खाऊन न पचणारे असे भक्ष्याचे भाग ओकून टाकलेले असतात, ते या गोट्यांच्या रूपात आढळतात. ते काहीही असो यामुळे सर्व सजीवांचा प्रमुख शत्रू म्हणजे मानव स्वतःहून सहसा घुबडांच्या वाटेस जात नाही; अशा परिस्थितीत उंदीर, चिंचुंद्र्यांच्या संख्येवर नियंत्रण ठेवणारा हा पक्षी नाहीसा झाला तर पारिस्थितिकी तज्ज्ञ लगेच सावध होतो; याचं कारण हा पक्षी चिंचुंद्र्यांचा प्रमुख शत्रू आहे. मांजर चिंचुंद्रीच्या वाटेस सहसा जात नाही.

घुबडांची संख्या कमी का झाली याचा अभ्यास सुरू केला की असं आढळून येतं की शेतात छोटे सस्तन प्राणी आणि सरडे यांची संख्या एकदम घटलेली आहे. ही संख्या का घटली, या प्रश्नाचे उत्तर शोधायचा प्रयत्न केला की शेतात पिकावर जे औषध फवारलं होतं त्यामुळे कीटक आणि त्याबरोबर हे छोटे कृदंत सस्तन प्राणी व सरपटणारे प्राणीही मेले, असं आपल्या लक्षात येतं. तेवढ्यात कुणीतरी म्हणतं की आम्ही औषध फवारलं नव्हतं तरी आमच्या इथली घुबडं कमी झाली. मग त्या शेताचाही आपण विचार करतो. मग आपल्या लक्षात येतं की या शेतात यावर्षी पाणी कमी होतं म्हणून पीक कमी होतं, त्यामुळं इथले त्रासदायक (शेतकऱ्याच्या दृष्टीने त्रासदायक) छोटे प्राणी दुसरीकडे गेले, त्यामुळे त्यांच्या मागोमाग त्यांच्यावर गुजराण करणारी घुबडंही दुसरीकडे गेली. याचा अर्थ घुबडं दुसरीकडे गेली ती काही कारणामुळे. हे कारण आणखी एखाद्या वेगळ्याच घटनेवर अवलंबून होतं. ती घटना आणखी कशावर तरी अवलंबून होती, म्हणजे जेव्हा एखाद्या ठिकाणच्या परिस्थितीचा अभ्यास करायचा झाला तर आपल्याला बरंच खोलात शिरून सर्व कार्यकारणभाव लक्षात घ्यावे लागतात.

ज्यावेळी आपण एखाद्या प्राण्याचा किंवा प्राणीजातीचा विचार न करता त्या भूभागातील सर्वच सजीवांचा विचार करू लागतो तेव्हा या भूभागातील सजीव सृष्टीसाठी आपण एक विशिष्ट शब्द वापरतो. इंग्रजीत याला 'बायोमास' असं म्हणतात. मराठीत आपण याला 'जीवमान' असं म्हणू या. जेव्हा पारिस्थितिकी तज्ज्ञ 'जीवमान' हा शब्द वापरतात तेव्हा त्या पारिस्थितिकी एककातील सर्व सजीवांचे एकत्रित वस्तुमान असा त्याचा अर्थ होतो. काही वेळा सोयीसाठी जीवमानाच्या घटकांचे वजन वेगवेगळे घेतले जाते किंवा त्या पारिस्थितिकी एककाच्या एका भागातील एखाद्या घटकाचेच वजनही विचारार्थ घेतले जाऊ शकते. या सर्वांना 'जीवमान' असेच म्हणतात. हे सर्व ज्या भूभागात घडते त्या भूभागावर पृथ्वीचे गुरुत्वाकर्षण कार्यरत असल्यामुळे या सजीवांचे वजन लक्षात घ्यावे लागते. अशा तऱ्हेनं जर सर्वच स्वपोषितांचं जीवनमान, सर्व शाकाहारी सजीवांचं जीवमान, सर्व

मांसाहारी सजीवांचं जीवमान आणि सगळ्या सर्वभक्षींचं जीवमान यांच्या अभ्यासामुळे एखाद्या भूभागात किती कार्बनी पदार्थांची निर्मिती झाली हे कळू शकते. याला या भूभागाची 'निर्मिती क्षमता' असं म्हटलं जातं. जर एखाद्या भूभागाच्या निर्मितीक्षमतेत कमतरता आढळून आली तर इथे बदल घडतोय किंवा या भूभागावर संकट कोसळण्याची शक्यता आहे, हे आधीच कळून येऊ शकतं.

स्वपोषित सजीव (म्हणजे मुख्यत्वे, हिरव्या वनस्पती) हे सृष्टीतील निर्मिते असतात. तर परपोषित सजीव (यात अळिंबांसारख्या वनस्पतीही आल्याचं) हे या निर्मात्यांचे ग्राहक असतात. या ग्राहकांचे सुद्धा वेगवेगळे प्रकार असतात. यात केवळ हिरव्या वनस्पतींवर जगणारे शाकाहारी प्राणी हे प्राथमिक ग्राहक मानावे लागतील. तर मांसभक्षी आणि सर्वभक्षी सजीव हे दुय्यम ग्राहक ठरतात; कारण ते ज्यांनी वनस्पती पचवल्या अशा प्राण्यांचं भक्षण करून आपली उपजीविका करीत असतात. याही पुढची पायरी तृतीय भक्षकांची किंवा ग्राहकांची. यात केवळ मांसभक्षी प्राण्यांवर जगणारे मांसभक्षी प्राणी येतात. या पायऱ्यांना 'पोषण सोपान' असं नाव आहे. इंग्रजीत यांना 'ट्रॉफिक लेव्हल्स' असं म्हणतात. या पोषण सोपानांच्या पायऱ्या त्यांचे मध्य एकावर एक येतील अशा रचल्या तर काय होईल? प्रत्येक पायरीचा आकार हा त्या त्या जीवमानाच्या निर्देशांकांच्या प्रमाणात ठेवला आणि या पायऱ्या मध्य जुळवून एकावर एक रचल्या तर एक पिरॅमिडाकृती तयार होते. साधारणपणे या प्रत्येक पायरीचे जीवमान हे तिच्या वरच्या पायरीपेक्षा दहापट अधिक असतं, असंही दिसून येतं. जागोजागच्या परिस्थितीनुसार या पिरॅमिडांचं आकारमान बदललं तरी ऊर्जा ग्रहण फारसं बदलत नाही असं संशोधकांना आढळून आलं आहे. एखाद्या भूभागात जेवढा सूर्यप्रकाश उपलब्ध असतो, त्याच्या साधारणपणे एक सहस्रांश म्हणजे ०.१% एवढा सूर्यप्रकाश हिरव्या वनस्पतींमार्फत वापरला जातो. या वनस्पती खाणाऱ्या शाकाहारी प्राण्यांना यातून ०.०१५% एवढा सूर्यप्रकाश (किंवा ऊर्जा) पोहोचतो. ०.०००३% सौर ऊर्जा मांसभक्षी प्राणी मिळवतात तर तृतीय पायरी वरच्या म्हणजे फक्त मांसभक्षींच्या भक्षकांना ०.०००००४% (४ दशलक्षांश) एवढी ऊर्जा प्राप्त होते.

पारिस्थितिकीच्या दृष्टीने या सर्व आकडेवारीला फार महत्त्व आहे. या आकडेवारीकडे बघितलं की तज्ज्ञांना बऱ्याच गोष्टी लक्षात येतात. यातल्या कुठल्याही पातळीवर थोडासा जरी घोटाळा झाला, म्हणजे सजीवांच्या गुणोत्तरात बदल घडून येतो. यामुळे या पायरीच्या वरच्या आणि खालच्या पायऱ्यांवरही परिणाम होतो. आपण घुबड, चिमण्या वगैरे जी उदाहरणं बघितली त्यावरून हे परिणाम लक्षात येतात. तेच या आकडेवारीनंही शास्त्रज्ञांना कळून येतात. या प्रकारास पुन:प्रदाय (फीडबॅक) असं म्हणतात. आपण जे उदाहरण घेतलं त्यास धन पुन:प्रदाय (पॉझिटिव्ह फीडबॅक)

असं म्हणतात. या प्रकारात संपूर्ण प्रणालीच्या एका घटकात पडलेले बदल वृद्धिंगत होऊन त्याचे परिणाम दुसऱ्या घटकांवर होतात. या धनपुन:प्रदायामुळे संपूर्ण प्रणाली अस्थिर होते आणि कालांतराने कोलमडते. यामुळेच मांसभक्षी प्राण्याला खाणारे मांसभक्षी प्राणी अगदी कमी प्रमाणात आढळतात. याचं कारण एक मांसभक्षी दुसऱ्या मांसभक्षी प्राण्यास मारू शकणार नाही असे नाही, पण निसर्गत:च मांसभक्षी प्राण्यांची संख्या कमी असल्याने ते परस्परांना मारून आपापले पोट भरत नाहीत; कारण तसं केल्यानं परिस्थितीचा समतोल ढासळून अखेरीस संपूर्ण सजीव सृष्टीवरच 'उपासमारीचं संकट कोसळून सर्वनाश होण्याची शक्यता असते. हे ज्ञान प्राण्यांमध्ये उपजतच असतं.

निसर्गात डोकावलं तर असं दिसतं की मांसभक्षी प्राणी हे संख्येनं कमी असतात आणि भव्य शरीराचे मांसभक्षी तर फारच कमी असतात. याचं कारण त्यांना जगण्यासाठी खूप अन्न लागतं; म्हणजेच त्यांना त्यांच्या साम्राज्याची त्यानुसार हद्द ठरवून घ्यावी लागते. त्यांचा आकार वाढला तर साम्राज्याचा विस्तार होणं, हे साहजिकच उद्भवतं; आणि साम्राज्य विस्तार झाला की हद्दींच्या संरक्षणासाठी अधिक गस्त आणि अधिक कष्ट ओढवून घ्यावे लागतात आणि श्रम वाढले की अधिक अन्न मिळवावे लागते, असं हे दुष्टचक्र असते.

हे सर्व का घडते हे जर मगाच्या आकडेवारी तज्ज्ञांना विचारले तर ते आपल्याला त्यांच्या भाषेत उत्तरही देतात. त्यांच्या मते सजीवात एका घटकाकडून दुसऱ्या घटकाकडे ऊर्जा प्रदान करण्याची पद्धत ही खर्चिक आहे; किंवा ही पद्धत अकार्यक्षम आहे.

पारिस्थितिकी शास्त्रज्ञाला संख्याशास्त्राचा फार मोठा आधार असतो. यामुळे वजनमापं, सजीवांची गणती आणि ही आकडेवारी जमा केल्यावर अर्थ लावण्यासाठी संगणकाची मदत घेऊन तो आपले निष्कर्ष काढत असतो. संगणकाच्या मदतीनं कुठल्याही परिस्थिती प्रणालीतले परस्पर संबंध आलेख, गुणोत्तर अशा पद्धतीनं पारिस्थितिकी शास्त्रज्ञ आपल्या समोर मांडत असतो; एवढंच नव्हे तर संगणकाच्या सहाय्यानं हे शास्त्रज्ञ विविध घटकांचे परस्परसंबंध फार मोठ्या प्रमाणावर पडताळून पाहू शकतात आणि या संबंधांची चिरस्थायी स्वरूपाची समीकरणे निर्माण करू शकतात. या समीकरणांच्या सहाय्याने मग दुसऱ्या एखाद्या परिस्थिती प्रणालीतील काही घटकांची माहिती मिळाली तर त्या संपूर्ण परिस्थिती प्रणालीतील इतर घटकांची संभाव्य माहिती मग शास्त्रज्ञ मिळवू शकतात. एवढेच नव्हे तर एखाद्या ठिकाणी आदर्श परिस्थिती कशी असायला हवी याचे सादृशीकरण करून परिस्थितीचा असमतोल निर्माण होण्याची संभाव्य कारणेही या संगणकी सादृशीकरणाने आणि समीकरणांच्या सहाय्याने शक्य होते. अर्थात हे प्रतिरूप (मॉडेल) सैद्धांतिक असते.

प्रत्यक्षात परिस्थिती तंतोतंत या प्रतिरूपाप्रमाणेच घडेल हे सांगणं अवघड असलं तरी आपल्यासमोर एखाद्या कृतीने संभाव्य परिणाम कसे असतील, ते कोणत्या दिशेनं जातील याचं एक प्राथमिक स्वरूप तरी उभं राहत.

अशा तऱ्हेचं प्रतिरूप तयार करताना जी आकडेवारी मिळवावी लागते, ती कशी मिळवायची, हा प्रश्न आपल्या पुढे उभा राहील. म्हणजे गावाच्या सीमेवरचं गायरान, टेकडीवरचं जंगल, त्यातील वनस्पती आणि प्राणी यांची मोजदाद करायची आहे; तर ती कशी करायची? खूप विद्यार्थी कामाला लावायचे आणि प्रत्येक झाड, गवताचे पातें, प्राणी मोजायचे, असा एक विचार आपल्या मनात येईल. पण अशी मोजदाद करायची झाली तर त्यात खूप वेळ खर्च होईल; आणि वनस्पती जरी जागच्या हलल्या नाहीत तरी प्राणी सृष्टीचं काय? जागचे हलणे हा तर त्यांचा स्थायीभाव आहे. किंबहुना वनस्पती आणि प्राणी यांच्यातील प्रमुख फरक सांगतानाच मुळी प्राणी एका जागेहून दुसरीकडे जातात तर वनस्पती एकाजागी स्थिर असतात, असं आपण सांगतो. यामुळे कीटकादि प्राण्यांची मोजदाद करणे फार अवघड असते, यामुळे मग नमुना सर्वेक्षण (सँपल सर्वे) करून अदमासे ही संख्या काढावी लागते. अशा तऱ्हेच्या सर्वेक्षणाचे अनेक प्रकार आहेत. यातले काही प्रकार गमंत म्हणून आपण आपल्या शाळेच्या बागेत किंवा शहरातल्या उद्यानातही करू शकतो.

या सर्वेक्षणावरून एक दोन गोष्टी आठवल्या त्यातली एक म्हणजे बिरबलाची. त्याला बादशहाने विचारले, 'बिरबल, दिल्लीत कावळे किती?' लगेच बिरबल उतरला, '२ लक्ष ४७ हजार ४९२.' बिरबलाचं हे उत्तर ऐकून बादशहा चमकला. 'ऑऽऽ! आणि जास्त असले तर?' दाढी कुरवाळीत बादशहाने विचारले.

'ते बाहेर गावहून पाहुणे आले असतील.' बिरबल उतरला.

'आणि कमी असले तर?' बादशहाने डोळे किलकिले करत विचारले.

'तर काय? इथले कावळे बाहेरगावी पाहुणे म्हणून गेले, असतील.' बिरबलाने उत्तर दिले.

आणि दुसरी गोष्ट म्हणजे एका शहरी माणसाने मेंढपाळाला विचारले, 'काय रे बाबा, धनगरा! समोरच्या कुरणात मेंढ्या किती ते सांगशील काय?'

यावर धनगराने डोळ्यावर सावलीसाठी हात धरला आणि कुरणाकडे बघितले; मग त्याने मेंढ्यांची संख्या सांगितली. शहरी माणसानेही दरम्यान मेंढ्या मोजल्या. तेव्हा धनगराने अचूक उत्तर दिल्याचे त्याला आढळून आले. त्याने धनगराला विचारले, 'तू एवढे अचूक उत्तर कसे दिलेस?' यावर धनगर उतरला, 'ते तर फारच सोपे! मी सर्व मेंढ्यांचे पाय मोजले आणि त्याला चाराने भागले.'

या गोष्टी अशासाठी सांगितल्या की सर्वच आकडेवारी अशी नसते. सर्वेक्षणाचे विविध प्रकार असतात; या प्रकारांमध्ये एकूण एक गवताची पाती किंवा सर्व कावळे

मोजायची गरज नसते; तर आपल्या हव्या त्या वनस्पतींची किंवा प्राण्यांची अदमासे संख्या किती हे जाणून घेतले तरी पुरे असते. या साठी ज्या भूभागातील आकडेवारी गोळा करायची त्या भूभागाचा एक प्राथमिक स्वरूपाचा नकाशा आपल्याजवळ हवा. जर एखाद्या मैदानातील आकडेवारी गोळा करायची असेल तर त्या मैदानाचे प्रमाणबद्ध आरेखन आपण करू शकतो. मग या नकाशावर ठराविक अंतराने उभ्या आणि आडव्या रेघा काढल्या की नकाशावर एक छानशी जाळी तयार होते. याला इंग्रजीत 'ग्रिड' म्हणजे जाळी असंच म्हणतात. आता आपण जर हे काम मैदानात करत असू तर मैदानावर ही जाळी आखता येते. या जाळीच्या रेषा ज्या वनस्पतींना स्पर्श करतील. तेवढ्या वनस्पतींची आपण नावनिशीवार नोंद करू शकतो, तसंच या वनस्पतींना अनुक्रमांकही देऊ शकतो. हे सर्व नकाशावर आपण मांडू शकतो. आणि काही गणिती सूत्रांच्या सहाय्यानं आपण या भूभागात एकूण वनस्पती किती, त्यांचे एकूण प्रकार किती आणि प्रत्येक प्रकारच्या वनस्पती किती याचा अंदाज बांधू शकतो. वनस्पती या आपली जागा सोडून हलत नसल्यामुळे त्यांच्या बाबतीत अशा पद्धती उपयोगी पडतात. वनस्पतींची संख्या मोजण्यासाठी आणखीही पद्धती वापरल्या जातात. ही आपली एक वानगी दाखल दिली.

वनस्पती या जागा सोडून जात नसल्यामुळं त्यांची निश्चिती करणं बरंच सोपं जातं. त्या मानाने प्राण्यांची मोजदाद करणं हे जरासं कठीण आणि परिश्रमाचं काम ठरतं; आणि ते तज्ज्ञांचं काम असतं. बऱ्याच प्राण्यांना रंगाचे ठिपके देऊन त्यांची गणना करण्यात येते. काही वेळा पाणवठ्याजवळ दबा धरून प्राणी मोजले जातात. वाघासारख्या प्राण्यांच्या पंजाचे धुळीत किंवा चिखलात उमटलेले ठसे मोजून त्यांची गणना केली जाते. आफ्रिकेत बऱ्याच मोठ्या प्रमाणावर गणना करताना विमानंसुद्धा वापरली जातात. पक्ष्यांचे ठिय्ये ठरलेले असतात. त्या झाडांखाली उभे राहून सकाळी चरायला जाताना किंवा संध्याकाळी 'पहा पाखरे चरून होती झाडावर गोळा' अशावेळी या पाखरांची मोजदाद करता येते पण त्यासाठी आपल्याला साखरझोपेचा त्याग करावा लागतो आणि संध्याकाळचे इतर उद्योग सोडून द्यावे लागतात.

अशा तऱ्हेची गणना केल्यामुळे निसर्गामध्ये यांतले किती जीव भरपूर प्रमाणात आहेत, किती जीव धोक्यात आहेत, याची आपल्याला कल्पना येऊ शकते. पूर्वी अशी गणना होत नसे, त्या वेळी बरेच प्राणी केवळ अज्ञानामुळे पृथ्वीच्या पाठीवरून नाहीसे झाले. मानवानं शिकार करून अनेक प्राणी रसातळास पाठवले, असं आपण म्हणतो आणि ते खरंच आहे. पण त्याहीपेक्षा जास्त प्राणी त्यांना राहण्यालायक परिस्थिती नाहीशी झाल्यामुळं नाहीसे झाले, हेही विसरून चालणार नाही.

प्राणिसंग्रहालये आणि वनस्पती-उद्यानांमधून काही प्राणिजाती आणि वनस्पती जगवता येतात; पण त्यांना जगवण्यासाठी अनेक तज्ज्ञांचे परिश्रम कारणी पडतात.

त्यातही पुन्हा आंतर्प्रजननामुळे (इनब्रिडींग) त्यांच्या पुढच्या पिढ्या जगवणे खूपच त्रासदायक होते.

निसर्गात सजीव एकमेकांवर कसे अवलंबून असतात आणि एखादी क्षुल्लक घटना एखाद्या जातीच्या मुळावर कशी येते, याची अनेक उदाहरणे आहेत, पण याचं एक अगदी अलीकडचं आणि पूर्णपणे नोंदलं गेलेलं असं एक उदाहरण आपण घेऊ या. हे उदाहरण ग्रेट ब्रिटनमधलं आहे. सप्टेंबर १९७९ मध्ये ब्रिटनमधून मोठे निळे फुलपाखरू दिसेनासे झाले आणि अधिकृतरीत्या या फुलपाखराचा वंशविच्छेद झाल्याचे जाहीर करण्यात आले. या फुलपाखराचे शास्त्रीय नाव मॅक्युलिनिया एरिऑन (Macalinea arion) असे होते. ते ब्रिटनमधल्या चॉक खडकांवरच्या दलदलीच्या प्रदेशात वास्तव्यास असायचं. त्याचे जीवनचक्र मोठे गहन होते. या फुलपाखराची मादी थाईम नावाच्या वनस्पतीवर आपली अंडी घालत असे. या नवजात अळ्या या थाईमच्या फुलासारख्या दिसत; आणि या झाडाची पाने खाऊन वाढत असत. त्या अळ्या जसजशा आकाराने वाढू लागत, तसतशया त्या कात टाकत असत. दर महिन्याला एकदा अशी तिसरी कात टाकून झाली, की या अळ्या झाडावरून खाली उतरून गवतात यायच्या. तिथे त्या एका विशिष्ट प्रकारच्या मुंग्यांची वाट पाहत थांबत असत.

या मुंग्यांच्या मृशांचा (अँटेनी) या अळ्यांना स्पर्श झाला, की त्यांच्या शरीरातून एक गोड स्राव पाझरू लागत असे, त्यावर या मुंग्या पोट भरायच्या. यामुळे या अळ्यांना जमिनीवर आल्यावर फार वाट पहावी लागत नव्हती तर त्या जमिनीवर उतरल्या, की थोड्याच वेळात मुंग्या त्यांच्याजवळ जमायच्या आणि त्यांना उचलून आपल्या वारुळामध्ये न्यायच्या; आणि या अळ्यांना अन्न पुरवायच्या, तसंच, त्यांचं संरक्षणही करायच्या. अन्न म्हणून या मुंग्यांच्या नुकत्याच जन्मलेल्या अळ्या या फुलपाखराच्या अळ्यांना भरवल्या जात असत. हे सुरवंट (म्हणजे फुलपाखराची अळी) हिवाळ्यात शीतनिद्रेत जायचे. वसंत ऋतूत कोश बांधायचे आणि इंग्लंडमधल्या उन्हाळ्याच्या मध्यास (म्हणज आपल्या कडच्या पावसाळ्यात) कोश फोडून फुलपाखरं त्या वारूळातून बाहेर पडायची. या सर्व प्रकारात 'थाईम' ही वनस्पती फार महत्त्वाची होती.

या थाईमचं वैशिष्ट्य असं, की ती अगदी खुरटी आणि जमिनीलगत वाढणारी वनस्पती आहे. गवताच्या सावलीतसुद्धा ती वाढू शकत नाही. पण पूर्वीच्या काळी ती ज्या गवताळ प्रदेशात वाढत असे, तिथे मेंढ्या चरायच्या. त्या भागात ससे वावरायचे. या दोघांच्या पोटभरीच्या उद्योगामुळे गवताच्या वाढीवर नियंत्रण रहायचं आणि रानथाईम आणि गवत बरोबरीनं पण सुखानं एकत्र नांदायचे. आधुनिक प्रगतीमुळं शेतीची पद्धत जशी बदलली, त्याचप्रमाणे मेंढीपालनाच्या पद्धतीही बदलल्या. यामुळे चराऊ मेंढ्यांची संख्या कमी झाली, पण त्यामुळे सशांना

मिळणाऱ्या चाऱ्यात भर पडल्यामुळे सशांच्या संख्येत भरीत वाढ झाली आणि त्यांनी चराऊ मेंढ्यांची उणीव भरून काढली. सगळं कसं व्यवस्थित चाललं होतं. आणि एक दिवस ब्रिटनमधल्या सशांना मिक्सोमॅटॉसिस या रोगांची लागण झाली. सशांमध्ये या रोगाची साथ फैलावली आणि सशांचा नि:पात झाला. फार मोठ्या संख्येनं सशांचा वंशसंहार झाल्यामुळे गवतवाढीवर नियंत्रणच उरलं नाही आणि गवत भराभर सर्वत्र वाढू लागलं. या उंच वाढणाऱ्या गवताच्या आडोशाला थाईम वाढणं शक्यच नव्हतं. यामुळं त्या भागातून रानथाईम पूर्णपणे नाहीशी झाली आणि बृहत्रील फुलपाखराची नामोनिशाणीही ब्रिटनमध्ये उरली नाही. हे उदाहरण द्यायचं कारण ते अलीकडचं आहे व त्यात निसर्गाचा समतोल किती नाजूक असतो, हे आपल्याला कळू शकतं.

पारिस्थितिकी तज्ज्ञांचा हा एक प्रकारे पराभवच होता; पण या एका परिस्थितीत त्यांचा पराभव झाला असला, तरी इतरत्र आपल्या प्रयत्नांची पराकाष्ठा करून पारिस्थितिकी तज्ज्ञ निरनिराळ्या वनस्पती व प्राणिजातींचे संरक्षण करायचा प्रयत्न करीत असतात. वेगवेगळ्या ठिकाणांचा अभ्यास करून ह्या परिस्थितीतील खासियत शोधून काढणे, या वैशिष्ट्यपूर्ण परिस्थितीला धोका कशामुळे पोचू शकेल, याचा विचार करणे, ही परिस्थिती 'जैसे थे' ठेवण्यासाठी काय करावे लागेल, यासाठी कोणते उपाय उपयोगी ठरतील, याबद्दल विचारविनिमय करणे आणि आगामी धोक्याची सूचना देणे आणि शक्यतो येणारा धोका टाळण्याचे प्रयत्न करणे किंवा अशा प्रयत्नांचे महत्त्व शासनास व जनतेस पटवून देणे, हे पारिस्थितिकी तज्ज्ञाचे काम असते. अशा तऱ्हेनं धोक्याची सूचना देणे हे पारिस्थितिकी तज्ज्ञांचे जसे काम असते, त्याबरोबर त्यांना एखाद्या प्रश्नाचे गांभीर्य ओळखून जगजागृतीही करावी लागते. दर वेळेस त्यांनी गृहीत धरलेला धोका उद्भवेलच असं नाही, काही वेळा ही धोक्याची सूचना चुकीची ठरण्याचीही शक्यता नाकारता येत नाही, पण एखाद्या धोक्याची सूचना अजिबात न मिळण्यापेक्षा, चुकीनं का होईना, पण एखाद्या प्रश्नावर जगजागृती होणे हे महत्त्वाचे. बरेचदा या धोक्याच्या प्रश्नांचा राजकीय पक्ष फायदा घेताना दिसून येतात. हा धोका कसा टाळायचा हे पारिस्थितिकी तज्ज्ञाला अनुभवानेच शिकावे लागते. कारण एखाद्या चळवळीत राजकारण शिरले की मूळ उद्दिष्ट बाजूला राहते आणि बरेचदा पारिस्थितिकी तज्ज्ञाचा फुटबॉल होतो; असे धोके ओळखून ते टाळून पारिस्थितिकी तज्ज्ञाने आपले काम करीत रहावयाचे असते.

पारिस्थितिकी तज्ज्ञाने सुरुवातीलाच 'मी शक्यता वर्तवीत आहे' अशा तऱ्हेनं आपलं म्हणणं मांडलं की त्याच्यावर टीका होऊ शकते पण अशा तऱ्हेनं धोक्याची सूचना देणं हे अजिबात सूचना न देण्यापेक्षा चांगलं. पारिस्थितिकी तज्ज्ञांना अशी तारेवरची कसरत करायला शिकावच लागतं.

देवमाशांच्या शिकारीचा प्रश्न आज आंतरराष्ट्रीय प्रश्न बनलाय, अशा प्रश्नांमध्ये पारिस्थितिकी तज्ज्ञ महत्त्वाची भूमिका बजावू शकतो. देवमाशांच्या प्रजननाचा अभ्यास, त्यांची एकूण संख्या, किती शिकार केली असता देवमाशांच्या संख्येवर परिणाम होणार नाही. देवमाशांच्या संख्येवर इतर कोणत्या गोष्टींचे परिणाम होऊ शकतात; याचा अभ्यास करतानाच या शिकारी विरुद्ध जनमत तयार करणे शक्य असते.

अशाच तऱ्हेनं आंतरराष्ट्रीय किंवा एखाद्या राष्ट्रातील स्थानिक महत्त्वाच्या गोष्टींच्या बाबत योजना आखताना जर आधीच परिस्थितीवर होणाऱ्या परिणामांचा सखोल अभ्यास झाला तर पुढे होणारे वाद आणि परिस्थितीचा ऱ्हास या दोन्हीही गोष्टी टाळता येतात.

पारिस्थितिकी तज्ज्ञ हे केवळ विरोधाभासासाठीच विरोध करतात असा एक गैरसमज निर्माण झालेला आहे, तो शक्यतो सुधारायचा प्रयत्न व्हायला हवा. ज्या भूमीचा, ज्या परिस्थितीचा आधीच ऱ्हास झाला आहे, ती परिस्थिती कशी सुधारता येईल या बाबतही पारिस्थितिकी तज्ज्ञ मदत करू शकतात. उदाहरणार्थ एखाद्या शहराची वाढ होत असताना आर्थिक किंवा इतर लाभाच्या दृष्टीने परिस्थितीचा ऱ्हास होत असतो. दगडांच्या खाणी काढल्या जातात. त्यात पाणी साठत जाते. कचऱ्याची साठवण केली जाते. ती निरूद्देश असते. शहरातला कचरा कुठेतरी टाकायचा तो एखाद्या तत्कालीन दूरच्या ठिकाणी टाकला जातो; आणि शहर वाढत जात एकदिवस कचऱ्याच्या ढिगाला जाऊन मिळतं. एखाद्या कारखान्यातील प्रदूषकांमुळे भूजल खराब होत जातं, किंवा पिण्याच्या पाण्याचा जलाशय धोक्यात येतो; पूर्वी यावर उपाय नव्हते आता पारिस्थितिकीचे अभ्यासक या परिस्थितीचा अभ्यास करून योग्य ते उपाय सुचवू शकतात; आणि त्यामुळे शहरांचा लाभन होतो.

या सुधारणांमध्ये पारिस्थितिकी तज्ज्ञाने असलेल्या परिस्थितीत थोडा बदल घडवून आणला तर त्याचा संपूर्ण समाजास कसा उपयोग करून घेता येईल या दृष्टीने विचार करायचा असतो. यामुळेच दगडाच्या खाणीत साठलेल्या पाण्यात काय करावे, याचा तो विचार करू लागतो तेव्हा मत्स्यशेतीपासून तर जलतरण तलावापर्यंत अनेक पर्यायांचा तो विचार करू लागतो आणि स्थानिक गरजा लक्षात घेऊन त्याप्रमाणे मग तो निर्णय घेत असतो.

पारिस्थितिकीला सध्या जीवविज्ञानाची– बायॉलॉजी– शाखा मानण्यात येतं. याचं कारण दोन किंवा अधिक सजीव जातींचे परस्पर संबंध, या सजीव जातींचे आणि त्यांच्या परिसराचे संबंध, प्रदूषणांचा या सजीवांवर होणारा परिणाम, परिस्थितीतील बदल आणि सजीव जाती अशा नानाविध विषयांशी संबंधित अभ्यास पारिस्थितिकी तज्ज्ञ करीत असले तरी या सर्व अभ्यासांच्या केंद्रस्थानी 'सजीव' असतात; असं

असलं तरी या पारिस्थितिकी तज्ज्ञाला वास्तवशास्त्र, रसायनशास्त्र, भूगोल, भूशास्त्र, सांख्यिकी आणि गणित यांची सतत मदत घ्यावी लागत असते. यामुळे पारिस्थितिकी तज्ज्ञ हा 'जॅक ऑफ ऑल ट्रेडस' असा किंवा सव्यसाची शास्त्रज्ञ असावा लागतो. एकाच शास्त्राच्या बारीकशा शाखेत प्रावीण्य मिळवून त्याला चालत नाही तर अनेक शास्त्रांशी किमान तोंडओळख असणं त्याच्या दृष्टीने महत्त्वाचं ठरत असतं.

पारिस्थितिकी हे शास्त्र अजून बाल्यावस्थेतच असल्यामुळे या शास्त्रज्ञांकडे आणि त्यांनी दिलेल्या इशाऱ्यांकडे आपण म्हणावं तेवढं लक्ष देत नाही. खरं तर पृथ्वीवर पर्यावरणाला असलेले धोके लक्षात आणून देण्याचं महत्त्वाचं काम हे शास्त्रज्ञ करीत असतात; आणि त्यांच्या इशाऱ्यांकडे लक्ष देण्यातच मानव जातीचं कल्याण आहे, हे आपल्या लक्षात येईल तो सुदिन म्हणावा लागेल.

❖

मानवी पारिस्थितिकी (Human Ecology)

पारिस्थितिकी म्हणजे सजीवांचा आणि पर्यावरणाचा परस्परसंबंध. हे गणित एकदा पक्कं केलं की मग त्याच्या पुढच्या पायऱ्यांकडे आपण वाटचाल करू शकतो. पृथ्वीवर ज्या सजीवांच्या व्यवहारांमुळे पर्यावरणावर आणि इतर सजीवांवर जाणवण्याइतका परिणाम घडतो, असा सजीव कोणता या प्रश्नाचं विचार न करताही आपण उत्तर देऊ शकतो; कारण तो सजीव म्हणजे मानव, हे सांगायला कुठल्याही विशेषज्ञाची गरज नसते. मानवी व्यवहारांमुळे पर्यावरणावर आणि संपूर्ण मानव जातीवर तसेच इतर सजीवांवर होणाऱ्या परिणामांचा अभ्यास करणारी शाखा म्हणजे मानवी पारिस्थितिकी. खरं तर पारिस्थितिकीचा अभ्यास करताना असा एकच सजीव वेगळा करून त्याची एक निराळीच शाखा बनवणं योग्य नाही. पण मानवी व्यवहार हे परिस्थितीत बदल घडवून आणतात का, आणि या बदलांचे परिणाम किती आणि कोणते, याचा अभ्यास करणे, त्या परिणामांचे मोजमाप करणे हे अशा तऱ्हेनं अभ्यास केल्यास सहज शक्य होते. यामुळेच ही मानव केंद्रित शाखा अस्तित्वात आली आहे, असं आपण म्हणतो, आणि ज्यावेळी एखाद्या घटनेचे परिणाम मानवाच्या दृष्टीने अहितकारक ठरण्याची शक्यता दिसून येते तेव्हा लगेच धावाधाव करून हे अहितकारक परिणाम टाळण्याची धडपड करण्यात येते किंवा ज्या घटना शृंखलेमुळे हे अहितकारक परिणाम घडून येत असतात, त्या शृंखलेतील प्राथमिक घटनांपासूनच ही शृंखला थांबवण्यासाठी प्रयत्न सुरू केले जातात.

आज पृथ्वीवरील सर्व घटनांचा मानवाला लाभ किंवा तोटा काय? या दृष्टीनेच सतत विचार केला जातो. पारिस्थितिकी तज्ज्ञ किंवा पर्यावरण शास्त्रज्ञ हा सुद्धा जेव्हा आपले विचार मांडतो तेव्हा त्यातही मानव केंद्रित विचारांचेच प्राबल्य असते. एखाद्या औद्योगिक क्षेत्रातील द्रव घाण किंवा प्रदूषिते एखाद्या नदीनाल्यात सोडली

जातात तेव्हा त्याठिकाणी चळवळ सुरू होते, त्या कारखान्यांना आपल्या कारखान्यातील घाण नदीत सोडण्यापूर्वी त्यातील विखारी घटक काढून टाकण्याची सक्ती केली जाते. यामुळे त्या नदीला आलेले गटार गंगेचे रूप बदलून ती सुधारते. त्यात मासे, कासवं, शेवाळं यासारख्या वनस्पती परत येऊ लागतात, वाढतात; पण आपण जेव्हा नदी सुधारण्याचं मूळ कारण शोधतो तेव्हा आपल्या असं लक्षात येतं की त्या नदीच्या घाण पाण्यामुळे गावात रोगाची साथ पसरत होती, मानवी उपयोगी गाई-गुरांना विषबाधा होत होती, म्हणून ती नदी साफ करण्यात आली होती. वनस्पती आणि इतर सजीवांचा फायदा व्हावा, या उद्देशाने ती नदी साफ करण्यात आलेली नव्हती. त्यांच्या फायद्याचा कुणीच विचार केलेला नव्हता.

माणूस स्वार्थी आहे, माणूस पर्यावरणाचा नाश करतोय, असं आपण म्हणतो; ते बऱ्याच अंशी खरं असलं तरी इतर प्राण्यांच्या जीवनक्रमाचाही परिस्थितीवर परिणाम घडून येत असतोच. त्यातल्या त्यात आता मानवाला परिस्थिती पालटण्यातले धोके कळून येऊ लागले आहेत आणि यातून संपूर्ण मानव जातीलाच धोका पोहोचू शकतो हे ही आता लक्षात येऊ लागले आहे. त्यामुळे परिस्थितीच्या दृष्टीने घातक अशा मानवी कृती पूर्णपणे थांबल्या नसल्या तरी हळूहळू त्याबद्दल जनजागृती होऊ लागली आहे; आणि अशा कृतींविरुद्ध आवाज उठवला जाऊ लागला आहे. इथे हे ही लक्षात ठेवायला हवं की मानवी कृतींचा निसर्गावर परिणाम व्हायला लागला त्याला फारतर दोन पाच हजार वर्षे झाली असतील, पण त्या आधीही बऱ्याच प्राणीजाती नष्ट होत होत्या आणि नव्या प्राणीजाती निर्माणही होत होत्या.

मानवच नव्हे तर इतर सर्व प्राणीही परिस्थितीवर परिणाम घडवून आणत

असतात. 'ज्यांच्या दैनंदिन जीवनाचा परिस्थितीवर परिणाम घडून येतो, त्यांना सजीव म्हणतात.' सजीवांची अशी व्याख्या करता यावी इतक्या प्रकारे सर्वच सजीवांच्या जीवन व्यापारांचा परिस्थितीवर परिणाम घडून येत असतो. मंगळावर ज्यावेळी मरीनर नावाचं यान पोचलं आणि त्याने मंगळावर जीवसृष्टी आहे का किंवा होती का याचा शोध घ्यायचे प्रयत्न केले, त्यावेळीही या यानानं पाठवलेल्या भासचित्रांचा अभ्यास करणारे शास्त्रज्ञ प्रत्यक्ष सजीव त्या छायाचित्रात दिसतील अशी अपेक्षा बाळगून नव्हतेच, तर सजीवांनी इथल्या परिसरावर परिणाम घडवून आणले आहेत का, या प्रश्नाला ते उत्तर शोधीत होते. अशी चिन्हे दिसली तरी त्यांचे समाधान होणार होते. इतरत्र पाठवलेल्या मानवी यानांच्याकडून आलेल्या भास प्रतिमांचा अभ्यास करताना देखील शास्त्रज्ञ सजीवांचा शोध अशाच पद्धतीनं घ्यायचा प्रयत्न करीत असतात. या नव्या ग्रहावरची हवा, माती आणि असलं तर पाणी यांच्या प्रमाणाचा, त्यांच्या घटकांचा अभ्यास करून त्यावर सजीवांच्या जीवन व्यवहारांचा परिणाम झाल्याची चिन्हे शोधायच्या प्रयत्नात हे शास्त्रज्ञ असतात. कुठल्याही ग्रहाचं वातावरण, माती, पाणी हे वास्तवशास्त्र व रसायनशास्त्राच्या आडाख्यांना धरून असतं. त्या आडाख्यांपेक्षा वेगळ्या प्रकारचं वातावरण असेल तर मग हा बदल कशामुळे झाला असावा, असा प्रश्न साहजिकच उपस्थित होतो. सजीवांच्या जीवन व्यवहाराची चिन्हे जर या बदलात प्रतीत होत असतील तर मग इथे सजीवांचं अस्तित्व शोधण्यासाठी मग खास प्रयत्न केले जातात. पृथ्वीवर अशा तऱ्हेचे बदल फार मोठ्या प्रमाणावर घडून आलेले आहेत. आपल्या पृथ्वीच्या वातावरणाचा आणि आपल्या दृष्टीने अत्यावश्यक असा एक घटक म्हणजे ऑक्सिजन. हा ऑक्सिजन पृथ्वीच्या मूळ वातावरणात एवढ्या मोठ्या प्रमाणात तर नक्कीच नव्हता पण पृथ्वीच्या मूळ वातावरणात तो अजिबातच नव्हता असं, बऱ्याच शास्त्रज्ञांना वाटतं. प्रकाश संश्लेषणाच्या सहाय्यानं स्वतःचं अन्न निर्माण करणाऱ्या वनस्पती पृथ्वीवर जन्माला आल्या आणि त्यांच्या कर्बग्रहणाच्या प्रक्रियेचं अपशिष्ट म्हणून ऑक्सिजनची निर्मिती झाली. त्यातून मग पृथ्वीचं वातावरण एवढं बदललं की त्यामुळे ऑक्सिजन जीवनाचा अत्यावश्यक अंग असलेल्या सजीवांची निर्मिती झाली; आणि त्यामुळेच आता 'झाडे जगवा, पृथ्वी वाचवा' अशी मोहीम काढण्याची वेळ आली.

उत्तर अमेरिका, आफ्रिका आणि मध्य आशियातील गवताळ प्रदेश हे सुद्धा असेच नैसर्गिक आपत्ती आणि सजीवांच्या, बहुदा आदिमानवांच्या ढवळा ढवळीतून निर्माण झालेले असावेत; असा शास्त्रज्ञांचा अंदाज आहे.

गवतांवर सावली धरली गेली तर गवत वाढत नाहीत; पण या भागातल्या नेहमी पेटणाऱ्या नैसर्गिक वणव्यांनी किंवा आदिमानवानं शिकार करण्याच्या उद्देशानं

लावलेल्या आगींमुळे इथली वृक्षराजी नष्ट झाली असावी; आणि त्यामुळे मग इथं सहस्रावधी किलोमीटर पसरलेले गवताळ प्रदेश तयार झाले आणि एका वेगळ्याच परिस्थितीचा उदय झाला. त्यानुसार मग प्राणीजातींचे जीवनक्रमही बदलते. दात गवे, गाई म्हशींच्या कुळाचे प्राणी, हरणं असे प्राणी वाढले. चरता चरता त्यांनी रोपं तुडवली. त्यामुळं झाडं हळुहळू करत नाहीशी झाली. यामुळे मूळ वनराजी पुन्हा जीवच धरू शकली नाही आणि अरण्यांची जागा गवताळ प्रदेशानं घेतली. यात काही प्राणीजातीही नष्ट झाल्या, काही अमाप वाढल्या, तर काही नव्यानं अस्तित्वात आल्या. अशी असंख्य उदाहरणं मानवजातीचा इतिहास तपासताना पहायला मिळतात. ज्याप्रमाणे परिस्थितीमुळं सजीव घडतात त्याचप्रमाणे सजीवांमुळे परिस्थितीही घडत असते.

माणूस हाही शेवटी एक प्राणी, एक सजीवच आहे. यामुळे त्याच्या जीवनावश्यक किंवा इतरही क्रियांचा परिणाम परिस्थितीवर घडून येतो. एवढंच नव्हे, तर इतर प्राण्यांपेक्षाही त्याचा परिणाम अधिक प्रमाणात परिस्थितीवर घडून आलाय, असंही आढळतं; असं असलं तरी बरेच जण मानव प्राणी आहे हे विसरतात; मानवाची प्रत्येक क्रिया ही निसर्गविरोधीच आहे असं काही जण म्हणत असतात, तेव्हा मानव हाही पृथ्वीवरच्या परिस्थितीचाच एक घटक आहे, हे ते विसरतात. मानव हा निसर्ग पलिकडचा किंवा निसर्गातीत आहे, असं मानणाऱ्याना साथ देणारा आणखी एक वर्ग आहे. त्यांच्या मते पूर्वी माणूस हा निसर्गाचा एक घटक म्हणून रहात होता, त्याच्या व्यवहारांमुळे निसर्गाचा समतोल ढळत नसे. आज आपण अनैसर्गिक जीवन जगतो, असा या वर्गाचा दावा असतो. तो योग्यही वाटतो. पण फार पूर्वीपासून माणूस परिस्थितीवर तथाकथित अत्याचारच करीत आला आहे, ही गोष्ट मानवाच्या बाबतीत आजची नाही असं म्हणावं लागतं. वणवे लावणं, डोंगराच्या उतारावर पायऱ्या पाडून शेती करणं, सपाट प्रदेशात वेडीवाकडी शेती करून वाळवंटास आमंत्रण देणं या गोष्टींचे किमान १०-१५ हजार वर्षपूर्वीपासूनचे अनेक पुरावे पुरातत्त्व शास्त्रज्ञांकडे उपलब्ध आहेत. या प्राचीन काळातील मानवानं निसर्गावर केलेल्या अत्याचारांना किंवा मानवी व्यवहारांमुळे घडून आलेल्या पारिस्थितिक बदलांचा अभ्यास करणारी एक शास्त्रशाखा गेल्या काही वर्षांत अस्तित्वात आली आहे. इंग्रजीत या शाखेस एन्वायर्नमेंटल आर्किऑलॉजी तर मराठीत पुरापर्यावरण शास्त्र असे म्हणतात.

पर्यावरणाचे प्रदूषण फक्त मानवच करतात, असंही म्हटलं जातं; म्हणजे नक्की काय घडतं, हे पाहण्यासाठी आपण आधी प्रदूषणाची व्याख्या थोडक्यात बघू या. हवेत, पाण्यात किंवा जमिनीत राहणाऱ्या सजीवांना अपाय होईल अशा तऱ्हेचे पदार्थ जाणूनबुजून अथवा आपल्या व्यवहारांमधून मिसळू देणे. ही सर्वमान्य छोटीशी

व्याख्या विचारात घेतली तर निसर्गत:च मानवापेक्षा जास्त प्रदूषण करणाऱ्या कृती घडून येतात असं दिसून येतं. जेव्हा ज्वालामुखीचा उद्रेक होतो तेव्हा प्रचंड मोठ्या प्रमाणात विषारी वायू वातावरणात सोडले जातात. मानवी कारखाने जेवढे विषारी वायू वर्षभरात वातावरणात सोडतात, तेवढ्या मोठ्या प्रमाणात ज्वालामुखी एका दिवसात किंवा आठवड्यात विषारी वायू हवेत सोडतात. प्लुटोनियम हे आज पृथ्वीवरील सर्वात विषारी द्रव्य मानले जाते. ते मानवनिर्मित द्रव्य आहे, हे खरे. पण निसर्गातही मानवाला लाजवतील अशा काही घटना घडतात. गॅबॉन या आफ्रिकन देशात अशी एक घटना काही कोटी वर्षापूर्वी घडून आली होती. तिथले युरेनियमयुक्त खडक काही नैसर्गिक घडामोडींमुळे अशा तऱ्हेनं एकत्र आले की त्यामुळे युरेनियमचं क्रांतिक वस्तुमान गाठलं गेलं. त्यामुळे एक नैसर्गिक अणुस्फोट घडून आला आणि प्लुटोनियमची निर्मिती झाली. या नैसर्गिक अणुभट्टीत प्लुटोनियम तयार झाल्यामुळे कुणाचंही नुकसान झालं नाही हे खरं पण निसर्गत:च हे अणु प्रदूषण झालं होतं हे लक्षात ठेवायला हवं.

आपल्या पृथ्वीवर सर्वात मोठी प्रदूषणकारी घटना घडली तेव्हा माणूस अस्तित्वातच नव्हता. ही घटना दीड अब्ज वर्षापूर्वी घडली. त्यावेळी वातावरणात हळुहळू ऑक्सिजन वायू मुक्त स्वरूपात साठायला सुरुवात झाली. यापूर्वी पृथ्वीच्या वातावरणात मुक्त स्वरूपातील ऑक्सिजनचं म्हणजे ऑक्सिजन वायूचं अस्तित्व नगण्य होतं; इतकं की वातावरणात ऑक्सिजन नव्हताच असं म्हटलं तरी चालू शकेल. त्या काळातल्या सूक्ष्म सजीवांनी हे मूळ वातावरण बदललं. त्यांनी त्या वातावरणातील कार्बन-डाय-ऑक्साइडचं सेवन करायला सुरुवात केली. या सजीवांमध्ये क्लोरोफिल नावाचा एक घटक अस्तित्वात आला होता. यामुळे या सजीवांना शास्त्रज्ञ आदिवानसे किंवा वनस्पतींचे आद्य पूर्वज (प्रोटोप्लॅन्ट्स) असं म्हणतात. कार्बन-डाय-ऑक्साइडचे ग्रहण करायचे, त्यापासून सूर्यप्रकाशाच्या मदतीनं शर्करा बनवायच्या आणि यातला अपशिष्ट स्वरूप ऑक्सिजन वातावरणात सोडून द्यायचा, असा या आदिवानसांचा कारभार होता. आता या वनस्पती मेल्यावर त्या कुजल्या की हा कार्बन-डाय-ऑक्साइड परत वातावरणात जायला हवा पण तसं घडलं नाही तर हा वनस्पतीबद्ध कार्बन गाडला गेला. याचा परिणाम म्हणून हवेतला ऑक्सिजन वाढतच गेला. यापुढची ऑक्सिजन वाढीची पायरी म्हणजे बऱ्याच आदिजीवांनी विशेषत: एकपेशी किंवा बहुपेशी प्राण्यांनी सागरी पाण्यात विरघळणारा कार्बन-डाय-ऑक्साइड वापरून कॅल्शियमच्या सहाय्यानं कवचं बनवायला सुरुवात केली. ही कवचं पुढं सजीव मेला की सागरतळी जाऊ लागली. अशा तऱ्हेनं एकीकडं कार्बन-डाय-ऑक्साइड कमी होत होता नि ऑक्सिजन मात्र वाढत होता. ऑक्सिजन हा तसा घातक वायू आहे, हे विधान विनोद म्हणून केलेलं नाही. याचं कारण ऑक्सिजन इतर बहुतेक

मूलद्रव्यांच्या सान्निध्यात येताच त्यांच्याबरोबर प्रक्रिया होऊन संयुगं तयार करतो. या संयुगांना आपण ऑक्साइडे म्हणतो व या प्रक्रियेस ज्वलन असं म्हटलं जातं. यामुळे असा ऑक्सिजन सजीव पेशीत गेला तर त्या पेशीच्या दृष्टीने तो घातक ठरतो. याचं उत्तम उदाहरण म्हणजे ओझोनयुक्त वातावरणात राहणारे लोक. या लोकांच्या शरीरात जो मुक्त ऑक्सिजन अणू ओझोन सेवनाने तयार होतो. त्यामुळे या व्यक्तींच्या शरीरावर वृद्धत्वाची चिन्हे लौकर दिसू लागतात. यामुळे सुरुवातीस जेव्हा आदिजीवांमध्ये किंवा वातावरणात ऑक्सिजनचे प्रमाण वाढू लागले तेव्हा अस्तित्वात असलेल्या सजीवांमध्ये हाहाकार माजला असावा व बऱ्याच सजीव जाती नष्ट झाल्या असाव्यात असे शास्त्रज्ञांना वाटले. ज्यांनी ऑक्सिजनमुक्त वातावरणात आश्रय मिळवला त्या जगल्या. सागरी पंक म्हणजे सागरतळास असलेला चिखल ऑक्सिजनमुक्त असतो. त्यात हे सजीव आश्रयाला गेले. या उलट इतर सजीवांनी या ऑक्सिजनला कामाला लावण्याच्या दृष्टीने आपल्या पेशीरचनेत बदल घडवून आणले आणि ऑक्सिजनचा वापर ऊर्जानिर्मितीसाठी करून घ्यायला सुरुवात केली.

आपलंच उदाहरण घ्यायचं झालं तर आपल्या शरीराची रचना अशा ऑक्सिजनचं निर्विषीकरण करण्यासाठी केलेली आहे असं म्हणावं लागेल. एवढंच नव्हे तर काही शास्त्रज्ञांच्या मते आपल्या शरीरातील जीवरसायनी प्रक्रिया ऑक्सिजनचे निर्विषीकरण केंद्रस्थानी मानूनच घडत असतात; आणि यात आपले शरीर पूर्णपणे यशस्वी ठरलेले नाही. ऑक्सिजनचा आपल्या चयापचय क्रियेत वापर केला गेल्यावर हायड्रॉक्सिल रेणू (OH) हायड्रोजन पेरॉक्साईड आणि जी इतर संयुगे तयार होतात, तीच संयुगे अतीनील किरण किंवा इतर अयनीकारक प्रारणांच्या सान्निध्यात आल्यावर निर्माण होत असतात. या संयुगांमुळे कर्करोग होतो; म्हणजे ऑक्सिजनचे जन्मभर श्वसनावाटे सेवन करणारा सजीव हा त्याच ऑक्सिजनमुळे कॅन्सरची शिकार बनू शकतो. यामुळेच प्रत्येक ऑक्सिजन अवलंबी सजीवाचे आयुष्य हे मर्यादितच राहते. ही मर्यादा प्रत्येक सजीवाच्या बाबतीत वेगवेगळी असते एवढंच; आणि ही मर्यादा त्या त्या सजीवाच्या ऑक्सिजन वापरण्याच्या वेगावर अवलंबून बदलत असते म्हणजे तो सजीव किती ऑक्सिजन किती वेगाने वापरतो यावर अवलंबून त्याचे आयुष्य किती हे ठरत असते.

माणूस हा इतर प्राण्यांच्यापेक्षा वेगळा आहे असं म्हटलं जातं, ते अशा विचारांनंतर पटू लागतं. याचं कारण इतर सजीव या अमूर्त बाबींचा, भूत-भविष्याचा विचार करीत नाहीत, तर निसर्गनियमानुसार आपापली जीवनचक्रे पूर्ण करीत राहतात. या जीवन व्यवहारात ही मंडळी आपापले पर्यावरण बदलायला मदत करतात. मानवही हेच करतो पण यातले काही बदल घातक ठरतील हे त्याच्या लक्षात येतं तेव्हा तो असे बदल थांबवता येतील का, या बाबींचा विचार करतो.

त्यासाठी अनेक व्यक्ती एकत्र येतात. काही संस्थाही स्थापन केल्या जातात आणि मानवी व्यवहारांमुळे निसर्गात घडून येणाऱ्या बदलांवर नियंत्रण ठेवण्याचे प्रयत्न केले जातात.

आपण जर मानव जातीचा इतिहास बघितला तर पर्यावरणाबद्दल चिंता करणं हा मानवी स्थायीभावच असावा, असं म्हणावं लागतं. आधुनिक शेतीमुळं होणारी मातीची धूप आणि त्यामुळं होणारं नुकसान याबद्दल रोमन साम्राज्यातील विचारवंतांनी चिंता व्यक्त केल्याचं दिसून येतं. प्राचीन रोममध्ये रहदारीमुळे होणाऱ्या प्रदूषणामुळे लोक त्रासले होते, असं ही आढळून येतं; याशिवाय इतर प्रकारच्या प्रदूषणाचाही उल्लेख त्या काळच्या लेखनात आढळतो; पण या शतकातील निसर्गविषयक चळवळींचा इतिहास बघितला तर आधुनिक विज्ञानाची प्रगती आणि हौशी निसर्गप्रेमी या दोघांनी हातात हात घालून केलेल्या कार्यामुळे पारिस्थितिकी विज्ञानाची प्रगती झाल्याचं दिसून येतं. मुख्य म्हणजे पृथ्वी म्हणजे मानवाची एकट्याची मालकी असलेली चैनीची वस्तू नसून, तीवर पृथ्वीवरच्या इतर सजीवांचीही तितकीच मालकी आहे, असा विचार हळूहळू पुढे आलाच पण त्याही पुढं जाऊन 'गैया' म्हणजे 'धरती माता' नावाचा आणखी एक नवा विचार आता जोर धरू लागला आहे. पृथ्वी ही सजीव असून आपण सर्व सजीव हे या पृथ्वीचे वेगवेगळे अविष्कार आहोत, अशी ही कल्पना आहे.

या कल्पनेपर्यंत आपण कसे पोहोचलो याचा आधुनिक इतिहास बघायचा झाला तर विल्यम वर्ड्सवर्थच्या (१७७०-१८५०) काळात आपल्याला डोकवावं लागतं. प्रसिद्ध कवी वर्ड्सवर्थ आणि त्याचे मित्र यांनी निसर्गवैभव (विल्डरनेस) या कल्पनेस आपलं मानलं. स्कॉटलंडमध्ये जन्मलेल्या जॉन म्यूर या निसर्गवेत्त्यानं अमेरिकेत या दृष्टीनं खूप प्रयत्न केले. याशिवाय हेन्री डेविड थोरॉ या विचारवंताच्या लेखनानंही अमेरिकेत निसर्गप्रेम जागवलं. म्यूरनं अमेरिकेतलं निसर्गवैभव जगवण्यासाठी 'सिएरा क्लब'ची स्थापना केली. या संस्थेनं सर्वप्रकारे निसर्गाची जोपसना आणि वृद्धी हे ध्येय डोळ्यासमोर ठेवून कार्य केलं. या संस्थेचं काम आजही चालू असून सध्याची 'फ्रेंड्स ऑफ अर्थ' ही चळवळही या संस्थेचीच एक शाखा आहे. मात्र थोरॉचे 'वॉल्डेन पॉंड' काय किंवा त्या काळी प्रस्थापित झालेली कॅलिफोर्नियातील योसेमाईट नॅशनल पार्क, किंवा फ्रान्समधील 'फाँटेन ब्लो' काय, हे निसर्ग रक्षणाचे प्रयत्न नव्हते. 'वॉल्डेन पॉंड' वरची टीका थोरॉ प्रेमींना कदाचित आवडणार नाही पण 'वॉल्डेन पॉंड' हे खऱ्या अर्थानं निसर्गवैभव नव्हे, थोरॉ जेव्हा रानवट निसर्गात गेले तेव्हा तो भव्य अविष्कार त्यांना त्यांच्या सुखद कल्पनांपेक्षा वेगळा आहे असं जाणवलं आणि त्यामुळे या खुल्या रासवट निसर्गानं त्यांचा भ्रमनिरास केला. तर योसेमाईट काय किंवा फाँटेन ब्लो काय, त्यांचा उपयोग कदाचित पुढच्या पिढीस

अर्थनिर्मितीसाठी होऊ शकेल, तोपर्यंत पर्यटन स्थळं म्हणून त्यांचा उपयोग करायला हरकत नाही, या विचारानं स्थापन करण्यात आले. त्यामानानं मग सर्वच आदिम संस्कृतींनी निसर्गावर खरंखुरं प्रेम केलेलं आढळतं. अमेरिकन इंडियन, न्यूझिलंड, ऑस्ट्रेलियातले मावरी, आफ्रिकेतल्या अनेक आदिम जमाती; यांच्या परंपरा पाहिल्या तर हे लोक निसर्गाशी तादात्म्य पावले होते हे स्पष्ट होतं. वेद हे तर निसर्गाला देवच मानतात आणि आजही भारतात देवरायांमुळे अरण्ये आणि दुर्मिळ वनस्पती टिकून राहिल्याचं दिसून येतं. तेव्हा पाश्चात्त्यांनी जरी त्यांच्या कवि आणि विचारवंतांना निसर्गरक्षण चळवळीचं श्रेय द्यायचं ठरवलं तरी पौर्वात्यांनाही निसर्गरक्षणाचा परंपरागत आणि फार पूर्वी पासूनचा वारसा आहे हे विसरून चालणार नाही. त्याचबरोबर हे ही लक्षात ठेवायला हवं की इतर अनेक वारसांबरोबर आपण हा निसर्गप्रेमाचा वारसाही विसरलो. एवढंच नव्हे, तर ब्रिटिशांचे भ्रष्ट अनुकरण करून शिकारी आणि वनविध्वंसातच भूषण मानू लागलो. यामुळे आधुनिक निसर्गसंरक्षण आणि पर्यावरणविषयक विचारजागृती बाबतच्या चळवळींचे श्रेय हे निश्चितच पाश्चात्त्यांचं आहे.

राचेल कार्सननं १९६२ मध्ये सायलेंट स्प्रिंग हे पुस्तक प्रसिद्ध केलं. या पुस्तकात या लेखिकेनं उत्तर अमेरिकन भूखंडात वापरल्या जाणाऱ्या रासायनिक कीटक नाशकांवर सर्वप्रथम जाहीर टीका केली. या मानवी उद्योगामुळे मानवेतर सजीवांवर अतिशय घातक परिणाम होतो. विशेषत: पक्ष्यांवर तर या कीटकनाशकांमुळे निर्वंश व्हायची वेळ आली आहे, असं तिनं म्हटलं, 'सायलेंट स्प्रिंग' म्हणजे 'मूक वसंत'. वसंत ऋतूमध्ये पक्षी मधुर कूजन करतात; असं पूर्वापार म्हणण्यात येत होतं; पण राचेल कार्सननं 'उद्याची कथा' सांगताना म्हटलं की हे असंच चाललं (म्हणजे रसायनांचा अमर्याद वापर) तर उद्या पक्षी अस्तित्वात असणार नाहीत, नद्यांमध्ये, जलाशयांमध्ये मासे नसतील; वनस्पती सृष्टीचा ऱ्हास झालेला असेल.

पाणी, फळं, फुलं, मासे नाहीशी होणं हा निसर्ग संरक्षकांच्या दृष्टीने जरी महत्त्वाचा प्रश्न ठरला तरी मानवी व्यवहारात राजकारण, आणि अर्थकारण जास्त महत्त्वाचे ठरतात. त्यामुळे कार्सनच्या आरड्याओरड्याकडे फारसं कुणी लक्ष देणं शक्य नव्हतं. हे लक्षात घेऊनच या 'सायलेंट स्प्रिंग'चे मानवी अर्थकारणावर होणारे परिणाम विशेषत: मानवांना अन्न मिळण्यात येऊ शकणाऱ्या अडचणींचे वर्णन राशेलनं या पुस्तकात केलं होतं. यामुळे खूपच खळबळ माजली. अमेरिकेतल्या रासायनिक उद्योगांनी हे पुस्तक प्रसिद्ध व्हायच्या आधीच त्यातल्या वादाचा प्रतिवाद करायचा प्रयत्न केला. यामुळे हे पुस्तक फारच गाजलं. त्यातले विचार झटकन लोकांपुढे आले आणि लोकांना ते पटले ही. यामुळे अमेरिकेत रासायनिक कीटकनाशकांविरुद्ध चळवळ सुरू झाली, वाढली. या चळवळीस पर्यावरणवादी चळवळ म्हणण्यात येऊ लागलं. अमेरिकेत डीडीटी सारख्या रसायनांवर बंदी

घालण्यात आली. आपल्याकडे मात्र ती अजूनही नाही. याबाबतीत एक गोष्ट सांगण्यासारखी आहे.

सायलेंट स्प्रिंग प्रसिद्ध झाल्यावर अमेरिकेत डीडीटी विरुद्ध जोरदार हाकाटी सुरू झाली. डीडीटी फवारल्यावर ते पाण्यावाटे सर्व सजीवांमध्ये पोचतं आणि प्राणी जीवनाची फार मोठ्या प्रमाणावर हानी होते, हे रोज नवनव्या उदाहरणांनी सिद्ध होत होतं. अमेरिकन संयुक्त संस्थानातील निरनिराळ्या राज्यांनी येणाऱ्या सर्व खाद्यपदार्थांची कसून तपासणी करावी व अतिसूक्ष्म प्रमाणात म्हणजे दहा लाख कणात ५ कण एवढ्या प्रमाणात जरी डीडीटी आढळलं तरी अशा पदार्थांना राज्यात आयातीस बंदी असावी, अशा तऱ्हेचे कायदे केले. ५ भाग दर दशलक्षास हा आकडा एक उदाहरण म्हणून घेतलाय. प्रत्येक राज्यात हे प्रमाण वेगवेगळे होते. ते असो, पण हे बंदी नियम लागू होतानाच कुणीतरी संशोधकानं अमेरिकन मातांच्या दुधाचे नमुने घेतले आणि त्यात दर दशलक्षास ३५ ते ४० भाग डीडीटीचं प्रमाण आढळून आलं. हे ऐकल्यावर एका दूध विक्रेत्या संस्थेचा प्रवक्ता म्हणाला की आमच्या दूधात एवढं डीडीटीचं प्रमाण असेल तर त्या दूधपिशव्या एका राज्यातून दुसऱ्या राज्यात जायला शासनानं बंदी घातली आहे पण या स्त्रिया माता त्यांचं दूध घेऊन एका राज्यातून दुसऱ्या राज्यात सहज जातात. यातला विनोद सोडून देऊ पण डीडीटीनं किती नुकसान केलं होतं हे यावरून सहज स्पष्ट होतं. अजूनही भारतात मात्र डीडीटीस बंदी नाही हेही इथं लक्षात ठेवायला हवं.

सायलेंट स्प्रिंगनंतर पर्यावरणवादी चळवळ सुरू झाली त्यावेळी ती पर्यावरण संरक्षण एवढाच हेतू घेऊन उभी नव्हती, तर या चळवळीचा प्रमुख हेतू मानवी व्यवहारांचा निसर्गावर आणि मानवेतर सजीवांवर होणाऱ्या परिणामांचा अभ्यास करणे हा होता. याशिवाय मानवी व्यवहारांचा मानवी जीवनावर होणारा परिणाम हाही या चळवळीचा एक अभ्यास विषय होताच. या चळवळीचा अर्थातच पारिस्थितिकीशी जवळचा संबंध आला आणि या चळवळीच्या वाङ्मयात पारिस्थितिकी संज्ञांचा वापर होणं हेही अपरिहार्यच होतं; अशा परिस्थितीत बरेचदा पर्यावरणवादी आपल्या चळवळीस 'पारिस्थितिकी चळवळ' असं म्हणायचे; पण परिस्थिती आणि चळवळ यांचा परस्पर संबंध घालणे योग्य नाही. याचं कारण पारिस्थितिकीला दोन अर्थ प्राप्त झाले आहेत. त्यातला एक राजकीय आहे.

पारिस्थितिकी विचार युरोप अमेरिकेत झपाट्यानं पसरले. नंतर ते जगभर पसरले; यामुळे पर्यावरणवादी चळवळीत उत्साहाचे वारे वाहू लागले. तत्कालिक संशोधन आणि विवादास्पद तर्क हे या परिस्थितीत सर्वमान्य सत्य, एवढंच नव्हे तर त्रिकालाबाधित सत्य मानले जाऊ लागले. पारिस्थितिकी चळवळीला राजकारणात पडावे लागले याचं सर्वात महत्त्वाचं कारण म्हणजे निसर्ग हा मानवनिर्मित सीमा

कधीच मानत नाही. एका देशातली हवा दुसऱ्या देशात जाते तेव्हा ती कुणाची परवानगी घेत नाही; प्राण्यांचंही तेच. यामुळे जेव्हा एखाद्या परिस्थितीचं रक्षण करायचं असतं तेव्हा त्या परिस्थितीचं रक्षण सर्वांनी मिळून करावं लागतं. केवळ एका देशानं कायदे करून चालत नाही, तर परिस्थितीचं ते एकक ज्या भूभागावर पसरलेलं असतं त्या भूभागामध्ये येणाऱ्या सर्व मानवी समूहानं ती परिस्थिती टिकवण्याचे प्रयत्न करावे लागतात. हे लक्षात घेऊन इ.स. १९७२ मध्ये संयुक्त राष्ट्रसंघाच्या विद्यमाने स्टॉकहोम परिषदेचे आयोजन करण्यात आले होते. यावेळी युनायटेड नेशन्स एन्वायर्नमेंट प्रोग्रॅम (UNEP) म्हणजे संयुक्त राष्ट्रसंघाचा पर्यावरण कार्यक्रम स्थापन करण्यात आला. त्यानंतर प्रतिवर्षी पर्यावरणासंबंधी वेगवेगळ्या परिषदा भरविण्यात येत होत्याच आणि १९९२ मध्ये याची परिणती जागतिक वसुंधरा परिषद (किंवा ब्राझील मधली रिओ परिषद) आयोजित करण्यात झाली.

स्टॉकहोम परिषदेचं आयोजन होईपर्यंत बहुतेक सर्व पर्यावरण विषयक प्रश्न कोणते, या विषयी शास्त्रज्ञांमध्ये एकमत झालेलं होतं. (त्यावेळी ओझोन विवराचा अजून पत्ता लागलेला नव्हता.) अनेक स्वयंसेवी संस्थांचं कार्य याबाबत कारणीभूत ठरलं होतं, तरीही या प्रश्नांवर वैज्ञानिक पायावर फारच थोडं संशोधन झालेलं होतं. स्टॉकहोम परिषदेचं फलित म्हणजे या परिषदेनंतर शासकीय व विद्यापीठ स्तरावरील प्रयोग शाळातून या विषयावर संशोधन सुरू झालं. या विषयासाठी अनुदानं मिळू लागली आणि या विषयात पदवी, पदव्युत्तर असं खास शिक्षण मिळू लागलं. याशिवाय केवळ पर्यावरणविषयक प्रश्न हा निवडणुकीचा मुख्य मुद्दा करून युरोपात तरी निवडणुका लढवल्या जाऊ लागल्या. जर्मनीमध्ये ग्रीन पार्टीनं राजकारणावर आपला प्रभाव पाडलेलाही दिसून येतो. त्यामानाने पौर्वात्य देशात आणि विकसनशील देशात परिस्थितीचा आणि पर्यावरणाचा इतक्या गांभीर्याने विचार केल्याचं दिसून येत नाही. काही ठिकाणी पर्यावरणवादी मंडळी अतिरेकीपणा करतानाही आढळून आली आहेत.

या चळवळीचा काही ठिकाणी अतिरेक झालाय असं वाटत असलं तरी पाश्चिमात्त्य देशात पर्यावरणवादी चळवळींमुळे प्रदूषणावर बऱ्याच मोठ्या प्रमाणात नियंत्रण घालून प्रदूषणाचे प्रमाण खूपच खाली आणण्यात आले आहे. पाश्चात्त्य देशांमधून पेट्रोलमध्ये शिशाची संयुगे मिसळणे जवळजवळ पूर्णपणे बंद झाले आहे. ॲस्बेस्टॉसवर प्रचंड निर्बंध घालण्यात आले आहेत. अणुभट्ट्यांवरची नियंत्रणे प्रचंड प्रमाणात वाढवण्यात आली असून, सुरक्षा व्यवस्थेबाबतही सतत सुधारणा करण्याचे प्रयत्न चालू आहेत. रासायनिक व्यवस्थेबाबतही सतत सुधारणा करण्याचे प्रयत्न चालू आहेत. रासायनिक खतांच्या वापराचे प्रमाण खूप कमी करण्यात आले आहे, एवढेच नव्हे तर अशा तऱ्हेची खते व कीटकनाशके निर्माणच करण्यात येऊ

नयेत या दृष्टीने आंतरराष्ट्रीय पातळीवर प्रयत्न चालू आहेत. याचा अर्थ पाश्चात्य राष्ट्रे फार सद्गुणी व सद्भावनापूर्ण आहेत असा नाही, पण तिथलं जनमत जागृत करण्यात तिथल्या चळवळी यशस्वी झाल्या आहेत, हे महत्वाचं. औद्योगिक दृष्ट्या प्रगत देशांमध्ये चैन म्हणून का होईना पण नैसर्गिक ठेवे जपून ठेवायची वृत्ती वाढीस लागलेली आहे. पशू, पक्षी निसर्ग हा तिकडे राष्ट्रीय ठेवा मानला जातो. तो जतन करण्यासाठी प्रमाणबद्ध प्रयत्न केले जातात. निसर्गास सर्वांत मोठा धोका शेतीकडून पाहोचतो, त्या खालोखाल पाळीव गुरांकडून. हे लक्षात आल्यावर आता त्या दृष्टीने शेती सुधारणा करण्याचे प्रयत्नही सुरू आहेत. याचे जसे फायदे आहेत तसे तोटेही आहेतच; पण अशा प्रकारचे कायदे करून भागत नाही, हेही अमेरिकेसारख्या देशातून दिसून आलं आहे. कारण कायदा आला की त्यातून पळवाटा काढणारे कायदे तज्ज्ञही निर्माण होतात. यापेक्षा जनमत जागृत करणे आणि वाढत्या लोकसंख्येवर नियंत्रण घालणे या दोन गोष्टी जास्त प्रभावी ठरतील असंच बऱ्याच तज्ज्ञांना वाटतं.

पाश्चिमात्य देशात जी अशी जागृती होत असताना तिसऱ्या जगात काय चाललंय हे पाहणंही उद्बोधक ठरेल. कुवेतच्या मुक्ततेसाठी झालेल्या युद्धानंतर तेलविहिरींना आगी लावून देण्याच्या इराकच्या उद्योगांमुळे फार मोठ्या प्रमाणावर सागरी प्रदूषण झाले होते. या प्रदुषणाविरुद्ध त्या भागात त्याकाळात बराच प्रचार व जनजागृतीचे प्रयत्न झाले. यामुळे आता तिथले लोक जागृत झाले असतील असं आपल्याला वाटेल. कारण त्यावेळी प्रदूषण रोखण्यासाठी व प्रदूषणाचे दुष्परिणाम दूर करण्यासाठी काय करावे याबाबत दूरचित्रवाणी, नभोवाणी व वृत्तपत्रे सतत सचित्र बातम्या देत होती. या पार्श्वभूमीवर २ फेब्रुवारी ९३ रोजी टाईम्स ऑफ इंडियात आलेली एक बातमी फार बोलकी ठरेल. ती बातमी अशी–

आखाती देश जगाला ६०% खनिजतेल पुरवतात, आणि इथले सागरी प्रदूषण हे पृथ्वीवरचे सर्वांत भयावह सागरी प्रदूषण आहे. तेलवाहू जहाजे आपल्या टाक्या साफ करतात, त्यामुळे, तसेच अपघात आणि तेलवाहू नळातून होणारी तेल गळती, व तेल जिथे जहाजांमधून भरले जाते त्या स्थानकांवर होणारी सांडलवंड या प्रदूषणास जबाबदार असणारे प्रमुख घटक ठरतात.

या भागात १२ दिवस राहून एका जपानी संशोधन जहाजाने पाहणी केली. ही पाहणी आखाती युद्धामुळे झालेल्या प्रदूषणाचे अवशेष शिल्लक आहेत का, हे ठरविण्यासाठी करण्यात आली होती. आखाती युद्धाच्या अखेरीस ६० लक्ष पिंपे खनिज तेल या आखातात सोडण्यात आले होते. यामुळे हजारो पक्षी आणि कोट्यावधी सागरी जीव प्राणास मुकले होते. तसेच जल निरक्षारीकरणाचे प्रकल्पही धोक्यात आले होते.

प्रा. अकीरा ओत्सुकी हे 'अुमिटाका मारू' या संशोधन जहाजावरचे प्रमुख शास्त्रज्ञ आहेत, त्यांनी वार्ताहरांना सांगितलं, 'अबूधाबी च्या किनाऱ्यापासून ६०सागरी मैल आणि कातारच्या किनाऱ्यापासून ७० सागरी मैल अंतरावर एक प्रचंड मोठा तेल तवंग अजून पसरतो आहे. आम्ही २४ ठिकाणचे नमुने घेतलें असून त्यांचा अभ्यास पूर्ण झाल्यावर आमचे निष्कर्ष जाहीर केले जातील.'

'अुमिटाका मारू' वर १४ जपानी शास्त्रज्ञ असून 'रिजनल ऑर्गनायझेशन फॉर प्रोटेक्शन ऑफ मरीन एन्व्हीरॉमेंट (रोप्मे) या कुवेतस्थित संस्थेमार्फत १० कुवेती व सौदी अरब शास्त्रज्ञही या जहाजावर काम करतात.

'माऊंट मिचेल' या अमेरिकन जहाजाने १९९२ मध्ये असंच संशोधन केलं होतं. त्याचे निष्कर्ष अजून हाती यायचे आहेत.

दरवर्षी आखाती पाण्यात १ लाख टनाहून अधिक खनिजतेल (म्हणजे दहा लाख पिंपे) मिसळत असतं. हे असं घडू नये म्हणून आखाती देशांनी खास सागरी जहाजं ठेवली असूनही त्यांचा फारसा उपयोग होत नाही. होर्मुझच्या सामुद्रधुनीतून रोज १०० तेलवाहू जहाजं येजा करतात. ही जहाजं आपल्या तेलसाठ्याच्या टाक्या आखाती पाण्यानंच धुतात. त्यामुळे खराब झालेलं पाणी आखातातच सोडलं जातं याशिवाय ही जहाजंही इथंच धुतली जातात. यामुळे इथलं पाणी हे जगातलं सर्वात प्रदूषित पाणी बनलेलं आहे. इथल्या किनारपट्टीवर डांबरी गोळे विखुरलेले आढळतात आणि मेलेले मासे व इतर सागरीजीव वाहून येतात. यामुळे इथल्या राज्यांना तेलातून मिळणाऱ्या पैशातून हे किनारे साफ करून घ्यावे लागतात.

संयुक्त राष्ट्रसंघाच्या अभ्यासगटाने गोळा केलेल्या माहितीनुसार पृथ्वीवरील इतर कुठल्याही प्रदूषित सागरापेक्षा इथला सागर ४७ पट तर सागरतट १०० पट अधिक प्रदूषित आहेत. जपान या देशाकडून त्यांच्या उत्पादनाच्या ७०% उत्पादन खरेदी करतो. रोज ४० लाख बॅरल तेल इथून जपानला रवाना होतं आणि १७० टॅंकर दररोज जपान ते आखाती देश अशी ये-जा करीत असतात. यामुळे इथले सागर स्वच्छ करायला जपानने आर्थिक आणि वैज्ञानिक मदत करावी अशी आखाती देशांची मागणी आहे.

या बातमीवर अधिक भाष्य करायची आवश्यकता आहे, असं वाटत नाही.

औद्योगिकरण, तंत्रज्ञान आणि परिस्थिती

३ डिसेंबर १९८४ ही तारीख सर्व मानव जातीच्या मनावर कोरली गेली ती एका दुःखद घटनेनं. त्या दिवशी पहाटे युनियन कार्बाईडच्या भोपाळ इथल्या कारखान्यातून मेथिल आयसोसायनेट हा अतिशय विषारी वायू मोकाट सुटला; त्यानं अनेक निद्राधीन भोपाळवासीयांना मृत्यूच्या दारात नेण्याचं काम केलं. सुमारे २८०० माणसं मेली आणि २ लाख लोकांना या वायूचे दुष्परिणाम भोगावे लागले, असं अधिकृतरित्या जाहीर झालं असलं ती खरा आकडा याहून जास्त असण्याची शक्यता आहे. या दोन लाखातही जी मुलं त्यावेळी आईच्या पोटात गर्भावस्थेत होती, आणि अनेक रुग्ण व वृद्ध मंडळींना या वायूच्या परिणामांना जन्मभर तोंड द्यावं लागेल अशी चिन्हं आहेत. या वायूरूप मृत्यूदूतामुळे फेब्रुवारी १९८५ पर्यंत भोपाळमध्ये जेवढ्या स्त्रिया बाळंत झाल्या त्यापैकी २५% बालकं महिन्याभरात मृत्यूमुखी पडली. तर जगलेल्यांपैकी ३०% मुलांचं वजन आवश्यक वजनापेक्षा खूपच कमी होतं.

प्रदूषणाने एवढे बळी घेतल्याचं औद्योगिक जगातलं हे पहिलंच उदाहरण. यानंतर हा कारखाना बंद झाला. या कारखान्यात कीटकनाशक औषधं बनविण्यात येत असत. डीडीटीमुळे जी निसर्गहानी होते ती थोपविण्याच्या ज्या योजना होत्या त्यात डीडीटी पेक्षा कमी हानीकारक कीटकनाशकं निर्माण करण्यासाठी हा कारखाना उभारण्यात आला होता. भोपाळच्या या अपघातामुळे अनेक कायदेशीर कज्जे खटले चालू झाले. ते वाद अजूनही पूर्णपणे संपलेले नाहीत. पण या अपघातामुळे जे पारिस्थितिकी प्रश्न निर्माण झाले ते कमी महत्त्वाचे नाहीत तरीही त्यांच्याबद्दल व्हावी तेवढी चर्चा झाल्याचे दिसून येत नाही.

या अपघातातून आपल्याला काही धडे घेता येतील. जेव्हा एखादी गोष्ट

पर्यावरणाच्या दृष्टीने घातक ठरते तेव्हा तिच्याबदली दुसरी गोष्ट आणली जाते ती पहिल्या गोष्टीहून अधिक घातकी ठरणार नाही किंवा आपल्याच जिवावर उठणार नाही याची काळजी घ्यायला हवी. त्याचप्रमाणे विकसित राष्ट्रांमध्ये जी काळजी, ज्या सावधगिरीच्या उपाययोजना अमलात आणल्या जातात त्या विकसनशील राष्ट्रांमध्ये, जिथे आर्थिक, सामाजिक आणि राजकीय परिस्थिती अगदी वेगळी असते तिथे उपयोगी पडतीलच याची खात्री देता येत नाही. विकसित राष्ट्रात गावाबाहेर बांधलेल्या कारखान्याभोवती झोपडपट्टी उभी रहात नाही. आपल्याकडे राजकीय दबावामुळे आंतरराष्ट्रीय विमानतळा भोवती सुद्धा झोपडपट्टीचे कडे निर्माण होते; व त्यातून उड्डाण करण्याच्या विमानांना धोका निर्माण होतो. ही परिस्थिती संपूर्ण

राष्ट्रासाठी धोकादायक बनू शकते. भोपाळच्या कारखान्याभोवती झोपडपट्टी नसती तर कदाचित बरेच जीव वाचू शकले असतेच पण फायरब्रिगेड किंवा इतर मदत कारखान्यास लौकर मिळू शकली असती.

भोपाळचा कारखाना युनियन कार्बाईड इंडियाच्या मालकीचा होता. इथं सेविन आणि टेमेक नावाची कीटकनाशके तयार केली जात होती. त्यांना 'अल्डीकार्ब' आणि 'कार्बारिल' ही बाजारू नावं देण्यात आली होती. ही औषधं वापरणाऱ्या किंवा फवारणाऱ्यांच्या दृष्टीने 'धोकादायक' आहेत याची सूचना औषधांच्या डबा-बाटल्यांवर छापणं बंधनकारक होतं, यातलं सेविन हे 'अति धोकादायक' तर टेमेक हे 'कमी धोकादायक' मानण्यात येत होतं. ही कीटकनाशकं निर्माण करण्यासाठी 'मेथिल आयसोसायनेट' हा वायू वापरण्यात येतो.

युनियन कार्बाइडच्या कारखान्यातून तासाभरात सुमारे ३० टन मेथिल आयसोसायनेट वायू (एम आय सी) वातावरणात मिसळला. हा वायू हवेपेक्षा जड असतो, यामुळे जर वारं नसेल तर तो जमिनीजवळ साठतो. तो प्रथिनांशी झटकन संयोग पावतो यामुळे हिमोग्लोबीन आणि फुप्फुसांतील अुती (टिश्यू) यांचा नाश होतो. यामुळे माणसं गुदमरून मरतात. याशिवाय डोळे व कातडीची जळजळ होते आणि त्यांची हानी होते ते वेगळंच. यामुळे बुबुळास दुखापत होऊन दृक्पटलाची हानी होते आणि अंधत्व येण्याची शक्यता निर्माण होते. जर एक दशलक्ष कणात ५ टन एवढ्या प्रमाणात मेथिल आयसोसायनेट हवेत असेल तर ती हवा श्वासावाटे घेणारे ५०% उंदीर मरतात आणि उरलेले निम्मे उंदीर मरणोन्मुख बनतात, असं प्रयोगशाळेतल्या चाचण्यांत आढळून आलं आहे. इंग्लंड, अमेरिकेत ज्या वातावरणात दहा कोटी कणात २ कण मेथिल आयसोसायनेट वायू असेल त्या वातावरणात कुणालाही काम करू दिलं जात नाहीच पण एम आय सी अगदी या सूक्ष्म प्रमाणातही त्वचेच्या संपर्कात येणार नाही याची काळजी घ्यावी लागते. हा वायू कायम द्रवस्वरूपात दाबाखाली ठेवला जातोच पण त्याच्या साठवणीच्या जागेचं तापमान १५० सें. पेक्षा जास्त होणार नाही याची सतत काळजी घ्यावी लागते. हा द्रव एम आय सी अतिशय बाष्पशील असतो. साधारणपणे २०० सें. पेक्षा जास्त तापमानास या द्रवाचे झपाट्याने वायूत रूपांतर होते. पहिल्या महायुद्धात आणि अगदी अलिकडे इराक-इराण युद्धात वापरलेल्या फॉस्जीन या विषारी वायूचा एम आय सीच्या निर्मितीसाठी वापर करण्यात येतो.

युनियन कार्बाइड कंपनीनं हा अपघात होण्याचं अधिकृत कारण दिलं ते असं– एम आय सीच्या साठवण टाकीत ५४० ते ६४० लिटर पाणी एकाएकी शिरलं. यामुळे या टाकीत एमआयसी व पाणी यामध्ये रासायनिक प्रक्रिया सुरू झाली. यामुळे टाकीतलं तापमान २००० सें. एवढं वाढलं. तापमान ३८ ० सें.

पेक्षा जास्त होताच एक सुरक्षा झडप फुटली व उडाली. हेच या झडपेचं काम होतं. यामुळे एम आयसी एका सुरक्षा टाकीत शिरला. या टाकीत कॉस्टिक सोडा (अल्कली पदार्थ) होता. याच्याशी प्रक्रिया होऊन एमआयसीचं निरुपद्रवी संयुग तयार व्हावं अशी अपेक्षा होती. ही प्रक्रिया सुलभ व्हावी म्हणून हे मिश्रण ढवळण्याचीही सोय या टाकीत होती; पण तसं झालं नाही, किंवा ती व्यवस्था अपुरी पडली म्हणा पण यामुळे भोपाळवासी नागरिकांवर एक भयाण संकट कोसळलं, हे खरं. पुढे हा कारखाना बंद करण्यात आला वगैरे पण यामुळे अशा उद्योगांमुळे परिस्थितीवर किती भयाण परिणाम होतो हे उघडकीस आलं, हेही तितकंच खरं.

भोपाळचा अपघात हा औद्योगिक जगाच्या इतिहासातला सर्वात भयाण अपघात ठरला तरी तो अशा तऱ्हेचा पहिलाच अपघात मात्र नव्हता. १० जुलै १९७६ या दिवशी इटालीमधील मिलान या शहराजवळ सेवेसो नावाच्या खेड्यात डायॉक्झीन या विषारी रसायनाने असाच हाहाकार माजवला होता. सेवेसो इथं हॉफमन-लारोश या बहुराष्ट्रीय व्यापारी संस्थेच्या कारखान्यात भोपाळ प्रमाणेच यांत्रिक झडप बिघडून एक विषारी वायूचा ढग आसमंतात पसरला. या ढगाने भोपाळ एवढी हानी केली नसली तरी ५०० व्यक्तींना विषारी वायू बाधा झाली आणि ७०० लोकांना रुग्णालयात हलवावं लागलं होतं.

सेवेसोचा अपघात डायॉक्झीनचा अपघात म्हणून प्रसिद्ध असला तरी इथल्या रासायनिक कारखान्यात २,४,५- ट्रायक्लोरोफेनॉक्सी ॲसेटिक आम्ल तयार करण्यात येत होतं. हे रसायन तणनाशक म्हणून वापरण्यात येतं. याला २,४,५-टी अशा सुटसुटित नावानं ओळखलं जातं. हे रसायन तयार करण्यासाठी जी वेगवेगळी रसायने कच्चा माल म्हणून वापरली जातात, त्यातली काही रसायने, विशेषत: ट्रायक्लोरोफिनॉलचे टेट्राक्लोरोडी बेंझे-पी-डायॉक्झीन मध्ये रूपांतर होत असते. याला टीसीडीडी किंवा नुसतंच डायॉक्झीन असं म्हणतात. खरं तर डायॉक्झीन हा वेगवेगळ्या रसायनांचा एक गट आहे आणि टीसीडीडी हे त्यातले एक. सेवेसो अपघातात अंदाजे २ ते १३० किलोग्रॅम टीसीडीडी हवेत मिसळले, या अपघातानंतर सेवेसो परिसरातील सर्व प्राणी सुरक्षिततेचा उपाय म्हणून मारण्यात आले, तर गर्भवती महिलांना गर्भपात करून घेण्यास सांगितले गेले. डायॉक्झीनचा कातडी व डोळे यांच्यावर तसेच गर्भावर परिणाम होतो. ज्यांना डायॉक्झीनची बाधा झाली त्या सर्वांची जन्मभर ठराविक काळाने शासकीय खर्चाने तपासणी करण्यात येऊ लागली.

सेवेसोनंतरच्या काळात एक आणखी विचित्र अपघात घडला. तो चेर्नोबिल इतका गाजला नसला तरी तो आण्विक अपघात होता आणि तो अगदी योगायोगाने उघडकीस आला हे लक्षात घ्यायला हवं. या अपघातास एका अमेरिकन हॉस्पिटलमधील एक किरणोत्सर्गी उपकरण कारणीभूत ठरलं होतं. या उपकरणात कोबाल्ट-६० या

किरणोत्सर्गी मूलद्रव्याचा वापर करण्यात येत होता. कर्करोगावर उपचार करणारी ही यंत्रणा आता मोडीत काढण्यात आली होती; आणि कुणीतरी कोबाल्ट पोलादनिर्मितीत वापरलं होतं. या पोलादातून खुर्च्यांचे आधारभूत सांगाडे तयार केले गेले होते.

खरंतर हे लक्षात यायचं काहीच कारण नव्हतं; आणि ते लक्षात आलं नसतं तर किमान ६०० किरणोत्सर्गी खुर्च्या अमेरिकेत वापरात आल्याही असत्या, पण मेक्सिकोतून अमेरिकेत हे खुर्च्यांचे सांगाडे घेऊन निघालेला ट्रक रस्ता चुकला आणि लॉस अलामोस इथल्या लष्करी केंद्राच्या आवारात शिरला. तिथे अमेरिकेच्या लष्कराचं अणुस्फोट केंद्र आहे. यामुळे अनेक किरणोत्सर्गमापी जागोजाग विखुरलेल्या आहेत आणि या किरणोत्सर्ग मापींना धोकादायक किरणोत्सर्जनाचा जरासा संशय आला तरी लगेच धोका निर्देशक भोंगे वाजू लागतात.

तो ट्रक रस्ता चुकून आत येताच हे भोंगे वाजू लागले आणि तो बाहेर पडताच ते थांबले; पण त्यामुळे कुठेतरी धोकादायक किरणोत्सर्जन मोकळं आहे याची जाणीव तिथल्या सुरक्षा यंत्रणेस झाली आणि त्या ट्रकचा शोध सुरू झाला. ते लष्करी केंद्र असल्यामुळे या ट्रकचा नंबर लिहिला गेला होता. त्यामुळे तो ट्रक लौकरच अडवण्यात आला आणि मग सामानासकट तो नष्ट करण्यात आला; यामुळे बऱ्याच व्यक्तींचे प्राण वाचले.

हे तीन अपघात, यातल्या दोन अपघातात प्राणहानी झाली, एकात केवळ योगायोगानेच प्राणहानी टळली. जगात सर्वत्र असे छोटे मोठे अपघात घडत असतात. हे तीन गाजले होते म्हणून ही उदाहरणं घेतली. या अपघातांचे वेळी अनेक विषारी द्रव्ये वातावरणात मिसळत असतात. यात बहुदा गरिबांचे बळी पडतात. नक्की काय झालंय, याचे परिणाम काय होणार, हे सामान्य जनांच्या लक्षातच येत नाही. अनेक विषारी पदार्थांची नावंही लोकांना ठाऊक नसतात. यामुळे काय घडतंय, किंवा घडून गेलंय याचं गांभीर्यच लोकांच्या लक्षात येत नाही.

भोपाळ किंवा सेवेसो सारखे अपघात लक्षात तरी येतात. पण काही वेळा आपल्याला विषबाधा होते आहे, हे सामान्यजनांच्या लक्षात यायला काही वर्षे जावी लागतात. यातली बरीच विषे तर खूप पूर्वी कधीतरी जमिनीत गाडलेली असतात. त्यांची निर्मिती आता थांबलेली असते; आणि त्यानंतर पंधरा वीस वर्षांनी एकाएकी या विषांचे परिणाम दिसू लागतात.

मध्यंतरी म्हणजे १९९३ च्या मार्च महिन्यात दूरदर्शनने पश्चिम बंगाल व बांगला देशमधल्या नागरिकांना आर्सेनिकची विषबाधा फार मोठ्या प्रमाणावर आणि फार मोठ्या क्षेत्रात होत असल्याचे सचित्र वृत्त दिलेले होते. हे आर्सेनिक तिथल्या भूजल साठ्यात आले कुठून? हे कोडे तेव्हा तरी सुटलेले नव्हते; आणि सुटण्याची शक्यताही दिसत नव्हती. मात्र शेकडो खेड्यापाड्यातील काही लाख लोकांवर या

विषबाधेचे परिणाम दिसून येत होते. एवढ्या मोठ्या प्रमाणावर लोकसंख्या हलवणेही शक्य नाही आणि या लोकसंख्येस पिण्यायोग्य पाणी पुरवायला भूजलाशिवाय दुसरा स्रोत नाही असं हे विचित्र कोडं आहे; काय होणार हा प्रश्न अनुत्तरीतच आहे.

बरं, हे आपल्याकडेच होतं असं नाही, १९४० ते ५० च्या दरम्यान एका अमेरिकन रासायनिक कंपनीने आपल्या कारखान्यात निर्माण झालेलं सांडपाणी आणि अवशिष्टे धातूच्या पिंपात भरून नायगारा धबधब्या जवळ पुरली. त्या काळातल्या   कायदेकानूंप्रमाणे हे योग्यच होतं. द हुकर केमिकल प्लॅस्टिक्स कॉर्पोरेशनने त्या काळातल्या प्रथेप्रमाणे हे केलं होतं. बरं, ही पिंपं जिथं पुरली त्या जागेचं नाव 'लव्ह कॅनॉल' असं होतं. २० वर्षांनंतर या पिंपांना गंजल्यामुळे भोकं पडली आणि या पिंपातली रसायनं आजूबाजूच्या खडकात पाझरू लागली आणि न्यूयॉर्क राज्याच्या भूजलात पसरली. हे लक्षात यायला काही दिवस जावे लागले.

७ ऑगस्ट १९७८ रोजी हा सर्व भूभाग राष्ट्रीय पातळीवर धोकादायक म्हणून जाहीर करण्यात आला. या भागात राहणाऱ्या २३९ कुटुंबांना या भागातून हलवून त्यांचं दुसरीकडे पुनर्वसन करण्यात आलं. यानंतर या भागाची आणखी एक तपासणी करण्यात आली. तेव्हा प्राथमिक तपासणीमध्ये वाटलं होतं त्यापेक्षा हा धोका खूपच जास्त असल्याचं निदर्शनास आलं. यामुळे आणखी ७१० कुटुंबांचं पुनर्वसन करावं, असं ठरवण्यात आलं; पण हे लोक आपली परंपरागत वसतीस्थानं सोडायला तयार नव्हते.

इ.स. १९८० मध्ये यातल्या काही लोकांच्या प्राथमिक वैद्यकीय तपासणीत त्यांच्या गुणसूत्रांची हानी झाल्याचं दिसून आलं. तेव्हा ही मंडळी खवळली. त्यांनी शासकीय कचेरीस घेराव केला आणि दोन प्रशासकीय अधिकाऱ्यांना त्यांच्या ऑफिसात कोंडून ठेवलं. मग या व्यक्तींची अधिक सखोल वैद्यकीय तपासणी करून त्यांना योग्य ती वैद्यकीय मदत देण्याचं प्रशासनानं जाहीर केलं. पुढील तपासणीत ही हानी फारशी गंभीर नाही, हे सिद्ध झालं. आणि हे घाबरलेले लोक शांत झाले.

अमेरिकेत जिथं शेतकरी आपली जमीन सोडून दुसरीकडे जायला नाखूष असतात तिथे विकसनशील देशात काय घडत असेल याचा विचारच केलेला बरा. शिवाय अशा प्रश्नांमध्ये पाश्चात्त्य देशात बऱ्याच व्यक्ती, चळवळीचे कार्यकर्ते, वृत्तपत्रे जनजागृतीचे कार्य घडवून आणतात आणि शासनाला जनमताची दखल घ्यावी लागते. या उलट विकसनशील देशात तात्कालिक आर्थिक फायद्यासाठी काही श्रीमंत आणि वजनदार व्यक्ती किंवा बहुराष्ट्रीय संस्था जनहित पायदळी तुडवतात असं दिसून येतं. आणि यामुळे विकसनशील देशातील पर्यावरणविषयक परिस्थिती नेहमीच दोलायमान असते, असं आढळतं. शासन कायदे करतं पण ते पाळले जातील याची मात्र खात्री नसते. ज्यांच्याकडे पैसा असतो ती मंडळी वर्षानुवर्षे

खटले चालवत ठेवतात आणि त्यात राष्ट्राचे नुकसान घडते आहे तिकडे डोळेझाक करतात.

काही वेळा अज्ञानानं एखादा पदार्थ रोजच्या वापरात येतो. गेली कित्येक शतके वापरात असा एक धातू म्हणजे शिसे आणि गेल्या काही शतकात महत्त्व प्राप्त झालेले दोन पदार्थ म्हणजे ॲस्बेस्टॉस आणि ॲल्युमिनियम. काही दशकांपूर्वी ॲल्युमिनियम आणि ॲस्बेस्टॉस हे अतिशय निर्धोक पदार्थ आहेत असं मानण्यात येत होतं. ॲस्बेस्टॉस तर त्याच्या अग्निरोधक गुणधर्मामुळे सर्वत्र वापरण्यात येत होतं. आगीशी संबंधित व आम्लांशी संबंधीत उद्योगधंद्यांमुळे तर ॲस्बेस्टॉसला फारच महत्त्व प्राप्त झालेलं होतं. यामुळेच ॲस्बेस्टॉस म्हणजेच सुरक्षितता असं एक समीकरणच आपल्या मनात तयार झालं होतं; पण गेल्या दशका दोन दशकात ॲस्बेस्टॉसच्या धाग्यांमुळे होणारे तोटे लक्षात आले. विशेषत: श्वसनावाटे शरीरात शिरल्यामुळे या धाग्यांनी असाध्य व्याधी जडतात हे लक्षात आल्यावर आता 'ॲस्बेस्टॉस हटाव' मोहीमा सुरू झाल्या आहेत. शिस्याचंही तेच. एकेकाळी शिसे सर्वत्र– विशेषत: विविध रंगांमध्ये तर शिसं अगदी आवश्यक घटक होता. आज रंगांमध्ये शिसं असणं ही अतिशय घातकी गोष्ट मानण्यात येते. अजूनही पेट्रोलमध्ये इंजिनात पेट्रोल झटकन जळून जे आवाज येतात ते टाळण्यासाठी टेट्रॉएथिल लेड वापरण्यात येते. पेट्रोलच्या धुरातून जे शिसं मानवी शरीरात जातं ते घातकी असल्याचं सिद्ध झालं असूनही ते वापरणं अजूनही बंद झालेलं नाही. हे असं हवेवाटे सूक्ष्म प्रमाणात शिरलेलं शिसे व त्याचे संयुग चेतासंस्थेच्या आणि मेंदूच्या वाढीवर विपरित परिणाम करतं. विशेषत: गर्भवती महिला व लहान मुलांना यापासून खूप धोका असतो, असं बऱ्याच शास्त्रज्ञांना वाटतं. यामुळे पाश्चात्य देशातून आता हळूहळू शिसे युक्त पेट्रोलचं उच्चाटन होऊ लागलं आहे. ॲल्युमिनियमबद्दलही असे बरेच प्रवाद आहेत. विशेषत: स्वैपाकाच्या भांड्यात वाफ आणि मसाल्यातील आम्लांची प्रक्रिया होऊन ॲल्युमिनियम मानवी शरीरात प्रवेश करीत राहते, यामुळेही अनेक व्याधी उद्भवतात, असं आता सिद्ध झालेलं आहे.

आर्सेनिक हे विष म्हणून पूर्वापार गाजलेलं आहे. आपल्याकडे याला पूर्वी 'हिराकस' असं म्हणायचे. ते राजघराण्यातील स्त्रियांच्या अंगठीत खड्याखाली एका छोट्या कुपीत ठेवलेलं असायचं. संकट आलं की या स्त्रिया अब्रू वाचवण्यासाठी त्या अंगठीतलं 'हिराकस' खायच्या आणि मृत्यूला कवटाळायच्या. लोकांना वाटायचं त्यांनी अंगठीतला खडा खाऊन जीव दिला. यामुळे पुढे 'हिरकणी' खाऊन जीव देणे, असा वाक्प्रचार रूढ झाला. हिरा खाऊन माणूस मरायचं तसं काहीच कारण नाही. हे थोडंसं विषयांतर अशासाठी की प्राचीन काळापासून आर्सेनिक हे विष म्हणून लोकांना ठाऊक होतं. तरीही ते अगदी १०० वर्षापूर्वीपर्यंत रंगात वापरलं जात

होतंच. या आर्सेनिक शिवाय आजकाल इतर अनेक नवेनवे विषारी पदार्थ रोज आपल्या जीवनात अवतरत आहेत. बेरिलियम, कॅडमियम, कोबाल्ट, क्रोमियम, मँगेनीज आणि सर्वात घातकी म्हणावा असा 'पारा'! या पाऱ्याला आपल्याकडे 'रसराज' म्हणायचे तेव्हा तो 'विषराज' आहे याची त्या काळातल्या लोकांना कल्पनाही नव्हती.

ही सर्व मूलद्रव्ये आणि त्यांची संयुगे औद्योगिक क्षेत्राच्या दृष्टीने फार महत्त्वाची आहेत, आणि ती घातकीही आहेत. क्रोमियमचा शोध इ.स. १७९८ मध्ये लागला; आणि त्याचा शोध लागल्यापासून वीस वर्षांतच ते विषारी आहे, हेही लक्षात आलं. साधारणपणे ३ ग्रॅम क्रोमियम एका प्रौढ व्यक्तीचा जीव घेऊ शकतं. बेरिलियममुळे कर्करोग होतो; तर मँगेनिजमुळे चेतासंस्थेचे विकार जडतात. कॅडमियममुळे काय घडतं याची कल्पना जपान मध्ये १९५० नंतरच्या औद्योगिकरणाच्या लाटेच्या वेळी आली. यावेळी अनेक प्रौढ स्त्रियांना 'अिताअी-अिताअी' नावाची व्याधी जडली. 'अिताअी-अिताअी' म्हणजे 'आअीगं-आअीगं'; या बाधेला बळी पडलेल्या सर्व महिला माता होत्या. प्रौढ होत्या. त्यांची हाडं झिजल्यामुळे त्यांच्या पायातून आणि पाठीतून कळा येऊन त्यांना 'अिताअी-अिताअी' म्हणायची पाळी यायची.

पाऱ्यामुळे काय होतं हे प्रथम इंग्लंडमध्ये लक्षात आलं. त्याला 'हॅटर्स शेक' म्हणायचे. पूर्वी 'फेल्ट हॅट' तयार करताना पारा वापरला जायचा आणि या हॅट तयार करणाऱ्या कामगारांना या व्याधीचा त्रास व्हायचा. काही कामगार काम करता करता एकदम उठायचे आणि खिडकीतून खाली उड्या मारायचे. या शतकातील पाऱ्याने विषबाधेची सर्वात मोठी दुर्घटना जपानमध्ये घडून आली. मिनामाटा इथे पाऱ्याच्या विषबाधेने अनेक बळी घेतले आणि त्याहून जास्त व्यक्ती अपंग बनवल्या.

पारा बऱ्याच ठिकाणी सापडतो आणि बऱ्याच औद्योगिक उपयोगांमुळे तो सर्वदूर पसरतो. हजारो टन पाऱ्याची वाफ प्रतिवर्षी जमिनीतून हवेत मिसळते आणि पावसाबरोबर पारा परत जमिनीवर येतो. अर्थात पावसाबरोबर जमिनीवर येणारा हा पारा इतक्या सूक्ष्म प्रमाणात असतो की अतिशय संवेदनाक्षम मापन यंत्रणांमार्फतच त्याचे मोजमाप होऊ शकते. आणि इतक्या सूक्ष्म प्रमाणात हा पारा असल्यामुळेच त्यामुळे फारसा अपायही होत नसतो. काही ज्वालामुखींच्या उद्रेकातूनही हवेत पारा मिसळतो. अनेक अग्निज खडकातून पारा शुद्ध स्वरूपात पाझरतानाही सापडतो. पण पाऱ्याचं प्रमुख खनिज म्हणजे सिन्नाबार किंवा पाऱ्याचं सल्फाईड (HgS.) सिन्नाबारच्या खाणीतून पारा काढतात तेव्हा साधारणपणे ०.४% पारा मिळतो. काहीवेळा हे प्रमाण २०% इतकं असतं. कारण ज्या खडकात पारा मिळतो तिथे सिन्नाबार बरोबर इतर खनिजेही असतात.

पारा हा सार्वत्रिकरित्या आढळणारा धातू असला तरी तो वातावरणात आणि

जमिनीतही अगदी सूक्ष्म प्रमाणात पसरलेला असतो. अगदी क्वचितच तो जास्त किंवा धोकादायक प्रमाणात एखाद्या ठिकाणी निसर्गत: एकवटलेला आढळतो. आणि इथे मग आपण खाणी काढतो; पण असं केंद्रिकरण स्थानिक स्वरूपाचंच असतं.

अब्जभागात ३०० ते ४०० कण एवढ्या प्रमाणात पारा असला तर त्याचा आपल्याला त्रास होत नाही. सामोआ बेटांच्या आसपासच्या ट्यूना माशांमध्ये दर अब्ज कणात ३०० कण एवढ्या प्रमाणात पारा आढळतो. पण हे मासे खाऊनही या पाऱ्याचा ते मासे खाणाऱ्यांना त्रास होताना आढळत नाही. या लोकांना या पाऱ्याचा त्रास होत नाही याचं आणखीही एक कारण आहे. भूमध्य सागरी भागातही काही ठिकाणचे लोक एवढाच पारा असलेले मासे खातात. तिथेही सागरात ज्वालामुखींमुळेच पारा मिसळलेला असतो. पण हा ज्वालामुखीजन्य पारा सागरी पाण्यात मिसळतो तेव्हा त्याच्या बरोबर ज्वालामुखी ओकत असलेली इतर रासायनिक संयुगेही मिसळतात. यात सेलेनियमचाही समावेश असतो. सेलेनियम हे शरीरात गेल्यावर पाऱ्या बरोबरीनंच शरीरात पसरते. यामुळे पारा आणि सेलेनियम जेव्हा बरोबर शरीरात प्रवेश करतात तेव्हा ते सारख्याच प्रमाणात शरीरात पसरतात. यामुळे पाऱ्याचा त्रास कमी होतो, याचं कारण पाऱ्याचं केंद्रीकरण कमी प्रमाणात होतं. पाऱ्याची वाफ श्वासावाटे शरीरात गेली तर अल्कोहोलमुळे तिचा त्रास कमी होतो, याचा अर्थ हा दारू प्यायचा परवाना आहे असे मात्र नव्हे. शुद्ध पारा गिळला तर फारसा विषारी ठरत नाही. कारण, तो चयापचय क्रियेत शोषून घेतला जात नाही तर न पचताच शरीराबाहेर टाकला जातो. पाऱ्याची काही संयुगेही अशीच शरीराबाहेर जातात. मग पाऱ्याची विषबाधा होते तरी कशी?

बऱ्याच कीटकनाशकांमध्ये पाऱ्याची संयुगं वापरली जातात, तर बुरशी लागू नये म्हणून खूपदा रंगातही पारा मिसळला जातो. पाऱ्याचे ऑक्साईड विजेऱ्यांच्या घटांमधून (मर्क्युरी बॅटरी सेल्स) वापरले जाते. याच घटांचा वापर ट्रांझिस्टर रेडिओ, टेपरेकॉर्डर आणि अशाच अनेक घरगुती वापराच्या इलेक्ट्रॉनिक उपकरणांमधून केला जातो. दंतवैद्य दातांच्या कवळ्या आणि दात भरण्याच्या चांदीत पारा वापरतात. तर पाऱ्याचे फुलमिनेट स्फोटकांच्या स्फोटकारकामध्ये (डिटोनेटर) वापरले जाते. क्लोरिन आणि दाहक सोड्याच्या निर्मितीत पारा विद्युत्रस्थ म्हणून वापरला जातो. पाऱ्याचे तीन हजारांहून अधिक औद्योगिक उपयोग आहेत. प्रत्येकवेळी जेव्हा पारा यातल्या कुठल्याही प्रक्रियेत वापरला जातो, तेव्हा या बाष्पशील धातूची वाफ थोड्या प्रमाणात का होईना हवेत मिसळत असते.

'थेंबे थेंबे तळे साचे' ही म्हण पाऱ्याच्या प्रदूषणाच्या बाबतीत योग्य ठरेल. कारण हे सर्व मायक्रोग्रॅममध्ये मोजावे असे बाष्प एकत्र होऊन पृथ्वीवर वर्षाकाठी

वीस हजार टन पारा हवेत मिसळतो. तर नैसर्गिक साठ्यामधून व ज्वालामुखींच्या उद्रेकांमधून सुमारे ३० हजार टन पारा वातावरणात मिसळत असतो; म्हणजेच मानवी उद्योगांमुळे वातावरणात मिसळणारा पारा भरपूर मोठ्या प्रमाणात वातावरणात मिसळतो. ही बाब खरोखरच काळजी करण्यासारखी आहे. याचं कारण पारा हा वातावरणात शुद्ध स्वरूपात किंवा बिनधोक संयुगांच्या स्वरूपात मिसळणे हे धोकादायक नसले तरी वातावरणात इतर प्रदूषिते असतात आणि त्यांच्याशी पाऱ्याची संयुगे होऊन यातल्या काही पाऱ्याचे अतिशय धोकादायक संयुगात रूपांतर होणे शक्य असते.

जे पाऱ्याच्या बाबतीत तेच इतर जड धातूंचे (Heavy Metals) बाबतीत घडू शकते. याशिवाय आर्सेनिक आणि ॲस्बेस्टॉस तर घातकच आहेत. नैसर्गिकरित्या हे सर्व पदार्थ अतिशय कमी प्रमाणात आढळतात. आणि त्या प्रमाणात ते धोकादायक नसतात पण जेव्हा आपण ते एकत्रित, एकगठ्ठा वापरतो किंवा त्यांचे रासायनिक स्वरूप बदलून वेगवेगळी संयुगे तयार करतो तेव्हा मात्र हे पदार्थ प्राणघातक ठरू शकतात. उदाहरण घ्यायचं तर कॅडमियम हे मूलद्रव्य पृथ्वीवर सर्वत्र आढळतं; पण बहुदा त्याचं प्रमाण कोटी भागात २ म्हणजे दशलक्ष भागात ०.२ एवढे कमी असते आणि या प्रमाणात कॅडमियम धोकादायक ठरत नाही. आर्सेनिकही निसर्गात बरेच ठिकाणी आढळते, पण बहुदा हे प्रमाण दर दशलक्षात ५ भाग एवढेच असते. क्रोमियम हे शरीरास आवश्यक असे मूलद्रव्य आहे. तेही नैसर्गिक साठे सोडले तर असेच सूक्ष्म प्रमाणात आढळते. मात्र ते शरीरास आवश्यक असले तरी ते जास्त प्रमाणात शरीरात गेल्यास धोकादायक ठरू शकते. क्रोमियम अत्यल्प प्रमाणात शरीरास अतिशय आवश्यक मूलद्रव्य आहे पण ते जास्त प्रमाणात अपायकारक ठरते.

बरीच मानवनिर्मित रसायने आपल्याला प्रथमदर्शनी उपयुक्त वाटतात, पण नंतर त्यांच्यापासून होणारे तोटे हे उपयुक्ततेच्या मानाने खूपच घातक आहेत हे कळून आल्यावर मग आपण त्यावर प्रतिबंधात्मक उपाय करू लागतो. पाश्चात्त्य देशांमध्ये यासाठी आता प्रत्येक नव्या रसायनाच्या अनेकवार चाचण्या केल्या जातात. नंतर ते प्रायोगिकरित्या मर्यादित वापरासाठी कुठल्यातरी संस्थेकडे सोपविले जाते आणि त्यानंतरच ते सार्वजनिक वापरासाठी खुले केले जाते. याउलट आपल्याकडे भारतात, पाश्चात्त्य देशात बंदी घातलेली रसायनेही कुठल्याही नियंत्रणाशिवाय बाजारात सहज उपलब्ध असतात. याबाबतीत आपण बांगलादेशाचा आदर्श ठेवण्यासारखा आहे. पाश्चात्त्य देशात चाचणी न झालेलं किंवा बंदी घातलेलं कुठलंही रसायन बांगला देशात विकता येत नाहीत. याबाबत अनेक बहुराष्ट्रीय कंपन्यांनी खूप दडपणं आणून सुद्धा बांगलादेशाने आपली भूमिका बदललेली नाही. चाचणी न केलेल्या रसायनांना

आणि औषधांनाही आपल्या देशात येऊ न देण्याची बांगलादेशची भूमिकाही वाखाणण्यासारखी आहे. बरेचदा आंतराष्ट्रीय कंपन्या आपल्या औषधांची मानवी चाचणी घेण्यासाठी विकसनशील देशांमध्ये ही औषधे पाठवतात. खूप जाहिरात करतात; आणि ती निर्धोक वाटल्यास मग प्रगत देशात वापरायला पाठवतात.

या प्रकारची औषधेही आहेतच पण त्यापेक्षाही विकसनशील देशांमध्ये लोकसंख्या जास्त असल्यामुळे या देशांना अन्नासाठी बाहेरच्या देशांकडे मदत मागावी लागते. अशावेळी आपलं धान्योत्पादन वाढेल या आशेनं विकसनशील देशातून बरेचदा कीडनाशकांना खूप मागणी असते. बरीच कीडनाशकं आणि कीटकनाशकं ही रासायनिकदृष्ट्या काही नैसर्गिक पदार्थांच्या जवळची असतात; तर काहींची संरचना नैसर्गिक पदार्थांच्या जवळची असते. यामुळेच हे पदार्थ आपले बळी मिळवू शकतात; कारण त्यांची सावजे या साधर्म्यास फसतात; आणि हे पदार्थ या उपद्रवकारक सजीवांच्या चयापचय क्रियेत सामावून त्यांच्या अवयवांमध्ये आणि अुतींमध्ये पोचतात. एकदा यांनी आपल्या सावजाच्या शरीरात प्रवेश केला की मग त्यांचं विनाशकारी कार्य सुरू होतं. याप्रकारची कीडनाशके ही बरेचदा विशिष्ट सजीवाला डोळ्यापुढे ठेवून तयार केलेली असतात आणि ती आपले लक्ष्य सोडून इतर सजीवांना उपद्रवकारक ठरणार नाहीत, अशा तऱ्हेनेच त्यांची निर्मिती करण्यात आलेली असते. पाश्चात्त्य देशांमधून जरी अशी दुसऱ्या पिढीची कीड, कीटक किंवा तणनाशके वापरात असली तरी ही खूप महाग असतात. यामुळे विकसनशील देशांमधून अजूनही प्राथमिक स्वरूपाची सर्व समावेशक रसायने वापरण्यात येतात. ती कीड, कीटक, इतर सजीव असा भेदभाव न बाळगता सर्वनाशक असतात. त्यातच या विशिष्ट लक्ष्यवेधी औषधांच्या आधीच्या औषध पिढीमध्ये खूप काळ टिकून राहतील अशी काही रासायनिक कीटक आणि कीडनाशके तयार करण्यात आली होती. यातलं डायक्लोरो-डाय-फेनिल ट्रायक्लोरोइथेन नावाचं संयुग सर्वत्र वापरलं गेलं. डीडीटी या नावानं ते प्रसिद्धी पावलं. डीडीटी हे कीटकनाशक पाण्यात विरघळत नाही; आणि ते फवारताना त्यातून जे कीटक वाचतात ते नंतरच्या काळात डीडीटीच्या संपर्कात येऊन मरतात. डीडीटीचं विघटन व्हायला प्रदीर्घकाल जावा लागतो. याचाच अर्थ जमीन, पाणी आणि मेलेल्या कीटकांच्या शरीरातलं डीडीटी हे आपले विषारी गुणधर्म टिकवून ठेवतं आणि त्यामुळे त्याचे असे अस्तित्वही इतर सजीवांच्या दृष्टीनं धोकादायक ठरतं.

यामुळेच डीडीटी आणि तत्सम दीर्घजीवी कीटकनाशके धोकादायक ठरवून त्यांच्या वापरास प्रगत देशात कायमची बंदी घालण्यात आली. याचं कारण ही रसायने अन्नशृंखलेत शिरत होती आणि त्यामुळे सर्वच सजीवांना धोकादायक ठरत होती. शेतात फवारलेल्या डीडीटीनं माणसांना थेट धोका नव्हता हे खरं, पण

त्यामुळे जे कीटक मरायचे ते कीटकभक्षी पक्ष्यांच्या पोटात जात होते. चिमण्यांचे थवे किंवा इतर कीटकभक्षी पक्ष्यांचे थवे लक्षावधी कीटक फस्त करतात. या चिमण्या पुढे शिखे, मांजरं यांच्या पोटात जात असतात. ऑरगॅनो क्लोरीन वर्गी म्हणजे डीडीटी आणि त्यांची भावंडे पाण्यात विरघळत नसली तरी चरबीत विरघळतात. यामुळे ती कीटकांकडून चिमण्यांकडे आणि चिमण्यांकडून शिख्यांच्या शरीरात जातात आणि प्रत्येकवेळी त्यांची प्रमाण मात्रा वाढत जाते. याचं कारण समजा एका चिमणीने शंभर नाकतोडे खाल्ले आणि एका शिख्याने १० चिमण्या खाल्ल्या तर या शिख्याच्या शरीरात १००० नाकतोड्यांच्या शरीरातलं डीडीटी जमा होत असतं. याचा परिणाम या अन्नश्रृंखलेतील सर्वांत बलिष्ठ आणि वरिष्ठ प्राण्यावर होऊ लागला. शिखे आणि ससाणे यांच्या अंड्यांची कवचे पातळ होऊ लागली, त्यामुळे त्यांची संख्या रोडावली.

डीडीटी फवारलेला चारा गायीगुरांच्या पोटात गेला. त्यांच्या पोटात गेलेलं हे डीडीटी मोठ्या प्रमाणात दुधात एकवटून माणसांच्या पोटात गेलं. अमेरिकेत १९७५ साली केलेल्या एका पाहणीत अनेक अमेरिकन स्त्रियांच्या दुधात डीडीटी भरपूर प्रमाणात आढळलं होतं. ह्या काळात बऱ्याच राज्यांनी एका विशिष्ट प्रमाणापेक्षा जास्त डीडीटी असलेल्या पदार्थांच्या वाहतुकीवर बंदी घातली होती. यापेक्षा या मातांच्या दुधातलं डीडीटीचं प्रमाण इतकं जास्त होतं की मातांचा प्रवास हा अवैध ठरवावा लागेल असे उद्गार एका परिसर शास्त्रज्ञाने विनोदाने काढले होते.

याहीपेक्षा महत्त्वाचं म्हणजे ज्या कीटकांचा नाश करण्यासाठी हे डीडीटी निर्माण केलं गेलं होतं ते कीटक हळूहळू डीडीटी पचवण्याचं सामर्थ्य प्राप्त करण्यात यशस्वी झाले.

जेव्हा जेव्हा डीडीटी फवारलं जायचं त्या त्या वेळेस काही कीटकांवर हे रसायन पडून किंवा त्यांच्या शरीरात जाऊनही या कीटकांवर काही परिणाम होत नसे. कदाचित काही कीटकांचं कवच कठीण असल्यामुळे हे होतं किंवा काही कीटक डीडीटीचं रासायनिक विघटन करण्यात यशस्वी झाल्यामुळे हे घडून येतं. मग या कीटकांची प्रजा कीटकनाशकाला तोंड देणारे गुण जन्मजात घेऊनच अवतरल्यामुळे कीटकनाशकाचा या प्रजेवर फारसा प्रभाव पडू शकत नाही; अशा तऱ्हेनं हळुहळु कीटकनाशकाला अजिबात दाद न देणारे कीटक अवतरतात.

हे लक्षात आल्यावर आता जी नवी कीटकनाशके निर्माण केली जातात त्यात कीटकांच्या विशिष्ट जातीवर लक्ष्य केंद्रीत केलं जातं. ही औषधं ज्या ज्या जातीच्या नाशासाठी निर्माण केली जातात, त्या मर्यादित लक्ष्याचा वेध घेतात आणि नंतर लगेच नाहीशी होतात. यामुळे ती अन्नश्रृंखलेतून साठून त्यांचं केंद्रीकरण व्हायचा धोका रहात नाही. काही कीटकनाशके रासायनिकदृष्ट्या मानवी चेतासंस्थेवर परिणाम

करणाऱ्या वायूंसारखी असतात. त्यांचा सस्तन प्राण्यांवर दुष्परिणाम होतो, हे खरं. पण ही रसायनं अस्थिर असतात आणि हवेत त्यांचं झटकन विघटन होऊन ती निरुपद्रवी बनतात.

बहुतेक पाश्चात्य देशातून आता उद्योगधंदे आणि कीटकनाशके यांच्यावर अनेक निर्बंध घालण्यात आले आहेत. ॲस्बेस्टॉस, पारा यांच्या घातक गोष्टींचा वापर कमी करण्यात आला आहेच पण पेट्रोलमधल्या शिशाचा वापर तर पूर्ण थांबविण्याची योजना आहे. आपल्याकडे ही अशी काळजी कधी घेतली जाणार हा प्रश्न अनुत्तरीतच आहे.

प्रगत देशात प्रदूषण करणाऱ्या उद्योगधंद्यांना खूप जबरदस्त दंड केला जातो. त्यांच्यावर प्रदूषणाचे दुष्परिणाम दूर करण्याची जबाबदारी असतेच, त्याशिवाय प्रदूषणाचे परिणाम ज्यांच्यावर झाले असतील त्या लोकांचं पुनर्वसन करणे, त्यांना नुकसान भरपाई देणे याचीही जबाबदारी या उद्योगधंद्यांवर असते. उद्योगधंदे प्रदूषण विषयक नियम नीट पाळतात की नाही, त्यांचा कळत किंवा नकळत परिस्थितीवर काय परिणाम होतो हे पाहणारी शासकीय यंत्रणा तिकडे कार्यरत असतेच पण त्याशिवाय अनेक स्वयंसेवी संघटना याबाबत जागरूकतेनं कार्य करीत असतात. या संघटनांमधून अनेक शास्त्रज्ञ विनावेतन काम करतात आणि या संघटनांचं म्हणणं शासन ऐकून घेतं.

बहुतेक सर्व विकसनशील देशात अशा यंत्रणा केवळ कागदोपत्रीच अस्तित्वात आहेत. स्वयंसेवी संघटनांना शासन शत्रू मानतं तर शासकीय संघटना बऱ्याच अंशी लाचलुचपतीनं पोखरल्या आहेत किंवा नोकरशाही, कारकूनशाहीच्या लालफितीनं अकार्यक्षम बनल्या आहेत असं दृश्य दिसतं.

हे टाळण्यासाठी अगदी सामान्यातल्या सामान्य व्यक्तीला जर पारिस्थितिकी ज्ञान दिलं तर चिपको, पश्चिमघाट बचाव या सारख्या चळवळी उभ्या राहू शकतात आणि त्यातून परिस्थिती सुधारण्याच्या दृष्टीने पावलं उचलली जातात, हे सिद्ध झालेलं आहे.

आम्ल पर्जन्य

मानवी उद्योगधंद्यांचे दृश्य परिणाम म्हणजे झटकन दिसणारे अपघाती परिणाम, लगेच लक्षात आल्यामुळे त्यांच्याबद्दल बरीच आरडाओरड होते, चर्चा होतात; त्यावर उपाययोजना कशा कराव्यात, कोणत्या कराव्यात ह्याबद्दल विचारमंथन होते आणि काही वेळा या उपाययोजना अमलातही येतात. पण मानवी उद्योगधंद्यांचे काही काही परिणाम हे लगेच दृष्टोत्पत्तीस येत नाहीत. काही वेळा तर ते अपघातानेच उघडकीस येत असतात, आणि हे परिणाम अपघाती परिणामांसारखे केवळ स्थानिक पातळीवर नुकसान करणारे नसतात तर संपूर्ण मानव जातीच्या दृष्टीने ते हानीकारक ठरू शकतात. यामध्ये आम्ल पर्जन्य, ओझोन विवर यासारख्या जागतिक परिणामांचा समावेश होतो. आपण प्रथम आम्ल पर्जन्याच्या संकटाची माहिती घेऊ या.

पाश्चात्त्य देशात आम्ल पर्जन्य, आम्ल पर्जन्याने होणारे नुकसान याबाबत बरेच संशोधन झाले असले तरी भारतात असे काही संशोधन झाल्याचे ऐकिवात नाही. झाले असेलच तर ते अजून जनतेसमोर तरी आलेले नाही. यामुळे पाश्चात्त्य देशातील आम्ल पर्जन्याविषयीचे संशोधनच आपल्यापुढे मार्गदर्शक म्हणून उपलब्ध आहे.

भारताचं एक वैशिष्ट्य म्हणजे इथला मोसमी पाऊस. या मोसमी पावसाचे– मान्सूनचे कोडे सोडवायचा प्रयत्न गेली कित्येक वर्षे चालू असूनही आज मितीस या पावसाची निर्मिती, त्यातील बदल, आदी गोष्टींबद्दल आपण निश्चित असे काहीही सांगू शकत नाही. अगदी त्यासाठी बृहद्‌संगणकाची मदत घेऊनसुद्धा फारसा फारक पडलेला नाही. या पावसाचं वैशिष्ट्य, ज्यामुळे त्याला ‘मौसमी’ हे नाव मिळालंय, ते वैशिष्ट्य म्हणजे तो ठराविक काळातच पडतो. भारत आणि त्याच्या पूर्वेचे देश सोडले तर इतरत्र पाऊस केव्हा पडेल याला काही गणित नाही. पण या मौसमी पावसाच्या प्रदेशात मात्र ‘पावसाळा’ हा वेगळा ऋतू ठरतो; आणि साधारणपणे मे

अखेर ते सप्टेंबर मध्यापर्यंतचा काळ हा पावसाळा मानला जातो. तो तो प्रदेश कुठल्या अक्षांशावर आहे त्यानुसार पावसाळा पुढे मागे होतो; आणि भारताच्या पूर्व किनाऱ्यावर परतीचा मॉन्सूनही पडतो. हे सर्व आपण शाळेत शिकलो आहोत. पृथ्वीवर इतरत्र कुठेही पडत नाही एवढा पाऊस आपल्या देशात पडतो, आणि आपल्या देशात औद्योगीकरण वाढवायचा आपला प्रयत्न आहे म्हणूनच आम्ल पर्जन्याबद्दल आपल्याला माहिती असणे आवश्यक ठरते.

साधारणपणे पाऊस कसा निर्माण होतो हे आपल्याला आता ठाऊक आहे. सूर्याच्या उष्णतेमुळे पृथ्वीवरील पाण्याची वाफ होत जाते. ती हवेत मिसळते. ती ठराविक प्रमाणापेक्षा जास्त प्रमाणात जमा झाली की ढग बनतात. काही कारणांनी हे ढग नैर्ऋत्येकडून ईशान्येच्या दिशेने वाहू लागतात. ते जमिनीवर आले (किंवा सागरावर असताना देखील) उंचीवर अवलंबून थंड होतात आणि मग त्यातील पाण्याचे थेंब जमिनीवर पडतात. असं पाऊस निर्मितीचं थोडक्यात आणि काहीसं समजायला सोपं असं स्पष्टीकरण आपल्याला दिलं जातं. 'जलचक्र' असं या पाणी सागरास मिळणे आणि पाऊस रूपाने जमिनीवर परत येणे या घटनेचं वर्णनही केलं जातं.

हवेत जेव्हा पाण्याची वाफ मिसळते तेव्हा त्या वाफेत हवेतले काही घटक मिसळतात. हवेचे प्रमुख घटक म्हणजे नायट्रोजन आणि ऑक्सिजन. विजेच्या चमकण्यामुळे नायट्रोजन आणि ऑक्सिजन यांचा संयोग होऊन ती संयुगे पावसाच्या थेंबात मिसळतात. यामुळे पृथ्वीवरील वनस्पतींना आयते नत्रयुक्त खत मिळते, हेही आपण शाळेत शिकलो आहोतच; पण नायट्रोजन आणि ऑक्सिजन आणि त्यांची संयुगे याशिवाय इतरही अनेक गोष्टी हवेत असतात आणि त्या पाण्यात मिसळतात.

हवेत कार्बन-डाय ऑक्साईड असतो; धूलीकण असतात, परागकण असतात. धुराचे कण असतात. ज्वालामुखीच्या उद्रेकामुळे हवेत बरीच रासायनिक संयुगे

आणि अनेक प्रकारचे खनिजकण मिसळत असतात. ज्वालामुखीच्या उद्रेकातून मिसळणारे एक महत्त्वाचे संयुग म्हणजे सल्फर-डाय-ऑक्साईड. याशिवाय नैसर्गिक अथवा अनैसर्गिक कारणांनी लागणारे वणवे हेही हवेत मिसळणाऱ्या अनेक प्रदूषणांना जन्म देत असतात. हे सर्व पदार्थ पावसाच्या थेंबात मिसळून जमिनीवर येतात. हवेत काही क्षारकण असतात. मोठमोठ्या लाटा फुटल्या की हे सूक्ष्म क्षारकण हवेत मिसळतात, वावटळीत खूप वर जातात किंवा हवेच्या प्रवाहाबरोबर वाहत जातात आणि पावसाबरोबर मिसळून खाली येतात. हे पदार्थ केवळ पावसाच्या पाण्यानंच खाली येतात असं नाही तर गारा, हिमसेक यांच्या बरोबरही ते मिसळलेले असतात. पूर्वी पावसाचे पाणी, पडणारे हिम आणि गारा यांना 'शुद्ध' मानले जात असे, तेव्हाही त्यात हे सर्व थोड्या फार प्रमाणात असायचे. आता आपण केलेल्या उपद्व्यापांमुळे हे जास्त प्रमाणात असते आणि चिंतेचा विषय बनते. जेव्हा नायट्रोजनची संयुगे पाण्यात मिसळतात तेव्हा त्यापासून आम्ले बनतात. यात नायट्रिक आम्लासारख्या संयुगांचाही समावेश असतो. जेव्हा गंधकाची संयुगे पाण्यात मिसळतात. तेव्हा सल्फ्युरिक आम्ल तयार होते, किंवा गंधकाची इतर आम्ले तयार होतात. याशिवाय वातावरणात क्लोरीन असेल तर त्यापासूनही आम्ल तयार होतेच; हायड्रोक्लोरिक आम्ल हे अशा तऱ्हेनं पावसात मिसळत असते. सर्वसाधारण परिस्थितीत हवेत जे नैसर्गिक घटक असतात त्यातून ही आम्ले अत्यल्प प्रमाणात असतात, त्यामुळे पाऊस किंवा बर्फ हे थोडेसे आम्ल मिश्रितच असतात. ज्वालामुखीच्या उद्रेकानंतर नैसर्गिककरिता या आम्लांच्या प्रमाणात वाढ होते आणि आकाशातून जमिनीवर पडणारे पाणी अधिक आम्ल बनते पण ज्वालामुखीचा उद्रेक थांबल्यावर काही काळाने ते पूर्ववत बनते.

आम्लता मोजण्याच्या परिमाणास हायड्रोजन वर्चस् (पोटेंशियल ऑफ हायड्रोजन) असं म्हणतात. रसायन शास्त्रामध्ये याची खूण $_pH$ अशी आहे; आणि पीएच् हे आम्लतेचं परिमाण सार्वत्रिक आहे. कुठल्याही रसायनात हायड्रोजनचे अयन किती प्रमाणात आहेत हे या परिमाणाने सूचित केले जाते. या पीएच श्रेणीत पाणी हे उदास (म्हणजे न्यूट्रल) किंवा आम्लही नाही आणि अल्कलीही नाही म्हणून मानक मानले जाते. पाण्याचे पीएच श्रेणीवर मूल्य ७ आहे. ७ पेक्षा कमी पीएच असलेल्या रसायनास आम्ल तर पाण्यापेक्षा जास्त म्हणजे (७) सात पेक्षा जास्त पीएच असल्यास त्या रसायनास अल्कली म्हटले जाते. सर्वसाधारणपणे आपल्या नेहेमीच्या पावसाचे पीएच मूल्य ५ असते. आभाळातून पडणाऱ्या बर्फाचे पीएचही साधारणपणे पाचच्या आसपासच असते. यामुळे जेव्हा आम्ल पर्जन्याबद्दल आपण विचार करू लागतो तेव्हा नैसर्गिकरित्याच पाऊस हा थोडासा आम्लच असतो हे लक्षात घेणे आवश्यक ठरते.

आम्ल पर्जन्य धोकादायक आहे असं आपल्या कानावर आजकाल बरेचदा येते तरीही आम्ल पर्जन्याचा धोका फार पूर्वीपासून या क्षेत्रातील लोकांना माहीत होता. मात्र तेव्हा त्याला 'आम्ल पर्जन्य' असं लक्षवेधी नाव देण्यात आलेले नव्हते. इ.स. १८५२ मध्ये आर. ए. स्मिथ यांनी 'मँचेस्टर लिटररी अँड फिलॉसॉफिकल सोसायटी'च्या सदस्यांसमोर एक शोधनिबंध सादर केलेला होता. त्या शोधनिबंधाचे शीर्षक होते 'मँचेस्टर मधली हवा आणि पडणारा पाऊस'. या निबंधाचा निष्कर्ष आम्ल पर्जन्याच्या अभ्यासकांच्या दृष्टीने ऐतिहासिक महत्त्वाचा ठरतो. कारण आम्ल पर्जन्याचा तो पहिला लिखित पुरावा मानण्यात येतो. 'आपण जसजसे मँचेस्टरच्या जवळ जवळ येऊ लागतो, तसतसे हवेतील आणि पावसाच्या पाण्यातील सल्फ्युरीक आम्लाचे प्रमाण वाढत जाते; आणि मँचेस्टरवर पडणारा पाऊस म्हणजे सौम्य सल्फ्युरिक आम्लच आहे, असं म्हणणं वावगं ठरणार नाही.' हा निष्कर्ष सर्वांनी मान्य केला पण त्याबाबत कुणीही काहीही उपाययोजना केली नव्हती हे विशेष.

इ.स. १९१३ मध्ये असंच एक सर्वेक्षण करण्यात आलं होतं. त्यात इंग्लंडच्या उत्तर भागात पडणाऱ्या पावसात सल्फ्युरिक आम्ल जास्त प्रमाणात आढळतं याचं कारण उत्तर इंग्लंडमधील औद्योगिकीकरण असा निष्कर्ष काढण्यात आला होता. आम्लयुक्त पर्जन्य किती भागावर पडतो, याचं अचूक मोजमाप मात्र त्यावेळी केलेलं नव्हतं. हर्टफर्डशायर मधल्या रॉदमस्टेड इथं एक शेती संशोधन केंद्र होतं. ते १८५३ पासून पावसाचं पृथ:करण करीत असे; आणि त्यावरून इंग्लंडच्या दक्षिण भागात पडणारा पाऊस या आम्लानं प्रभावित झाला नव्हता, तो आम्ल रहीत होता, असं दिसून येतं.

(आपण ज्याला इंग्लंड म्हणतो तो इंग्रजांचा देश जगाच्या नकाशावर 'ग्रेट ब्रिटन' किंवा यु. के. म्हणजे युनायटेड किंग्डम म्हणून दाखवण्यात येतो. त्याचे वेल्स, इंग्लंड, स्कॉटलंड आणि उत्तर आयर्लंड असे चार भाग पडतात. हे सर्व मिळून संयुक्त राज्य म्हणजे युनायटेड किंग्डम होते. या चार भागात चार वेगवेगळ्या भाषा बोलल्या जातात; त्या इंग्रजीला जवळच्या असल्या तरी स्थानिक लोक त्यांना वेगळ्या भाषाच मानतात.)

१९५० नंतर युरोपच्या उत्तर आणि पश्चिम भागात पडणाऱ्या पावसाचा प्रदूषणाच्या बाबतीत पद्धतशीर अभ्यास सुरू झाला. तर अमेरिकेत १९७० नंतरच्या काळात आम्ल पर्जन्याचं संकट लक्षात आलं. संयुक्त संस्थानांचा उत्तर भाग आणि कॅनडाचा दक्षिण भाग जेव्हा आम्ल पर्जन्यानं ग्रासला तेव्हा मग आम्ल पर्जन्याविरुद्ध जोरदार हाकाटी सुरू झाली. आता चीन आणि रशियातूनही आम्ल पर्जन्याची नोंद झाली आहे. भारतात याबद्दल अधिकृतरित्या काही सांगण्यात आलेलं नाही; याचं कारण आपल्याकडे सरकारी रद्दीवरही 'गुप्त' असा शिक्का असतो; आणि पाऊस

सरकारी अखत्यारीचा मामला आहे. स्कॅडीनेव्हीया, मध्य युरोप हे उत्तर अमेरिकेबरोबर आम्ल पर्जन्याने ग्रासलेले आणखी भूप्रदेश. आम्ल पर्जन्य हे आंतरराष्ट्रीय संकट असून ते सर्व राष्ट्रांच्या समन्वयाने सोडवायला हवं, यावर आता एकमत झालंय, याचं एकमेव कारण या संकटानं प्रगत राष्ट्रांवर आपलं सावट पसरलंय; त्यामुळेच या विषयावर बरंच संशोधन झालंय; आणि प्रदूषणांचा प्रसार कसा होतो, याबद्दलही बरीच माहिती आज आपल्याला ठाऊक आहे याचं कारण हे संशोधनच आहे.

प्रदूषणे हवेत शिरतात. काही गुरूत्वाकर्षणामुळे लगेच जमिनीवर पडतात, पाण्यात मिसळतात, मातीत मिसळतात आणि तिथून वनस्पती किंवा इतर सजीवांच्या शरीरात मिसळतात. जी प्रदूषणे हवेत तरंगतात त्यांचा प्रवास कसा होईल हे नक्की सांगणं अवघड असतं. काही वेळा हवेतल्या उष्ण प्रवाहांच्या बरोबर तरंगत ही प्रदूषके खूप उंचीवर पोचतात आणि तिथून हवेच्या प्रवाहाबरोबर दूरवर वाहून नेली जातात. यामुळे बरेचदा ती हवेतच विखुरली जाऊन त्यांचे प्रमाण कमी कमी होत जाते; अशा परिस्थितीत त्यांच्या प्रसारक्षेत्रात मात्र वाढ होते.

ही प्रदूषणे एकमेकांबरोबर झालेल्या प्रक्रियेने किंवा हवेतल्या काही घटकांबरोबर झालेल्या प्रक्रियांमुळे बदलतात. काही वेळा या प्रक्रियांमुळे ती निरुपद्रवी बनू शकतात तर काही वेळा ती अधिक घातकही बनू शकतात. काय घडणार हे त्या त्या प्रदूषणाच्या रासायनिक स्वरूपावर अवलंबून असते. या प्रक्रिया अनेक प्रकारच्या असतात. बऱ्याच गुंतागुंतीच्या असतात. उदाहरणार्थ सल्फर-डाय-ऑक्साईडचे सल्फ्युरिक आम्लात रूपांतर निरनिराळ्या प्रक्रियांमुळे घडून येऊ शकते. नायट्रोजनची जी अनेक ऑक्साइड हवेत असतात, त्यांचं नायट्रिक आम्लात रूपांतर करणाऱ्या प्रक्रिया बघितल्या की सल्फ्युरिक आम्लाची निर्मिती प्रक्रिया अगदी सोपी वाटते. याचं कारण नायट्रोजनयुक्त रसायनांच्या प्रक्रिया या मागे फिरून पुन्हा पहिल्या पदावर येऊ शकतात. या प्रक्रियांमध्ये नायट्रोजन आणि ऑक्सिजन सतत वेगळेही होत असतात. हे बराच काळ चालतं आणि अखेरीस नायट्रिक आम्ल तयार होतं.

हवेतल्या प्रदूषणांची निर्मिती झाल्यावर ती फार काळ हवेत राहत नाहीत. शास्त्रीय भाषेत ती 'अल्पायुषी' असतात. याचं कारण म्हणजे एखाद्या अडथळ्याच्या सान्निध्यात ती आली की ही प्रदूषके त्या अडथळ्यालाच चिकटून बसतात. यास शुष्क अवसादन (ड्राय डिपोझिशन) असं म्हणतात. ढग किंवा धुक्यात ती जमिनीजवळ येतात. यावेळी पाण्यात विरघळू शकणारी प्रदूषके पाऊस किंवा दंवाबरोबर जमिनीवर पडतातच पण इतर प्रदूषणांचे कणही पाण्याबरोबर जमिनीवर पडतात. याला ओले अवसादन म्हणतात. बरेचदा खूच उंचीवर गेलेली प्रदूषके ढगात शिरतात. पावसाची बीजे बनतात आणि पावसाच्या थेंबाबरोबर किंवा गारातून अथवा हिमपातातून जमिनीवर येतात. अगदी काटेकोरपण बोलायचं झालं तर या शेवटच्या प्रकारासच

'आम्ल पर्जन्य' असे म्हणता येते; पण आजकाल या तीनही प्रकारांना मिळून 'आम्ल पर्जन्य' ही संज्ञा काही वेळा वापरली जाते.

प्रदूषके हवेत गेल्यावर हवेतली आर्द्रता, हवेचा प्रवाह, त्यावेळी त्या भागात असलेले ढग अशा विविध घटकांवर अवलंबून हवेत तीन ते पाच दिवस राहू शकतात. या प्रदूषकांचे उगमस्थान शोधण्यासाठी या व इतर काही घटकांचा अभ्यास करून आणि ती जमिनीवर कुठे आणि कशी आली हे शोधून काढावे लागते आणि मग उलटा प्रवास करून त्यांच्या उगमस्थानाकडे जावे लागते.

पृथ्वीच्या वातावरणाचा आता बरीच वर्षे अभ्यास चालू आहे. त्यावरून असे दिसून आले की पृथ्वीच्या वातावरणात जो सल्फर-डाय-ऑक्साइड आढळतो, त्यातला ६०% सल्फर-डाय-ऑक्साइड हा निसर्गत:च वातावरणात मिसळलेला असतो. मानवी व्यवहारांमुळे आणि इतर काही कारणांमुळे उरलेला ४०% सल्फर-डाय-ऑक्साईड वातावरणात मिसळतो; म्हणजेच जवळजवळ १० कोटी टन गंधकापासून निर्माण झालेला हा वायू दरवर्षी वातावरणात मिसळत असतो.

वातावरणात नैसर्गिकरित्या किती नायट्रोजन युक्त संयुगे-विशेषत: ऑक्साइड मिसळतात, याचे निश्चित आकडे अजून उपलब्ध नाहीत. काही शास्त्रज्ञांच्या मते मानवी व्यवहारांनी हवेत मिसळणारी नायट्रोजनयुक्त ऑक्साइडे व नैसर्गिकरित्या वातावरणात असलेली ऑक्साइडे ही १:१ प्रमाणात आढळतात; पण हे आकडे बऱ्याच जणांना मान्य नाहीत; त्यांच्या मते मानवी व्यवहाराने जेवढी नत्रयुक्त ऑक्साइड (NO, NO$_2$, NO$_3$) वातावरणात मिसळतात, त्याच्या पंधरापट नत्र ऑक्साइड नैसर्गिकरित्या वातावरणात मिसळतात. वातावरणात जेवढी नत्रयुक्त ऑक्साइडे असतात, त्यातली २०% नत्रयुक्त ऑक्साइड ही वीज चमकल्यामुळे तयार होतात.

ज्वालामुखी काय किंवा आकाशातली चमकणारी वीज काय हे पृथ्वीवर सर्वत्र विखुरलेल्या स्वरूपात आढळतात. यामुळे त्यांनी वातावरणात सोडलेल्या किंवा निर्माण केलेल्या प्रदूषणांचे प्रमाण घातक ठरेलच असे नाही. अगदी क्वचितच आणि थोड्या काळापुरते ज्वालामुखीजन्य प्रदूषण घातक ठरते. या उलट औद्योगिक प्रदूषण हे एकाच जागी सातत्याने होत रहाते. ते दीर्घकाळ होत रहाते यामुळे त्याचा स्थानिक परिस्थितीवर घातक परिणाम होऊ शकतो.

मानव निर्मित प्रदूषणांची– विशेषत: सल्फर-डाय-ऑक्साइड आणि नायट्रोजनच्या विविध ऑक्साईडाबद्दलची– निश्चित माहिती व आकडेवारी आपल्याकडे उपलब्ध आहे. एवढंच नव्हेतर या आकडेवारीमुळे गेल्या काही दशकात या प्रदूषणांचं प्रमाण कसं वाढत गेलं, ते कुठून कुठे, कसं पसरलं आणि त्यामुळे कसे तोटे झाले हे निदान उद्योगप्रधान विकसित देशांच्या बाबतीत खात्रीपूर्वक सांगणं आता शक्य झालं

आहे. याचं एक नेहमीचं उदाहरण म्हणजे युनायटेड किंग्डम म्हणजेच ग्रेट ब्रिटनमधलं देण्यात येतं. ते म्हणजे इ.स.१९०० मध्ये इंग्लंडमध्ये २८ लक्ष टन सल्फर-डाय-ऑक्साइड वर्षभरात हवेत मिसळला. हे प्रमाण वाढत जात जात १९७० पर्यंत ६० लक्ष टनांवर गेले. सगळ्या इंग्लंडमध्ये यामुळे खूप आरडाओरडा झाला. पर्यावरण वादी चळवळीमुळे उद्योगधंद्यांना जाग आली. शासनाने वेगवेगळे कायदे केले आणि १९८२ मध्ये हे प्रमाण ४० लक्ष टनांवर आलंय. यातला बराचसा सल्फर-डाय-ऑक्साइड हा वीजनिर्मितीसाठी जाळला जाणाऱ्या कोळशामुळे हवेत मिसळत असतो. गेली दहा-बारा वर्षे हे प्रदूषणाचे प्रमाण स्थिर असून ते आणखी कमी करायचे प्रयत्न चालू आहेत. १९७० पासून इंग्लंडमध्ये १७ ते १८ लक्ष टन नायट्रोजनची विविध ऑक्साईड प्रतीवर्षी हवेत मिसळत असतात; आणि हे प्रमाणही आता स्थिरावलेलं आहे. अमेरिकेतली परिस्थितीही फारशी वेगळी नाही.

१९७० मध्ये अमेरिकेत ३ कोटी २० लक्ष टन सल्फर-डाय-ऑक्साईड हवेत सोडला जात होता, आणि त्यानंतर मात्र त्याचं प्रमाण वाढलेलं नाही, उलट १९७३ मध्ये ते जवळजवळ ७%हून थोड्या अधिक प्रमाणात कमीच झालंच. नायट्रोजनच्या ऑक्साइडांचे सर्वाधिक प्रदूषण १९७३ मध्ये अडीच कोटी टन होते, ते साडेदहा टक्क्यांनी कमी करून त्यानंतर ते प्रतीवर्षी अर्धा-पाऊण टक्का कमी कमी करण्यात अमेरिकेनं यश मिळवलंय.

सोवियेत रशियाचं विभाजन होऊन युरोपातील कम्युनिस्ट राजवटी कोलमडेपर्यंत जगातील सर्वाधिक प्रदूषण करणारी राष्ट्रे म्हणून पूर्व युरोपीय राष्ट्रे व सोवियेत रशिया प्रसिद्ध होती. अर्थात त्यावेळी त्यांनी ही बाब कधीच मान्य केली नव्हती. एकट्या पश्चिम सोवियेत रशियामधून १ कोटी ६० लक्ष टन सल्फर-डाय-ऑक्साइड आणि ५० लक्ष टन नायट्रोजनची ऑक्साइड हवेत सोडली जात होती. हे आकडे १९७८चे आहेत. त्याच वर्षी झेकोस्लोव्हाकिया, पूर्व आणि पश्चिम जर्मनी, फ्रान्स, इटली, पोलंड आणि युनायटेड किंग्डम या इतर युरोपीय राष्ट्रांनी मिळून २ कोटी ७० लक्ष टन सल्फर-डाय-ऑक्साइड हवेत सोडला तर एकट्या पश्चिम जर्मनीने ३४ लक्ष टन नायट्रोजन ऑक्साइड वातावरणात मिसळू दिली. रशिया सोडून दुसऱ्या इतर कुठल्याही युरोपीय राष्ट्राने एवढं प्रदूषण केलेलं नव्हतं.

हवेत आम्ले मिसळली की त्यामुळे लगेच नुकसान होतच असं नाही, हे खरं. किंबहुना गंधक, फॉस्फरस आणि नायट्रोजन हे वनस्पतींच्या दृष्टीने जीवनावश्यक घटक आहेत, हेही खरं; पण 'अति सर्वत्र वर्जयेत्' या न्यायानं जेव्हा थोड्या भूभागावर एक गठ्ठा बरीच आम्ले हवेत मिसळतात तेव्हा ती धोकादायक ठरतात हेही लक्षात ठेवायला हवे. १९६५च्या सुमारास शेतकी रसायनशास्त्रज्ञांनी हवेतलं सल्फर-डाय-ऑक्साइडचं प्रमाण वाढतंय, त्यामुळे खतात गंधक कमी प्रमाणात

मिसळावा लागतो, अशी विधानं केलेली होती. मानवनिर्मित प्रदूषण शेतीच्या दृष्टीने स्वागताई आहे, असा आभास त्यावेळी निर्माण झालेला होता. म्हणजेच थोड्या प्रमाणात प्रदूषण लाभदायीच ठरत होतं. शिवाय ही प्रदूषके वनस्पतींनी वापरल्यामुळे ती वातावरणातून बाजूस केली जात होती; व त्यांचे इतरांना त्रासदायक ठरणारे परिणामही त्यामुळे होत नव्हते. आज हे विचार पटण्यासारखे नाहीत याचं कारण गेल्या पंचवीस वर्षातलं संशोधन. यामुळे आज अशा विचारांकडे विचित्र म्हणून बघितलं जाईल.

हवेत मिसळणारा आम्लाचा किंवा आम्लजनक म्हणजे ज्यापासून पुढे आम्ल बनू शकतं असा प्रत्येक रेणू हा पर्यावरण प्रणालीच्या दृष्टीने धोकादायक ठरू शकतो; हे आता सर्वमान्य झालेलं आहे, याचा अर्थ वातावरणात मिसळलेला प्रत्येक आम्ल रेणू हा घातक ठरतोच असंही नाही. त्याचं केंद्रीकरण होऊन हवेतलं प्रमाण जोपर्यंत धोकादायक पातळी गाठत नाही तोपर्यंत या रेणूंचा त्रास व्हायचं काहीच कारण नाही. जेव्हा हे आम्ल रेणू थोड्या प्रमाणात असतात आणि जमिनीवर किंवा पाण्यात पडतात तेव्हा त्यांचं उदासीकरण होतं; आणि त्यांचा घातकीपणा संपतो. बरेचदा माती, साठलेलं पाणी यांचे पीएच मूल्य हे ७ पेक्षा जास्त असते. याचं कारण कॅल्शियमकार्बोनेट व कॅल्शियमची इतर संयुगे यांचा या आम्लांशी संयोग झाला की आम्लाची आम्लता नाहीशी होते व एखादा क्षार तयार होतो.

जेव्हा प्रदूषके वनस्पतींवर किंवा शेतातल्या उभ्या पिकावर पडतात तेव्हा मात्र बरेच प्रश्न निर्माण होऊ शकतात. आता या प्रश्नांची तीव्रतासुद्धा ती प्रदूषके कुठल्या वनस्पतींवर पडतात यावर अवलंबून बदलत असते हेही लक्षात ठेवायला हवे. गंधक आणि नायट्रोजन हे जरी वनस्पतींना आवश्यक आणि पोषक घटक असले तरी ते जास्त प्रमाणात झाले तर अनावश्यक असतात तसंच घातकही ठरू शकतात.

काही वनस्पतींमध्ये पानांवरच्या पेशींचा सल्फर-डाय-ऑक्साइडमुळे नाश होतो; तर काही वनस्पतींची पर्णरंध्रे (स्टोमाटल ओपनिंग) उघडली जातात. मग प्रदूषके या रंध्रांमधून पानात जातात आणि आतल्या पेशी भोवतींच्या पाण्यात विरघळतात. यामुळे पेशी द्रवातील पाणी परासणाने (ऑस्मॉसिस) बाहेर पडते. याचं कारण पेशींच्या आतल्या आणि बाहेरच्या द्रवातील सातत्य राखणे भाग असते. यामुळे ज्या पेशींतून पाणी बाहेर पडते त्या आपला ताठा हरवून बसतात. पाणी असलेल्या पेशी टम्म फुगलेल्या असतात, त्यामुळे त्यांच्या भित्तींना एक प्रकारचा बळकटपणा आणि ताठरता आलेली असते ती पाणी बाहेर जाताच जाते; आणि हवा कमी झालेल्या फुग्याप्रमाणे त्या मऊ पडतात. यामुळे पर्णरंध्रे आणखी जास्त प्रमाणात उघडतात; आणि त्यातून आणखी प्रदूषके आत येतात. या प्रक्रियेने सर्व पानच

हळूहळू मलूल आणि निस्तेज होते आणि त्याच्याकडून कर्बग्रहणक्रिया कमीत कमी होत जाते.

या उलट इतर काही वनस्पतीजातीत सल्फर-डाय-ऑक्साइडचे प्रमाण जास्त झाले किंवा हवेतील आर्द्रता कमी असताना पानं सल्फर-डाय-ऑक्साइडच्या संपर्कात आली की पर्णरंध्रे आपोआप बंद होतात. नायट्रोजन डाय ऑक्साइड वाढल्यावरही असाच परिणाम दिसून येतो. या घडामोडींचा फारसा अभ्यास झालेला नाही हे खरं पण वनस्पतींची पर्णरंध्रे हा एक नाजूक पण अतिशय महत्त्वाचा अवयव असून त्याच्या कार्यात होणारी अनपेक्षित ढवळाढवळ ही वनस्पतीच्या दृष्टीने नेहमीच हानीकारक ठरत आलेली आहे. याचं कारण पानातील पाण्याची हालचाल पर्णरंध्रांच्या या गैरवर्तणुकीमुळे खंडित होते; शिवाय कर्बग्रहणासाठी आवश्यक असा कार्बन-डाय-ऑक्साइड वायू पानात योग्य त्या प्रमाणात घेतला जाऊ शकत नाही.

पानांमध्ये प्रकाश संश्लेषणाच्या सहाय्याने कर्बग्रहण करून वनस्पतींचे अन्न तयार होत असते. वनस्पती हे अन्न मुळे आणि कोंब या दोन्ही टोकांपर्यंत सुयोग्य प्रमाणात पोचवत असतात. ज्या वनस्पतींमध्ये सल्फर-डाय-ऑक्साइड आणि नायट्रोजनची ऑक्साइड जास्त प्रमाणात शोषून घेतली जातात, त्या वनस्पतींची मुळे खुरटी होतात; कारण अशा परिस्थितीत कोंबांकडे आणि नव्या पालवीकडे अन्नपुरवठा जास्त प्रमाणात केला जातो. यामुळे झाडाच्या पानांच्या पृष्ठभागाचे एकत्रित क्षेत्रफळ वाढते. यामुळे झाडाची किंवा वनस्पतीची पाण्याची गरज वाढते; पण मुळांना अन्न पुरवठा कमी झालेला असतो. त्यामुळे मुळं कमी भूभागात पसरलेली असतात. त्यामुळे ती पानांना आवश्यक तेवढं पाणी गोळा करायला असमर्थ ठरतात. त्याचप्रमाणे थंड प्रदेशात पहाटेस अतिथंड दंव पडतं त्याचा प्रतिकारही या वनस्पतींना करता येत नाही. आणि हिमतुषारांनी (फ्रॉस्ट) तर या वनस्पतींची लगेचच हानी होते,

आम्ल अवसादनामुळे तळी, सरोवरे अशा नैसर्गिक जल साठ्यांचेही नुकसान होते. या प्रकारात अनेक जटील रासायनिक प्रक्रिया समाविष्ट असतात. पीएच ५ पेक्षा कमी असलेले आम्लजलसाठे हे तर आजकाल जागोजाग आढळू लागले आहेत. याला अनेक घटक कारणीभूत ठरतात. विशेषत: आसपासच्या जमिनीचा वापर कसा होतो यावर अवलंबून ही आम्लता कमीजास्त होत असते. खतांचा वापर, बोडक्या डोंगरांची झीज, वनांचे एकजातीकरण (मोनोकल्चर) अशा अनेक घटकांचा नद्या आणि सरोवरांच्या आम्लीकरणावर परिणाम घडून येत असतो, पण यातही एक महत्त्वाचा घटक असतो तो म्हणजे पाण्यात विरघळलेली कार्बोनेट. विशेषत: जिथे कार्बोनेटयुक्त खडक असतात अशा प्रदेशात पाण्यात बाय-कार्बोनेटांचं प्रमाण अधिक प्रमाणात दिसून येतं. या जलसाठ्यात जे आम्ल येतं त्याच्याशी ही कार्बोनेट संयोग पावतात. याला इंग्रजीत 'बफरिंग' म्हणतात. आपण याला 'आम्ल

शोषकता' म्हणू या. जलसाठा आम्ल होणार की नाही हे त्याच्या आम्ल शोषकतेवर अवलंबून असते.

ज्या जलसाठ्यांची आम्ल शोषकता कमी असते ती साहजिकच आम्ल मिसळल्यावर लौकर आम्ल बनतात.

जलसाठे आम्ल बनले की त्याचा त्या जलाशयातील सजीवांवर फार मोठ्या प्रमाणावर परिणाम घडून येतो. अनेक छोटे सजीव आणि सूक्ष्मजीव नाहीसे होतात. ट्राऊटसारख्या माशांचं पुनरूत्पादन थांबतं. जलाशयाचं पीएच मूल्य ४.५ (साडेचार) पेक्षा खाली जातं तिथं हे मासे दिसेनासे होतात. हिमालयात बऱ्याच ठिकाणी पर्यटकांना आकर्षित करण्यासाठी मत्स्यशेती करून ट्राऊट सोडण्यात आले आहेत. त्यामुळे ही घटना त्या भागातील लोकांच्या दृष्टीने महत्त्वाची आहे. ४ पेक्षा कमी पीएच मूल्याच्या पाण्यात अगदी थोड्याच मत्स्यजाती वाढू शकतात. पण हळूहळू त्यांचं अन्न कमी झाल्याने त्याही नाहीशा होतात. ज्या प्रमाणे अतिआम्ल जलाशयात सजीव सृष्टीचा ऱ्हास होतो, त्याचप्रमाणे अल्कलीयुक्त पाण्यातही हे प्राणी जगू शकत नाहीत. पीएच मूल्य ५ ते ९ असलेले पाणी हे सजीवांच्या दृष्टीने उपयोगी ठरते.

आम्ल पाण्यात ॲल्युमिनियमची संयुगे तयार होऊन ती पाण्यात मिसळतात. त्यामुळे माशांच्या श्वसनकल्ल्यांना सूज येते. त्यामुळे त्यांना श्वास घेणे अवघड होते आणि यामुळे माशांच्या स्वसंरक्षणक्षमतेवरही परिणाम होतो. काही मासे मरतात. काही शत्रूच्या भक्ष्यस्थानी सहज पडतात. ॲल्युमिनियम पाण्यातल्या फॉस्फेटयुक्त संयुगात फॉस्फेटची जागा घेते. फॉस्फरस वनस्पतींच्या दृष्टीने आवश्यक घटक असतो. तो योग्य प्रमाणात वनस्पतींना मिळाला नाही तर वनस्पती मरतात. पण याच बरोबर ॲल्युमिनियम ह्युमिक आम्लाच्या संयोगाने तयार झालेल्या क्षारांचा साका बनवते. यामुळे ह्युमेटे (ह्युमिक आम्लापासून बनलेले क्षार) तळास जातात व पाणी स्वच्छ होते. आपण पाण्यात तुरटी फिरवल्यावर जसे पाणी स्वच्छ दिसते तसेच इथेही घडते. यामुळे सूर्यप्रकाश तळापर्यंत किंवा बराच खोलवर पोहोचतो. याचा फायदा इतर काही वनस्पतींना– विशेषतः शैवाले आणि बानस प्लॅक्टॉनांना होतो. यामुळे काही वनस्पती जरी मेल्या तरी इतर काही वनस्पती व त्यावर जगणारे जीव वाढून एकूण जीवमान साधारण जेवढ्यास तेवढेच राहते.

१९६० च्या आसपास स्वीडनमध्ये स्टॉकहोम शहरातल्या इमारतींवरच्या दगडांची हानी होत आहे, हे काही शास्त्रज्ञांच्या लक्षात आले. या हानीचं कारण शोधायला त्यांना फार खोलात जावं लागलं नव्हतं. पाण्यातल्या व पावसात विरघळलेल्या गंधकाम्लांमुळे हे घडलेलं होतं. हे जाहीर झाल्यावर युरोपमध्ये सर्वच औद्योगिक शहरांमधून अशा घटनांची माहिती जाहीर होऊ लागली. स्वीडनमधल्या

शास्त्रज्ञांनी जेव्हा स्वीडनमधल्या जलप्रवाहांची आणि जलसाठ्यांची तपासणी केली तेव्हा या सर्वांचीच पीएच मूल्ये ५ च्या खाली जात आहेत असं त्यांच्या लक्षात आलं.

स्वीडनमधले खडक या आम्लयुक्त पाण्यातील आम्ल शोषून घेतील अशा प्रकारचे नाहीत. यामुळे नैसर्गिकरित्या स्वीडन मधल्या पाण्यातील आम्लाचे उदासीकरण होत नाही. यामुळे स्वीडनमधल्या तळ्यांपैकी १०% तळी आम्ल बनली आणि त्यातील माशांचे प्रमाण खूप कमी झाले. इ.स. १९६८ मध्ये स्वीडनने काही कायदे करून सल्फरयुक्त धूर कमी करायचा प्रयत्न केला. या अती उत्तरेच्या देशांमधून थंडीमध्ये उबेची निर्मिती करावी लागते. यासाठी वीज निर्मिती किंवा गरम पाणी आणि वाफ नळांमधून खेळवणे, असे दोन उपाय केले जातात. त्यासाठी मोठ्या प्रमाणावर खनिज तेल कच्च्या स्वरूपातच (क्रूड ऑईल) जाळलं जातं. यातून गंधकयुक्त वायू वातावरणात मिसळतात. या तेल जाळण्यावर स्वीडनने १९६८ मध्ये बरीच बंधने घातली. हे उपाय पुरे पडले नाहीत म्हणून १९७० नंतर नायट्रोजन ऑक्साइडडांच्या नियंत्रणाचे कायदे केले गेलेच पण वाहतुकीतून निर्माण होणाऱ्या प्रदूषणावरही कायद्याने नियंत्रण ठेवण्यात येऊ लागले.

नॉर्वे आणि फिनलंड हे स्वीडनचे शेजारी. जोपर्यंत हे शेजारी आपल्या देशातील प्रदूषणनिर्मिती कमी करत नाहीत तो पर्यंत फक्त स्वीडनमध्ये प्रदूषण कमी करून उपयोग नाही, हे लक्षात घेऊन स्वीडनने या दोन्ही राष्ट्रांचे मत परिवर्तन घडवून आणले. १९८० पासून हे तिन्ही देश (यांना एकत्रितपणे स्कॅंडिनेव्हिया म्हणतात.) याबाबत एकमताने वागत आहेतच पण संपूर्ण युरोपभर प्रदूषण कमी व्हावे म्हणून प्रयत्नशील आहेत. याचं कारण म्हणजे हे देश युरोपच्या उत्तर टोकास आहेत आणि युरोपात कुठेही प्रदूषण झालं तरी त्याचा वर्षाव यांच्यावर होतो. याचं कारण वारे हे मानवी सीमा जुमानत नाहीत. ते त्यांच्या निसर्गदत्त नियमांनुसार वाहात राहतात.

इंग्लंडमध्ये जो धूर, धुरळा, प्रदूषण निर्माण होतं त्यातलं ७० ते ८०% प्रदूषण या तीन देशांमध्ये विशेषत: नॉर्वेवर कोसळतं. आपल्याकडचं उदाहरण घ्यायचं तर मुंबईचं घेता येईल. मुंबईचा बराच धूर हा खानदेशात जात असणार; पण आपल्याकडे याचा म्हणावा तसा अभ्यास झालेला नाही.

नैऋत्य मान्सून वारे वाहू लागले की त्यांच्या बरोबर मुंबईचा बराच धूर ईशान्येच्या दिशेने लोटून नेला जातो, हे सहज कळण्यासारखं आहे. या धुराचा आता उपग्रहांच्या सहाय्यानं सहज अभ्यास करता येईल.

वारे आदी नैसर्गिक गोष्टी मानवी सीमारेषांना जुमानत नसल्यानं आम्लपर्जन्य हे आता आंतरराष्ट्रीय संकट मानण्यात येतं. इंग्लंडमधल्या सल्फर-डाय-ऑक्साइडचे दुष्परिणाम नॉर्वेला भोगावे लागतात, हे उघड झालं. त्याचप्रमाणे अमेरिकेच्या संयुक्त

संस्थानांच्या दक्षिणी भागातल्या उद्योगधंद्यांचे दुष्परिणाम उत्तरी संस्थाने व कॅनडास भोगावे लागतात. (या बाबत पुढील प्रकरणात माहिती आहे.) हे सर्व प्रगत गोऱ्या राष्ट्रांमध्ये घडल्यामुळे असेल पण हा प्रश्न लगेचच चर्चेस घेण्यात आला.

१९७० मध्ये जर्मनीतल्या वनराजीवर आम्ल पर्जन्यामुळं दुष्परिणाम घडून येत आहेत, असं उघडकीस आलं. जर्मनीतील पन्नास टक्क्यांहून अधिक वनराजी संकट ग्रस्त बनल्याची अधिक माहिती संशोधनोत्तर प्रसिद्ध झाली. सर्व जर्मन जनता यामुळे हादरली. जर्मनांचं आपल्या वनराजीवर फार प्रेम दिसून येतं; त्यांच्या लोककथातूनही वनराजीवरचं हे प्रेम दिसून येतं. सामान्य जर्मन माणूस साप्ताहिक सुट्टीच्या दिवशी विरंगुळा म्हणून निसर्गाचा आश्रय घेतो. यामुळे या बातम्या प्रसिद्ध होताच फारच खळबळ माजली आणि जर्मन निवडणुकांमधूनही हा विषय महत्त्वाचा बनला.

मध्य युरोपात म्हणजे जर्मनी, झेकोस्लोव्हकिया आणि आसपासच्या प्रदेशांमध्ये आम्ल पर्जन्याचा प्रथम परिणाम दिसला तो सिल्वर फर (एबीस अल्बा) या वृक्षावर. सिल्वर फरची झाडं मरू लागल्याचं दिसलं तेव्हा प्रथम तिकडे कुणीच फारसं लक्ष दिलेलं नव्हतं. याचं कारण जर्मन जंगलांमध्ये सिल्वर फरचं प्रमाण फक्त २% होतं आणि सिल्वर फर जळून जाणे, त्या जागी नवा वृक्ष येणे हे चक्र चालूच असतं; १९७६ मध्ये मात्र जर्मनांना धक्का बसला. त्यांच्या जंगलातली सिल्वर फरची सर्वच झाडं एकाच वेळी जळू लागल्याचं दृष्टोत्पत्तीस आलं. या प्रकारात या झाडांची सूचीपर्णे वाळू लागतात. याची सुरुवात झाडाच्या तळापासून होते. सर्वात खालच्या फांद्यांच्या सूची आधी गळून पडतात. मग त्यावरच्या फांद्यांच्या सूची गळू लागतात. अशा तऱ्हेनं टप्पा टप्प्यानं ही लागण वाढत वाढत झाडाच्या माथ्यावर काही खराट्यासारख्या फांद्या तेवढ्या शिल्लक राहतात. यामुळे हे झाड करकोच्याच्या घरट्यासारखं दिसू लागतं. यामुळेच या प्रकारास 'करकोचा कोटर परिणाम' (स्टॉर्कीस नेस्ट फेनोमेनन) असं म्हणतात. मग हे करकोचा कोटरही मरतं. मुळांना तो पर्यंत ईजा पोचलेली असतेच आणि सर्वच झाड एक दिवस मृत्यूमुखी पडतं.

१९७० नंतर इतरही झाडांना या विकाराची बाधा झाली. स्कॉटसपाईन (पायनस सिल्वस्ट्रिस), नॉर्वे स्प्रूस (पायसिया एबीस), बीच (फॅगस सिल्वेटिका) अशा एकामागून एक नवनव्या वृक्षजाती या व्याधीला बळी पडल्या. या तीनही वृक्षजाती जर्मन जंगलांच्या खऱ्या आधार जाती आहेत. जर्मन जंगलातले ७५% वृक्ष या तीन जातींचे असतात. या प्रकारात जून वृक्षांना आणि डोंगर माथ्यावर वाढणाऱ्या वृक्षांना आधी त्रास होतो. या वृक्षांना त्रास देणारं प्रदूषण पूर्व युरोपीय कम्युनिस्ट राष्ट्रांमधून येत असे. आता मात्र हे देश कम्युनिस्ट जोखड धुडकावून इतर युरोपीय राष्ट्रांशी बंधुभावानं वागत असल्यानं हा प्रश्न सोडविण्याच्या दृष्टीनं ठोस पावलं उचलणं शक्य झालं आहे. मुख्य म्हणजे दोन्ही जर्मनीचं एकीकरण होताच पूर्वीच्या पूर्वजर्मनीतून

होणारं प्रदूषण कमी झाल्यामुळे जर्मन जंगलांना जीवदान मिळण्याची शक्यता वाढली आहे.

आम्ल पर्जन्य किंवा जलसाठ्यांच्या आम्लीकरणाचा प्रश्न प्रथम लक्षात आला तेव्हा, हवेच्या पारंपरिक प्रदूषणाला म्हणजे सल्फर-डाय-ऑक्साइडला, या बाबत दोषी धरण्यात आलं होतं. यामुळे सुरुवातीला आम्लीकरणाबाबत झालेलं सर्व संशोधन सल्फर-डाय-ऑक्साइडची निर्मिती, वाहतूक, हवेत मिसळणं, त्यामुळं सजीवांना होणारे अपाय अशा गोष्टींवर केंद्रित करण्यात आलं होतं; पण हळूहळू सल्फर-डाय-ऑक्साइड हा एकमेव घटक एवढ्या अर्थास जबाबदार नसावा, असं या क्षेत्रातील तज्ज्ञांना वाटू लागलं.

दगडफूल उर्फ लायकेन्स ही सहजीवी सल्फर-डाय-ऑक्साइडच्या बाबतीत फार संवेदनाशील असते. हवेतलं सल्फर-डाय-ऑक्साइडचं प्रमाण जरासं वाढलं की दगडफूलांचा नाश व्हायला सुरुवात होते हे बरेच दिवस शास्त्रज्ञांना ठाऊक आहे. यामुळे सल्फर-डाय-ऑक्साइडच्या प्रदूषणाचा अभ्यास करायचा असेल तर त्या क्षेत्रातले शास्त्रज्ञ आधी दगडफूलांचं निरीक्षण करतात. ब्रिटनमध्ये १९ व्या शतकात बऱ्याच दगडफूल जाती नाहीशा झाल्या. आता हळूहळू सल्फर-डाय-ऑक्साइड प्रदूषणावर नियंत्रण ठेवण्यात यश आल्यावर त्या हळूहळू परतू लागल्या आहेत.

जर्मन वनांच्या अभ्यासात सल्फर संवेदनशील दगडफुलांवर प्रदूषणाचा परिणाम दिसून आलेला नव्हता. यामुळे इथल्या हवेचं पृथ:करण केलं तेव्हा त्यात सल्फर-डाय-ऑक्साईडचं प्रमाण खूप कमी असल्याचं आढळून आलं, तेव्हा शास्त्रज्ञांना विशेष आश्चर्य वाटलं नव्हतं. या हवेत ओझोनचं प्रमाण मात्र वाजवीपेक्षा अधिक असल्याचं शास्त्रज्ञांना आढळून आलं.

जर वृक्षांच्या हानीस सल्फर-डाय-ऑक्साईड जबाबदार असेल तर सल्फर-डाय-ऑक्साईडवर यशस्वी नियंत्रण घातल्यावर आणि त्या वायूचं वातावरणातील प्रमाण धोक्याच्या पातळीपेक्षा खूप कमी करण्यात यश मिळवल्यावरसुद्धा वृक्षराजीचा नाश का व्हावा, हे कोडं शिल्लक होतंच.

इ.स. १९८३ मध्ये प्रा. अुलरिच यांनी हे असं कां व्हावं, याबद्दल काही विचार व्यक्त केले. त्यांच्या मते प्रदूषणाचे दोन टप्पे असावेत. पहिल्या टप्प्यात प्रदूषण घडतं, आणि प्रदूषकांची त्या पर्यावरण प्रणालीत साठवण होते. यावेळी प्रदूषणाचे दृश्य परिणाम दिसून येत नाहीत किंवा जाणवण्या इतके ते तीव्र नसतात. दुसऱ्या टप्प्यात प्रदूषण कमी केलं गेलं तरी साठवणीतल्या प्रदूषकांमुळे हे दुष्परिणाम जाणवू लागतात. त्यावेळी प्रत्यक्ष प्रदूषणाची गरज नसते. हा सिद्धांत खरा की खोटा, खरंच असं काही घडतं का, हे अजून सिद्ध झालेलं नाही.

या भागात ओझोनचं अधिक्य आढळलं. ओझोन सजीवांची हानी करतो हे

निश्चित, पण तो ही हानी कशा प्रकारे घडवून आणतो, हे निश्चितपणे कळलेलं नाही. ओझोन हा झटकन इतर घटकांशी संयोग पावतो. सल्फर आणि नायट्रोजन-डाय- ऑक्साईडशी संयोग पावून त्यापासून सल्फेट आणि नायट्रेट आम्ले तयार होऊ शकतात. वातावरणाच्या वरच्या थरातला ओझोन मानवास उपकारक असला तरी पृथ्वीलगतच्या वातावरणात तो हानीकारक ठरतो. वाहनांच्या निष्कासात न जळलेल्या हायड्रोकार्बनांवर प्रखर सूर्यप्रकाश पडला की ओझोनची निर्मिती होते. याच अर्धवट जळलेल्या इंधनातून नायट्रोनची संयुगेही हवेत मिसळत असतात. पण यामुळेच आम्ल पर्जन्याची निर्मिती होते का? हे एक न सुटलेलं कोडं आहे.

सध्या पृथ्वीवर औद्योगिक प्रगत देशांमधून आणि औद्योगिकरणाची वाटचाल करणाऱ्या देशांमधूनही सल्फर-डाय-ऑक्साईड विरुद्ध मोहिम चालू आहे. इ.स. २००० पर्यंत सल्फर-डाय-ऑक्साईड निर्मितीचं प्रमाण आजच्यापेक्षा ३०% कमी व्हावं या दृष्टीने आंतरराष्ट्रीय प्रयत्न चालू आहेत.

सल्फर-डाय-ऑक्साईडची निर्मिती ही जिथं दगडी कोळसा जाळला जातो अशा ठिकाणी होते, म्हणजेच मुख्यत: औष्णिक वीज केंद्रातून हवेत मिसळणाऱ्या सल्फर-डाय-ऑक्साईडची निर्मिती होत असते. दगडी कोळशामध्ये बरेचदा लोह सल्फाईड आणि गंधक आढळते. हे गंधक आणि गंधकयुक्त संयुग कोळशातून काढणे बरेच खर्चिक ठरते. या उद्योगात वीज निर्मितीचा खर्चही वाढतो. धुरातील सल्फर-डाय-ऑक्साईड दूर करण्यासाठी फरशीचा म्हणजे कॅल्शियम कार्बोनेटचा चुरा असलेल्या पाण्यातून तयार झालेला धूर सोडावा लागतो. यामुळे कार्बन-डाय- ऑक्साईड तयार होतो आणि कॅल्शियम सल्फेटचा साका (जिप्सम) खाली बसतो; म्हणजेच यासाठी फरशीच्या दगडांच्या खाणी काढाव्या लागणार, त्यांची वाहतूक करावी लागणार, त्यांचा चुरा करावा लागणार. भारतासारख्या देशात महाराष्ट्राला दगडी कोळसा बिहारमधून आणि चुनखडक आंध्रप्रदेशातून आणावा लागेल म्हणजे मग आधीच महाग असलेली वीज किती महाग होईल याची कल्पनाच केलेली बरी.

या शिवाय नव्यानं जी माहिती बाहेर आली आहे त्यानुसार औद्योगिक प्रदूषणानं जेवढा सल्फर-डाय-ऑक्साईड हवेत मिसळतो जवळ जवळ तेवढाच सल्फर-डाय- ऑक्साईड वायू सागरी सूक्ष्मजीवांकडून तयार केला जातो. हे सूक्ष्मजीव डायमेथिल सल्फाईडच्या स्वरूपात हा वायू तयार करतात. पाण्यातून याचे बुडबुडे वर येऊन हवेत मिसळतात. इथे त्यांचे ऑक्सीडीकरण होऊन सल्फर-डाय-ऑक्साईडमध्ये रूपांतर होते. या कणांभोवती पाण्याची वाफ जमा होते आणि त्याचे पुढे ढग बनतात. या नव्यानं हाती आलेल्या माहितीमुळं आम्ल पर्जन्याच्या प्रश्नाला एक नवीनच वळण मिळालं असून, हा प्रश्न कसा सोडवता येईल याचा आता नव्यानं अभ्यास सुरू झाला आहे.

निसर्गानं हवेत मिसळवलेल्या सल्फर-डाय-ऑक्साईड विरोधात तर आपण काही करू शकत नाही तेव्हा निदान मानवनिर्मित सल्फर-डाय-ऑक्साईडवर आपण नियंत्रण घालू या, असं बरेच शास्त्रज्ञ म्हणताहेत.

याच बरोबर आम्ल पर्जन्यात नायट्रिक आम्ल असते हेही विसरून चालणार नाही; आणि हे नायट्रिक आम्ल आणि त्याच बरोबर बऱ्याच देशातून शिश्याची संयुगे ही वाहनांच्या धुरामधून वातावरणात मिसळतात, हेही लक्षात ठेवायला हवे.

आम्ल पर्जन्याबाबत संशोधन चालू आहेच. त्याची सहज दृष्टोत्पत्तीस येणारी कारणे जरी सध्या कमी करता आली तरी आपण पृथ्वीवर आणखी काही काळ सुखाने राहू शकू असे म्हणू शकतो.

विषवृष्टी (हवेतून प्रदूषकांचा फैलाव)

आम्ल पर्जन्यात पाण्याची वाफ हा एक प्रमूख वाहक घटक गुंतलेला असतो पण प्रदूषण विषयक संशोधन जस जसं सखोल होत चाललंय तसतसे प्रदूषकांच्या फैलावाचे नवनवे दूत पुढे येत आहेत. पूर्वी प्रदूषण फक्त मेघदूतामार्फत फैलावतं असं मानण्यात येत असे. आता त्यात वायुदूताचीही भर पडलेली आहे. हा शोध म्हणजे प्रदूषके वाऱ्याबरोबर दूरवर फैलावतात, ही माहिती गेल्या ५-६ वर्षात उघडकीस आली. या वाऱ्यांना आता 'टॉक्सिक विंड्स' किंवा 'विषारी वारे' असे म्हणतात. हे विषारी वारे उघडकीस कसे आले ते आपण बघू.

अमेरिका आणि कॅनडा यांच्या सरहद्दीवर अनेक नैसर्गिक महासरोवरे आहेत. यांना महासरोवरे म्हणायचं कारण यात गोडंपाणी आहे, नाही तर यांना उपसागर म्हणावं इतकी ही प्रचंड आहेत. यांना 'ग्रेट लेक्स' असं म्हणतात. मोठ्या जहाजांमार्फत यातून वाहतूक चालते. यातही या सर्व सरोवरांचा राजा म्हणावं असं सरोवर म्हणजे 'लेक सुपिरियर' या लेक सुपिरियरच्या उत्तर भागात सिस्किविट सरोवर आहे, ही सर्व सरोवरं मागच्या हिमयुगात हिमनद्यांनी खरडून तयार केलेल्या खड्ड्यांमध्ये पाणी साठून तयार झालेली आहेत. यात मोठमोठी बेटंही आहेत. यातलं एक बेट म्हणजे आयल रोयल म्हणजे शाही बेट. या आयल रोयलच्या मध्यभागी हे सिस्किविट सरोवर आहे. म्हणजे या सरोवरात इतर सरोवरांचं पाणी जाण्याची शक्यता नाही आणि या जवळजवळ निर्मनुष्य स्थळी प्रदूषण होण्याचीही शक्यता नाही असं गृहीत धरलं जात होतं, आणि म्हणूनच जेव्हा लेक सिस्किविटच्या पाण्याची शास्त्रज्ञांनी तपासणी केली तेव्हा शास्त्रज्ञांना आश्चर्याचा धक्काच बसला. याचं कारण त्यांना लेक सिस्किविटच्या, जिथं कुठलंही प्रदूषण होणं शक्य नाही अशा ठिकाणच्या पाण्यात फ्युरान आणि डायॉक्झिन वर्गी रसायनांचं प्रदूषण झालं असल्याचं आढळून आलं.

ज्या बेटावर जायला वल्ह्याच्या होड्या वापराव्या लागतात. मैलो गणती चिखल तुडवावा लागतो त्या बेटावरच्या सरोवरात ही रसायनं सापडतील असं कुणालाही स्वप्नातसुद्धा वाटलं नसेल. निखळ शुद्ध निसर्गाचा आनंद लुटायलाही जिथं कुणी फिरकत नाही अशी ही मनुष्यवस्तीपासून दूर असलेली निर्जन जागा, मग तिथं ही रसायनं पोहोचलीच कशी, हा प्रश्न शास्त्रज्ञांना सतावू लागला.

ही रसायनं या जलाशयातील प्रवाहाबरोबर सिस्किविट सरोवरात जाणं शक्य नव्हतं कारण लेक सिस्किविट हे लेक सुपिरियरच्या पाण्याच्या पातळीपेक्षा १६ मीटर उंचीवर आहे. यामुळे लेक सिस्किविटचं पाणी लेक सुपिरियरमध्ये जाईल हे ठीक पण लेक सुपिरियरचं पाणी लेक सिस्किविटमध्ये जाणं नैसर्गिकरित्या शक्यच नाही; आणि असला अव्यापारेषु व्यापार करायला इथं कुणी माणूसही येत नाही. यामुळे सर्व शक्यतांचा विचार करून मग ही प्रदूषके या सरोवरात वाऱ्याने येऊन पडली असावीत या निष्कर्षप्रत या सरोवरांचा अभ्यास करणारे शास्त्रज्ञ येऊन पोहोचले.

या निष्कर्षाने शास्त्रज्ञांना हादरा बसला. किंबहुना सर्व शास्त्रीय जग खडबडून जागे व्हावे असाच हा निष्कर्ष होता. याचं कारण या अत्यंत दुर्गम आणि निर्जन

भागात जर वातावरणातून डायॉक्झीन, कीटकनाशके आणि इतर धोकादायक रसायने येऊन पडत असतील तर मग पृथ्वीवर सुरक्षित जागा उरली तरी कोणती? कारण वातावरण प्रल्हादाच्या भगवानाप्रमाणे अत्र तत्र सर्वत्र पसरलंय.

हा धक्कादायक शोध लागेपर्यंत पाण्यातून रसायनं दूरवर पसरतात. जमिनीत पुरली तर अशी रसायनं भूजलात मिसळतात; हे माहिती असल्यामुळे त्याबाबत जास्तीत जास्त काळजी घेतली जात असे. याशिवाय कचरासाठे आणि गटारे यातूनही ही रसायने इतरत्र पसरू नयेत म्हणून पाश्चात्त्य देशांमधून बरेच निर्बंध जारी करण्यात आले होते.

इलेक्ट्रॉनिकी तंत्रज्ञानाची जसजशी प्रगती होऊ लागली तसतसे हे शोध इतर शास्त्रांनाही मदत करू लागले. अती सूक्ष्म कण म्हणजे अणू रेणूंना पाहणं किंवा जाणणं, हे आता सहज शक्य होऊ लागलं कारण अतिसंवेदनाशील यंत्रणा निर्माण झाल्या, बरं सुरुवातीस या यंत्रणा फक्त काही अणूच ओळखायच्या. आता या यंत्रणा थेंबभर पाण्यातील सर्व अणूरेणूंचे बारकावे झटकन आपल्यापुढे आणू शकतील इतक्या संवेदनाक्षम बनल्याच, पण आकाराने आटोपशीर असल्यानं त्या रानावनात नेणंही शक्य होऊ लगालं. असे संशोधन सध्या तरी उत्तर अमेरिकन भूखंडापुरतेच मर्यादित आहे. पण लौकरच हे सर्वत्र उपलब्ध व्हावं. या यंत्रणांमुळेच अनेक धोकादायक आणि विषारी रसायनं वाऱ्यावरच्या वरातीत सामील होतात आणि आपल्याला संशयही येणार नाही अशा ठिकाणी पोहोचतात, हे सिद्ध झालं. यातल्या बऱ्याचशा प्रदूषकांना धोकादायक मानण्यात येतं याचं कारण अतिशय थोड्या प्रमाणातही ही रसायनं शरीरात गेली तरी त्यामुळं अनुवंशिक दोष आणि कर्करोग यांची बाधा होते.

ही प्रदूषकं आता उत्तर ध्रुवापासून दक्षिण ध्रुवापर्यंत सर्वत्र आढळतात. ती पाण्यात आढळतात, जमिनीत आढळतात, माशांच्या, सस्तन प्राण्यांच्या आणि मानवाच्या उतींमध्ये आढळतात. स्वीडनमधल्या सीलमध्ये फुरान्स किंवा डायॉक्झीनवर्गी रसायनं आढळली आहेत, अशीच रसायने हडसन नदीमधील कासवं आणि मिशिगन या अमेरिकन राज्यातील गायींच्या दुधात सापडतात. रट्जर्स विद्यापीठातले हवामान शास्त्रज्ञ नाथनरीस यांच्या मते, 'आपल्याला हे सर्व कोडं उलगडणं इतक्यात शक्य नाही.' त्यांच्या मते पृथ्वीचं वातावरण हे एक विचित्रमिश्रता आहे, आणि सध्या त्यातले सर्व घटक मोजण्याची क्षमता आपल्याकडे नाही. या वातावरणात काय काय आहे, याची आत्ता कुठं आपल्याला हळूहळू कल्पना येऊ लागली आहे.

हे जे प्रदूषणाचं नवं स्वरूप उघडकीस येत आहे. पूर्वी हवेचं प्रदूषण म्हणजे मोनॉक्साईडे, धूर आणि धूळीकण, सल्फेटे आणि नायट्रेटे अशी आपली कल्पना होती; पण ती या प्रदूषणानं फोल ठरवली. ते प्रदूषण जरा तरी सुसह्य म्हणावं इतकं

हे प्रदूषण वाईट आहे. हा आम्ल पर्जन्य नव्हे तर विषवृष्टी आहे. आम्ल पर्जन्याने कधीही होणं शक्य नाही अशी हानी या विषवृष्टीनं होईल कारण ही विषे पेशींची हानी करतात. यामुळे या प्रदूषणाने दमा आणि खोकल्यावर निभावणार नाही; तर यामुळे जननिक दोष निर्माण होतील आणि इतरही अनेक अजून न कळलेल्या प्रकारे नुकसान होऊ शकेल.

वाऱ्यावर स्वार होऊन फैलावणारं हे प्रदूषण अतिशय सूक्ष्म प्रमाणामध्ये असतं. नेहमी दशलक्ष भागात किती कण असं प्रमाण सांगायचे या प्रदूषणाच्या बाबतीत पराधकणात काही कण किंवा त्याहीपेक्षा सूक्ष्म प्रमाणात हे प्रदूषण मोजावं लागतं. इतक्या सूक्ष्म प्रमाणातलं प्रदूषण शोधणे हे १९९० च्या आसपास शक्य होऊ लागलं आहे. त्या आधी दहा वर्षे म्हणजे १९८० च्या सुमारास हे शक्य नव्हतं. गेल्या दहा वर्षांत तंत्रज्ञानाची प्रगती किती झपाट्यानं झाली आणि त्यामुळे ही यंत्रे किती संवेदनाक्षम बनली याचा हा पुरावाच मानायला हवा.

यातली बरीच रसायने अत्यल्प प्रमाणात असताना घातकी ठरतात हे आता हळूहळू सिद्ध झालंय. क्लोरिनेटेड हायड्रोकार्बन स्वरूपाची जी संयुगे असतात त्यांचे रेणू चरबीमध्ये सहज विरघळतात; आणि यामुळे सजीवांच्या शरीरातील चरबीच्या साठ्यात तेही साठवले जातात. हळूहळू त्यांचं शरीरातलं प्रमाण वाढत जातं; आणि एक दिवस हे प्रमाण वाढत वाढत घातक पातळीच्याही वर जातं; बरं ही घातक पातळी व्यक्तीगणिक आणि प्राण्यागणिक बदलते यामुळेच या रसायनांचं सूक्ष्म प्रमाणही कर्करोगकारक मानलं जातं.

इ.स. १९६९ मध्ये लेक सुपिरियर मध्ये डीडीटीचा अंश सापडला तेव्हा विषवृष्टीचा संशयही आलेला नव्हता. आजूबाजूच्या शेतीमध्ये वापरलं जाणारं डीडीटी पाण्यातून आणि भूजलातून लेक सुपिरियरच्या पाण्यात आलं, असं तेव्हा मानण्यात येत होतं. दरम्यान १९७० नंतर वायू रंगालेख (गॅसक्रोमॅटोग्राफी) आणि वस्तुमानवर्णपटमापक (मासस्पेक्ट्रोमीटर) ही दोन पृथ:करण तंत्रे अस्तित्वात आली. यामुळे सूक्ष्म प्रमाणातील प्रदूषकांचा पत्ता लावणं शक्य होऊ लागलं.

ग्रेटलेक परिसरात या यंत्रांचा वापर झाला तेव्हा पीसीबी (पॉली क्लोरिनेटेड बाय फेनिल्स) वर्गी रसायने या पाण्यात आढळली आणि शास्त्रज्ञांना धक्काच बसला. याच बरोबर टॉक्साफीन नावाचं कीटकनाशकही या पाण्यात आढळलं. टॉक्साफीनचा आणि कर्करोगाचा अगदी जवळचा संबंध असून ते डीडीटी इतकंच धोकादायक मानण्यात येते. लेक सुपिरियरच्या पाण्यातली टॉक्साफीनची पातळी धोक्याच्या पातळीपेक्षा खूप जास्त होती. १९८३ पर्यंत या ग्रेटलेक परिसरातील पाण्यात ९०० घातक रसायनं आणि धातू असल्याचं सिद्ध झालं होतं. त्यानंतर हे प्रमाण कमी झालं कारण 'ग्रेटलेक्स' बचाव मोहिम हाती घेतली गेली. यामुळेच

लेक सुपिरियर आणि त्याहीपेक्षा महत्त्वाचं म्हणजे सिस्किविट सरोवरात घातक रसायनं सापडल्यावर शास्त्रज्ञ हादरले होते, याचं कारण या सरोवरांमध्ये बाहेरून येणाऱ्या पाण्यातून टॉक्साफीन येत नव्हतं. याचं कारण या सरोवरांमध्ये येणारं बरचसं पाणी हे कॅनडातून येतं आणि कॅनडात तेव्हा टॉक्साफीन फारसं वापरलं जात नव्हतं; ते या सरोवरांच्या अमेरिकन बाजूकडूनही येत नव्हतं कारण अमेरिकेच्या उत्तरी राज्यातही ते वापरात नव्हतं. थंड प्रदेशात टॉक्साफीन वापरण फायदेशीर ठरत नाही, असं त्या काळात मानलं जात असे आणि दुसरी गोष्ट म्हणजे टॉक्साफीन अमेरिकेत कापसाच्या पिकावर फवारण्यात येत असे; यामुळेही थंड हवामानाच्या उत्तरी भागात त्याचा वापर करण्यात येत नव्हता; तर उष्ण दक्षिणी कापूसशेती करणाऱ्या राज्यात टॉक्साफीन वापरलं जात होतं. पुढं १९८२ मध्ये अमेरिकेत टॉक्साफीनच्या वापरावर पूर्णपणे बंदी घालण्यात आली. तरी अजूनही तिथल्या पाण्यात टॉक्साफीनचा अंश सापडतो. मग लेक सुपिरियरमध्ये टॉक्साफीन कुठून आलं असावं? जेव्हा इतर सर्व शक्यता संपतात तेव्हा उरलेली शक्यता कितीही अशक्य वाटली तरी तीच एखाद्या घटनेस कारणीभूत असते, असे शेरलॉक होम्सचं एक वाक्य आहे. त्यानुसार टॉक्साफीन लेक सुपिरियरपर्यंत पोचायची एकच शक्यता उरली होती ती म्हणजे टॉक्साफीन हवाई मार्गने लेक सुपिरियरमध्ये येत असावं. यातूनच लेक सिस्किविटच्या तळाच्या चिखलाची तपासणी करण्यात आली. त्यातही जेव्हा टॉक्साफीन सापडलं तेव्हा हवाई मार्गाबद्दल शास्त्रज्ञांची खात्रीच पटली. सिस्किविटनं शास्त्रज्ञांना आश्चर्याचे अनेक धक्के दिले. लेक सुपिरियरमध्ये सापडणाऱ्या माशांच्या शरीरात जेवढा पीसीबीचा अंश होता, त्याच्या दुप्पट प्रमाणात पीसीबी लेक सिस्किविट मधल्या माशांमध्ये उपस्थित होतं. तर डीडीटीच्या विघटनानं निर्माण होणाऱ्या रसायनांचं लेक सिस्किविटमधल्या माशातलं प्रमाण लेक सुपिरियरच्या माशांच्या दहापट होतं.

या तळ्यातल्या गाळाचे थर अभ्यासून शास्त्रज्ञांनी ही रसायनं या तळ्यात केव्हापासून येऊ लागली असावीत याचा अंदाज घेतला. साधारणपणे १९५० नंतरची रसायनंच या तळ्यात प्रामुख्याने आढळतात. १९४० किंवा त्यापूर्वी चिखलात फारसं रासायनिक प्रदूषण आढळत नाही. १९८४ मध्ये प्रथम लेक सिस्किविटच्या प्रदूषणाचा अभ्यास झाला. ते प्रदूषित आहे हे कळल्यावर शास्त्रीय जगतात एकच खळबळ माजली. त्यानंतर लेक सिस्किविटचा कसून अभ्यास झाला. त्यावरून या भागातल्या प्रदूषणामध्ये सर्वांत मोठा वाटा हा विषवृष्टीचा आहे. इथल्या पीसीबी रसायनातील ८०% रसायने ही वाऱ्यावरून इथं आली. एवढंच नव्हे तर संपूर्ण ग्रेटलेक परिसरावर दरवर्षी १४ हजार किलोग्रॅम पॉलिसायक्लिक ॲरोमॅटिक हायड्रोकार्बनांची वृष्टी होते असं आता सिद्ध झालंय. या शिवाय हजारो किलोग्रॅम

बेंझीन हेक्झॅक्लोराईडही या परिसरावर वातावरणातून हवेच्या प्रवाहांमधून फैलावते, स्थिरावते आणि हा परिसर प्रदूषित करते.

या परिसरात फ्युरान्स, डॉयॉक्झीन्स आणि तत्संबंधित रसायने सापडली, हे वृत्त ऐकून तर शास्त्रीय जग थरारलं. इतके दिवस लेक सिस्किविट हा अनाघ्रात परिसर मानला जात होता. तिथे ही घातकी रसायने पोहोचतील याची कुणालाच कल्पना नव्हती. ही रसायनं अती सूक्ष्म प्रमाणातही घातकी ठरतात कारण यांचा एक सूक्ष्म रेणूसुद्धा सजीवांमध्ये जैवी आणि जीव रासायनिक बदलांच्या सुरुवातीस कारणीभूत ठरू शकतो, असा शास्त्रज्ञांना संशय आहे.

❖

ओझोनचा थर – पृथ्वीचे संरक्षक कवच

पृथ्वीच्या वातावरणाचे जे अनेक थर आहेत त्यात 'स्तरितांबर' हा थर फार महत्त्वाचा मानला जातो. पृथ्वीच्या पृष्ठभागापासून सुमारे ५० किलोमीटर उंचीवर सुरू होतो आणि २०० किलोमीटर उंचीवर संपतो. या स्तरितांबरात अनेक स्तर आहेत. सुमारे १० ते ५० किलोमीटर उंचीवर ओझोन वायूचा एक पातळसा स्तर स्तरितांबरात आढळतो. त्याची उंची थोडीफार बदलते पण तो संपूर्ण पृथ्वीभोवती सर्वत्र सुमारे या उंचीवर आढळतो. तो पृथ्वीवरील सजिवांच्या दृष्टीने फार महत्त्वाचा आहे; याचं कारण आपण बघणार आहोतच.

सूर्य पृथ्वीला प्रकाश देतो; असं आपण म्हणतो याचं कारण प्रकाश आपल्या डोळ्यांना दिसत असतो. सूर्याकडून पृथ्वीकडे अनेक प्रकारची उत्सर्जनं येत असतात. यांना 'प्रारणे' असे म्हणतात. ही सर्व प्रारणे विद्युतचुंबकीय स्वरूपाची असून त्यांच्या वारंवारतेनुसार (फ्रीक्वेन्सी) त्यांच्या गुणधर्मांत फरक पडतो. आपल्याला जी प्रारणं दिसतात त्यांना आपण दृश्य वर्णपट असं म्हणतो. याच्या एका टोकाला जास्त तरंग लांबीच्या लाटा असतात. त्या आपल्याला लाल रंगाच्या स्वरूपात दिसतात. दुसऱ्या टोकास कमी तरंग लांबीच्या लाटा असतात. त्यांचे दृश्य स्वरूप म्हणजे जांभळा रंग होय. आपल्याला या मर्यादेतल्याच तरंगलांबीच्या विद्युतचुंबकीय प्रारणांचं दर्शन होत असतं. यापेक्षा जास्त किंवा कमी तरंगलांबी असलेली विद्युतचुंबकीय प्रारणे आपल्याला डोळ्यांनी जाणवत नाहीत. लाल रंगाच्या पेक्षा जास्त तरंग लांबीत अनुक्रमे उपारूण प्रारणे, उष्णता, सूक्ष्म लहरी (मायक्रोव्हेव्ज) आणि त्यापलीकडे दूरचित्रवाणी व नभोवाणी लहरी असतात. या उलट जांभळ्या रंगापेक्षा कमी तरंगलांबीत जंबूपार (यांना अतिनील असेही म्हणतात) किरण, क्ष-किरण, गॅमाप्रारणे आढळतात. यातले क्ष-किरण व गॅमा

किरण वातावरण भेदून पृथ्वीवर येत नाहीत. जंबूपार किरण मात्र पृथ्वीपर्यंत पोहोचतात.

हे जंबूपार किरण अनेक आवरणातून आरपार जाऊ शकतात; म्हणजेच दृश्यकिरण ज्या गोष्टींनी अडवले जातात त्या गोष्टींपैकी काही वस्तूंमध्ये जंबूपार किरण शिरू शकतात. या वस्तूंमध्ये सजीव पेशींचाही समावेश होतो. सजीव पेशीत शिरलेले जंबूपार किरण पेशीतून बाहेर मात्र पडत नाहीत. त्यांची ऊर्जा पेशीत शोषली जाते. आपल्या शरीरात त्वचेखाली काही विशिष्ट पेशी असतात. त्या पेशी या ऊर्जेचा उपयोग करून 'डी' जीवनसत्व निर्माण करतात. जंबूपार किरणांनी हा फायदा होत असला तरी 'अति सर्वत्र वर्जयेत' या उक्तीनुसार जंबूपार किरणांचा अतिरेक सजीवांना त्रासदायक ठरतो. ज्या पेशीत जंबूपार किरण शिरतात त्या पेशीतील डीएनए रेणूचं विघटन करण्याइतकी ऊर्जा जंबूपार किरणांमध्ये असते. यामुळे एक तर ती पेशी मरते किंवा तिची अमर्याद वाढ होऊ शकते. अशा अमर्याद वाढीतून कर्करोग संभवतो. जंबूपार किरणांमुळे आधी त्वचा तांबूस होते; मग त्वचेवर भाजल्यासारखे फोड येतात. यामुळे आपली त्वचा जास्त मेलॅनिन निर्माण करते तसंच मृत पेशींचा एक बाह्यथर त्वचेवर धरतो. याला आपण त्वचा रापली असं म्हणतो. इंग्रजीत याला टॅनिंग म्हणतात. अशा रापलेल्या त्वचेचा बऱ्याच गौरवर्णीयांना हव्यास असतो.

जर जंबूपार किरणांचा अतिरेक झाला तर त्यातून त्वचेचा कर्करोग उद्भवतो. हा धोका फक्त गौरवर्णीयांपुरता मर्यादित असतो. जे मुळात काळे असतात त्यांच्या त्वचेत भरपूर मेलॅनिन असतं. त्यांना अगदी क्वचित जंबूपार किरणांचा त्रास होतो; पण अशा घटना अपवादात्मकच असतात.

साधारणपणे १० ते ५० किलोमीटर उंचीवर वातावरणात ओझोन वायू जास्त प्रमाणात आढळतो हे आपण बघितलेच. ओझोन वायू म्हणजे काय ते आधी आपण बघू या; म्हणजे मग हा वायू जंबूपार किरणांपासून आपले संरक्षण कसे करतो, ते आपल्या लक्षात येईल. ऑक्सिजन या मूलद्रव्याचे रासायनिक चिन्ह 'O' हे अक्षर आहे. ऑक्सिजन वायूचा रेणू हा दोन ऑक्सिजन अणूंचा बनलेला असतो. त्यामुळे त्याचे चिन्ह O_2 असे लिहिले जाते. स्तरितांबरात या पट्ट्यात बरेचदा ऑक्सिजनचे तीन अणू एकत्र येतात. याला ओझोन 'O_3' असे म्हणतात.

वातावरणाच्या ह्या विशिष्ट स्तरांमध्ये वातावरणात आढळणाऱ्या एकूण ओझोनच्या ९५% ओझोन आढळतो; म्हणून याला ओझोनचा थर असेही म्हणतात. ओझोन हा वायू स्थिर रेणू नाही. त्याचे झटकन विघटन होते. दोन ओझोन रेणूंचे अतिशय क्षुल्लक कारणाने विघटन होऊन तीन ऑक्सिजन रेणू तयार होतात $2O_3 = 3O_3$. मात्र तीन ऑक्सिजन रेणूंचे २ ओझोन रेणू दरवेळी होतीलच असे नाही. ही घटना

स्तरितांबरात जंबूपार किरणांमुळे घडते. या स्तरामध्ये जेव्हा जंबूपार किरण येतात तेव्हा त्यांच्या ऊर्जेमुळे ऑक्सिजनचे रेणूही विघटित होतात आणि त्यांचे ऑक्सिजनच्या मुक्त अणूत रूपांतर होते. हे अणू एकटे राहू शकत नाहीत. ते स्थैर्यासाठी जोडीदार शोधतात तेव्हा त्यांना काही वेळा आवश्यकतेपेक्षा जास्त जोडीदार मिळून O_3 हा ओझोन रेणू तयार होतो.   हा अस्थिर असल्याने त्याची दुसऱ्या रेणूंशी झटकन प्रक्रिया होते. जास्तीचा एक अणू या प्रक्रियेत निघून जातो आणि ओझोन रेणूचे पुन्हा O_2 रेणूत रूपांतर होते. साधारणपणे ओझोनची हायड्रोजन बरोबर, क्लोरीन बरोबर किंवा नायट्रोजन बरोबर प्रक्रिया या स्तरात लौकर होते. ही संयुगे ओझोनपेक्षाही दुर्मिळ असतात. या सर्व घटनातल्या पहिल्या टप्प्यात म्हणजे ओझोन निर्मितीत आणि ऑक्सिजनच्या विघटनात जंबूपार किरणांची बरीच ऊर्जा वापरली जाते. त्यामुळे भूतलावर पोचताना जंबूपार किरणांची तीव्रता कमी झालेली असते म्हणून ओझोन स्तराला सजीवांचं संरक्षक कवच असं म्हणण्यात येतं. ह्या सर्व घटना सौर प्रारणांच्या उपस्थितीत घडत असल्यानं पृथ्वीची जी बाजू सूर्याकडे असते, म्हणजेच ज्या भागात दिवस असतो अशा भागावरील स्तरितांबरातच घडत असते. ज्या भागात उन्हाळा असतो तिथं ओझोनस्तर जास्त प्रमाणात तयार होतो. ध्रुवांवर त्यांच्या हिवाळ्यात हा स्तर जवळ जवळ अस्तित्वातच नसतो.

१९६०-६५ च्या दरम्यान वातावरणाच्या वरच्या थरातून प्रवास करणाऱ्या स्वनातीत म्हणजे ध्वनीपेक्षा जास्त वेगाने उडणाऱ्या विमानांची निर्मिती प्रवासी वाहतुकीसाठी करण्यात आली होती.

ज्या यंत्रणा पुराजैविक इंधनं फार मोठ्या प्रमाणावर आणि जलदगतीनं वापरतात; त्या यंत्रणांच्या निष्कासातून नायट्रोजनची ऑक्साईडे मोठ्या प्रमाणावर आढळतात. जेट विमानांच्या यंत्रणांमध्येही जेव्हा स्वनातीत वेग गाठण्यासाठी इंधनांचं ज्वलन होतं तेव्हा तिथे निर्माण होणाऱ्या उष्णतेमुळं आणि उपलब्ध ऊर्जेमुळं नायट्रोजनचा ऑक्सिजनशी संयोग होतो. स्तरितांबरात जर ही नायट्रोजनची ऑक्साईडे गेली तर ऑक्सिजन आणि ओझोनशी त्यांची स्थिर संयुगे तयार होतील आणि त्यामुळे त्यांच्याकडून जंबूपार किरणांना अडविण्याचं कार्य तिथे घडून येणार नाही, अशी शास्त्रज्ञांना भीती वाटत होती. जर जंबूपार किरणांना अडथळा झाला नाही तर ओझोन निर्मितीचं चक्र बंद पडेल आणि त्याचा सजीव सृष्टीवर परिणाम घडून येईल असंही त्यांना वाटत होतं. याआधी लष्करी विमानं अशा तऱ्हेची उड्डाणं करायची पण त्यांची वारंवारता कमी होती. प्रवासी वाहतूक सुरू झाली की अशा विमानांची आणि त्यांच्या उड्डाणांची संख्या वाढणार होती. सुदैवानं अशा तऱ्हेची विमान वाहतूक करण्याची योजना बऱ्याच कारणांमुळं मागं पडली. त्यातच थोड्या प्रमाणात नायट्रोजनची ऑक्साईडे वाढली तर त्यातून ओझोन निर्मितीत वाढच होते, असंही दिसून आलं.

स्वनातीत विमानांमुळे ओझोन थरास धोका पोचला नाही तरी ओझोन थर तसा सुरक्षित नव्हताच. या थराला इतर धोके होते आणि ते नायट्रोजनच्या संयुगांकडूनच होते, असं शास्त्रज्ञ म्हणत होते. हे धोके शेतकऱ्यांकडून होते असं शास्त्रज्ञांना वाटत होतं हे विशेष. वाढत्या लोकसंख्येस जास्तीत जास्त अन्न पुरवठा करण्यासाठी फार मोठ्या प्रमाणावर जंगलतोड होत होती. तसंच या शेत जमिनीत प्रचंड प्रमाणात नायट्रोजनयुक्त खते वापरण्यात येऊ लागली होती. ही खतं जमिनीत गेल्यावर तिथं त्यांचं विघटन होऊन त्यातून नायट्रोजनची ऑक्साईडे मुक्त होतील आणि स्तरितांबरात पोहोचतील असा शास्त्रज्ञांचा अंदाज होता. या प्रश्नावर आंतरराष्ट्रीय परिषदांमधून चर्चा करण्यात आली होती. ह्याही नायट्रोजन ऑक्साईडांकडून ओझोन स्तरास धोका नाही असं पुढं सिद्ध झालं.

याच काळात ओझोनस्तरास आणखी एक धोका असल्याचं निदर्शनास आलं. हा धोका होता आण्विक शस्त्रास्त्रांचा, जर अणुयुद्ध झालं तर पृथ्वीवरचं वातावरण बदलेल त्याचप्रमाणे अण्वस्त्रस्फोटानंतर जो भूछत्रासारखा ढग तयार होईल त्यामुळं ओझोनस्तर नष्ट होईल अशी भीती शास्त्रज्ञांना वाटत होती. ही भीतीही आता कमी झाली आहे याचं कारण शीतयुद्ध संपुष्टात आलं हे जसं आहे, त्याच बरोबर पूर्वी पाश्चिमात्य राष्ट्रे अगदी १९९० नंतर फ्रान्स भूपृष्ठावर अणुचाचण्या करीत. या चाचण्यांचे निष्कर्ष ही लष्करी गुपितं मानण्यात येत असत. आता ह्या चाचण्यांचे अहवाल उघड झाले असून त्या चाचण्यांच्या वेळी ओझोन स्तरावर फारसा परिणाम झाला नव्हता हे स्पष्ट झाले आहे, असं असलं तरी ओझोन स्तर काळजीमुक्त नाही असंच आपल्याला म्हणावं लागतं.

इ.स. १९७४ मध्ये ओझोन स्तराला असलेला आणखी एक धोका हळूहळू जगापुढं येऊ लागला. १९८४ मध्ये शास्त्रज्ञांची या धोक्याबद्दल पूर्णपणे खात्री पटली. या धोक्याचं नाव आहे फ्री ऑन. हे नाव अर्थात व्यापारी आहे. घुपाँद नेमूर्स या कंपनीचं हे उत्पादन असून फ्री ऑन हे एका रसायनांच्या कुटुंबाचं नाव आहे. या फ्रीऑनच्या कुटुंब कबिल्यात अनेक रसायनांचा समावेश असून त्यांना रासायनिक भाषेत सीएफसी म्हणजे क्लोरोफ्लुरोकार्बन्स असं म्हणतात. या रसायनांच्या नावातच त्यांचे घटक ओळखता येतात. क्लोरीन, फ्लुओरिन यांच्या कार्बनी श्रृंखलायुक्त रसायनांचं हे कुटुंब आहे. यातल्या घटकांचं प्रमाण बदलतं असतं तसंच कधीतरी त्यात हायड्रोजनचाही समावेश असतो. सीएफसी संयुगांचं भूपृष्ठावर लौकर विघटन होत नाही. ती जळत नाहीत. त्यामुळे बरेचदा ती अग्निशामकं म्हणूनही वापरली जातात. विशेषत: पेट्रोल आणि इतर ज्वलाग्राही रसायनांच्या साठ्याला लागलेली आग विझवायला सीएफसी कुटुंबातील रसायनांचा उपयोग करण्यात येतो. ही रसायनं मानवी शरीरात किंवा इतर सजीवांच्या शरीरात गेली तर शारीरिक रसायनांचाही

त्यांच्यावर परिणाम होत नाही. त्यामुळे शरीरात विघटन होऊन या रसायनांचा कुठल्याही सजीवास धोका उत्पन्न होत नाही; म्हणजेच ती विषारीही नसतात.

त्यांचा उपयोग त्यांच्या अवस्थांतरणातच असतो. नेहमीच्या सर्वसाधारण तापमानास त्यांचे द्रवरूपातून वायू अवस्थेत रुपांतरण होते. अशा अवस्थांतरणाचे वेळी हे वायू किंवा द्रव उष्णता घेतात किंवा देतात. या वायूंवर जरासा दाब वाढवला की त्यांचे द्रवात रुपांतर होते आणि त्यातून उष्णता बाहेर पडते. त्यांच्यावरचा दाब कमी केला की ते उष्णता शोषून घेतात आणि त्यांचे वायूत रुपांतर होते. एखाद्या नळीत हे वायू बंद केले. त्या नळीचं वेटोळं केलं, दोन्ही तोंड एकमेकांना जोडून हे वेटोळं बंद केलं आणि त्या नळीवर एका बाजूस दाब दिला की सीएफसीचं द्रवात रुपांतर होतं आणि उष्णता बाहेर पडते. दुसरीकडे त्यांच्यावरच्या दाब कमी केला तर ते उष्णता शोषून घेतात आणि त्यांचं वायूत रुपांतर होतं. आपल्या रेफ्रिजरेटरमध्ये, किंवा इतर शितकरण यंत्रणात सीएफसींचा नेमका असाच वापर केलेला असतो. वातानुकुलन यंत्रणातही सीएफसींचा वापर यामुळेच केला जातो.

सीएफसींच्या या गुणधर्माचा आणखीही एका प्रकारे उपयोग करून घेता येतो. एखाद्या डब्यात किंवा बाटलीत दाबाखाली सीएफसी भरलं; आणि त्याला बाहेर पडायला एकच छिद्र ठेवलं तर बाहेर पडणारं सीएफसी वायुरूपात बाहेर पडतं. या छिद्राखाली एखादी झडप बसवली तर बाटलीतील सीएफसी द्रवरूपात राहील. बोटानं दाब देऊन झडप खाली केली तर दाब कमी झाल्यामुळे सीएफसी त्या छिद्रातून बाहेर पडेल; बाहेर पडताना ते वायूरूप असेल. बाटलीतल्या द्रवाला जागा कमी लागेल तेव्हा त्याच्याबरोबर दुसरा एखादा पदार्थही बाटलीत ठेवता येईल. सीएफसी द्रवरूपातून वायूरूपात बाटलीतून बाहेर पडताना हा पदार्थ घेऊन येईलच शिनाय त्या वेळी या मिश्रणाचं तापमानही थोडं कमी होईल. याच प्रकाराला एरोसोल किंवा 'वायूरूपी कण' असं म्हणतात. दाढीचा साबण सुगंधी द्रव्य फवारण्याच्या बाटल्यात सीएफसी वायुरूपीकण प्रक्षेपणाचं काम करण्यासाठी फार मोठ्या प्रमाणात वापरले जातात.

सीएफसी प्लॅस्टिकांचा फेन (फोम) करण्यासाठीही वापरले जातात. विद्युतरोधक फेन, गाद्या गिरण्यांमध्ये वापरला जाणारा फेन किंवा बऱ्याच आधुनिक शीतरोधक कपड्यांमध्ये वापरला जाणारा फेन हा निर्मितीच्या वेळी प्लॅस्टिक द्रव स्वरूपात असताना त्यात वायुरूप सीएफसी सोडून तयार केला जातो. सीएफसीच्या बुडबुड्यांवर प्लॅस्टिकचे पातळ आवरण असे या फेनाचे स्वरूप असते. बुडबुड्यांच्या आकारावर अवलंबून या फेनांचे कार्य बदलते.

रसायन शास्त्रज्ञांनी स्वतःच्या सोयीसाठी या फ्रिऑनांना वेगवेगळे क्रमांक दिलेले आहेत. सीएफसी-११, फ्रिऑन-१२ अशा प्रकारची ही नावं आहेत. या

फ्रिऑनांचे उपयोगही त्यांच्या रेणूंच्या स्वरूपानुसार वेगवेगळ्या प्रकारे केले जातात. फ्रिऑन-११ आणि १२ हे वायुरूपीकण प्रक्षेपक (एरोसोल प्रॉपिलंट) म्हणून वापरले जातात. तर फ्रिऑन-२१ ($CFHCl_2$) आणि फ्रिऑन-२२ (CF_2HCl) हे शीतकरण यंत्रणांमध्ये वापरले जातात. सीएफसींचे असे अनेक उपयोग आहेत. हे उपयोग ही रसायने भूपृष्ठावर वापरली जातात तेव्हा स्थिर असतात. विषारी नसतात किंवा इतर कोणत्याही प्रकारे घातक नसतात म्हणून करण्यात येऊ लागले. यामुळेच सीएफसी संयुगे जेव्हा हवेत मिसळतात तेव्हा ती हवेतही विघटन न होता तशीच राहतात. शास्त्रज्ञांनी या रसायनांच्या बद्दल काही अंदाज केले आहेत त्यानुसार फ्रीऑन-११ ($CFCl_3$) हा हवेत मिसळल्यावर त्यात कोणताही बदल न होता ५० वर्षे हवेत राहील तर फ्रीऑन-१२ (CF_2Cl_2) हा विघटन न होता किमान शंभर वर्षे तरी हवेत नांदेल. ह्या अंदाजाबाबत शास्त्रज्ञात मतभेद असले तर ते आकड्यांबाबत आहेत. पण हवेत असलेल्या या सीएफसींचे दीर्घकाळ विघटन होणार नाही या बाबत शास्त्रज्ञांमध्ये एकमत आहेच.

हवेत वेगवेगळे प्रवाह असतात. तापलेली हवा वर जाते, थंड हवा त्या जागी येते वगैरे गोष्टी आपण शाळेतच शिकतो. ज्या ठिकाणी ह्या तापून वर जाणाऱ्या हवेचं तापमान आजूबाजूच्या हवे इतकं होतं त्या ठिकाणी हवा वर जायची थांबते. हवा वर जाताना थंड होते; पृथ्वीच्या पृष्ठभागाजवळ वातावरणाचा जो थर असतो त्याला तपांबर असे म्हणतात. (ट्रोपोस्फीअर) हे तपांबर १० ते १८ किलोमीटर उंचीपर्यंत असते. त्यावर स्तरितांबराची सुरुवात होते.

इथं पोहोचलेल्या हवेला आणि हवेतल्या घटकांना परत खाली येणं थोडंसं अवघड होतं. विशेषत: तपांबराच्या आणि स्तरितांबराच्या दरम्यानची सीमारेषा ओलांडून वर जाणं किंवा खाली येणं हे दोन्ही बाजूच्या हवेच्या दृष्टीनं अवघड ठरतं. या सीमारेषेस तापसीमा (ट्रोपोपॉज) असं म्हणतात. ट्रोपोपॉज किंवा तापसीमेस पोहोचेपर्यंत थंड होणाऱ्या हवेचं आणि तापसीमेलगतच्या खालच्या भागातल्या हवेचं तापमान एकसारखं झालेलं असतं. या वरच्या हवेची घनता आणि तापमान यात बदल नसतो. त्यामुळे हवेची उभी हालचाल तापसीमेच्यावर नगण्य असते; पण या नगण्य हालचालीत हवेत मिसळलेले सीएफसी तापसीमा ओलांडून वर जातात आणि ही सीमा ओलांडून ते वर गेले की खाली येणं त्यांना जमत नाही; त्यामुळे ते ह्या सीमेवर अडकून पडतात. अशा तऱ्हेनं भूपृष्ठाजवळ वापरलेले सीएफसी अखेर स्तरितांबरात पोहोचतात; इथं जंबूपार किरणांशी ते मोठ्या प्रमाणावर संपर्कात येतात. पृथ्वीच्या पृष्ठभागाजवळ असताना जे सीएफसी स्थिर किंवा असंयोगशील असतात त्या सीएफसींना विघटनासाठी उद्युक्त करण्याचं सामर्थ्य जंबूपार किरणांमध्ये असतं. जंबूपार किरणांच्या प्रभावाखाली जेव्हां सीएफसींचं

विघटन होतं तेव्हा या विघटनामधून क्लोरीनचे आयन मुक्त होतात. त्यांचा आणि ओझोनचा संयोग होतो. यामुळे ओझोन थराच्या क्षयास सुरुवात होतेच पण जितक्या जास्त प्रमाणात स्तरितांबरात सीएफसी संयुगे असतील त्या प्रमाणात या क्षयाचे प्रमाण वाढत जाते.

जस जशी स्तरितांबराच्या अभ्यासाची साधने प्रगत झाली तसतसे या प्रश्नाचे गांभीर्य शास्त्रज्ञांच्या लक्षात येऊ लागले. वातावरणात अभ्यास करणारे उपग्रह, वेगवेगळे महाफुगे उर्फ बलून यांच्या साहाय्याने स्तरितांबराचा अभ्यास सुरू झाला. स्तरितांबरात काहीच घडत नसावं असं मानणाऱ्या वातावरण शास्त्रज्ञांना तिथं रासायनिक प्रक्रिया घडतात हे हळूहळू लक्षात आलं. १९८० पर्यंत अशा पन्नास प्रक्रिया माहीत होत्या. १९९० पर्यंत त्यांची संख्या २०० वर गेली. त्याच बरोबर पृथ्वीवर सीएफसींची किती निर्मिती होते आणि किती सीएफसी वातावरणात मिसळतात त्यावर पूर्वी कुणाचंच लक्ष नसे. आता सीएफसी निर्मिती आणि वापर यांच्यावर शास्त्रज्ञ काटेकोर लक्ष ठेवू लागले. बृहत संगणकांच्या साहाय्यानं या प्रक्रियांचा अधिकाधिक अभ्यास होऊ लागला. ओझोन थराच्या अभ्यासातून हा थरही सर्वत्र एकसारखा नाही हे सिद्ध झालं. त्यामुळे ओझोन थराचं नक्की किती नुकसान होतं, हे ही शास्त्रज्ञांच्या लक्षात आलं. यामुळेच १९८७ पासून सुरू झालेल्या 'सीएफसी हटाव' मोहीमेनं जोर धरला आणि आता इ.स. २००० पर्यंत सीएफसीचा वापर पूर्णपणे थांबवावा, असा आंतरराष्ट्रीय समझोता करण्यात आला आहे. आता सीएफसींना पर्याय आणि तपांबरात विघटन होऊन नष्ट होणारे सीएफसी रेणू बनविण्याचे प्रयत्न सुरू आहेत.

❖

विसाव्या शतकाला शाप ठरलेला शास्त्रज्ञ

विसाव्या शतकाच्या उत्तरार्धात प्रदूषणाने हाहा:कार माजवला आहे. ह्या प्रदूषणाची जबाबदारी एका कुठल्या तरी व्यक्तीवर निश्चित करायची झाली तर ते सहज शक्य आहे. याचं कारण आजचे दोन महत्त्वाचे प्रदूषक घटक म्हणजे पेट्रोल मधील शिसे आणि ओझोनचा नाश करणारी सीएफसी वर्गी रसायने. पेट्रोलमध्ये शिशाचं संयुग मिसळणं आणि सीएफसी या दोन्ही गोष्टींचा शोध एकाच शास्त्रज्ञानं लावला. आपल्या संशोधनाने पुढं एवढा हाहाकार उडेल अशी त्या बिचाऱ्याला कल्पनाही नसेल. या शास्त्रज्ञाचं नाव आहे थॉमस एडिसन मिजली. आज मिजलीला दोषी ठरवणं सोपं आहे. त्या काळात मात्र ह्या दोन शोधांचं स्वागतच झालं होतं. किंबहुना या दोन शोधांना मानवी औद्योगिक क्रांतीच्या इतिहासात महत्त्वाचं स्थान देण्यात येत होतं.

थॉमस एडिसन मिजलीचे आई-वडील नशीब काढायला म्हणून अमेरिकेत आले. ते स्वत: शोध लावून पोट भरणाऱ्या थॉमस अल्वा एडिसनला आपला आदर्श मानीत. आपल्या परसदारी नाना प्रकारचे प्रयोग करून नशीब काढायची मिजच्या वडिलांची इच्छा होती. थोरल्या मिजलींच्या नावावर लोखंडी धावेपासून वेगळं काढून हवा भरता येईल अशा रबरी धावेचे आणि त्यावरील आवरणाचे ब्रिटनमधले एकाधिकार होते. आज यांना आपण टायर व ट्यूब म्हणतो. त्यावेळी त्या शोधाला 'डिटॅचेबल रिमटायर' म्हणत. अमेरिकेत आल्यावर थोरल्या मिजलींनी आधी आपल्या दैवताचं थॉमस अल्वा एडिसनचं दर्शन घेतलं. त्या दोघांचा चांगलाच परिचय वाढला. या परिचयाच्या सन्मानार्थ मे १९८९ मध्ये जन्मलेल्या 'मिज'चं नाव थॉमस एडिसन मिजली असं ठेवलं. मात्र या धाकट्या थॉमस मिजलीला सर्व परिचित 'मिज' या उपनावानेच हाक मारीत असत.

असामान्य

मिजच्या जन्मानंतर काही दिवसातच हे कुटुंब ओहायोतल्या कोलंबस नावाच्या गावी राहायला गेलं. इथंच मिज वाढला. तोही वडिलांबरोबर यांत्रिक खटपटीत प्रवीण झाला. त्याने कॉर्नेल विद्यापीठामध्ये अभियांत्रिकी शाखेत प्रवेश घेतला. त्यावेळी नॅशनल कॅश रजिस्टर कंपनी हुशार विद्यार्थ्यांना प्रायोजित करीत असे. मिजला एकट्यालाच ही शिष्यवृत्ती यावर्षी मिळाली होती. यावरून तो इतरांपेक्षा किती बुद्धिमान होता हे स्पष्ट होत. १९०७ मध्ये नॅशनल कॅश रजिस्टरचं प्रायोजन मिळालेला मिज १९११ मध्ये कंपनीच्या शोध विभागात (आता या विभागाला आर अँड डी म्हणतात.) दाखल झाला. इथे त्याला पूर्ण स्वातंत्र्य देण्यात आलं होतं.

थॉमस एडिसनचं नाव लावणारा मिज प्रसिद्धी तंत्रात एडिसन एवढाच पुढं गेलेला होता. वृत्तपत्र प्रतिनिधींना हव्या त्या बातम्या पुरवून स्वतःची टिमकी कशी वाजवून घ्यावी हे त्याला चांगलंच कळत होतं. (याला आजकाल पी आर म्हणतात.) अगदी आजकालच्या प्रसिद्धी तंत्राने जे साध्य होणार नाही अशा तऱ्हेनं प्रसिदी मिळविण्यात तो पटाईत होता. एकदा पेट्रोलमध्ये वेगवेगळे पदार्थ मिसळून त्यांचे परिणाम पाहात असताना त्या मिश्रणाचा स्फोट झाला. यामुळे त्याचा चेहरा भाजलाच पण त्याच्या डोळ्यात धातूचे कण गेले. यानंतर एका नेत्रतज्ज्ञाने त्याच्या डोळ्यात शिरलेले मोठे तुकडे काढले पण सूक्ष्म तुकडे काढणं त्या काळातल्या उपकरणांनी जमणं शक्यच नव्हतं. ते सूक्ष्मकण डोळ्यात असे पर्यंत त्या डोळ्याचा वापर करणंही अवघड होतं. मग मिजलीनं ह्या प्रकरणात स्वतः लक्ष घालायचं ठरवलं. बरेच धातू पाण्याला चिकटतात आणि याचा उपयोग पाण्याचे मिश्र धातू बनवण्यासाठी करण्यात येतो याची 'मिज'ला कल्पना होती. त्याने अतिशय शुद्ध पाण्याचे काही थेंब आपल्या डोळ्यात टाकले. त्या पाण्याला चिकटून ते धातूचे सूक्ष्मकण बाहेर आले. या सर्व प्रकारात 'मिज'ला चांगलीच प्रसिद्धी मिळाली.

पेट्रोलचं ज्वलन वठणीवर आणलं

ही घटना मिज डोमेस्टक इंजिनिअरिंग कंपनीत (डीईसी) रुजू झाल्यावर घडली. डीईसीचा संस्थापक थॉमस केटरिंग ह्याने मोटारीच्या स्वयंचलियाचा (सेल्फ स्टार्टर) शोध लावून भरपूर पैसे मिळवले होते. ह्या स्वयंचलियाचा शोध लागण्यापूर्वी गाडी लोखंडी दांड्यानं यंत्र गरगर फिरवून चालू करावी लागत असे. स्वयंचलियाचा शोध लागला तरी तत्कालीन मोटारींमध्ये एक दोष उरला होता. या गाड्या पेट्रोलच्या असमतोल ज्वलनामुळे अतिशय विचित्र आवाज करीत असत. याचा तत्कालीन विनोदी चित्रपटात फार मोठ्या प्रमाणावर वापर झाला होता आणि

मोटरगाडी हा एक चेष्टेचा विषय बनला होता. जर हा दुष्परिणाम नाहीसा केला तर आपण कोट्याधीश बनू याची केटरिंगला खात्री वाटत होती. पेट्रोलचं झटकन पेटणं आणि मग असमतोल जळणं यामुळं मोटारीचं यंत्रही लौकर खराब होत असे.

पेट्रोलचं योग्यवेळी आणि सातत्याने एकाच वेगाने ज्वलन घडवून आणण्याची किमया थॉमस एडिसन मिजलीला साध्य करता येईल याची केटरिंगला खात्री वाटत होती. मिजनं या प्रश्नावर तीन वर्षे प्रयोग केले. त्यांनं पेट्रोलमध्ये ३ हजार वेगवेगळी रसायनं मिसळून बघितली. केटरिंगनं त्याला धातूची संयुगं वापरून पाहाववयास सांगितलं. या प्रयोगात आणखी दोन वर्षे गेल्यावर 'मिज'ला हवं ते रसायन मिळालं. ते म्हणजे टेट्रॲएथिल लेड. हे झटकन् पेट्रोलमध्ये मिसळत होतं. त्याच्या अल्पशा मिश्रणानं पेट्रोल योग्य वेळी पेट घेत होतं. त्याचं ज्वलन एकाच वेगानं होत होतं. यामुळे इंजिनातले आवाज थांबत होते. यामुळे मोटारी कमी इंधनात जास्त अंतर कापत होत्याच पण त्यांच्या यंत्रणाही व्यवस्थित चालून जास्त काळ टिकत होत्या.

मिजलीने एथिल हुंगलं

या रसायनात तांबडा रंग मिसळून केटरिंगनं ते 'एथिल' या व्यापारी नावानं बाजारात आणलं. ड्युपाँ या सुप्रसिद्ध रसायन निर्मितीतल्या व्यापारी संस्थेने या रसायनाच्या निर्मितीचे हक्क विकत घेतले. छोट्या छोट्या बाटल्यांमधून हे रसायन पेट्रोलपंपांवर ग्राहकांना उपलब्ध करून देण्यात येऊ लागले. 'मिज' त्यांना एथिलायझर्स असं म्हणत असे. ह्या एथिलचा विक्रमी खप होऊ लागला. तेवढ्यात १९२४ मध्ये 'वेडा वायू' अशी याची हवा झाली. न्यू जर्सीमधील एथिल निर्मितीच्या कारखान्यात काम करणाऱ्या कामगारांना दृष्टीभ्रम, वेडेवाकडे भास, खूप भीती आणि आक्रमकता यांचा त्रास होऊ लागला. हे झपाटलेले कामगार पुढे मरण पावले. हा मृत्यूही अतिशय क्लेशकारक असे. अमेरिकन वृत्तपत्रांनी 'झपाटणारा वायू' 'वेडा वायू' असे मथळे देऊन प्रचंड आरडाओरड या कारखान्याविरुद्ध केली. अमेरिकन जनमत एथिलच्या विरोधात गेलं. हे जनमत परत एथिलच्या बाजूने वळविण्यासाठी एखाद्या नाट्यपूर्ण प्रसंगाची आवश्यकता होती.

वृत्तपत्रांमधून प्रथम ही बातमी जाहीर झाली. त्यानंतर एक आठवड्यांनं थॉमस मिजलींनी एक वार्ताहार परिषद घेतली. 'आम्ही सांगूनही या कारखान्यातील कामगारांनी संरक्षक मुखवटे वापरायला नकार दिला होता' असं त्यांनी यावेळी जाहीर केलं. त्यांनी बाजारात उपलब्ध असलेल्या एथिलच्या साहाय्याने पत्रकारांसमोर हात आणि चेहरा धुतला. नंतर एक मिनीट भर या एथिलच्या वाफा हुंगल्या. यामुळे जनमानसातील

एथिलबद्दलची भीती दूर झाली. यानंतर दोन वर्षांत एक अब्ज लिटर एथिलयुक्त पेट्रोलची विक्री झाली.

फ्रिजला नवं जीवदान

याच काळात बाजारात शीतपेट्या उर्फ फ्रिज उपलब्ध होऊ लागले होते. १९२० ते ३० च्या दरम्यान अमेरिकेत फ्रिज खरेदीची लाट आली होती. फ्रिज आणणं हा एक प्रतिष्ठेचा प्रश्न बनला होता. त्या काळात फ्रिजमध्ये अमोनिया आणि सल्फर-डाय-ऑक्साईड हे वायू वापरण्यात येत असत. हे बरेचदा फ्रिजमधल्या अन्नात मिसळून अन्नास अतिशय वाईट वास यायचा आणि ते अन्न फेकून द्यावं लागत असे. रेफ्रिजरेटर बनवणाऱ्या फ्रिजिडेअर या कंपनीनं केटरिंगला विनंती करून हा प्रश्न सोडवण्यासाठी मिजूला उसना घेतला. फ्रिजच्या यंत्रणेतून थोड्या फार प्रमाणात वायू फ्रीजमध्ये निसटणार, हे मान्य करूनही एखादा स्वस्त, बिनविषारी आणि शक्यतो वासरहित वायू शोधून काढायची कामगिरी मिजवर सोपविण्यात आली.

मिजला फ्लोरिन वायूची संयुगं वापरायची अटकळ सुचली. त्यानं फ्लोरीन, क्लोरीन आणि कार्बन यांची विविध संयुगं तयार केली. गिनीपिग आणि नंतर काही स्वयंसेवक यांना ही वायूरुप संयुगं हुंगायला दिली. त्यापैकी कुणालाही इजा झाली नाही हे पाहून हे वायू ज्यांना आज सीएफसी म्हटलं जातं त्या कुटुंबातले हे वायू वापरून त्याने फ्रीज बनवून बघितले. त्या काळात चाचण्या प्रमाणित करण्यात आलेल्या नव्हत्या. शिवाय हे वायू विषारीही नव्हते आणि निष्क्रीय वाटत होते. त्यामुळे हे वायू शीतीकरणासाठी मोठ्या प्रमाणात वापरण्यात येऊ लागले.

एप्रिल १९३० मध्ये अटलांटा इथं भरलेल्या अमेरिकन केमिकल सोसायटीच्या वार्षिक परिषदेत मिज्नं सीएफसीचा शोध अत्यंत नाट्यमय रित्या जाहीर केला. त्यानं एका ग्लासात द्रव सीएफसी ओतलं. त्या द्रवाच्या वाफा हुंगल्या आणि मग उच्छ्वास टाकताना तोंडासमोर काडी पेटवली. अमोनिया आणि सल्फर-डाय-ऑक्साईड यांनी घेतलेल्या बळींप्रमाणे आता माणसांचे बळी फ्रीज घेऊ शकणार नाहीत, याचं कारण हा नवा पदार्थ, असं त्याने जाहीर केलं. सीएफसी तेव्हा संपूर्ण जीवसृष्टीसच घातक ठरू शकतील याची त्याला कल्पना असणं शक्यच नव्हतं.

सीएफसी वापरणाऱ्या रेफ्रिजरेटरनी मग जुन्या फ्रीजना नामशेष केलं. १९३० च्या अखेरीस अमेरिकन बाजारात सीएफसी वापरणारे फ्रीजच उपलब्ध होते. फ्रिजिडेर, जनरल मोटर्स आणि घुपाँ या तीन प्रमुख व्यापारी संस्था एकत्र येऊन आता या नव्या वायूची 'फ्रिऑन' या नावानं विक्री करू लागल्या. ह्या वायुमुळे घुपाँची आर्थिक घडी स्थिरावली आणि पुढे ती बहुराष्ट्रीय राक्षसी कंपनी बनली.

सीएफसी एवढे लोकप्रिय व्हायचे कारण म्हणजे त्यांची निर्मिती अगदी स्वस्तात होत होती. फ्रीज बरोबरच वातानुकुलन यंत्रणा आणि सौंदर्यप्रसाधनांच्या फवाऱ्यात हे वायू उपयुक्त ठरले होते. याच काळात कीटकनाशक म्हणून डीडीटी पुढं आलं. डीडीटीचा फवारा पिकावर फवारण्यासाठी सीएफसींचा वापर करण्यात येऊ लागला. सीएफसींचा वापर प्लास्टिक फेसाळ निर्मितीत (फोम) आणि इलेक्ट्रॉनिक भाग साफ करण्यासाठी होतो हे लक्षात येताच त्याचं महत्त्व आणखीनच वाढलं. 'मानवी कल्याणार्थ रसायनशास्त्र' (केमिस्ट्री फॉर बेटरमेंट ऑफ मॅनकाईंड) ही घोषणा जागोजाग घुपाँ आणि इतर रसायन निर्मिते वापरू लागले.

या संशोधनानं थॉमस एडिसन मिजली प्रचंड श्रीमंत बनला. तो आता ओहायोतल्या कोलंबस या त्याच्या गावी एका प्रचंड प्रासादात राहू लागला. त्याच्या या प्रासादाभोवतालच्या बागेस जगातली 'सर्वात सुंदर बाग' असं वाखाणण्यात येऊ लागलं. त्यानं या प्रासादाच्या मागच्या टेकडीत एक बोगदा खणला. तिथून तो या टेकडीच्या मागच्या दरीत जात असे. या दरीत सर्वत्र मेणबत्त्यांच्या आकाराचे विजेचे दिवे लावलेले होते. बॅटमनच्या 'बॅटकेव्ह' ची कल्पना मिजच्या या दरीवरूनच उचलण्यात आली असावी, असं म्हणतात.

मिज् आपल्या शास्त्रीय कल्पनांच्या प्रसारार्थ युरोप व अमेरिकेत दौरे काढत असे. मद्यपान करता करता तो पृथ्वीचं वातावरण कसं बदलता येईल यावर जे विचार आपल्या मित्रांना ऐकवत असे तेच विचार थोडे अधिक आकर्षक करून व्याख्यानातून तो विज्ञानाच्या सहाय्याने स्वर्गतुल्य पृथ्वीचं चित्र श्रोत्यांपुढे उभे करण्यासाठी वापरत असे.

दुसऱ्या महायुद्धाच्या सुरुवातीस १९४० मध्ये मिजला पोलिओ झाला. ४५ वर्षांनंतर संशोधन सोडून शास्त्रज्ञांनी व्यवस्थापनात भाग घ्यावा, हे त्याचे विचार तो चाकाच्या खुर्चीतून लोकांना ऐकवू लागला. अंथरूणातून चाकाच्या खुर्चीत ठेवणारं आणि तिथून परत अंथरूणावर नेणारं एक यंत्र मिजूनं तयार केलं. या यंत्राच्या सहाय्यानं नोव्हेंबर १९४४ मध्ये थॉमस एडिसन मिजलीने आत्महत्या केली.

'तो मानवजातीच्या सुखासाठी झटला' असे शब्द त्याच्या कबरीवर कोरण्यात आले, पण आज मृत्यूनंतर ५० वर्षांनी त्याच्या शोधांनी मानव जातीवर केवढं संकट आणलंय ते त्याच्या शोधांना बंदी घालण्यासाठी जे आंतरराष्ट्रीय कायदे आणि करार केले जात आहेत त्यावरून लक्षात येतं आणि थॉमस एडिसन मिजलीचं वर्णन जगाला शाप ठरलेला शास्त्रज्ञ, असं करावं लागतं.

❖

ओझोन विवरासंबंधीच्या संशोधनाचा इतिहास

गेल्या एका तपातले म्हणजे इ.स. १९८५ ते १९९७ या काळातले पर्यावरण विषयक महत्त्वाचे संशोधन कोणते, या प्रश्नाचे आणि विसाव्या शतकातील पर्यावरण विषयक सर्वात महत्त्वाचा प्रश्न कोणता, या प्रश्नाचे उत्तर एकच आहे ते म्हणजे ओझोन विवर. ओझोन विवर निर्माण का झाले, कसे झाले याबाबतची आणि त्याच्या परिणामांची आपल्या पुढे जी माहिती येते ती बरेचदा एकांगी असते असं म्हणावंसं वाटतं. या प्रश्नाला दुसरी एक बाजू असावी असं भारतीय आणि पाश्चात्त्य वृत्तपत्रांमधील कात्रणं, पाश्चात्त्य देशात प्रसिद्ध होणारी पुस्तकं आणि वैज्ञानिक नियतकालिकातील पत्रं वाचली तर वाटतं.

ही दुसरी बाजू अतिरंजित, अशास्त्रीय आणि चुकीच्या मुद्यांवर आधारीत आहे, असं ती वाचतानाच जाणवतं पण ती माहिती दुर्लक्ष करावी एवढी क्षुल्लक निश्चितच नाही. आधी ओझोन विवराचा इतिहास बघून मग या दुसऱ्या बाजूची माहिती आणि तिच्यावर होणारी टीका आपल्याला बघायची आहे. पृथ्वीभोवती ओझोन वायूच्या थराचं आवरण आहे ही गोष्ट इ.स. १९३० मध्ये सर्वमान्य झाली. याचं कारण अशा तऱ्हेचा थर वातावरणाच्या वरती असेलच कसा आणि का असावा, या प्रश्नाला तोपर्यंत ठाम उत्तर मिळालेलं नव्हतं; खरं तर असा थर पृथ्वीच्या वातावरणावर असायचं काहीच कारण नव्हतं. सूर्याकडून जी प्रारणं बाहेर चहूबाजूस प्रक्षेपित केली जातात त्यातला फार थोडा भाग पृथ्वीवर पोहोचतो. तो प्रामुख्यानं उजेड आणि उष्णता या स्वरूपात असतो. या प्रकाशाचा अत्यल्प भाग जंबूपार किंवा अतिनील (अल्ट्रा व्हायोलेट) किरणांचा असतो. सूर्यप्रकाशावर पृथ्वीवरचं जीवन अवलंबून आहे असं आपण म्हणतो तेव्हा त्यातून या जंबूपार किरणांना आपण वगळलेले असते. खरं तर हे काम पृथ्वीभोवतीचा ओझोनचा थर करतो याची माहिती आपल्याला १९३० साली झाली.

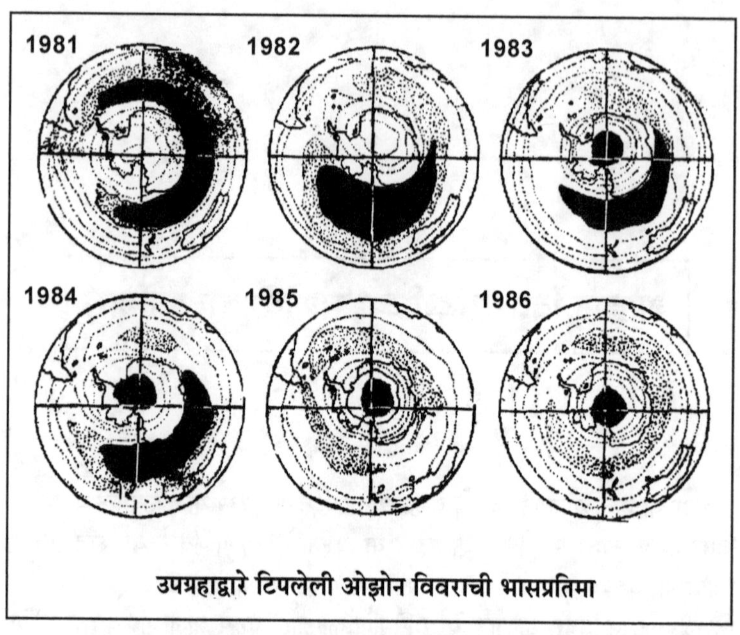

उपग्रहाद्वारे टिपलेली ओझोन विवराची भासप्रतिमा

काट्यानं काटा काढणे, या म्हणीचं इतकं चांगलं उदाहरण नाही. ओझोन हा वायू आपल्या दृष्टीनं अतिशय हानीकारक आहे. माणसाला वृद्धत्व का येतं याबाबत गेल्या दहा वर्षांत जे संशोधन झालंय त्यात ऑक्सिजनच्या मुक्त अणूचा किंवा अयनाचा परिणाम म्हणून शरीरांतर्गत पेशींचं ज्वलन हा घटक वृद्धत्वास जबाबदार असणारा महत्त्वाचा घटक ठरला आहे. ओझोनयुक्त वातावरणात राहणाऱ्या व्यक्तींच्या शरीरावर वृद्धत्वाची चिन्हं लौकर का दिसतात, याचं उत्तरही या संशोधनातून मिळालं. ओझोन हा आपल्या शरीराची झीज झटपट घडवून आणणारा वायूच वातावरणाच्या वरच्या थरात असतो तेव्हा पृथ्वीवरची आजची बहुसंख्य सजीव सृष्टी अस्तित्वात आली आणि टिकून राहीली याचं कारण म्हणजे हा ओझोनचा थर असं मानलं जातं.

पृथ्वीवर पहिला सजीव अवतरला तेव्हा जर ओझोनचा थर असता तर पृथ्वीवर सजीव निर्मितीच झाली नसती, असं आद्य सजीवांचा अभ्यास करणारे तज्ज्ञ म्हणतात. पुढे पृथ्वीवर हरितद्रव्ययुक्त सजीवांची निर्मिती झाली. त्यांनी पृथ्वीवरील वातावरणात फार मोठ्या प्रमाणावर ऑक्सिजन सोडला. या प्रदूषणामुळं बहुतेक सर्व आद्य सजीव नष्ट झाले. हे आद्य सजीव पृथ्वीवर कसे निर्माण झाले होते याबद्दलचे जे अनेक सिद्धांत आहेत त्या सर्वांनी पृथ्वीवर सूर्याकडून येणाऱ्या जंबूपार किरणांचं महत्त्व मान्य केलं आहे. पृथ्वीच्या आद्य वातावरणात जीव निर्मितीस आवश्यक सर्व

घटक होते. त्यांच्या परस्पर प्रक्रियांना सूर्याकडून येणारी जंबूपार प्रारणे कारणीभूत ठरली पण सजीव निर्माण झाल्यानंतर मात्र हीच जंबूपार प्रारणे या सजीवांच्या दृष्टीनं धोकादायक ठरली. ही प्रारणे अडविण्याचं काम त्या काळात पाण्यानं केलं, त्यामुळे पृथ्वीवरले पहिले सजीव सागरात आणि सागरतटीच्या चिखलात जन्मले असावेत, या विषयी सर्वच शास्त्रज्ञांचं एकमत आहे.

इकडे जंबूपार प्रारणे जीव घ्यायला टपलेली, तिकडे वातावरणात आतून जीव जाळणारा ऑक्सिजन वाढतोय अशा परिस्थितीतही बरेच सजीव टिकले. त्यांना संरक्षण मिळाले ते ओझोनचे. ह्या ओझोन निर्मितीस कारणही जंबूपार किरणच ठरले. ऑक्सिजनचा रेणू फोडून दोन ऐवजी तीन ऑक्सिजनचे अणू एकत्र आणायचे आणि त्यांचा ओझोन बनवायचा, हे काम त्या जंबूपार किरणांनीच पार पाडलं. एकदा ओझोनची निर्मिती झाल्यावर पृथ्वीवरच्या सजीवांना ओझोन छत्राचं संरक्षण मिळालं. त्यांची झपाट्यानं वाढ झाली. ते जमिनीवर आले. फोफावले, नाहीसे झाले. नवनव्या रूपानं सजीव सृष्टीचे अविष्कार प्रकट झाले.

इ.स. १९३० मध्ये पृथ्वीभोवती ओझोनचं आवरण आहे, हे निर्विवाद सिद्ध झालं. पृथ्वीच्या वातावरणाच्या वरच्या थरामध्ये विषुववृत्ताच्यावर दर सेकंदास साडेतीनलाख किलोग्रॅम (३५०० मेट्रिक टन) एवढा ओझोन तयार होतो आणि तो वातावरणावर पसरून त्याचा थर तयार होतो. त्याच बरोबर या थरावर जंबूपार किरण आदळून पुन्हा त्याचं ऑक्सिजनमध्ये रूपांतर होत असतं. हे चक्र फार नाजूक पण पृथ्वीवरील सजीवांच्या दृष्टीनं महत्त्वाचं असतं.

इ.स. १९७३ च्या ख्रिसमसच्या सुमारास शेखुड रौलँड आणि मारिओ मोलिना ह्या दोन शास्त्रज्ञांनी आणखी एक शोध लावला. हे दोघं रसायन शास्त्रज्ञ आहेत. क्लोरीनची मानवनिर्मित संयुगे आणि हॅलोजन (म्हणजे ब्रोमीन, आयोडीन, क्लोरीन आदी मूलद्रव्यांची संयुगे) युक्त पदार्थांचं पृथ्वीवर सहजगत्या विघटन होत नाही, असा समज होता. या पदार्थांचं भूपृष्ठाजवळ जरी विघटन होत नसलं तरी वातावरणाच्या वरच्या थरात हे पदार्थ शे सव्वाशे वर्षे रेंगाळत राहतात. त्या काळात त्यांच्या वेगवेगळ्या रासायनिक प्रक्रिया घडून येतात. ह्याचा शेवट ओझोनच्या कमतरतेत होतो असं शास्त्रज्ञांच्या लक्षात आलं. यामुळे पृथ्वी भोवतालच्या ओझोनच्या थराचा क्षय होतो, असे या शास्त्रज्ञांचे निष्कर्ष त्या काळात वादग्रस्त ठरले तरी पुढच्या दहा वर्षांत जे संशोधन झालं त्यामुळे या निष्कर्षांवर शिक्कामोर्तब झालं.

इ.स.१९८४ मध्ये ओझोनच्या थराचा क्षय होत आहे, हे शास्त्रज्ञ जाहीर करीत असतानाच अमेरिकेच्या नॅशनल ऑकॅडमी ऑफ सायन्सेसनं हे मान्य केलं, पण त्याच वेळी या संस्थेनं जाहीर केलेल्या अहवालात ओझोन थराचा क्षय होत असला तरी सध्या त्याकडे गांभीर्यानं लक्ष द्यावं इतक्या मोठ्या प्रमाणात ओझोनचा क्षय

झालेला नाही असं म्हटलं. ऑगस्ट १९८४ मध्ये 'सायन्स डायजेस्ट' या अमेरिकन मासिकानं ह्या अहवालाचा आधार घेऊन एक मुखपृष्ठ कथा छापली. ह्या खास अहवालाचं नाव होतं 'ओझोन-द क्रिसिस दॅट वॉझन्ट' ह्या अहवालानुसार अमेरिकेच्या 'एन्वायर्नमेंटल प्रोटेक्शन एजन्सी' म्हणजे पर्यावरण संरक्षण समितीनं पुढील निष्कर्ष काढले होते. 'सीएफसी (क्लोराफ्लुरोकार्बन्स) वर बंदी घातल्यामुळं ९ हजार व्यक्तींना नोकरीस मुकावं लागेल आणि राष्ट्राच्या आर्थिक तुटीमध्ये १ अब्ज डॉलरची भर पडेल.' या काळात अमेरिकन उद्योगपतींनी आणि रसायन उद्योगसम्राटांनी जर सीएफसीमुळे खरोखरच ओझोन थराचा क्षय होत असेल तर आम्ही आमच्या उत्पादनात घट करायला तयार आहोत आणि हळूहळू पर्यायी पदार्थही मिळवायचा प्रयत्न करू असा काहीसा नम्र आणि समजूतदार पवित्रा घेतला. पण त्याचवेळी ओझोनचा क्षय वाटतो तितका गंभीर नाही अशा प्रकारच्या लेखमाला अमेरिकन वृत्तपत्रांमधून झळकल्या होत्या. 'इज द् स्काय रिअली फॉलिंग?' या प्रकारचे लेख आणि 'ओझोन स्केअर-द रिअल स्टोरी' या सारखे परिसंवाद केमिकल मॅन्युफॅक्चरर्स असोसिएशनने प्रायोजित केले होते.

इकडे जो फार्मोण नावाचा ब्रिटिश शास्त्रज्ञ अंटार्क्टिकावरच्या ओझोन विवराची मोजमापं घेतच होता. पृथ्वीभोवतीच्या ओझोन आवरणाच्या क्षयाची परिणती अंटार्क्टिका वरील ओझोन विवरात होते आणि दरवर्षी हे ओझोन विवर झपाट्यानं वाढतंय, हे त्यानं प्रथम जगाच्या निदर्शनास ठामपणे आणलं. त्यानंतर उपग्रहांनी घेतलेल्या वेगवेगळ्या प्रकारच्या भास प्रतिमांनी सिद्ध केलं. दरवर्षी हे विवर भारताच्या क्षेत्रफळाच्या आकाराचं असे ते १९९० नंतर वाढू लागलं. ५ ऑक्टोबर १९९३ ला दक्षिण ध्रुवावर ओझोनचा असणारा थर नेहमीच्या फक्त २५% एवढाच शिल्लक होता. या घटनेमुळे शास्त्रज्ञ हादरले.

यामुळे ओझोन विवराची समस्या हाताळण्यासाठी आंतरराष्ट्रीय परिषदा भरविण्यात येऊ लागल्या. अशा परिषदांमधूनही एखादा शंकात्मक सूर लावला जायचा. अगदी मोठमोठे मान्यवर शास्त्रज्ञ या शंकासुरांमध्ये असायचे. यामध्ये अमेरिकेच्या ऑटॉमिक एनर्जी कमिशनच्या प्रमुख डिक्सीली रे यांचा समावेश होता. त्यांनी जाहिरपणे रोजेलियो माडुरो आणि रॉल्फ शॉअरहॅमर या शास्त्रज्ञांच्या विचारांचा पाठपुरावा केला होता. किंबहुना डिक्सी ली रे यांनी लिहिलेले शेवटचे दोन लेख 'सायन्स इन ट्वेंटिफर्स्ट सेंचुरी' या नियतकालिकामध्ये प्रसिद्ध झाले आहेत. त्यात त्यांनी प्रचलित पर्यावरणवादी संस्था आणि कार्यकर्ते हे साप साप म्हणून भुई धोपटत असून मानव जातीला आण्विक ऊर्जा वापरण्याशिवाय पर्याय नाही. तसंच नैसर्गिकरित्या वातावरणात इतका क्लोरीन मिसळला जातो की त्या मानानं मानवनिर्मित क्लोरीनयुक्त संयुगांमुळे वातावरणाला काडीचाही धोका नाही अशी भूमिका घेतली होती. अमेरिकन

रासायनिक उद्योगांनी या भूमिकेचं स्वागत केलं. कारण हे त्यांच्या फायद्याचंच होतं.

सुदैवानं इतर अनेक शास्त्रज्ञांनी डिक्सीली रेंचं म्हणणं खोडून काढलं. अनेकांनी तिच्या मरणोत्तर लेखांवरही टीका केली. त्यानंतर एका आंतरराष्ट्रीय परिषदेत सीएफसींचं उत्पादन इ.स. २००५ पर्यंत पूर्ण थांबवण्यावर एकमत झालं. टोरांटोमधल्या परिषदेत झालेल्या करारावर बऱ्याच राष्ट्रांनी सह्याही केल्या.

सीएफसी जरी ओझोनच्या क्षयाला जबाबदार असली तरी आत्तापर्यंतचा इतिहास बघितला तर याचा दोष बहुतांशी पाश्चिमात्य राष्ट्रांकडेच जातो. सर्व विकसनशील राष्ट्रांमधून वापरल्या जाणाऱ्या उत्पादनांमधून जेवढा सीएफसीयुक्त वायू वातावरणात एका वर्षात मिसळतो, तेवढी वायूरूप सीएफसी रसायने पाश्चात्त्य देशात एका दिवसात हवेत मिसळत असतात. विकसनशील राष्ट्रांना ह्या अशा उत्पादनांची चटक लावायला ही पाश्चात्त्य राष्ट्रेच कारणीभूत आहेत. कारण विकसनशील राष्ट्रांना आर्थिक मदत देताना ही पाश्चात्त्य राष्ट्रे ह्या असल्या 'कंझ्युमर प्रॉडक्ट्स'चा अनावश्यक बोजा त्या विकसनशील राष्ट्रांवर थेट करारानं किंवा 'वर्ल्ड बँके'द्वारा लादत असतात. मग मुक्त अर्थव्यवस्थेच्या नावाखाली या देशांमधलं प्रदूषण वाढलं की पाश्चात्त्य संख्याशास्त्रज्ञ 'प्रदूषणानं धोकादायक पातळी गाठली' 'अमूक तमूक देशातील प्रदूषण वर्षात १०० पटीनं वाढलं' असे मथळे असलेले अहवाल प्रसिद्ध करतात. त्या राष्ट्रांवर या निमित्तानं वेगवेगळी बंधनं घालतात. पाश्चात्त्य देशांनी विकत घेतलेले विचारवंत, पाश्चात्त्यांच्या अंधानुकरणात आनंद मानणारे शहरी उच्चमध्यमवर्गीय लोक या विद्वानांची तळी उचलून धरतात आणि शहरी पर्यावरण चर्चासत्रांमध्ये पोपटपंची करतात. यातला एकही विद्वान अमेरिका किंवा पाश्चात्त्य औद्योगिकीकरणानं हा भस्मासूर उभा राहिला आहे, त्यांच्या मापानं आम्हाला तोलू नका असं सांगताना दिसत नाही. भारतानं सीएफसी करारावर सही करायला नकार दिला; ही एक अतिशय चांगली गोष्ट केली. अमेरिकेनं आधी स्वतःच्या राष्ट्रात साफसफाई करावी, तिथला कचरा इतरत्र पाठवायचं थांबवावं आणि मगच इतर देशांवर असे करार लादावेत; हे भारतीय प्रतिनिधींमुळे जगापुढे मांडलं गेलं.

आजच्या पर्यावरणाच्या ऱ्हासाला जबाबदार असलेली व्यक्ती कोण, या प्रश्नाचं उत्तर गमतीनं थॉमस एडिसन मिजली उर्फ मिज् असं दिलं जातं. या माणसानं विसाव्या शतकाच्या उत्तरार्धात पर्यावरणाची वाट लावणारे दोन शोध लावले ते म्हणजे सीएफसीचा वापर आणि शिसेयुक्त पेट्रोल.

थॉमस मिजलीचे वडील स्वतःच एक संशोधक होते. नशीब काढण्यासाठी ते व्हिक्टोरियन इंग्लंडमधून अमेरिकेत आले. आज आपण जी चाकापासून वेगळी होणारी रबरी धाव वापरतो (टायर आणि ट्यूब) यांचा शोध त्यांनी लावला होता. थोरल्या मिजलींची अमेरिकेत एडिसनशी ओळख झाली. त्यांनी एडिसनबद्दल आदर

व्यक्त करण्यासाठी मे १९८९ मध्ये जन्मलेल्या आपल्या मुलाचं नाव 'थॉमस एडिसन' मिजली असं ठेवलं. इ.स. १९४४ मध्ये थॉमस एडिसन मिजलीचं वयाच्या ५५ व्या वर्षी निधन झालं. तोपर्यंत शीतपेटीत सीएफसीचा वापर आणि पेट्रोलमध्ये शिसाचा वापर या त्याच्या शोधांनी त्याला भरपूर पैसा मिळवून दिला होता.

त्याच्या निधनानंतर तीस वर्षांनी या दोन शोधांमुळे मानवजातीचं आणि पर्यावरणाचं किती मोठ्या प्रमाणात नुकसान होतंय हे हळूहळू आपल्याला उमगायला सुरुवात झाली आणि त्याच्या निधनानंतर चाळीस वर्षांनी हे शोध खरोखरच घातक आहेत हे निर्विवाद सिद्ध झालं. पर्यावरणाची हानी करणारे दोन शोध एकाच व्यक्तीनं लावावेत हा एक विज्ञानातला दुर्दैवी योगायोग म्हणावा लागेल.

ओझोन थराकडे शास्त्रज्ञांचं प्रथम लक्ष गेलं ते १९७१ मध्ये. १९७१ च्या सुमारास जेट विमानांच्या सहाय्यानं प्रवासी वाहतूक वाढू लागली होती. प्रवासी वाहतुकीचं अर्थशास्त्र वेगानं बदलू लागलं होतं. एकाच विमानातून कमीत कमी वेळात जास्तीत जास्त प्रवासी नेण्याची स्पर्धा सुरू झाली होती. यातूनच ब्रिटन आणि फ्रान्स यांच्या सहकार्यानं कॉंकॉर्ड या विमानाची निर्मिती झाली. हे विमान एखाद्या अमेरिकन कंपनीनं बनवलं असतं तर कदाचित पर्यावरण चळवळीच्या इतिहासाला वेगळंच वळण लागलं असतं, या विमानाला मग विरोधही झाला नसता असं म्हटलं जातं. अमेरिकन व्यापारी डोकं एखाद्या प्रश्नाचा आपल्या व्यापारी प्रतिस्पर्ध्याला नामोहरम करण्यासाठी कसा उपयोग करून घेतं, याचा 'कॉंकॉर्ड' हे उत्तम उदाहरण ठरेल.

कॉंकॉर्डमुळं अमेरिकेतील विमानं निर्मात्यांचा धंदा बसणार हे लक्षात येताच १९६२ मध्ये केनेडींनी 'एस एस टी' निर्मितीचा धडक कार्यक्रम हाती घेण्याच्या योजनेस चालना दिली. एस एस टी म्हणजे 'सुपर सॉनिक ट्रान्सपोर्ट' किंवा ध्वनीपेक्षा जास्त वेगानं उडणाऱ्या प्रवासी वाहतूक करणाऱ्या विमानांची निर्मिती.

केनेडींनी ह्या धडक कार्यक्रमाला मान्यता दिली तेव्हा कॉंकॉर्ड निर्मितीच्या मार्गावर होतं. ते अस्तित्वात यायला बराच अवकाश होता पण ते अमेरिकन विमानांच्या आधी आकाशात झेपावणार हे निश्चित होतं. त्या काळात या विमानांना ध्वनिप्रदूषण करतात म्हणून बराच विरोध होता. याचं कारण ही विमानं ध्वनीचा वेग ओलांडत तेव्हा एकदम खूप मोठा आवाज होऊन विमानतळाजवळ असणाऱ्या किंवा त्या विमानांनी ध्वनीचा वेग ओलांडायचा ज्या ठिकाणी प्रयत्न केला तिथे जवळ असलेल्या इमारती मधील व्यक्तींना त्रास तर व्हायचाच पण काही वेळा काचाही फुटत असत.

या विमानांमुळे जागतिक हवामान बदलेल असाही एक आक्षेप तेव्हा घेण्यात येत असे. ही विमानं वातावरणात स्तरितांबरातून (स्ट्रॅटोस्फीअर) उडताना पाण्याची

वाफ आणि इंधनाचा धूर यांचं मिश्रण मोठ्या प्रमाणात सोडतात. यावरून सूर्य किरणांचं परावर्तन होऊन पृथ्वीवर येणाऱ्या उष्णतेचं प्रमाण कमी होईल, असं काही शास्त्रज्ञांचं म्हणणं होतं. अमेरिकेच्या 'नॅशनल अॅकॅडेमी ऑफ सायन्सेस' च्या वतीनं अरायझोना विद्यापीठातील जेम्स मॅकडोनाल्ड या शास्त्रज्ञानं असं काही घडणं शक्य नाही, असं या प्रश्नाचा अभ्यास करून सांगितलं.

याच काळात हवेचा अभ्यास करणारे फुगे, अग्निबाण आणि खूप उंचावरून उडणाऱ्या विमानांनी केलेली पाहणी शास्त्रज्ञांना बुचकळ्यात पाडत होती. हवेमध्ये जेवढा ओझोन असायला हवा तेवढा ओझोन आढळत नाही तर शास्त्रीय अपेक्षेच्यापेक्षा तो खूप कमी प्रमाणात आढळतो, हे या पाहण्यांवरून हळूहळू लक्षात येऊ लागलं होतं. असं का घडावं, याचं कोडं मात्र उलगडत नव्हतं. हवेतल्या मुख्य घटकांचा म्हणजे नायट्रोजन, ऑक्सिजन, कार्बन-डाय-ऑक्साईड हे वायू आणि पाण्याची वाफ यांचा ओझोनवर परिणाम होत नाही तेव्हा हवेतले कमी प्रमाणातले वायू ओझोनवर काही परिणाम करतात का, याचा शोध घ्यायचे या काळात प्रयत्न सुरू झाले.

मार्च १९७१ मध्ये जेम्स मॅकडोनाल्डनी याबाबतचा आपला अहवाल अमेरिकन काँग्रेसच्या समितीस सादर केला. या अहवालामध्ये त्यांनी हायड्रोजनच्या ऑक्साईडांना दोषी ठरवलं होतं. या ऑक्साईडांच्या प्रक्रियांमधून काही मुक्त अयन (फ्री रॅडिकल्स) निर्माण होतात. त्यांच्यामुळे रासायनिक प्रक्रियांची शृंखला सुरू होते व त्यामुळे ओझोनचा क्षय होतो. जर ८०० स्वनातीत प्रवासी विमानं एकावेळी स्तरितांबरात गेली तर ओझोन थरातील ४% ओझोन त्यांच्या निष्काषातून (एक्झॉस्ट) बाहेर पडणाऱ्या धूर– वाफ मिश्रणामुळे घडून येईल, असं जेम्स मेकडोनाल्ड यांनी म्हटलं होतं. ओझोन कमी होण्यामुळे त्वचेच्या कर्करोगात वाढ होईल आणि त्वचेच्या कर्करोगानं मरणाऱ्यांच्या संख्येत प्रतिवर्षी पाच ते दहा हजार व्यक्तींची भर पडेल. मॅकडोनाल्ड यांच्या या निष्कर्षानं प्रचंड खळबळ माजली होती.

दरम्यान स्वनातीत कॉंकॉर्ड हाणून पाडायचा हा अमेरिकन डाव आहे असं युरोपात बोललं जाऊ लागलं होतं. अमेरिकन विमान उद्योगातील काही व्यक्तींनाही हे निष्कर्ष मान्य नव्हते. तेव्हा जेम्स मॅकडोनाल्डच्या विश्वासार्हतेवर घाला घालायचे प्रयत्न सुरू झाले. त्यात ह्या मंडळींना यश मिळवणं सोपं गेलं याचं कारण जेम्स मॅकडोनाल्ड हा उडत्या तबकड्यांवर विश्वास ठेवणाऱ्यांपैकी होता. त्याची समितीपुढं साक्ष सुरू असताना विमान कंपन्यांचं प्रतिनिधित्व करणाऱ्या वकिलानं त्याला विचारलं, 'उडत्या तबकड्यांमुळे ओझोन थराचा नाश होईल, यावर तुमचं म्हणणं काय आहे?' ह्या प्रश्नावर मॅकडोनाल्ड गडबडला. त्यानंतर ओझोनचा क्षय आणि त्वचेचा कर्करोग यांचा संबंध जोडल्याबद्दल या समितीत आणि समितीबाहेरही जेम्स मॅकडोनाल्डवर जबरदस्त टीका झाली. पुढं इतर काही वैयक्तिक कारणांमुळं मॅकडोनाल्डनं

आत्महत्या केली. त्याच्या मृत्यूनंतर ओझोनचा क्षय त्वचेच्या कर्करोगाशी संबंधित आहे हे निर्विवाद सिद्ध झालं.

मॅकडोनाल्डला वैज्ञानिक क्षेत्रात बदनाम केल्यावर ओझोन क्षयाच्या संशोधनाची जबाबदारी हॅरॉल्ड जॉन्सटन या शास्त्रज्ञावर आली. तो बर्कली इथल्या कॅलिफोर्निया विद्यापीठामध्ये नायट्रोजनच्या ऑक्साईडांवर संशोधन करीत होता. १९५० नंतरच्या दशकामध्ये त्यानं हागेन-श्मिट या रसायन शास्त्रज्ञाच्याबरोबर धुरक्याचा (स्मॉग) अभ्यास केला होता. नायट्रोजनची ऑक्साईडे वातावरणात जसजशी वर वर जातील तस तसं प्रकाश रासायनिक प्रक्रियेमुळं त्यांचं विघटन होऊन नव्या रासायनिक प्रक्रियांची सुरुवात होईल. जरी या ऑक्साईडांमुळे जमिनीलगत ओझोनची निर्मिती होत असली तरी स्तरितांबरात तसं घडेल याची खात्री देता येत नाही, असा निष्कर्ष जॉन्सटननं काढला. जर ५०० स्वनातीत विमानं उतारू वाहतुकीसाठी वर्षभर रोज तास तास वापरली तर ओझोनचं प्रमाण १०% एवढं कमी होईल. या जॉन्सटनच्या म्हणण्याला बोडंअिगसह सर्वच विमान कंपन्यांनी विरोध केला. दरम्यान 'क्लायमॅटिक इंपॅक्ट अॅसेसमेंट प्रोग्रॅम' (सी आय ए पी) या नव्या समितीची स्थापना करण्यात आली. जॉन्सटननी मग आपले निष्कर्ष 'सायन्स' या नियतकालिकामध्ये ऑगस्ट १९७१ मध्ये प्रसिद्ध केले.

सी आय ए पीनं ६ कोटी डॉलर खर्च करून १९७५ मध्ये आपला अहवाल सादर केला. तोपर्यंत संगणक क्षेत्रात प्रगती झाली होती. हवामानाची प्रतिरूपं प्रथमच संगणकावर प्राथमिक स्वरूपात पाहता येत होती. यातून जो निष्कर्ष निघाला त्यानुसार स्वनातीत विमानांच्या उड्डाणामुळं ओझोन स्तरात अत्यल्प भर पडण्याची शक्यता होती. दरम्यान कॉंकॉर्ड उडू लागल्यामुळे स्पर्धेत मागं पडलेल्या अमेरिकन कंपन्यांनी स्वनातीत विमानांचा कार्यक्रम बंद करून टाकला होता.

यांनतर जेम्स लव्हलॉक, शेरी रौलंड आदी ब्रिटिश शास्त्रज्ञ या क्षेत्रात उतरले. ते ब्रिटिश होते, अमेरिकन नव्हते त्यामुळे त्यांचं संशोधन गाजावाजा न करता चाललं होतं. प्रदूषणाचा अभ्यास करताना त्यांना वातावरणाच्या वरच्या थरात एक मानव निर्मित घटक सतत आढळू लागला. तो म्हणजे सीएफसी कुटुंबातील रसायने. ही रसायने अंटार्क्टिकावरही होतीच. यामुळे यांचा संबंध ओझोनच्या क्षयांशी जोडणे त्यांना अवघड गेले नाही. त्यांच्या संशोधनाचं महत्त्व जगाला कळायला मात्र आणखी दहा वर्षे जावी लागली. अनेक शास्त्रज्ञांच्या मते तोपर्यंत ओझोन थराचं कधीही न भरून येणारं नुकसान होऊन गेलं होतं.

❖

ओझोन विवर आणि पाश्चात्त्य प्रसारमाध्यमे

इ.स. १९९२ मध्ये लंडनच्या संडे टाईम्सनं एक लेखमालिका आठ भागात प्रसिद्ध केली. विसाव्या शतकात मानवी इतिहासावर परिणाम करणाऱ्या एक हजार व्यक्तींची त्यांच्या कार्यासह यादी प्रसिद्ध करण्यात आली होती. सन १८९२ ते १९९२ या शंभर वर्षात या व्यक्तींच्या कार्याचा मानवी इतिहासावर कायम स्वरूपी चांगला किंवा वाईट ठसा उमटला होता. या हजार व्यक्तींमध्ये सुमारे ३०% व्यक्ती शास्त्रज्ञ होत्या. यात जर वैद्यक शास्त्रज्ञांचा समावेश केला तर हे प्रमाण ४०% च्या आसपास पोहोचतं. यातले बरेच शास्त्रज्ञ हे विसाव्या शतकाच्या उत्तरार्धात महत्त्व पावले होते.

दुसऱ्या महायुद्धानंतर विज्ञान तंत्रज्ञानानं मानवी संस्कृतीला झपाटून टाकलं आहे, तिचं स्वरूपही बदलायला हातभार लावला आहे यात संशय नाही. यातल्या बहुतेक सर्व शास्त्रज्ञांनी त्यांचं संशोधन जगाच्या कल्याणासाठी केलेलं आहे; याबद्दलही संशय नाही; पण शास्त्रज्ञ आणि जनता यांच्यामध्ये एक गैरसमजाची दरी पूर्वापार होती आणि ती दिवसेंदिवस रुंदावत चालली आहे, यात शंका नाही.

एफ. शेरवुड रोलंड हे अमेरिकन असोसिएशन फॉर द अॅडव्हान्समेंट ऑफ सायन्सेसचे १९९३-९४ मधले अध्यक्ष. त्यांनी आपल्या भाषणात सामान्यजन आणि शास्त्रज्ञ यांच्यातील या वाढत्या दरीबद्दल चिंता व्यक्त केली. ते म्हणाले, 'शास्त्रज्ञांनी खूप महत्त्वाचे शोध लावले हे खरं. त्यामुळे सामान्य माणसाच्या मनात शास्त्रीय शोधांच्या फलाबद्दलच्या अपेक्षा खूप वाढल्या. जगात जे काही बरं वाईट घडतं ते वैज्ञानिक संशोधनामुळे घडतं, असं त्याला वाटू लागलं; पण नक्की काय घडतंय हे सामान्यजनांपर्यंत कधीच पोहोचलं नाही. 'अरे, तुला ते कसं समजणार, थोडक्या शब्दात ते समजावून सांगणं ही अवघड आहे!' असं आपण म्हणत आलो.

त्या ऐवजी आपल्याला शास्त्र शाखेबाहेरच्या व्यक्तीला आपण काय करतोय हे समजावून घ्यायचा प्रयत्न आपण करायला हवा.'

शास्त्रज्ञांनी जर त्यांच्या संशोधनाची माहिती सामान्य जनांपर्यंत पोहोचविण्यास मदत केली नाही आणि प्रसार माध्यमांकडून अर्धवट किंवा सनसनाटी स्वरूपात ती जनसामान्यांपर्यंत पोहोचली तर काय घडेल याचं एक उदाहरण म्हणजे ओझोन विवराबद्दलचा वाद. विशेषत: अमेरिकेत दूरचित्रवाणी, नभोवाणी, नियतकालिकं आणि वृत्तपत्रं यांच्यात खपाची स्पर्धा फार तीव्र आहे. त्यामुळे त्यांना सतत सनसनाटी माहिती छापणं भाग पडतं. सध्या बऱ्याच सनसनाटी घटना वैज्ञानिक आणि तंत्रज्ञान विषयक क्षेत्रात घडत असतात. रोज राजकीय नेत्यांचा स्वैराचार आणि खाबुगिरी किंवा अपघात, खून, बलात्कार यांच्या बातम्या वाचून सामान्य माणूस वैतागतो. शिवाय प्रतिष्ठित वृत्तपत्रं ह्या बातम्या रोज पहिल्या पानावर छापत नाहीत, त्यांना मग क्लोनिंगसारखे विषय चवीनं चघळता येतात.

ओझोनच्या बाबतीत तेच झालं. 'वाढत्या ओझोन विवरामुळं त्वचेच्या कर्करोगात वाढ' ही बातमी सर्व अमेरिकन वृत्तपत्रांमधून एकदमच झळकली होती. न्यूयॉर्क टाईम्स, वॉशिंग्टन पोस्ट यांच्या पहिल्या पानावर छापलेल्या या बातमी मागोमाग, टाईम्स, न्यूजवीक आणि युएस न्यूज टुडे सारख्या साप्ताहिकांनी 'द ओझोन होल, मदर नेचर्स रिव्हेंज' यासारख्या मुखपृष्ठ कथा छापून 'ओझोन होल' प्रकाशात आणलं.

प्रसारमाध्यमांना विज्ञान तंत्रज्ञानाची प्रगती सनसनाटी पद्धतीनं छापता येते. त्या बातमीत पराचा कावळा केलेला असतो. याचे काही चांगले परिणाम होतात तर काही दुष्परिणामही होतात. वर्तमानपत्रं आणि इतर प्रसार माध्यमं सनसनाटी बातम्या देताना सत्य हवं तसं वाकवतात. त्यांच्यावर काटेकोर माहिती देण्याची जबाबदारी नसते. बातमीत तपशिलात झालेली चूक वृत्तपत्रांच्या दृष्टीनं नगण्य समजली जाते. शास्त्रीय बातमीत चूक असेल तर ती दुरुस्त केली जातेच असं नाही. एखाद्यानं फार पाठपुरावा केला तर वाचकांच्या पत्र व्यवहारात ते पत्र छापलं जातं. 'चला तेवढीच जागा भरली' हाच विचार प्रामुख्यानं ते पत्र छापण्यामागं असतो. अमेरिकेतही परिस्थिती वेगळी नाही. बरेचदा एखाद्या प्रश्नावर चार मान्यवरांच्या एक दोन वाक्यातल्या प्रतिक्रिया छापल्या जातात. प्रत्यक्षात ते मान्यवर काय बोलले आणि काय छापलं गेलं, यातही बरेचदा तफावत आढळते.

ओझोन प्रकरणात हे सर्व आपल्याला पाहावयास मिळतं म्हणून आपण त्याच उदाहरण घेऊ या. ज्यांना ह्या प्रकरणाचा सखोल अभ्यास करायचाय, त्यांनी सायन्स (११ जून १९९३), सायंटिफिक अमेरिकन (जाने. १९८८), टाईम (२ जाने. १९८९), टाईम (१७ फेब्रु.१२), न्यूजवीक (२ मार्च १९८७) टाईम (१९

TIME
VANISHING
OZONE
THE DANGER COMES CLOSER
PLANET OF THE YEAR
TIME
Endangered Earth
TIME
The Heat Is On
Mother Nature's
Revenge

ऑक्टो. १९८७), टुमॉरो (२. १९९२), ऑम्नी (जून १९९३) अर्थ (जाने.१९९३) तसंच सायन्स अँड टेक्नॉलॉजी इन ट्वेंटी फर्स्ट सेंचुरीचे १९९३-९४ मधले सर्व अंक नुसते चाळून बघितले तरी ओझोन प्रश्नावर नियतकालिके एकाच प्रश्नावर किती परस्परविरोधी लिहू शकतात, हे लक्षात येईल.

ओझोन प्रश्नावर या नियतकालिकांनी जे लेख लिहिले, त्यामुळे जे वाद निर्माण झाले त्यातून काही चांगल्या गोष्टी निर्माण झाल्या, हे मात्र मान्य करायला हवं. त्यामुळेच मॉट्रियल करार झाला. त्याची माहिती पुढे येईलच.

ओझोन विवराला जबाबदार असलेले रेणू म्हणजे क्लोरा फ्लुरो कार्बन ट्राय क्लोरोफ्लुरो मिथेन उर्फ सीएफसी–११, या पदार्थाचं रेण्विक वजन १३७.५ असते. याचा अर्थ हा वायू हवेपेक्षा सुमारे ५ पट जड असतो. जड पदार्थ खाली राहतो आणि हलका पदार्थ हवेत वर वर जातो, हे आपण शाळेत शिकतो. तो एक निसर्ग नियमच आहे. यामुळे सीएफसी–११ हा पदार्थ जमिनीलगत राहावयास हवा. तो वातावरणाच्या वरच्या स्तरात– स्तरितांबरात (स्ट्रॅटोस्फीअर) जाणं शक्य नाही. यामुळे प्रथम सीएफसी–११ आणि ओझोन थर यांच्या परस्पर संबंधाची माहिती जगापुढे आली तेव्हा त्या माहितीवर विश्वास ठेवायला रसायनशास्त्रज्ञ आणि काही हवामान शास्त्रज्ञ सोडले तर कुणी तयार होत नव्हतं. याचं कारण फार थोड्या शास्त्रज्ञांना आपली शास्त्र उपशाखा सोडली तर दुसऱ्या शाखेचं सखोल ज्ञान असतं. वृत्तपत्रांना ताबडतोब प्रतिक्रिया हवी असते. यामुळे शास्त्रज्ञांचं मत घेताना ते तो कुठल्या शाखेचा आहे याचा फारसा विचार करीत नाही. काही वेळा प्रश्न विचारणारा आणि उत्तर देणारा यांच्यामध्ये परस्पर सामंजस्य नसतं. त्यातच नेहमी सहज म्हणून वापरला जाणाऱ्या बोली भाषेतल्या शब्दाला शास्त्रीय परिभाषेत वेगळाच अर्थ असतो किंवा एखाद्या शास्त्रीय शब्दाला परंपरेनं एखादा वेगळाच अर्थ चिकटलेला असतो. ओझोनच्या बाबतीत सुरुवातीला असंच घडलं.

जड वायू वातावरणाच्या वरच्या थरात कसे जातील किंवा जाऊ शकतील काय, या प्रश्नाला बरेचदा वातावरण रासायनिक शास्त्राचे अभ्यासक सोडून इतर जण नकारार्थी उत्तर देत असत. त्यामुळे सीएफसी–११ ओझोन थराचं कसं नुकसान करू शकेल असा प्रश्न विचारला जात असे. खरं तर रसायन शास्त्राच्या अभ्यासकाला हा प्रश्न विचारला गेला असता तर या प्रश्नाचं त्यांनं योग्य उत्तर दिलंही असतं.

इ.स. १८०४ मध्ये गे-ल्युसॅक आणि बियोत् या दोन फ्रेंच शास्त्रज्ञांनी वातावरणाचा आणि वायू मिश्रणाचा अभ्यास केला. तेव्हा वातावरण ही एक फार जटिल यंत्रणा आहे, असं त्यांना आढळून आलं होतं. त्यानंतर रसायनशास्त्रात आणि वातावरण शास्त्रामध्येही बरंच संशोधन झालं. हवेचे स्तंभ कसे हलतात, वातावरणात हवेच्या प्रवाहामुळं जड आणि हलके वायू कसे पसरतात आणि ते हवेत पसरताना त्यात

हलका आणि जड असा भेदाभेद केला जात नाही हे दुसऱ्या महायुद्ध काळात वैमानिकांना मार्गदर्शन करण्यासाठी वातावरणाचा जो अभ्यास करण्यात आला तेव्हाच शास्त्रज्ञांच्या लक्षात आलेलं होतं. जेव्हा हवेच्या प्रवाहानं वातावरण ढवळलं जातं तेव्हा अगदी जड वाटणारे व आकारनं मोठे रेणूसुद्धा हवेत खूप उंचावर नेले जातात, ही गोष्ट अशा तऱ्हेनं दुसऱ्या महायुद्धकाळात वातावरण शास्त्रज्ञांना समजली तरी युद्धकालीन गोपनियतेमुळे या संशोधनाची माहिती युद्ध समाप्तीनंतर शास्त्रीय नियतकालिकांमधून प्रसिद्ध होऊ लागली होती; म्हणजे सीएफसी–११चं मोजमाप करून हवेच्या वरच्या थरात या रेणूंचं अस्तित्व असतं हे लक्षात येण्याआधी किमान पंचवीस वर्षं ही माहिती या क्षेत्रातील शास्त्रज्ञांना होती. त्यावेळी तिची दखल वृत्तपत्रांनीच काय विज्ञानाच्या इतर शाखांतील व्यक्तींनीही घेतली नव्हती. यामुळेच १९७० मध्ये जमिनीलगतच्या हवेत सीएफसीचे रेणू आढळले त्याच वेळी ते स्तरितांबरात पोहोचू शकतील या शक्यतेकडेही दुर्लक्ष होत गेलं.

इ.स. १९७५ मध्ये स्तरितांबरातील हवेच्या नमुन्यात सीएफसी–११ आणि इतर हॅलो कार्बन रेणूंचं अस्तित्व जाणवू लागलं. त्यानंतर प्रतिवर्षी गोळा करण्यात येणाऱ्या हवेच्या हजारो नमुन्यांमध्ये ते वायू वाढत्या प्रमाणात सापडत आहेत. हे हवेचे नमुने वेगवेगळ्या देशांनी वेगवेगळ्या ठिकाणी घेतलेले आहेत. यामुळे पृथ्वीवरच्या सर्वच शास्त्रज्ञांना सीएफसी–११ व इतर हॅलो कार्बनांचे जड रेणू स्तरितांबरात पोहोचतात असा तर्क जर आपण केला तर तो चुकीचा असल्याचे आढळून येते. अगदी आजही सीएफसी–११ व इतर हॅलो कार्बनी रेणू जड असल्यामुळे वातावरणाच्या वरच्या थरात पोहोचू शकणार नाहीत, असा दावा केला जातो.

याशिवाय एक वेगळाच मुद्दा सीएफसी निर्मात्यांच्या बाजूने पुढे आणला जातो. तो म्हणजे ज्वालामुखींच्या उद्रेकामधून क्लोरीनवायू, क्लोरिनमिश्रित पाण्याची वाफ, तसंच क्लोरीन आणि फ्लुओरीनची इतर संयुगे फार मोठ्या प्रमाणावर हवेत सोडली जात असतात. त्यामानानं मानवनिर्मित सीएफसी आणि हॅलो कार्बनी संयुगे यांचं प्रमाण य:कश्चित ठरतं. अशा परिस्थितीत वातावरण शास्त्रज्ञ मानवनिर्मित संयुगांना दोषी कसे ठरवू शकतात? पृथ्वीवर ज्वालामुखींचे उद्रेक पृथ्वीला कठिण कवच प्राप्त झाल्यापासून होत आहेत तरीही पृथ्वीभोवती ओझोनचा थर आहे. अशा परिस्थितीमध्ये ओझोन थराच्या हानीची जबाबदारी मानवनिर्मित संयुगांवर टाकून कुणाचा फायदा होणार?

इ.स. १९८० मध्ये डेव्हिड जॉन्स्टन या अमेरिकन भूशास्त्रीय सर्वेक्षण विभागामधील भूशास्त्रज्ञाने सर्व प्रथम ह्या वादात ज्वालामुखी आणले. सायन्स या नियतकालिकामध्ये लिहिलेल्या शोधनिबंधातून ज्वालामुखीतून ओकल्या जाणाऱ्या क्लोरीन वायूचा

पडदा या वादावर पसरून हा वाद काहीसा धूसर झाला. जॉन्स्टननी १९७६ मधल्या माऊंट ऑगस्टीन या ज्वालामुखींच्या उद्रेकाचा अभ्यास केला. या उद्रेकामध्ये पावणेदोन लाख टन हायड्रोजन क्लोराईड वाफेच्या स्वरूपात वातावरणात मिसळलं असं जॉन्स्टन यांनी जाहीर केलं. त्यावरून जॉन्स्टननी असं अनुमान काढलं की कॅलिफोर्नियातल्या लाँग व्हॅली महाकुंडाच्या निर्मितीस कारणीभूत ठरलेल्या, ७ लक्ष वर्षांपूर्वी झालेल्या उद्रेकामधून स्तरितांबरात २९ कोटी टन एचसीएलची भर पडली असावी.

ओझोन थराची माहिती १९५६ सालात प्रथम गोळा केली गेली. तेव्हापासूनच ओझोन थराचा अभ्यास सुरू आहे. ही माहिती १९५६ ते १९८५ सालपर्यंतच्या अभ्यासाचा साकल्यानं विचार करून १९८५ साली प्रथम जाहीर झाली. तेव्हा १९५६ सालापासून दरवर्षी ऑक्टोबर महिन्यात अंटार्क्टिकावरील ओझोन थरात एक विवर आढळतं आणि ते प्रतिवर्षी वाढतंय; हे जनसामान्यांसमोर आलं. १९८० पासून या विवराचा मानवी उपग्रहांनी अभ्यास केलेला आहे. ज्वालामुखी पृथ्वीच्या आद्यस्थितीपासून अस्तित्वात आहेत. त्याकाळात ते आजच्यापेक्षा खूपच मोठ्या प्रमाणावर ज्वालामुखीजन्य पदार्थ-द्रव आणि वायू बाहेर टाकत होते. १९८५ ते १९९५ दरम्यान पृथ्वीवर फार मोठा असा ज्वालामुखीचा उद्रेक झालेला नाही. तरीही ओझोन विवर का वाढावं? या प्रश्नाला एकच संभाव्य उत्तर हाती येतं ते म्हणजे सीएफसी–११ व इतर हॅलो कार्बनी संयुगे. हे उत्तर स्वीकारायची बऱ्याच जणांची तयारी नसते. ते उपग्रही भास प्रतिमा आणि अंटार्क्टिकावर राहून बलूनच्या साहाय्यानं केलेले, वातावरणाच्या वरच्या थराची तपासणी आणि त्यावरून शास्त्रज्ञांनी काढलेले निष्कर्ष स्वीकारायला तयार नसतात. त्यांच्या डोक्यात ज्वालामुखींनी सोडलेला क्लोरीन इतका पक्का बसलेला असतो की तो भेदून मानवी संयुगांनी वातावरणात घातलेला गोंधळ त्यांच्या जाणिवांपर्यंत पोहोचतच नाही.

गेल्या वीस पंचवीस वर्षांत पृथ्वीवरच्या सर्व देशातील वातावरणशास्त्रज्ञांनी संशोधन करून एकमतानं मानवी वापरात असलेल्या क्लोरीनयुक्त संयुगांना प्रदूषणासाठी दोषी ठरवलं तरीही काही थोडे शास्त्रज्ञ याला विरोध करतात. हे शास्त्रज्ञ वातावरणशास्त्रज्ञ किंवा रसायनशास्त्रज्ञ असतात असंही नाही. डिक्सी ली रे या अमेरिकेतल्या आण्विक ऊर्जा प्रकल्पात काम करतात; पण त्यांनी ओझोन विवरासाठी सीएफसींना जबाबदार धरण्यात येतं, हे चूक आहे अशी भूमिका घेतली.

१९७६ मध्ये अलास्कातल्या माऊंट ऑगस्टीन या ज्वालामुखीचा ज्वालामुखी शास्त्रज्ञांनी कसून अभ्यास केला. तेव्हा वातावरणातला क्लोरीन स्तरितांबरात पोहोचून ओझोन विवराची हानी करतो, अशा प्रकारचा विचार प्रचलित नव्हता. त्यावेळी ह्या ज्वालामुखीच्या राखेत जे सूक्ष्म काचगोळे सापडले; त्यांचाही अभ्यास करण्यात

आला होता. हे काचगोळे म्हणजे ज्या शिलारसामधल्या घटकांचे स्फटिक बनू शकले नाहीत असा शिलारस. ह्या शिलारसाच्या काचगोळ्यात एकूण क्लोरीनच्या निम्मा क्लोरीन अडकलेला होता. तर ज्वालामुखीय राखेतही काही प्रमाणात क्लोरीनची संयुगं होतीच. यावरून मग गणित करून एक ज्वालामुखी हवेत किती क्लोरीन सोडेल ते उत्तर शोधण्यात आलं होतं आणि तेच गणित ७ लाख वर्षांपूर्वींच्या ज्वालामुखीबाबत गृहीत धरण्यात आलं.

इथं एक लक्षात ठेवायला हवं की दोन व्यक्ती जशा सारख्या नसतात तसे दोन ज्वालमुखीही सारखे नसतात. प्रत्येक ज्वालामुखीतून बाहेर पडणाऱ्या लाव्हाचा बाहेर पडण्याचा वेग, वाहण्याचा वेग, त्याचे रासायनिक घटक हे सर्व अनेक बाबींवर अवलंबून वेगवेगळे असतात. त्यामुळेच अनेक ज्वालामुखींचे गेली दोन शतके अभ्यास होत असूनही पुढच्या उद्रेकाचं स्वरूप कसं असेल आणि त्यातून नक्की काय बाहेर पडेल हे सांगणं फार अवघड असतं.

मुख्य म्हणजे मॅग्मा हा ज्वालामुखीचा विस्फोट होण्यापूर्वी खूप दाबाखाली असतो. ज्यावेळी ज्वालामुखीच्या विवरातून तो लाव्हाच्या स्वरूपात बाहेर पडतो. तेव्हा त्यावर दाब नसतो. त्याचं तापमान वाढतं. त्यातल्या बऱ्याच घटकांचा हवेतल्या ऑक्सिजन आणि नायट्रोजनशी संयोग होतो. याचं कारण ज्वालामुखीतून बाहेर पडणाऱ्या राखेच्या ढगात विजा चमकू लागतात. यामुळे मॅग्माचे काचगोलक आणि लाव्हा यांच्या रासायनिक घटकांची तुलना करून काढलेले निष्कर्ष अचूक ठरतीलच याची खात्री देता येत नाही. दुसरं म्हणजे शक्य असूनही १९७६ च्या अलास्कातल्या ज्वालामुखीच्या उद्रेकानंतर पडलेल्या पावसात क्लोरीनचं प्रमाण किती होतं, ज्वालामुखीय राखेच्या ढगात क्लोरीनचं प्रमाण किती होतं आणि स्तरितांबरातल्या (स्ट्रॅटोस्फीअर) क्लोरीनचं प्रमाण किती वाढलं होतं, हे कुणीच मोजलं नव्हतं. याचं कारण त्यावेळी ओझोन विवराचा प्रश्न अजून सुप्तावस्थेतच होता. अशा परिस्थितीत त्या काळातल्या माहितीवरून काही निष्कर्ष काढणं योग्य ठरणार नाही असं वातावरण शास्त्रज्ञांना वाटतं; आणि ते योग्यही आहे. यानंतरच्या ज्वालामुखीय उद्रेकांमधलं हायड्रोजन क्लोराइड हे त्या त्या काळातल्या आम्ल पर्जन्यासाठीही जबाबदार धरण्यात आलं. मग आम्ल पर्जन्यातून हायड्रोजन क्लोराइड जमिनीवर किती आलं आणि स्तरितांबरात किती गेलं याचा हिशोब जुळवणंही आवश्यक ठरतं.

यामुळे ओझोन प्रश्न निर्माण झाल्यानंतर ज्या ज्या ज्वालामुखींचे उद्रेक झाले त्या त्या उद्रेकांचा विमानातून, अवकाशातून आणि जमिनीवरून आधुनिक यंत्रणांच्या साहाय्यानं अभ्यास केला गेला. गेल्या पंधरा वर्षांतला म्हणजे १९८० ते १९९५ या काळातला सर्वांत मोठा उद्रेक म्हणजे मेक्सिकोतील एल चिचाँ ज्वालामुखींचा

उद्रेक. या ज्वालामुखीचा उद्रेक १९८२ साली झाला. त्यावेळी वातावरणातलं एचसीएलचं प्रमाण अत्यल्प वाढलं. वातावरणातल्या एकूण क्लोराइड संयुगांच्या मानानं हे प्रमाण १०% हून कमीच होतं. १९९६ मधल्या माऊंट उंझेनोच्या उद्रेकात हे प्रमाण नगण्य होतं. एल चिचाँनंतर पंधरा वर्षांत कुठल्याही ज्वालामुखीनं एल चिचाँ एवढ प्रदूषण केलं नव्हतं. फिलिपिन्समधल्या मांऊट पिनोटुबो किंवा अमेरिकेतल्या माऊंट सेंट हेलेन्सनंही अगदी अत्यल्प प्रमाणात क्लोराईड संयुगांची स्तरितांबरापर्यंत भर घातली.

दरम्यान ह्या पंधरा वर्षांत स्तरितांबरात क्लोरोफ्लुरोकार्बन्सचं प्रमाण सतत वाढतच राहीलं. ह्या पंधरा वर्षांचे जे आकडे उपलब्ध आहेत त्यावरून वातावरणात क्लोरोफ्लुरोकार्बन्सच्या विघटनामुळं हायड्रोजन क्लोराईडबरोबर हायड्रोजन फ्लुओराईडचीही भर पडली आहे. क्लोरोफ्लुरोकार्बनच्या विघटनामुळे जेवढी भर पडेल असं गणित सांगतं त्या प्रमाणातच ही भर पडली आहे. यामुळे ओझोन विवराला ज्वालामुखी जबाबदार आहेत, हा विचार मागं पडल्यातच जमा आहे. तरीही काही सनसनाटी आरोप केले जातात. यात अमेरिकन रासायनिक उद्योग मुद्दाम क्लोरोफ्लुरोकार्बनना दोषी ठरवत आहेत कारण त्यांच्या नव्या उत्पादनांच्या प्रसारात सीएफसींचा अडथळा होतो.

अमेरिकन व्यापारी हे सर्वात लबाड व्यापारी असून येनकेन प्रकारे आपला माल दुसऱ्याच्या– विशेषत: विकसनशील देशांच्या– गळ्यात मारण्यासाठी वाट्टेल त्या थरास जातात हे मान्य करूनही ओझोन विवराचं अस्तित्व आपण नाकारू शकत नाही. उपग्रही भास प्रतिमा खोटं बोलणार नाहीत; हा एक मुद्दा यात महत्त्वाचा ठरतोच पण भारतासह फ्रान्स, रशिया, चीन, जपान आणि ग्रेट ब्रिटनच्या व युरोपियन स्पेस एजन्सीच्या उपग्रहांनी आणि शास्त्रज्ञांनी ओझोन विवराचं अस्तित्व मान्य केलेलं आहे, हे नाकारून चालणार नाही.

तरीही ज्वालामुखींना दोष देणाऱ्या व्यक्ती आकडे कसे बदलतात किंवा आकडे वापरताना या बोटावरची थुंकी त्या बोटावर अशी हातचलाखी कशी करतात ते पाहण्यासारखं आहे, 'सायन्स'मध्ये अलास्का आणि कॅलिफोर्नियातल्या ज्वालामुखींचे आकडे आले होते. १९८९ मधले हे शोधनिबंध वापरताना १९९० मधल्या एका वादात ७ लक्ष वर्षापूर्वीच्या ज्वालामुखीबद्दल जे प्रचंड मोठे आकडे वर्तविण्यात आले होते ते या दोन ज्वालामुखींच्या प्रदूषणासंदर्भात वापरण्यात आले. यानंतर हेच चुकीचे आकडे वेगवेगळ्या अमेरिकन वृत्तपत्रांनी वापरले. अशा तऱ्हेचे काही लेख भारतातल्या इंग्रजी वृत्तपत्रांनी जसेच्या तसे छापले. त्याच लेखांवरून या वृत्तपत्रांच्या एतद्देशीय स्थानिक भाषातील आवृत्त्यांमध्ये बातम्याही आल्या. वृत्तपत्रांनी अशा तऱ्हेनं चुकीच्या बातम्या फैलावण्यास हातभार लावला; ही एक दुर्दैवी घटना

म्हणायला हवी. अमेरिकन प्रसार माध्यमे अजिबात विश्वासार्ह नसतात. सनसनाटी बातमी सर्वांत आधी छापण्याच्या स्पर्धेत अनेक चुकीच्या बातम्या त्यांच्याकडून प्रसारित होतात. ओझोन विवराच्या बाबतीत हे घडलं आहे. तरीही म्हातारीनं कोंबडं झाकलं तरी सूर्य उगवणारच आणि ओझोन विवरामुळे या सूर्याचे किरण आणि जंबूपार (अल्ट्राव्हायोलेट) प्रारणे सजीवांना त्रासदायक ठरणाच. त्याचे प्रमुख कारण सीएफसीच आहे, हे नाकारून चालणार नाही.

❖

ओझोन विवरातले राजकारण

ओझोन विवरामुळे सूर्याकडून येणारी प्रारणं, विशेषत: जंबूपार किंवा अतिनील किरण (अल्ट्राव्हायोलेट) थेट पृथ्वीवर पोहोचतील आणि त्यामुळं सजीवांची हानी होईल, विशेषत: मानवजातीवर दुष्परिणाम होईल. या किरणांमुळं त्वचेचा कर्करोग, मोतीबिंदू आणि इतरही काही व्याधींच्या प्रमाणात वाढ होईल, असं प्रथम जाहीर झालं; त्याला आता पंधरा वर्षं होत आली. इ.स. १९८२ सालापासून हा प्रश्न चर्चेला आला. १९८४ मध्ये सीएफसी म्हणजे क्लोरोफ्लुरोकार्बन्स आणि हॅलो कार्बन्स म्हणजे फ्लुओरिनशिवाय क्लोरीन, आयोडीन आणि ब्रोमीन यांची संयुगे आणि याच मूलद्रव्यांची कार्बनी संयुगे ही ओझोन वायूच्या स्तरितांबरातील नाशाला कारणीभूत ठरतात, असं शास्त्रज्ञ ठामपणे म्हणू लागले. इ.स. १९८७ साली संयुक्त राष्ट्र संघाच्या विद्यमाने मॉट्रियलमध्ये या प्रश्नाचा विचार करण्यासाठी पहिली आंतरराष्ट्रीय परिषद भरविण्यात आली. मॉट्रियल प्रोटोकॉल किंवा मॉट्रियल करार हे या परिषदेचं फलित. जगातल्या सर्व देशांनी हळूहळू क्लोरोफ्लुरो कार्बनी संयुगांचा वापर हळूहळू कमी करावा असं या करारात ठरविण्यात आलं. बहुतेक सर्व देशांनी याबाबत सहमती दर्शवली.

इ.स. १९९० मध्ये या करारात आणखी सुधारणा करण्यात आल्या. इ.स. २००० पर्यंत वातावरणात अजिबात सीएफसी मिसळणार नाही असं अभिवचन या करारावर स्वाक्षऱ्या करणाऱ्या सर्व देशांनी दिलं. १९९२ मध्ये पुन्हा एकदा सीएफसी हटविण्याची चर्चा झाली आणि १९९६ अखेर सीएफसीवर पूर्ण बंदी घालण्याचं ठरविण्यात आलं. भारत आणि इतर काही विकसनशील देशांनी पाश्चिमात्य राष्ट्रांचे सर्व दबाव झुगारून या करारावर सही करण्याचं टाळलं. या मागची या देशांची भूमिका योग्यच होती, हे बऱ्याच अमेरिकन तज्ज्ञांनीही मान्य केलं आहे.

भारतासह काही विकसनशील देशांनी या करराला नकार देण्याचे कारणही तसे योग्य आहे, याबद्दल तज्ज्ञांमध्ये एकमत व्हायचे कारण म्हणजे, ओझोन-विवरास कारणीभूत असलेले सीएफसी सारखे पदार्थ अमेरिका व पश्चिम युरोप, जपान आणि ऑस्ट्रेलिया या देशांमधूनच सर्वांत जास्त प्रमाणात वापरले जातात. एकूण सीएफसी, एरोसोल्स आणि हॅलो कार्बनी पदार्थांच्या वापराचे या देशातले प्रमाण एकूण वापराच्या ९०% हून अधिक आहे. दुसरे म्हणजे, अमेरिका जेव्हा मुक्त आर्थिक धोरणांचा आग्रह धरते, तेव्हा अमेरिकन उत्पादने विकसनशील देशांवर लादते. तिसरं म्हणजे, कुठल्याही विकसनशील देशात सीएफसीची निर्मिती होत नाही. अशा परिस्थितीत जर सीएफसी वापरायचे नाहीत, असं ठरलं, तर सीएफसी लादले गेलेल्या विकसनशील देशांतले अनेक उद्योगधंदे बंद पडतील. सीएफसीला पर्यायी उत्पादनं घेणं या देशांना भाग पडेल आणि अमेरिकन रासायनिक उद्योगांकडून ती घ्यावी लागल्यामुळं हे देश पुन्हा कर्जबाजारी होतील.

यावर या देशांनी सुचवलेला उपाय म्हणजे पाश्चात्त्य देशांनी त्यांच्या देशातील सीएफसीचा वापर कमी करत विकसनशील देशांच्या पातळीवर आणावा. त्यानंतर सर्व देशांनी तो हळूहळू कमी करावा. शिवाय नवं तंत्रज्ञान आणि सीएफसीला पर्याय हे विकसनशील देशांना स्वस्तात उपलब्ध करून द्यावे. याला हे पाश्चात्त्य देश तयार होतील याची अजिबात खात्री नाही. तिसऱ्या जगातील देशांना जेव्हा तंत्रज्ञान पुरवले जाते तेव्हा ते मूळ देशात जुने झालेले असते. ते जर भंगार म्हणून विकायचे ठरले तर मूळ कारखाना मोडण्याचा खर्च त्या उद्योजकाच्या माथ्यावर पडणार असतो. त्या ऐवजी ते विकसनशील देशास विकले तर फायदा होतोच पण पुन्हा 'स्वस्तात दिलंय बरं कां' असं म्हणत नव्या सवलती उकळता येतात. शिवाय जुन्या तंत्रज्ञानाच्या जागी नवं तंत्रज्ञानयुक्त कारखाना सुरू करायच्या खर्चातला वाटा या विकसनशील देशांकडून मिळालेल्या पैशात भागवता येतो. असं असलं तरी सीएफसी धोकादायक आहेत या बद्दल वाद नाही. ती कमी व्हायला हवीत हेही योग्यच. पण यातही काही वेळा अमेरिकन संशोधकांच्या प्रसिद्धीचा हव्यास आणि अमेरिकन प्रसार माध्यमांची सनसनाटी बातम्या छापण्याची घाई यामुळे याविषयांचे किंवा एकंदरीतच अमेरिकन संशोधन बरेचदा आपली विश्वासार्हता गमावून बसते. याचं एक उदाहरण आपण पाहणार आहोत.

३ फेब्रुवारी १९९२ ला अमेरिकन उद्योगांनी प्रायोजित केलेली एक वार्ताहर परिषद आयोजित करण्यात आली होती. ही वार्ताहर परिषद एअरबोर्न आर्क्टिक स्ट्रॅटोस्फेरिक एक्स्पिडिशन आणि नॅशनल एरोनॉटिक्स अँड स्पेस ॲडमिनिस्ट्रेशन (नासा)च्या युएआरएस (अपर ॲटमॉस्फेरिक रिसर्च सॅटेलाइट) या उपग्रहाच्या साहाय्यानं संशोधन करणारे शास्त्रज्ञ यांनी आयोजित केली होती. हा उपग्रह सप्टेंबर १९९२

मध्ये सोडण्यात आला होता. एएसएनं खूप उंचावरून उडणाऱ्या विमानांच्या साहाय्यानं तर युआर्स या उपग्रहानं जी पाहणी केली होती त्यातून उत्तर ध्रुवावरील वातावरणामध्ये क्लोरीनवर्गी रसायने आणि एरोसोल्स यांचं प्रमाण प्रचंड वाढल्याचं आढळून आलं होतं. क्लोरीन, फ्लुओरीन यांची संयुगे आणि एरोसोल्स यांच्यामुळे स्तरितांबरातील ओझोनचा क्षय होतो हे आता शास्त्रविहित सत्य मानले जाते. बहुतेक शास्त्रज्ञांनी हे सत्य मान्य केले असले तरी खाजगी उद्योगांच्या सेवेतील काही शास्त्रज्ञ आणि इतर थोडे शास्त्रज्ञ हे ओझोन विवराचं अस्तित्व मान्य करायला तयार नाहीत.

उत्तर ध्रुवीय वातावरणामध्ये जेव्हा ओझोनच्या नाशास जबाबदार अशा रसायनांचं अस्तित्व याविषयी संशोधन करणाऱ्या शास्त्रज्ञांच्या लक्षात आलं तेव्हा त्यांनी ही पत्रकारपरिषद तात्काळ आयोजित केली. या परिषदेत शास्त्रज्ञांच्या वतीनं बोलताना जिम अँडर्सन या हार्वर्ड विद्यापीठामधील वातावरणीय रसायनशास्त्राच्या (ऑट्मॉस्फोरिक केमिस्ट) अभ्यासकानं म्हटलं 'उत्तर ध्रुवावर ओझोन विवर तयार होणार याचीच ही चिन्हे आहेत. ही ओझोन विवराच्या निर्मितीची सुरुवात आहे, असे म्हटलं तरी चालू शकेल.' अँडर्सनच्या या बोलण्याला पुस्ती जोडताना नासाचा विज्ञानविषयक प्रवक्ता म्हणाला 'हे ओझोन विवर मानवी वस्तीपासून दूरच्या दक्षिण ध्रुवीय प्रदेशात नसून उत्तर गोलार्धात मानवी वस्तीवर तयार होणार आहे, हे लक्षात ठेवायला हवे.'

या वार्ताहर परिषदेनंतर न्यूयॉर्क टाईम्स आणि वॉशिंग्टन पोस्टच्या संपादकांनी खास संपादकीय अग्रलेख लिहिले. सीएफसीवर बंदी घालणे कसे अगत्याचे आहे, हेही त्या दोन्ही वृत्तपत्रातून प्रामुख्याने सांगण्यात आले होते. त्यावेळी सिनेटर असलेल्या अल गोरनी अमेरिकन काँग्रेसपुढे भाषण देताना केनेबंकपोर्ट या आपल्या गावावर ओझोन विवर आलंय अशी कल्पना करायची सगळ्या अमेरिकन लोक प्रतिनिधींना विनंती केली. नंतर त्यांनी पर्यावरण विषयक एक ग्रंथही लिहिला. टाईमनं 'व्हॅनिशिंग ओझोन- द डेंजर मुव्हज् क्लोजर टू होम' अशी मुखपृष्ठकथा छापली. लागलीच अमेरिकन लोकप्रतिनिधींनी मॉंट्रियल करारानुसार अमेरिकेनं सीएफसीला बंदी घालावी असा ठराव केला. राष्ट्राध्यक्षांनी त्या ठरावावर मान्यतादर्शक सही केली.

पुढं या पत्रकार परिषदेत जाहीर झाल्याप्रमाणे वागण्याचं निसर्गावर बंधन नसल्यामुळे म्हणा किंवा काही इतर वातावरणीय कारणांमुळे म्हणा पण उत्तर गोलार्धात ओझोन विवर तयारच झालं नाही. याचं कारण नंतर जाहीर झालं ते म्हणजे ही पत्रकार परिषद चालू व्हायच्या काही दिवस आधी जानेवारी १९९२ मध्ये एक उष्णतेची लाट उत्तर ध्रुवीय प्रदेशावर आली ती फेब्रुवारीच्या मध्यापर्यंत टिकली. यामुळे जे अनेक वातावरणीय बदल घडले त्यामुळे ओझोनचं प्रमाण क्षुल्लक प्रमाणात म्हणजे अपेक्षित प्रमाणाच्या फक्त १०% प्रमाणातच कमी झालं. ही बातमीही जाहीर झाली तेव्हा ओझोन विवराच्या अस्तित्वाला आणि ओझोन

विवराच्या परिणामांचं अस्तित्व नाकारणाऱ्या गटांनी उचल खाल्ली; आणि हा सगळा राजकारणी डाव होता, कसंही करून अमेरिकन शासनला सीएफसीवर बंदी घालायची होती, ओझोन विवरासाठी सीएफसी किंवा क्लोरीनची संयुगे अजिबात जबाबदार नाहीत असा प्रचार त्यांनी सुरू केला.

नासा आणि एएसएच्या शास्त्रज्ञांनी आपले निष्कर्ष जाहीर करण्याची घाई का केली? अमेरिकेत वैज्ञानिक संशोधनाला पैसा पुरवणं हे शासनाच्या हाती असतं. साधारणपणे अनुदान समितीची बैठक असेल त्याआधी एखाद्या सनसनाटी संशोधनाची बातमी प्रसिद्ध झाली की ते संशोधन ज्या प्रयोगशाळेत चालू असतं, त्या प्रयोगशाळेतील प्रकल्पांना आणि अशा संशोधनाशी संबंधित शास्त्रज्ञांच्या प्रकल्पांना भरघोस अनुदान मिळतं. याचं कारण या अनुदान समितीत शास्त्रज्ञांबरोबर राजकारणीही असतात. जे शास्त्रज्ञ असतात ते वृद्धत्वाकडं झुकलेले आणि चालू काळाशी किंवा वास्तवाशी संबंध संपलेले शास्त्रज्ञ असतात. बरेच शास्त्रज्ञ आपले संशोधन जाहीर करतात तेव्हा असं असं घडण्याची शक्यता आहे, या भाषेत बोलतात. अँडरसननीही ओझोन विवर निर्माण होण्याची शक्यता असली तरी ते निर्माण होईलच याची खात्री देता येत नाही, असं वार्ताहर परिषदेत सांगितलं होतं.

वृत्तपत्रांना आकडेवारी, शक्यता वर्तवली अशा बातम्या छापून वाचक वर्ग मिळत नाही. तर 'सूर्यस्नान करणाऱ्यांनी सावधान, ओझोन विवराने त्वचेचा कर्करोग होणार;' ही बातमी वाचली जाते. यानंतर यात घरच्या घरी सूर्यस्नान करा, आमच्या मलमाने जंबूपार किरण दूर ठेवा, ओझोन विवर असले तरी काळजी करू नका, जंबूपार किरण रोखणारे आमचे गॉगल वापरा, या जाहिरातींना उत येतो. असल्या खोट्या आणि फसव्या जाहिराती करण्यात बहुराष्ट्रीय कंपन्या फार आघाडीवर असतात. यामुळे सामान्य माणूस फसतो. आभाळ कोसळणार असं त्याला वाटू लागतं. प्रत्यक्षात जेव्हा आभाळ कोसळत नाही तेव्हा तो दोष शास्त्रज्ञांच्या माथी मारला जातो कारण त्या शास्त्रज्ञांचे शास्त्रीय नियतकालिकांमधले मूळ लेख कुणीच वाचलेले नसतात.

या प्रकारांमुळे शास्त्रीय संशोधनावरचा सामान्य माणसाचा विश्वास उडून जातो. त्यामुळेच शास्त्रज्ञांनी स्वतःच वृत्तपत्रांकडे लेखी निवेदन पाठवायला हवं, ते छापताना काय घोटाळे होतील ते वेगळे. ओझोन विवर हे वास्तव आता सामान्य जनांनी स्वीकारायला हवं, याचं कारण ते जर आपण आज स्वीकारलं नाही तर पुढच्या पिढीला धोका आहे.

❖

ओझोन विवर आणि बदनाम ज्वालामुखी

ज्यावेळी क्लोरो फ्लुरो कार्बन्स (सीएफसी) सारख्या रसायनांमुळे पृथ्वी भोवतालच्या ओझोन थराला धक्का पोहोचतो आणि दरवर्षी ऑगस्ट ते ऑक्टोबर या तीन महिन्यात अंटार्क्टिकावर एक ओझोन विवर तयार होतं ही बातमी जाहीर झाली, तेव्हा शास्त्रीय जगही थक्क झालं. वेगवेगळ्या शास्त्रज्ञांनी या प्रकरणात लक्ष घातलं. त्यांनी स्वत: काही प्रयोग, काही गणितं केली, उपलब्ध माहितीची छाननी केली आणि बहुसंख्य शास्त्रज्ञांनी ओझोन विवर निर्माण होतं आणि ही घटना काळजी करण्यासारखी आहे असा निष्कर्ष काढला. शास्त्रज्ञांच्या एका छोट्या गटाने मात्र वेगळाच सूर लावला. त्यांच्या मते नैसर्गिकरित्या वातावरणात फार मोठ्या प्रमाणात क्लोरीनयुक्त संयुगे मिसळली जातात. ह्यामानानें मानवनिर्मित संयुगांचं प्रमाण अत्यल्प आहे. दोजेलियो माडुरो आणि राल्फ शॉअरहमर यांनी 'द होल्स इन द ओझोन स्केअर– द सायंटिफिक एव्हिडन्स दॅट द स्काय इज नॉट फॉलिंग.' या नावाचं पुस्तक लिहिलं; त्यात जे मुद्दे उपस्थित केले गेले तेच वारंवार वापरून आणि हवे तसे फिरवून इतरांनीही त्यांची तळी उचलून धरली. यामुळे सामान्य माणसाच्या मनात संभ्रम निर्माण व्हावा अशी परिस्थिती निर्माण झाली. त्याचा परिणाम पर्यावरण चळवळी वरही झाला.

क्लोरिनचा धूर

माडुरो आणि शॉअरहॅमर काय म्हणतात, ते आपण आधी पाहू या आणि मग हे त्यांचे दावे कसे फोल आहेत हे सांगणारं शास्त्रीय सत्य काय आहे ते बघू या. माडुरो आणि शॉअरहॅमर यांच्या मते दर वर्षी सागरलाटांच्या फवाऱ्यातून ६० कोटी टन क्लोरीन वातावरणात मिसळतो. वेगवेगळ्या ज्वालामुखींच्या उद्रेकांमधून ६ कोटी ६० लक्ष टन क्लोरीन हवेत उधळला जातो. शेण, पालापाचोळा आणि इतर जैविक

पदार्थ जाळल्यामुळे ८४ लक्ष टन क्लोरीन हवेत मिसळतो. सागरी सजीवांच्यामुळे ५० लक्ष टन क्लोरीन मुक्त होतो, ही अशी क्लोरीन युक्त संयुगांची नैसर्गिकरित्या मुक्त उधळण चालू असताना मानवनिर्मित सीएफसी सारखी केवळ झाडे सात लक्ष टन क्लोरीन युक्त संयुगे वातावरणात सोडली जातात तर उगीच त्यांच्या नावानं ओरड करायचं कारणच काय?

वरकरणी या शास्त्रज्ञांचा हा दावा खरा वाटला तरी प्रत्यक्षात मात्र हे आकडे आणि हा दावा फसवा आहे असं अनेक वातावरण शास्त्रज्ञ आपल्याला सांगताना दिसतात. नासा या अमेरिकन अवकाश

संशोधन संस्थेत काम करणारे लिनवुड कॅलीस नासाच्या लॅग्ली संशोधन केंद्रात या प्रश्नाचा अभ्यास करतात. त्यांच्या मते नैसर्गिकरित्या वातावरणात मिसळणारी क्लोरीनची संयुगे पाण्यात विरघळू शकतात. यामुळे दमट हवेत, दंवा बरोबर आणि पावसात पावसाच्या पाण्याबरोबर ती जमिनीवर येतात. त्यामुळे ही संयुगं वातावरणाच्या खालच्या थरात आढळतात. ती फार वरती जाऊ शकत नाहीत. सीएफसी ही वातावरणाच्या खालच्या थरात निष्क्रीय असतात. तशीच ती अविद्राव्य म्हणजे न विरघळणारी असतात त्यामुळे ही संयुगे वातावरणाच्या वरच्या थरात पोहोचतात. तिथं जंबूपार (अल्ट्राव्हायोलेट) किरणांचा त्यांच्यावर परिणाम होतो. त्यांचं विघटन होतं आणि नंतर जी शृंखला प्रक्रिया सुरू होते त्यामुळे ओझोनच्या क्षयाची सुरुवात होते. स्तरितांबराच्या अभ्यासातसुद्धा मानवनिर्मित संयुगेच ओझोन थराची हानी करतात. नैसर्गिक क्लोरीन संयुगे तिथं पोहोचतच नाहीत असं सिद्ध झालं आहे.

कुठेय मीठ?

लॉस एंजेल्स इथल्या कॅलिफोर्निया विद्यापीठातील वातावरणीय रसायन शास्त्रज्ञ रिचर्ड टुर्को यांच्यामते सागरलाटांच्या फवाऱ्यातून निघालेली क्लोरीन संयुगे स्तरितांबरात पोहोचत असतील तर स्तरितांबरामध्ये सोडियमचे अणू आढळायला हवेत कारण सागरी तुषारांतून जाणारं प्रमुख क्लोरिनयुक्त संयुग म्हणजे मीठ अर्थात सोडियम क्लोराईड, पण स्तरितांबरामध्ये सोडियमचा अंशही आढळत नाही.

जैविक पदार्थ जाळून जी क्लोरीनयुक्त संयुगे निर्माण होतात त्यामध्ये मेथिल

क्लोराईड हे प्रमुख संयुग असतं; माडुरो आणि शॉअरहॅमर यांनी नेचर या नियतकालिकात आलेल्या पॉल क्रुट्झेन आणि त्याच्या सहाध्यायांच्या संशोधनाचा १९७९ सालचा संदर्भ दिला होता. या संशोधनानुसार जैविक वस्तुमान (बायोमास) जाळल्यामुळे वर्षभरात ४ लक्ष २० हजार टन क्लोरिनयुक्त संयुगे हवेत मिसळतात. माडुरो आणि शॉअरहॅमर यांच्या मते क्रुट्झेनच्या संशोधनातली आकडेवारी ही चुकीच्या गृहितकावर आधारित आहे म्हणून त्यांनी मेथिल क्लोराईडचा आकडा वीसपट वाढवला. तो वीस पटच का वाढवला याला कोणतंही स्पष्टीकरण या दोघांनी दिलं नाही. क्रुट्झेनची आकडेवारी कमी का वाटावी याचंही स्पष्टीकरण या दोघांनी दिलेलं नाही.

इकडे क्रुट्झेन त्यांचं संशोधन करीत होते. १९७९ नंतरच्या काळात त्यांनी आपल्या संशोधनासाठी उपग्रही सर्वेक्षणाची मदत घेतली तेव्हा स्तरितांबरात एकूण क्लोरीन पैकी २०% क्लोरीन मेथिल क्लोराईडच्या स्वरूपात असतो आणि जैविक पदार्थ जाळल्यामुळे तयार होणाऱ्या मेथिल क्लोराईडचं प्रमाण एकूण क्लोरीन संयुगांच्या फक्त ५ टक्के असतं असं क्रुट्झेनना आढळून आलं. हे संशोधन क्रुट्झेननी प्रसिद्धही केलं पण माडुरो आणि त्यांच्या अनुयायांनी या संशोधनाकडे लक्ष द्यायचं शिताफीने टाळलं. ५ टक्के क्लोरीन हा सुद्धा वाईटच पण ९५% च्या मानानं तो खूप कमी आहे; असं क्रुट्झेनचे एक सहकारी आणि नॅशनल ओशॅनिक अॅड अॅट्मॉस्फेरिक अॅडमिनिस्ट्रेशनचे संशोधक युर्गेन लोबर्ट यांचं मत आहे.

ज्वालामुखीपुढे ओझोनचा ऱ्हास?

सागरी पाण्यापासून आणि जैविक पदार्थांच्या ज्वलनामुळे निर्माण होणाऱ्या क्लोरीनपेक्षाही माडुरो आणि ओझोन विवर विरोधक ज्वालामुखीच्या उद्रेकामधून बाहेर पडणाऱ्या क्लोरीनयुक्त पदार्थांना ओझोनच्या क्षयास जबाबदार धरतात. त्यांच्या मते ज्वालामुखीजन्य क्लोरीन संयुगांच्या मानाने मानवनिर्मित क्लोरीनयुक्त संयुगांनी केलेलं प्रदूषण य:कश्चित आहे. अंटार्क्टिकाच्या भूमीवर १९७३ पासून जागृत असलेल्या माउंट एरेबसमुळं होणारं प्रदूषण आणि त्यात इतरत्रच्या ज्वालामुखीय उद्रेकांनी घातलेली भर ही ओझोनच्या क्षयास जबाबदार आहे असं माडुरो आदी मंडळींचं म्हणणं आहे.

ज्वालामुखींमुळे क्लोरिनयुक्त संयुगे किती प्रमाणात वातावरणामध्ये मिसळतात, हे सर्व प्रथम अमेरिकेच्या भूशास्त्रीय सर्वेक्षण विभागाच्या डेव्हिड जॉन्स्टन या ज्वालामुखी तज्ज्ञानं जगापुढे आणलं. त्यांनी अलास्कात १९७६ मध्ये सेंट ऑगस्टीन या ज्वालामुखीच्या उद्रेकाचा अभ्यास केला. त्यावर त्यांनी लिहिलेला शोध निबंध १९८० साली 'सायन्स' या अमेरिकन असोसिएशन फॉर अॅडव्हान्समेंट ऑफ सायन्सेस' या संस्थेच्या नियतकालिकामध्ये प्रसिद्ध झाला. जॉन्स्टनच्या मते माऊंट

ऑगस्टीनच्या उद्रेकातून पावणेदोन लाख टन हायड्रोजन क्लोराईड हवेत सोडलं गेलं होतं. याच शोध निबंधात जॉन्स्टननी पुढे या उद्रेकाची ७ लक्ष वर्षापूर्वी झालेल्या कॅलिफोर्नियातील लाँगव्हॅली कॅल्डेरा या मृत ज्वालामुखीच्या उद्रेकाशी तुलना केली होती. या ७ लक्ष वर्षापूर्वींच्या ज्वालामुखीच्या उद्रेकामधून उडालेली राख जमिनीवर पडून तिचं अश्मीभवन झालं आहे. राखेपासून बनलेल्या ह्या अश्मस्तरास शास्त्रीय भाषेत 'बिशप टुफ' असं म्हणतात. जॉन्स्टननी ह्या खडकाचा अभ्यास करून सुमारे ७ लक्ष वर्षापूर्वी झालेल्या या उद्रेकामधून २८.९ कोटी टन एचसीएल (हायड्रोक्लोरिक आम्ल) वातावरणात मिसळलं असेल असा अंदाज वर्तवला होता. १९७५ साली औद्योगिक प्रदूषणामुळे सीएफसीमधून जेवढं हायड्रोक्लोरिक आम्ल वातावरणात मिसळलं त्याच्या ५७० पट आम्ल या एका उद्रेकातून हवेत मिसळलं असं जॉन्स्टनचं म्हणणं होतं.

इथे एक स्पष्ट करायला हवं की ज्वालामुखीचा एक उद्रेक असं भूशास्त्रज्ञ म्हणतो तेव्हा ती काही सेकंदातील घटना नसते, असे उद्रेक ही सततच्या किंवा थांबून थांबून होणाऱ्या अनेक उद्रेकांची मालिका असते. त्यात जर खूप काळ उद्रेक थांबला (म्हणजे काही शतकं) तरच पुढच्या उद्रेकास नवा उद्रेक मानण्यात येते. १९७३ पासून अंटार्क्टिकावरल्या माऊंट ऐरेबसमधून लाव्हा बाहेर पडतोय. ही एकच उद्रेकी घटना आहे. अगदी ऐतिहासिक काळात झालेल्या उद्रेकामधून बाहेर पडलेला लाव्हा ही कितीही छोट्या घटनांमधून बाहेर पडला तरी त्याचा खडक बनल्यावर तो एक उद्रेकाचाच भाग मानण्यात येतो. याचं प्रमुख कारण म्हणजे हा लाव्हा बाहेर पडण्यापूर्वी एकाच मॅग्मा कक्षातील मॅग्माचा भाग असतो.

गोंधळात टाकणारं संशोधन

जॉन्स्टनच्या या संशोधनाचा फायदा घेताना डिक्सी ली रे यांनी लाँगव्हॅली कॅल्डेराचे आकडे माऊंट ऑगस्टीनच्या उद्रेकासाठी वापरले. जॉन्स्टनचं असं म्हणणं आहे की माऊंट ऑगस्टीनच्या उद्रेकातून एका वर्षात सीएफसीमधून मुक्त होणाऱ्या हायड्रोक्लोरिक आम्लाच्या ५७० पट आम्ल ज्वालामुखी हवेत ओकतात, असं वाक्य वापरलं. यामुळे कुठलाही ज्वालामुखी खूप मोठ्या प्रमाणावर प्रदूषण करतो असा ते पुस्तक वाचणाऱ्या सामान्य माणसाचा ग्रह होऊ लागला. आपला मुद्दा ठासून मांडताना डिक्सी ली रे यांनी केलेली ही हातचलाखी एरिक फॉन डॅनिकेनला लाजवेल अशी होती. पुढे रश लिंबॉ नावाच्या लेखकाने लाँग व्हॅली काल्डेराचे आकडे माऊंट पिनोटुबोच्या उद्रेकाला चिकटवले.

माऊंट ऐरेबसच्या उद्रेकात काही वेगळं घडलेलं नाही. १९८५ मध्ये मिशिगन टेक्नॉलॉजी युनिव्हर्सिटीच्या विल्यम रोझ आणि त्याच्या सहाध्यायांनी या ज्वालामुखीच्या

उद्रेकाचा १० वर्षे अभ्यास करून हाती आलेली माहिती 'नेचर' या जगप्रसिद्ध शास्त्रीय नियतकालिकात प्रसिद्ध केली. या उद्रेकातून दररोज एक हजार टन क्लोरीन हवेत मिसळला जात असावा असा अंदाज त्यांनी व्यक्त केला. याचा फायदा घेऊन माडुरो आणि शॉअरहॉमर यांनी सामान्य माणसाची दिशाभूल केली. ते म्हणतात– 'अंटार्क्टिकावर आढळणारा क्लोरीन पाहून कुणालाही आश्चर्य वाटायचं काही कारण नाही. माऊंट एरेबस अंटार्क्टिकावर सतत क्लोरीन आणि इतर ज्वालामुखीजन्य वायूंचा ढग सोडतो आहे.' अंटार्क्टिकावरचे वातावरण शास्त्रज्ञ अशा प्रकारच्या लेखनास अपप्रचार म्हणतात. माऊंट एरेबस हा साडेचार हजार मीटर उंच आहे. (सुमारे चौदा हजार फूट) स्तरितांबर हे सुमारे वीस किलोमीटर उंचीवर सुरू होतं. तिथं ओझोनचा थर आढळतो. दुसरं म्हणजे माऊंट एरेबसचा उद्रेक स्फोटक नाही. त्यातून अगदी सावकाश सावकाश असा लाव्हा ऊतू जातो. ज्वालामुखींच्या उद्रेकाचे अनेक प्रकार आहेत त्यातल्या शांत आणि सौम्य प्रकारात माऊंट एरेबसचा समावेश होतो. नासाच्या रिचस्टोला स्की या शास्त्रज्ञाने माऊंट एरेबसचा बरीच वर्षे सतत अभ्यास केलाय. तो म्हणतो, 'एरेबस कधीच राख किंवा लाव्हा उधळत नाही, तो कडेवरून पाझरतो. क्वचित कधीतरी त्यातून एखादं दोन-पाचशे मीटर उंचीचं लाव्हाचं कारंजं उफाळतं; याशिवाय महत्त्वाची गोष्ट म्हणजे सुमारे वीस वर्षे म्हणजे अगदी सुरुवातीपासून एरेबसचा अभ्यास करणारे विल्यम रोझ बरोबर ज्याचं १९८५ च्या शोध निबंधावर सहअभ्यासक म्हणून नाव आहे त्या फिलिपकाईल, यांच्या नव्या संशोधनात माऊंट एरेबसमधून दरवर्षी फक्त १५ हजार टन क्लोरीन बाहेर पडतो असं म्हटलं आहे. तसंच ज्या फ्रेड सिंगरच्या संशोधनाच्या पायावर माडुरो वगैरेंचा दावा आधारित आहे ते फ्रेड सिंगर स्वत:च ज्वालामुखींचा अजून भरपूर अभ्यास झाल्याशिवाय ज्वालामुखींना दोष देण्यात अर्थ नाही, असं म्हणतात. एवढंच नव्हे तर 'आजपर्यंत जी आकडेवारी गोळा झाली आहे, त्यातून ज्वालामुखींमुळे ओझोन थराला पोचणारी इजा अत्यल्प आहे, हे दिसून येतं'; असंही फ्रेड सिंगर म्हणतात.

पाऊस महत्त्वाचा

अमेरिकेच्या नॅशनल सेंटर फॉर ॲटमॉस्फेरिक रिसर्च चे बिल मॅनकीन व मायकेल कॉफी हे दोन शास्त्रज्ञ ज्वालामुखीच्या उद्रेकांचा अभ्यास करतात. एल चिचॉंमुळे हवेत जो क्लोरीन मिसळला तेवढा क्लोरीन आणखी दोन वर्षात वातावरणात मिसळलाच असता; माऊंट पिनाटुंबोमुळे एल चिचॉंपिक्षा खूपच कमी प्रमाणात वातावरणात क्लोरीन मिसळला, असंही सिद्ध झालंय, असं या दोन शास्त्रज्ञांचं म्हणणं आहे. मुख्य म्हणजे ज्वालामुखीच्या विस्फोटातून जे वायू

बाहेर पडतात, त्यांची संयुगं पावसाच्या पाण्याबरोबर जमिनीवर येतात, असंही त्यांना आढळून आलंय.

इ.स. १९८५ मध्ये स्पेस शटल चॅलेंजरमधून ॲटमॉस नावाची यंत्रणा स्तरितांबराचा अभ्यास करण्यासाठी पाठवण्यात आली होती. त्यांनी स्तरितांबराच्या खाली सीएफसी आढळले तर स्तरितांबराच्यावर या सीएफसीच्या विघटनातून मोकळी झालेली संयुगे सापडली. यात हायड्रोक्लोरिक आम्लाबरोबर हायड्रोफ्लुएरिक आम्लही होतं. ते नैसर्गिकरित्या तयार होत नाही. ही संयुगे सापडण्याची जागा आणि उंची ही ओझोन विवर सिद्धांतात वर्तवल्याप्रमाणेच होती; असं कर्टिस रिन्सलंड आणि त्यांच्या सहअभ्यासकांना दिसून आलं. रिन्सलंडप्रमाणेच स्विस आल्प्समध्ये वातावरणाचा अभ्यास करणाऱ्या रोडोल्फेझांडर या अभ्यासकाला ही वातावरणात एचएफ (हायड्रोफ्लुएरिक आम्लं)चं प्रमाण झपाट्याने वाढतंय. ते एचसीएलपेक्षा जास्त आहे, असं आढळलं. एचएफ हे निसर्ग निर्मित नाही. ते सीएफसीवर प्रकाश रसायनिक परिणाम होऊन झालेल्या विघटनामुळेच तयार होतं. एचसीएलचं तसं नाही तरीही ज्या प्रमाणबद्धतेने हे दोन्ही रेणू वातावरणात एकमेकांच्या सान्निध्यात आढळतात, ते पाहता त्या दोघांचा मूलस्रोत एकच असावा हे स्पष्ट होते, असं झांडर म्हणतात आणि हा मूलस्रोत म्हणजे सीएफसी सिंगर नाही. हळूहळू झांडर, रिन्सलंड यांचं म्हणणं मान्य झालं असून ते म्हणतात, 'स्तरितांबरातील क्लोरिन आणि फ्लुओरिनच्या निर्मितीस सीएफसीच कारणीभूत असतात, हे मला आता पूर्णपणे मान्य आहे. त्यामुळे ओझोन थराच्या नुकसानास ते कारणीभूत ठरतात, असंच मी म्हणेन.'

ज्या लोकांनी सिंगरच्या म्हणण्याचा आधार घेऊन ओझोन विवराला गेली कोट्यावधी वर्षे ज्वालामुखी जबाबदार होते, असं म्हटलं त्यांनीही आता आपल्या सिद्धांताचा पुनर्विचार करण्याची वेळ आली आहे, असं म्हटलं तर वावगं होणार नाही.

ओझोन विवराच्या सिद्धांताचे विरोधक

पर्यावरण दिनानिमित्त जेव्हा भाषणं होतात तेव्हा अनेक वक्ते तावातावाने बोलतात. त्यांच्या भावनांचा आदर करूनही बरेचदा अशा भावनाप्रधान काव्यांनी, चळवळींनी आणि निदर्शनांनी जनसामान्यांच्या मनावर जो परिणाम व्हायला हवा, त्याच्या उलट परिणाम होतो, असं दिसून येतं. ओझोन विवराच्या बाबतही असाच परिणाम पाश्चिमात्य देशांमध्ये आढळतो. याला तिकडे 'ओझोन बॅकलॅश' असं म्हणतात. सामान्य माणसाला खरं तर वैज्ञानिक प्रश्नांमध्ये फारसं गम्य नसतं. त्यात जी बाजू अधिक आक्रमकपणे प्रचार करते तिचंच म्हणणं जनसामान्यांना खरं वाटू लागतं असा अनुभव येतो.

मारियो मोलिना हे एक वातावरण शास्त्रज्ञ आहेत. १९७३ मध्ये शेरवुड रोलंडच्या जोडीनं त्यांनी ओझोनच्या क्षयाची कल्पना प्रथम जगापुढं आणली. त्यांना या ओझोन प्रतिघाताचा वारंवार अनुभव आला आहे. एकदा मॅसॅच्युसेटस इन्स्टिटट्यूट ऑफ टेक्नॉलॉजीतल्या विद्यार्थ्यांसमोर त्यांना भाषण घ्यायचं होतं. त्यांच्या आधीच्या वक्त्यांं ओझोनविवर ही बनवाबनवी आहे असं ठासून सांगितलं. त्या वक्त्यांचं म्हणणं खोडून काढून स्वतःचा अभ्यास तीस मिनिटात सादर करणं किती अवघड आहे हे त्या दिवशी मोलिनांच्या लक्षात आलं. असाच अनुभव मोलिनांना आणि ओझोन विवराच्या अभ्यासकांना वारंवार आला आहे.

प्रतीवर्षी अंटार्क्टिकावर जे ओझोन विवर तयार होते त्याबद्दल या शास्त्रज्ञांची खात्री पटली आहे, तरीही त्यांच्या सिद्धांतांवर त्यांचे विरोधक प्रखर टीका करताना आढळतात. रश लिंबॉ या राजकीय टीकाकार व दूरचित्रवाणीवरील 'टॉक-शो' बरोबरच त्यांचं 'द वे थिंग्ज ऑट टू बी' हे पुस्तक ओझोन विवर ही एक फार मोठी फसवा फसवी आहे, या विचाराचा प्रसार करतं. ते काही काळ अमेरिकेतलं

सर्वाधिक खपाचं पुस्तक होतं. ओझोन विवराच्या अस्तित्वातबद्दलच्या सिद्धांतांना लिंबॉ बाल्डरडॅश आणि पॉपीकॉक, यासारखी शेलकी विशेषणं वापरून त्या सिद्धांताची निर्भत्सना करतो.

डिक्सी ली रे ही प्राणीशास्त्रज्ञ महिला राजकारणात शिरली. वॉशिंग्टन या राज्याची (हे अमेरिकेच्या पश्चिम किनाऱ्यावर आहे) ती गव्हर्नर होती. नंतर ती अमेरिकेच्या अॅटॉमिक एनर्जी कमिशनची प्रमुख बनली. तिच्या निधनापूर्वी तिचं 'ट्रॅशिंग द प्लॅनेट' हे पुस्तक प्रसिद्ध झालं. त्यातही तिनं पर्यावरणवाद्यांची खिल्ली उडवून, पर्यावरणवादी मंडळी ही मानवी प्रगतीत अडथळा आणण्यात पटाईत आहेत; ओझोन विवर अस्तित्वात नाही, ते या मंडळींच्या मेंदूस पडलेलं विवर आहे, अशा तऱ्हेचे विचार मांडले. हे पुस्तकही अमाप खपलं. द वॉलस्ट्रीट जर्नल आणि नॅशनल रिव्ह्यू यांनी अमेरिकेच्या डिपार्टमेंट ऑफ ट्रान्सपोर्टेंशनचे प्रमुख शास्त्रज्ञ एस. फ्रेड सिंगर यांच्याकडून काही खास लेख लिहवून घेतले, यांचा संग्रह बाजारात येऊ घातलाय, त्यातही हा सगळा 'आभाळ पडले पळा पळा' या मनोवृत्तीचा खेळ आहे. ओझोन थराला कसलाही धोका नाही, असे विचार मांडण्यात आलेले आहेत. ऑम्नी मासिकाच्या (आता हे बंद पडलं) जून १९९३ च्या अंकातही ओझोन विवरामागचं तथाकथित राजकारण उलगडून दाखविणारा लेख छापण्यात आला आहे. ९३ मध्ये ऑम्नीचा खप बारा लक्षाहून अधिक होता. या सर्वांची सुरुवात 'द होल्स ईन द ओझोन स्केअर' या पुस्तकामुळे झाली. या पुस्तकाचं उपशीर्षक होतं, 'द सायंटिफिक एव्हीडन्स दॅट द स्काय इज नॉट फॉलिंग' हे पुस्तक रोगेलियो माडुरो आणि राल्फ शॉअरहॅमर या दोघांनी लिहिलं आहे.

रश लिंबॉच्या पुस्तकात डिक्सी ली रेच्या पुस्तकातले बरेच संदर्भ देण्यात आले असून डिक्सी ली रेचं म्हणणं पुन:पुन्हा उद्धृत करण्यात आलं आहे. डिक्सी ली रे नं तिच्या पुस्तकात फ्रेड सिंगर आणि रोगेलियो माडुरो यांचं म्हणणं भरपूर प्रमाणात 'अवतरण चिन्हांकित' करून वापरलं आहे. माडुरोनं भूशास्त्रात पदवी (बीएससी) मिळवली असून तो 'सायन्स अँड टेक्नॉलॉजी इन ट्वेंटी फर्स्ट सेंचुरी' या नियतकालिकाचा सहसंपादक आहे. हे नियतकालिक अतिरेकी पर्यावरणवाद विरोधक लिंडन लारूशच्या चाहत्यांनी चालवलेलं आहे. लारूश आयकर चुकवल्याबद्दल सध्या पंधरा वर्षे तुरुंगवासाची शिक्षा भोगत आहे.

माडुरो आणि शॉअरहॅमर यांच्या मते सीएफसीपेक्षा नैसर्गिक कारणांमुळे फार मोठ्या प्रमाणावर क्लोरीनयुक्त संयुगे वातावरणात मिसळतात. लिंबॉनं त्यांच्या पुस्तकावरून घेतलेला मजकूर पुढीलप्रमाणे आहे–

'माऊंट पिनोटुबोनं एका उद्रेकामध्ये मानवनिर्मित रसायनांच्या हजारो पटीनं रासायनिक प्रदूषण केलं. क्रूर, दुष्ट, फसवेगिरी करणाऱ्या आणि मानवजातीच्या

कल्याणाची ज्यांना काळजी नाही, असं म्हटलं जातं त्या रासायनिक उद्योगांनी वातावरणात कितीही प्रदूषकं सोडली तरी त्यांना माऊंट पिनोटुबोची बरोबरी करता येणार नाही, असं असूनही ओझोन थराचं फारसं नुकसान झालेलं नाही. तो ओझोन थर अजूनही पृथ्वीभोवती राहून डेमोक्रॅटिक आणि पर्यावरणवादी मूर्खांचं त्वचेच्या कर्करोगांपासून संरक्षण करतो आहेच.' (डेमोक्रॅटिक म्हणजे अमेरिकन राजकीय पक्ष; हा उदारमतवादी समजण्यात येतो.)

ऑम्नीतल्या लेखाचा लेखक जिम होगान यांनीही माडुरोचेच विचार वेगळ्या शब्दात मांडले आहेत तर 'ट्वेंटि फर्स्ट सेंचुरी'नं एक अर्ज अमेरिकन वैज्ञानिकांकडं सहीसाठी पाठवला आहे. त्यासोबत माडुरोचे विचार जोडले असून मॉट्रियल करार खतम करण्यात यावा असं या अर्जात म्हटलं आहे. या अर्जावर डेरेक बार्टन या नोबेल पारितोषिक विजेत्या रसायन शास्त्रज्ञानं सही केली आहे. त्याच्या मते ओझोन विवर आणि वातावरणाचं वाढतं तापमान हे दोन्ही शास्त्रज्ञांच्या कल्पनेचे खेळ आहेत.

ज्यांनी प्रत्यक्ष ओझोन थराच्या संशोधनात भाग घेतलाय, त्या शास्त्रज्ञांच्या मते; कुठल्याही संशोधनातली नेमकी हवी तेवढीच आकडेवारी उचलली, थोडीशी हवी तशी बदलली तर कुणीही हुशार व्यक्ती अशा आकडेवारीतून वाट्टेल तो निष्कर्ष काढू शकेल. माडुरोनं वापरलेले संदर्भ असे तर आहेतच पण ते आता कालबाह्य मानण्यात येतात. ते हवे तसे उचलण्यात आल्यानं त्यांना महत्त्व देण्याचं कारण नाही. माडुरोकडं लेखनकौशल्य आहे. तो चांगला वादपटू आहे त्यामुळं संदर्भ रहीत निष्कर्ष, कालबाह्य संशोधन हवं तसं फिरविण्याच्या कौशल्यावर तो बाजी मारून नेतो. सामान्य माणूस त्याच्या कौशल्याला भुलतो. मूळ संदर्भांना चुकीचा अर्थ देण्यात येतोय हे त्याच्या लक्षातही येत नाही.

अमेरिकन असोसिएशन ऑफ ॲडव्हान्समेंट ऑफ सायन्सचे माजी अध्यक्ष आणि ओझोन स्तराच्या संशोधनातले अग्रणी शास्त्रज्ञ डॉ. शेरवुड रोलंड यांच्या मते 'धिस बुक इज अ गुड जॉब ऑफ कलेक्टिंग ऑल द बॅडपेपर्स (ह्या क्षेत्रातले शोधनिबंध) इन वन प्लेस' म्हणजे माडुरोंनी या क्षेत्रातलं सर्व वाईट संशोधन चांगल्या त-हेनं एकत्र केलंय. त्याच बरोबर त्याच्या म्हणण्याच्या विरुद्ध जाणाऱ्या डोंगराएवढ्या संशोधनाकडं दुर्लक्ष केलं आहे.

ज्या फ्रेड सिंगरचे संदर्भ देऊन रे, माडुरो आणि शॉअरहॅमर तसंच लिंबॉ यांनी आपली पुस्तकं लिहिली तो सिंगरही माझे संदर्भ ह्या मंडळींनी चुकीच्या पद्धतीनं वापरले असे म्हणतो. किंबहुना सिंगरच्या मते त्यानं नैसर्गिक क्लोरीनं हा सीएफसीपेक्षा जास्त धोकादायक आहेत असं म्हटलं होतं, तेव्हा आजच्या इतके सीएफसी विरुद्धचे पुरावे उपलब्ध नव्हते. अजूनही सिंगरचं मत सीएफसी आणि नैसर्गिक

क्लोरीन यामुळं स्तरितांबरातील सीएफसींचा नाश होतो असं मध्यममार्गी आहे; पण नैसर्गिक क्लोरीनच्या संयुगांची निर्मिती आपण थांबवू शकत नाही तेव्हा मानवनिर्मित क्लोरीन युक्त संयुगांची निर्मिती हळूहळू कमी करायला हवी, हे फ्रेडसिंगरला मान्य आहे.

अशा तऱ्हेनं सीएफसीमुळं ओझोन स्तरास धोका नाही असं म्हणणाऱ्यांचा दावा फोल ठरला, तरी ते हा दावा जनतेपर्यंत पोहोचविण्यात यशस्वी झाले याचं कारण पर्यावरणवादी संघटनांनी घेतलेली टोकाची भूमिका आणि सामान्य जनांपर्यंत त्यांचे विचार पोहोचविण्यात या संघटनांना आलेलं अपयश असं मानण्यात येतं, हळूहळू ते आपली भूमिका व्यवस्थित जनतेपर्यंत पोहोचवतील अशी आशा करायला हरकत नाही.

हरितगृह परिणाम

गेली ५ अब्ज वर्षे आपला तारा म्हणजे सूर्य हा हळूहळू इतर ताऱ्यांप्रमाणेच हायड्रोजन जाळतो आहे. त्याचं तापमान वाढतं आहे. या ताऱ्यांचा इतिहास बघितला तर ते असेच हळूहळू– म्हणजे मानवी आयुष्याचा विचार करता हळूहळू तप्त होत जाणार. पुढे ते एकाएकी खूप वाढणार मग आकुंचन पावून थंड होत जाणार, असं भाकीत करता येतं. जेव्हा आपला सूर्य प्रसरण पावून त्याचं लाल राक्षसामध्ये (रेड जायंट) रूपांतर होईल त्यावेळी बुध, मंगळ, पृथ्वी आणि शुक्र हे सूर्यात सामावले जातील. हे घडायला अजून काही अब्ज वर्षे अवकाश आहे. आपल्या दृष्टीनं ही फार दूरची घटना आहे, हे खरं पण हळूहळू सूर्याचं तापमान वाढत जाणार आहे, ही गोष्ट आपण लक्षात घ्यायला हवी.

आता सूर्याचं तापमान वाढतंय असं जेव्हा शास्त्रज्ञ म्हणतात, तेव्हा ते आपल्या लक्षात का येत नाही? हा प्रश्न साहजिकच कुणाच्याही मनात उद्भवणं शक्य आहे. आपल्या पृथ्वीच्या पृष्ठभागावरचं तापमान पाण्याच्या गोठण बिंदूच्या दोन्ही बाजूस म्हणजे ०°सें. +/- (अधिक ऊणे) ५०°सें. या तापमानाच्या सीमेतच घुटमळताना आढळतं.

पृथ्वी जन्माला आली ती सुमारे ४॥ अब्ज वर्षांपूर्वी, असं शास्त्रज्ञ म्हणतात. त्यावेळेस पृथ्वीवर सूर्याकडून जेवढी प्रारणं पृथ्वीवर येत होती; त्यापेक्षा सध्या पृथ्वीवर येणारी प्रारणं पस्तीस टक्के अधिक आहेत; म्हणजेच आजच्या तापमानावरून आपण हा हिशोब करीत भूतकाळात गेलो तर त्या काळात पृथ्वीच्या पृष्ठभागाचं तापमान खूपच कमी असावं हे आपल्या लक्षात येतं. प्रत्यक्ष भूशास्त्रीय आणि पुराजीव शास्त्रीय पुरावे काय सांगतात? त्या काळात या हिशोबानुसार जेवढं हिमाच्छादन पृथ्वीवर असायला हवं होतं, तेवढं हिमाच्छादन पृथ्वीवर अस्तित्वात

नव्हतं; म्हणजे गणिती हिशोबानं पृथ्वीचा पृष्ठभाग जेवढा थंड असायला हवा होता, तेवढा तो सर्वकाळ होताच असं दिसून येत नाही. पृथ्वीवर पूर्वीच्या काळी हिमयुगं येऊन गेली, याचे पुरावे मिळतात. त्या काळात आजच्या मोठ्या हिमनद्या किरकोळ वाटाव्यात अशा हिमनद्या वाहिल्याचेही पुरावे उपलब्ध आहेत. पण ह्या हिमयुगांचा शेवट होऊन पृथ्वीवर बराच काळ थोडासा उबदार काळ किंवा कमी हिमाच्छादन असलेला काळही अस्तित्वात होता असं आपल्याला दिसून येतं.

दरम्यान आपण जर असा विचार केला की सूर्याकडून पृथ्वीवर येणाऱ्या प्रारणांचं प्रमाण वाढतंय, पृथ्वी अधिकाधिक तापते आहे तर मग आज पृथ्वीवर जे हिमाच्छादन आहे त्याचं स्पष्टीकरण देणं अवघड होऊन बसतं. पृथ्वीवर अगदी अलिकडच्या (म्हणजे भूशास्त्रीयदृष्ट्या अलीकडच्या) काळातील हिमयुगांचं स्पष्टीकरणही कसं द्यायचं, हे कोड शास्त्रज्ञांपुढे उभं राहतं.

अशा तऱ्हेनं गणितानं येणारं उत्तर आणि वास्तव यांचा मेळ कसा घालायचा हा प्रश्न सोडवणं शास्त्रज्ञांच्या दृष्टीनं आवश्यक होऊन बसलं आहे. पृथ्वीवर सजीवसृष्टी नांदू लागल्यास पृथ्वीवरील सरासरी तापमानात फारसा बदल झालेला नाही असं पुराजीवशास्त्रीय आणि भूशास्त्रीय पुरावा आपल्याला सतत सांगत असतो.

त्या भूशास्त्रीय पुराव्यांची माहिती माझ्याच 'वसुंधरा' या मेहता पब्लिशिंग हाऊसने प्रसिद्ध केलेल्या पुस्तकात वाचायला मिळेल. पृथ्वीच्या सरासरी तापमानात दोन अंश सेल्सियसची घट झाली तर

पृथ्वीवर हिमयुगाची सुरुवात होते; आणि त्या काळात ह्या सरासरी तापमानात २° सें. वाढ झाली तर हिमयुग संपुष्टात येतं, असं दिसून येतं. आपल्या पृथ्वीवर सूर्याकडून येणाऱ्या प्रारणांमध्ये वाढ होत असेल तर मग पृथ्वीवरचं तापमान वाढत

कसं नाही, हा प्रश्न आपल्या मनात उद्भवणं साहजिकच आहे. या प्रश्नाचं उत्तर आपल्याला भूशास्त्रज्ञांकडून मिळतं. त्यांच्या मते 'हे सर्व खडकांवर अवलंबून आहे.' भूकवचातल्या काही विशिष्ट खडकांमुळे पृथ्वीच्या पृष्ठभागावरच्या तापमानात फारसा फरक पडत नाही, असं भूशास्त्रज्ञ म्हणतात. ते समजून घेण्यासाठी आपण थोडं पृथ्वीच्या इतिहासात शिरायला हवं.

आपली पृथ्वी अस्तित्वात आली तेव्हा तिच्याभोवती एक वायूमय आवरण होतं. सूर्याच्या उष्णतेमुळं हे वायू तापले आणि त्यांनी पृथ्वीच्या गुरूत्वाकर्षणातून आपली सुटका करून घेतली. यामुळे काही काळ तरी पृथ्वीभोवती निर्वात पोकळी तयार झाली असावी. आज चंद्राची जी परिस्थिती आहे तशी तत्कालीन पृथ्वी होती. अशा काळात पृथ्वीच्या पोटातून पृथ्वीच्या पृष्ठभागावर तप्त शिलारस ओतला जाऊ लागला. या ज्वालामुखींमधून येणाऱ्या वायूंमुळे पृथ्वीला नवं वातावरण प्राप्त झालं.

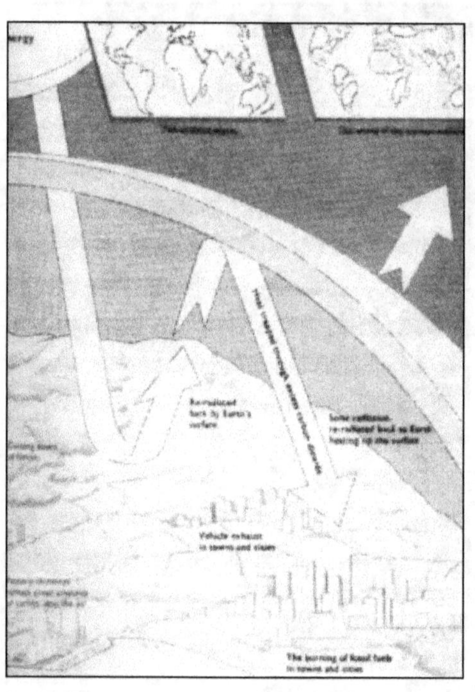

या वातावरणात थोडासा नायट्रोजन नावापुरता असावा, पण ऑक्सिजन मात्र अजिबात नव्हता. हे वातावरण बहुतांश कार्बन-डाय-ऑक्साईडचं होतं. जवळ जवळ ९८% कार्बन-डाय-ऑक्साईड वायू असलेल्या या वातावरणात, नायट्रोजन शिवाय सल्फर-डाय-ऑक्साईड, अमोनिया असे बाकीचे वायू अत्यल्प प्रमाणात होते. कार्बन-डाय-ऑक्साईड वायू रंगविहीन आहे. त्यामुळे त्यातून कसलाही अडथळा न येता प्रकाश किरण आरपार जातात. आता आपण जेव्हा प्रकाश किरण आरपार जातात, पदार्थ पारदर्शक आहे, असं म्हणतो तेव्हा मानवी डोळ्यांना दिसणाऱ्या प्रकाशाबद्दल म्हणजे काही विशिष्ट वारंवारतेच्या विद्युत चुंबकीय प्रारणांबद्दल बोलत असतो; पण या प्रारणांपैकी आपल्याला न दिसणाऱ्या अनेक लहरी दृश्य प्रकाशाप्रमाणे वागतीलच याची आपण खात्री देऊ शकत नाही.

आपल्या पृथ्वीवर जी सौर प्रारणं येतात त्यातील ४०% प्रारणांची तरंगलांबी ४०० ते ५०० नॅनोमीटर असते. एक नॅनोमीटर म्हणजे एक मिली मीटरचा एक दशलक्षांश इतका छोटा हिस्सा. या प्रारणातील ४८० नॅनोमीटर तरंगलांबीची प्रारणे सर्वाधिक तीव्र असतात. ही आपल्या दृष्टीस 'हिरवा रंग' म्हणून जाणवतात. ही प्रारणे भूपृष्ठावर पडतात तेव्हा भूपृष्ठ तापते आणि नंतर भूपृष्ठात साठलेली ही उष्णता पुन्हा अवकाशात परत पाठवली जाते. मात्र भूपृष्ठाकडून अवकाशात जाणाऱ्या ऊर्जा लहरींची तरंगलांबी ही येणाऱ्या लहरींपेक्षा मोठी असते. ही ऊर्जा ८०० नॅनोमीटर ते ४००० नॅनोमीटर तरंग लांबीच्या लहरींच्या रूपात अवकाशात परतते.

अवकाशातून येणाऱ्या लघुलहरींच्या बाबतीत कार्बन-डाय-ऑक्साईड पारदर्शक ठरत असला तरी पृथ्वीवरून परावर्तित होणाऱ्या लहरींच्या बाबतीत तो पारदर्शक असत नाही. विशेषत: १२०० ते १८०० नॅनोमीटर तरंगलांबींच्या लहरी तो शोषून घेतो. साधारणपणे हजार नॅनोमीटर तरंगलांबीपेक्षा जास्त तरंगलांबीच्या लहरी कार्बन-डाय-ऑक्साईड अडवतो; पण १२०० ते १८०० नॅनोमीटरच्या लहरी त्याला अधिक आवडतात असे आपण म्हणू शकतो.

कार्बन-डाय-ऑक्साईडनं या लहरी शोषून घेतल्या की त्याचे तापमान वाढते. कुठलाही वायू तापला की त्याच्या रेणूंची हालचाल जलदगतीने होऊ लागते. ते रेणू एकमेकांवर आपटतात. यामुळे आजुबाजूची हवाही तापते आणि या गरम हवेतून उष्णतेचं चोहोबाजूस प्रसारण होतं. त्यातली उष्णता जशी अवकाशात जाते तशीच परत जमिनीवरही येते. या उष्णतेमुळे जमीन व हवा हे दोन्ही तापतात. कार्बन-डाय-ऑक्साईड हा हवेचा एक घटक आहे. हवेतील निरनिराळ्या घटकांचे रेणू एकमेकांशेजारीच असतात. त्यांची वेगवेगळी आखून दिलेली घरं नसतात. त्यामुळे या हवेतील कार्बन-डाय-ऑक्साईडही तापतो. थोडक्यात ही ऊर्जा कार्बन-डाय-ऑक्साईडच्या जाळ्यात अडकून पडते, असं आपण म्हणू शकतो. यामुळे हवा जेवढ्या वेळात पूर्ववत तापमानास यायला हवी त्यापेक्षा ती थंड व्हायला खूप जास्त वेळ लागतो तोपर्यंत नवा दिवस उजाडतो.

अशा तऱ्हेनं वातावरणाच्या भूपृष्ठालगतच्या वातावरणाच्या थराचं तापमान वाढू लागलं की त्यातली काही उष्णता सागरात शोषून घेतली जाते. यामुळे सागरी पाण्याची वाफ नेहमीपेक्षा जास्त प्रमाणात होते. नद्या आणि सरोवरातूनही वातावरणात मिसळणाऱ्या वाफेचं प्रमाण वाढतं. हवेत पाण्याची वाफ मिसळली की पुन्हा उष्णता शोषणाच्या चक्रास गती मिळते. पृथ्वीकडून अवकाशाच्या दिशेनं जाणारी उष्णता या वाफेनं अधिक सक्षम प्रमाणात अडवली जाते. कार्बन-डाय-ऑक्साईडपेक्षा पाण्याची वाफ अधिक प्रमाणात उष्णता अडवू शकते. मुख्य

म्हणजे वाफ जी प्रारणं अडवते ती कार्बन-डाय-ऑक्साईड जी प्रारणं अडवते त्यापेक्षा जास्त तरंगलांबीची असतात; म्हणजेच कार्बन-डाय-ऑक्साईड जी ऊर्जा अडवत नाही ती ऊर्जा या वाफेमुळं अडवली जाते. अशा तऱ्हेनं उष्णता अडवणाऱ्या आवरणात गुणात्मक वाढ होतेच पण या आवरणाचा विस्तारही वाढत जातो; आणि जास्तीत जास्त उष्णता पृथ्वीच्या वातावरणात अडवून ठेवली जाते. याला इंग्रजीत 'ग्रीनहाऊस' इफेक्ट तर मराठीत हरितगृह किंवा काचगृह परिणाम म्हणतात. थंडप्रदेशात उष्ण प्रदेशातील वनस्पती वाढवण्यासाठी हिरव्या काचांचं खास घर बनवलं जातं. तिथे हिरव्या काचा जास्त तरंग लांबीच्या लहरी अडवून वातावरण उबदार राखतात.

पृथ्वीच्या आदी वातावरणात ९८% कार्बन-डाय-ऑक्साईड वायू होता. त्यामुळे त्या काळात वातावरण झटकन तापलं असणार. जर हे वातावरण बदललं नसतं तर काय झालं असतं त्याचं एक जिवंत उदाहरण आपल्याला उपलब्ध आहे. ते म्हणजे घनतमी राज्य करणारा शुक्र. शुक्राचा आकार जवळजवळ पृथ्वी एवढाच आहे पण तो पृथ्वीपेक्षा सूर्यापासून जवळ आहे. शुक्राच्या वातावरणात आज जवळ जवळ ९८% कार्बन-डाय-ऑक्साईड आहे. पण शुक्राच्या पृष्ठभागावर तापमान ४७७° सें. एवढं आहे. जर शुक्रावर शिसं असेल तर ते नद्यांसारखं वाहात असेल. शुक्राच्या पृष्ठभागावर पृथ्वीच्या पृष्ठभागापेक्षा ९० पट अधिक वातावरणाचा दाब आहे. तिथं पाणी नसावं, कारण जे पाणी होतं त्याची वाफ होऊन ती अवकाशात केव्हाच निघून गेलेली असणार, अशी शास्त्रज्ञांची खात्री आहे.

शुक्रावरची ही परिस्थिती काचघर परिणामाची अंतिम फल निष्पत्ती आहे. जर काचघर परिणाम अनियंत्रित वाढू दिला तर काय होतं त्याचं हे उत्तम उदाहरण आहे. शुक्रावर काचघर परिणाम अंतिम टप्प्यात पोहोचला आणि स्थिरावला. पृथ्वीवर तसं घडलं नाही. पृथ्वी सूर्यापासून शुक्रापेक्षा अधिक अंतरावर आहे. तिच्यावरील कार्बन-डाय-ऑक्साईडचं प्रमाण खूप कमी आहे. जर पृथ्वीवर कार्बन-डाय-ऑक्साईडचं प्रमाण कमी झालं नसतं तर आज पृथ्वीचं तापमान २५०° सें. ते ३५०° सें. च्या दरम्यान असतं आणि भूपृष्ठावरचा वातावरणाचा दाब आजच्यापेक्षा ६० पट अधिक असता.

जेव्हा आपण पृथ्वीच्या आदिवातावरणात ९८% कार्बन-डाय-ऑक्साईड वायू होता, असं म्हणतो त्यावेळी लगेचच आपल्या मनात प्रश्न येतो तो म्हणजे एवढ्या सगळ्या कार्बन-डाय-ऑक्साईडचं झालं काय? पृथ्वीवर आजही जेव्हा ज्वालामुखीचा उद्रेक होतो तेव्हा हवेत फार मोठ्या प्रमाणावर कार्बन-डाय-ऑक्साईड वायू मिसळला जातो. प्राचीन काळी तर हे प्रमाण याहूनही जास्त असावं; किंबहुना ज्वालामुखीमुळेच पृथ्वीला ९८% कार्बन-डाय-ऑक्साईडयुक्त वातावरण लाभलं होतं.

कार्बन-डाय-ऑक्साईड थोड्या प्रमाणात पाण्यात मिसळतो. यामुळे पृथ्वीच्या वातावरणामधला कार्बन-डाय-ऑक्साईड सागराच्या पाण्यात मिसळण्याची प्रक्रिया सतत चालू असते. अशा प्रकारे वातावरणामधला किती कार्बन-डाय-ऑक्साईड वायू सागरात विरघळतो याचा नक्की आकडा निश्चित करणं शास्त्रज्ञांना अजून तरी शक्य झालेलं नाही, पण या प्रक्रियेत वातावरणातला कार्बन-डाय-ऑक्साईड वायू मोठ्या प्रमाणावर सागरात मिसळून वातावरणातून बाहेर पडत असावा असं शास्त्रज्ञांना वाटतं.

सागराचं पाणी हा एक बऱ्याच अंशी अनाकलनीय प्रकार आहे, असं शास्त्रज्ञ म्हणतात. या पाण्याचे वेगवेगळे थर असतात. उबदार पाणी वरती आणि त्याखाली कमी कमी तापमानाचे पाण्याचे थर असं करत थंड पाणी तळाशी अशी ही विभागणी असते. काही अपवाद सोडले तर पाण्याचे हे थर एकमेकात मिसळत नाहीत; किंवा आपण असू म्हणू या की हे इतक्या सावकाश मिसळतात की ते आपल्या झटकन लक्षात येत नाही. कैक वर्षांनी वरच्या थरातलं पाणी खाली जातं आणि खालच्या थरातलं पाणी वर येतं. अशा तऱ्हेनं कार्बन-डाय-ऑक्साईड संपृक्त पाणी खाली जातं आणि जवळ जवळ कार्बन-डाय-ऑक्साईड विरहित पाणी त्याची जागा घेतं. यात नव्यानं कार्बन-डाय-ऑक्साईड विरघळू लागतो. यामुळेच सागरी पाण्यात फार मोठ्या प्रमाणात कार्बन-डाय-ऑक्साईड वायू शोषला गेला असावा असं शास्त्रज्ञांना वाटतं.

वातावरणातून कार्बन-डाय-ऑक्साईड दूर करायचा हा एक मार्ग असला तरी तो प्रमुख मार्ग मात्र नसावा. भूपृष्ठावरचे खडक उन्हाळ्यात तापतात. थंडीत गार पडतात. त्यांना या सततच्या वर्षानुवर्षे चालणाऱ्या आकुंचन प्रसरणामुळे भेगा पडतात. पाणी या भेगातून शिरतं आणि त्या खडकांची झीज करतं. अति थंडीच्या प्रदेशात खडकांच्या भेगातील पाण्याचं बर्फ होतं. त्यामुळे या चिरांच्या भेगा बनतात. इथं सजीव वाढतात. वनस्पतींची मुळं या भेगात शिरतात. त्या खडकांचं मातीत रूपांतर करतात. यातले काही खडकांचे तुकडे पाण्याबरोबर वहात वहात जातात. त्यांचा आकार झिजत जाऊन कमी कमी होत जातो. पुढे त्याची वाळू आणि रेती बनते. यात बऱ्याच मोठ्या प्रमाणात सिलिका (सिलिकॉन-डाय-ऑक्साईड) कॅल्शियमचे क्षार व इतर संयुगे असतात. यातल्या कॅल्शियमचा कार्बन-डाय-ऑक्साईड बरोबर संयोग होऊन कॅल्शियम कार्बोनेट आणि कॅल्शियम बाय कार्बोनेट तयार होतात. अगदी थोड्या प्रमाणात मॅग्नेशियमचेही कार्बोनेट होते. ही संयुगे सागरात येतात. सागरात असंख्य सजीव या कार्बोनेटांचा वापर आपली कवचं आणि घरं बांधण्यासाठी करीत असतात. हे सजीव इतके लहान असतात की त्यातले बरेचसे साध्या डोळ्यांनी दिसूही शकत नाहीत. या सूक्ष्मजीवांची कॅल्शियम कार्बोनेट आणि

सिलिका संयुगे वापरून घरं करण्याची किंवा कवचं निर्माण करण्याची क्षमता खरोखरच अद्भुत वाटावी अशी असते. हे सजीव मेले की त्यांची मृदूकाया कुजून जाते; नाहीशी होते; पण त्यांची कवचं आणि घरं मात्र टिकून राहतात. ही हळुहळू सागरतळी पोहोचतात. तिथे त्यांचे चुनखडक आणि चॉक यासारखे खडक बनतात. ज्या खडकात ५०% कॅल्शियम कार्बोनेट असते त्यांना चुनखडक म्हणतात तर चॉक जवळ जवळ पूर्णपणे कॅल्शियम कार्बोनेटचा बनलेला असतो.

भूभौतिक हालचालींमुळे कित्येक लक्ष वर्षांनी हा सागरतळ उचलला जातो आणि त्याचं जमिनीत किंवा काही वेळा पर्वतराजीत रूपांतर होतं. अशा तऱ्हेचे चुनखडक पृथ्वीवर अनेक ठिकाणी पाहावयास मिळतात. शाहाबादी फरशी हा चुनखडकाचाच एक प्रकार आहे. संगमरवर हा चुनखडकावर दाब आणि उष्णता यांची प्रक्रिया होऊन झालेला रूपांतरित खडक आहे. अशा खडकांच्या साठ्यात फार मोठ्या प्रमाणावर कार्बन-डाय-ऑक्साईड अडकलेला आहे.

याशिवायही काही प्रकारांनी कार्बन हवेतून काढून घेतला जातो. या पृथ्वीवरचे सर्व सजीव हे कार्बनी संयुगांचे बनलेले आहेत. हा कार्बन सजीवांपर्यंत पोहोचवण्याचं काम वनस्पती करतात. प्रकाश संस्लेषणाच्या सहाय्यानं अन्न बनवताना वनस्पती वातावरणातला कार्बन-डाय-ऑक्साईड फोडून त्यातला कार्बन अन्न निर्मितीसाठी वापरतात. जेव्हा सजीव मरतात तेव्हा त्यांच्या शरीराचे विघटन होते; त्यावेळी हा कार्बन पुन्हा बहुदा कार्बन-डाय-ऑक्साईडच्या रूपात किंवा इतर कार्बनी संयुगांच्या रूपात वातावरणात मिसळतो. काही वेळा असं घडत नाही. जेव्हा भूभौतिक घडामोडींमुळं अरण्ये गाडली जातात आणि ती ऑक्सिजनच्या संपर्कात येत नाहीत तेव्हा या वनस्पतींमधल्या कार्बनचे काही प्रमाणात मिथेनमध्ये रूपांतर होते आणि उरलेला कार्बन पीट, लिग्नाईट किंवा दगडी कोळसा या रूपात अडकून पडतो.

इतर काही वेळा काही सागरीजीव मेल्यावर सागरतळी जातात आणि काही कारणानं त्यांच्यावर इतर पदार्थांचं अवसादन होतं; म्हणजे हे पदार्थ नैसर्गिकरित्या वरून पडलेल्या गाळात गाडले जातात. त्यांच्यावर दाब पडतो. त्यांना ऑक्सिजन मिळत नाही. पुढे जेव्हा या सागरतळाचं नैसर्गिक उत्थान होतं तेव्हा किंवा यांचे सागर तळीच खडक बनतात तेव्हा त्यांची चरकात सापडल्यासारखी अवस्था होते. त्यात जर या खडकांचं तापमान वाढलं तर ज्याला आपण नैसर्गिक तेल (पेट्रॉस म्हणजे खडक आणि ओलीऑस म्हणजे तेल) अथवा खनिजतेल तयार होतं. पेट्रोलियम बरोबर मिथेन आणि इतरही कार्बनी वायूंची या नैसर्गिक घाण्यात निर्मिती होत असते. रॉकेल हा शब्दही 'रॉक ऑईल' चं अपभ्रष्ट रूप आहे. या खनिज तेलातून अनेक घटक भागशः उर्ध्वपतानानं वेगळे केले जातात. यातही फार मोठ्या प्रमाणात निसर्गानं कार्बन बांधून ठेवलेला आहे.

अशा प्रकारच्या प्रक्रिया पृथ्वीवर भूतकाळात वेळोवेळी घडल्या आहेत. त्यांच्यासाठी जी खास परिस्थिती लागते ती पृथ्वीच्या इतिहासात नेहेमी निर्माण झाली नसली तरी काही वेळा, काही ठिकाणी ती अस्तित्वात आली होती आणि त्यामुळं वातावरणातून मोठ्या प्रमाणावर कार्बन भूपृष्ठात गाडला गेला. यामुळेच आजच्या वातावरणात कार्बन-डाय-ऑक्साईडचं प्रमाण ९८% वरून ०.०३% (३ शतांश टक्के) एवढं कमी झालं. हा तीन शतांश टक्के कार्बन-डाय-ऑक्साईडही पृथ्वीवर फार महत्त्वाची भूमिका बजावत असतो. आजचं पृथ्वीचं तापमान आहे त्या पातळीवर ठेवलं जातं ते वातावरणातील कार्बन-डाय-ऑक्साईडच्या या अल्पशा अस्तित्वामुळे. सूर्याकडून येणारी उष्णता पुन्हा अवकाशात प्रसारित न होता ती अडवून ठेवण्याचं काम हा कार्बन-डाय-ऑक्साईड वायू करीत असतो. तो जर वातावरणातून पूर्णपणे नाहीसा झाला तर पृथ्वीचं सरासरी तापमान -२५° सें. (उणे पंचवीस अंश सेल्सियस) एवढं होईल आणि आज आपण पाहतोय त्या सजीव सृष्टीचे भागधारक बऱ्याच मोठ्या प्रमाणावर नाहीसे होतील. पृथ्वीवरची सर्व भूमी हिमाच्छादित बनेल. जिथे हिम नसेल त्या भागात गवत वाढलेलं दिसेल.

पृथ्वीवर ऑक्सिजन जवळ जवळ २०% आहे. याचं कारण वनस्पती प्रकाश संस्लेषणाच्या सहाय्यानं कार्बन-डाय-ऑक्साईड वायूचं विघटन करून ऑक्सिजन हवेत सोडतात हे आहे. जर पृथ्वीचं तापमान -२५° सें. झालं तर पृथ्वीवरून आणि सागरातून फार मोठ्या प्रमाणावर वनस्पती नाहीशा होतील. यामुळे वातावरणातलं ऑक्सिजनचं प्रमाण आपोआपच घटू लागेल आणि कार्बन-डाय-ऑक्साईडचं प्रमाण पुन्हा वाढू लागेल हेही इथं लक्षात ठेवायला हवं.

आपली आजची इंधनं म्हणजे निसर्गानं कोट्यावधी वर्षे पार पाडलेल्या प्रक्रियांमधून वातावरणातल्या कार्बन-डाय-ऑक्साईडचे विघटन करून वेगवेगळ्या संयुगात कार्बन अडकवल्यामुळं निर्माण झालेली कार्बनी संयुगं आहेत. जेव्हा जेव्हा कार्बन आणि हायड्रोजनची संयुगं जाळली जातात म्हणजे त्यांचं ऑक्सिडीकरण केलं जातं तेव्हा तेव्हा हायड्रोजनचं पाणी बनतं. कार्बनचं आधी कार्बन मोनॉक्साईडमध्ये आणि नंतर कार्बन-डाय-ऑक्साईडमध्ये रूपांतर होतं.

आपण जेव्हा कोळसा, पेट्रोल यासारखी इंधनं जाळतो, तेव्हा कोट्यावधी वर्षांपूर्वी निसर्गानं वातावरणातून बाजूला काढलेल्या कार्बनचं कार्बन-डाय-ऑक्साईडमध्ये रूपांतर करून तो पुन्हा वातावरणात सोडत असतो. आपण जेव्हा कॅल्शियम कार्बोनेटयुक्त चुनखडक फोडतो आणि त्याचे विविध वापर करतो किंवा त्यापासून सिमेंट बनवतो तेव्हाही कॅल्शियम कार्बोनेटचे विघटन होऊन त्यातून कार्बन-डाय-ऑक्साईड बाहेर पडतो. याशिवाय चुनखडक तापवून त्याची चुनकळी आणि चुना बनवला जातो तेव्हा कॅल्शियम कार्बोनेट (C_aCO_3) चे विघटन होऊन C_aO कॅल्शियम

ऑक्साईड आणि CO_2 वेगळे होतात. हा इतकी वर्षे खडकात कोंडलेला कार्बन-डाय-ऑक्साईड पुन्हा वातावरणात मिसळतो.

माणूस गेली कित्येक शतकं वातावरणात कार्बन-डाय-ऑक्साईड वायू सोडत आलेला आहे; पण पूर्वी हे प्रमाण अल्प होतं. आता मात्र हे प्रमाण झपाट्यानं वाढतंय. औद्योगिक क्रांतीनंतर माणसानं झपाट्यानं जंगलतोड सुरू केली. आधी लाकडं, मग दगडी कोळसा आणि आता खनिज तेल आणि नैसर्गिक वायू यांच्या ज्वलनामुळे फार मोठ्या प्रमाणावर कार्बन-डाय-ऑक्साईड वायू वातावरणात मिसळू लागला. वातावरणात फार मोठ्या प्रमाणावर कार्बन-डाय-ऑक्साईड वायू मिसळल्यामुळे वातावरणाचं तापमान वाढेल ही भीती आजची नाही. इ.स. १८६३ मध्ये 'ऑन रेडिएशन थ्रू द अर्थस् ॲटमॉस्फीअर' या त्यांच्या शोध निबंधात ख्यातनाम ब्रिटिश शास्त्रज्ञ जॉन टिंडाल यांनी ही भीती प्रथम व्यक्त केली होती.

कार्बन-डाय-ऑक्साईड वायू दीर्घ तरंगलांबीच्या लहरी अडवतो. त्यामुळे पृथ्वीवरचं तापमान वाढतं, असं आपण म्हणतो. हे फार सोपं झालं. निसर्गात कुठलीच घटना इतकी सोपी नसते. किती कार्बन-डाय-ऑक्साईड वाढला की किती तापमान वाढ होईल याचं नक्की सूत्र अजून शास्त्रज्ञांना सापडलेलं नाही. सर्व साधारणपणे हवेतील कार्बन-डाय-ऑक्साईडच्या प्रमाणाच्या वर्गाशी तापमानाचा संबंध असतो, इतपत माहिती आज वातावरण शास्त्रज्ञांना उपलब्ध आहे. याच्या पुढचा प्रश्न म्हणजे निर्माण झालेल्या कार्बन-डाय-ऑक्साईडपैकी किती कार्बन-डाय-ऑक्साईड वायू हवेत मिसळेल आणि किती कार्बन-डाय-ऑक्साईड इतरत्र शोषला जाईल याचं नक्की प्रमाणही अजून निश्चितपणे कळलेलं नाही. हरितद्रव्य युक्त वनस्पती कार्बन-डाय-ऑक्साईडचे शोषण करतात. हवेत कार्बन-डाय-ऑक्साईडचे प्रमाण जास्त असेल तर वनस्पती जास्त जोमानं वाढतात. बरेच बागकाम तज्ज्ञ त्यांच्या मळ्यातील हरितगृहात कोळसा जाळून कार्बन-डाय-ऑक्साईडचं प्रमाण मुद्दाम वाढवतात. अशा हरितगृहात वनस्पती जोमानं वाढताना दिसून येतात. मग वातावरणात कार्बन-डाय-ऑक्साईडचं प्रमाण वाढलं तर पृथ्वीवरील वनसंपदा जोमानं वाढेल का, हा प्रश्न आपल्या मनात उद्भवणं अगदी साहजिक आहे.

शास्त्रज्ञांच्या मते पृथ्वीवर अशी परिस्थिती भूतकाळातही उद्भवली होती. त्यावेळी पृथ्वीवर खूप मोठमोठी झाडं वाढली होती. तसंच पुन्हा घडू शकतं. पण...

साधारणपणे वनस्पतींचा आकार वाढणं वगैरे गोष्टी घडल्या तरी या वनस्पती मरतात, कुजतात; त्यांची पानं गळून पडतात आणि त्यामुळे कार्बन-डाय-ऑक्साईड वायू परत हवेत मिसळत राहतो. या वनस्पतींचं विघटन करण्यास जबाबदार असलेले जीवजंतूही मग वाढतील याबद्दलही शंका घ्यायला नको; पण याचाच अर्थ वातावरणात कार्बन-डाय-ऑक्साईड वाढत राहील, असा होतो.

हा कार्बन-डाय-ऑक्साईड सागरात विरून जाईला का? या विषयाचा अभ्यास करणाऱ्यांच्या मते तो सागरात विरघळेल पण किती प्रमाणात ते सांगणं मात्र अवघड आहे. ज्या सजिवांनी गेली काही अब्ज वर्षे वातावरणातील कार्बन-डाय-ऑक्साईड वायू कमी करायला मदत केली त्यांचं काय? ते तर आजही कार्यरत आहेत हे खरं पण आपण ज्यावेगानं कार्बन-डाय-ऑक्साईड हवेत सोडतो, त्यावेगानं ते कार्बन-डाय-ऑक्साईड हवेतून नाहीसा करतील का, हा लाखमोलाचा प्रश्न अनुत्तरीत आहे.

वातावरणात कार्बन-डाय-ऑक्साईड वाढल्यावर काय होईल, याबाबत आजमितीस जो अभ्यास झालाय तो जवळ जवळ सर्व सैद्धांतिक आहे, असं म्हटलं तर वावगं ठरणार नाही. याबाबत अगदी अलीकडे म्हणजे १९९० पासून संगणक सादृशीकरणानं अभ्यास करायला सुरुवात झाली आहे, तर साधारण त्याच सुमारास किंवा पाच-दहा वर्षे आधीपासून काही प्रमाणात प्रयोगही करण्यात आले आहेत, पण ते अत्यल्पच म्हणावे लागतील. प्रत्यक्षात काय घडतंय, वातावरणात कार्बन-डाय-ऑक्साईडचं प्रमाण किती वाढतंय, कार्बन-डाय-ऑक्साईड खरोखरच सागरी पाण्यात विरघळतोय? इतरत्र तो किती प्रमाणात शोषला जातोय? की भरपूर वाढतोय? असे अनेक प्रश्न आहेत. त्यांची अचूक उत्तरं अजूनही माहीत नाहीत; हे खरं पण वातावरणात प्रतिवर्षी ०.२ % या प्रमाणात कार्बन-डाय-ऑक्साईडचं प्रमाण वाढतंय, याबद्दल शास्त्रज्ञांमध्ये एकमत आढळतं; पण हे प्रमाण पुन्हा जागोजाग बदलताना आढळतं.

जिथे भरपूर प्रमाणात शहरीकरण आणि औद्योगिकीकरण झालेलं आहे तिथलं प्रमाण आणि ग्रामीण भागातलं प्रमाण यात फरक असतो. ज्या जंगलात वणवे पेटलेले असतात तिथल्या वातावरणात कार्बन-डाय-ऑक्साईडचं प्रमाण खूपच जास्त असतं. हा कार्बन-डाय-ऑक्साईड वातावरणात पसरून, मिसळून जायला वेळ लागतो पण अंटार्क्टिकावरच्या वातावरणातही औद्योगिक प्रक्रियांमधून निर्माण झालेला कार्बन-डाय-ऑक्साईड आढळला आहे. प्रत्येक ऋतुनुसार भूपृष्ठालगतच्या हवेतील कार्बन-डाय-ऑक्साईडचं प्रमाण बदलतं. वातावरणातल्या कार्बन-डाय-ऑक्साईडचा वेध घ्यायला इ.स. १९५८ नंतर सुरुवात झाल्यानं या प्रमाणाची पूर्वीच्या वातावरणातल्या कार्बन-डाय-ऑक्साईडच्या प्रमाणाशी तुलना करणं तसं अवघडच आहे. यामुळे गेल्या दोनशे वर्षांत वातावरणाच्या घटकांमध्ये कोणते बदल घडले हे खात्रीलायकरित्या सांगता येत नाही; असं १९८५ पर्यंत वातावरण शास्त्रज्ञ म्हणत होते. इ.स. १९८५ मध्ये शास्त्रज्ञांना एक वेगळा मार्ग सापडला. बर्फ पडतं; त्यावर आणखी बर्फ पडतं, मग खालचं बर्फ वरच्या बर्फाच्या वजनानं दाबलं जाऊन घट्ट होतं. बर्फ घट्ट होताना त्यात हवा अडकलेली असते तिचे बुडबुडे या

बर्फातच राहतात. अशा तऱ्हेनं ते बर्फ ज्या काळातलं असेल त्या काळातील हवा तिथं अडकून राहते. हवेचे हे नमुने त्या त्या काळात हवा कशी होती हे सांगायला शास्त्रज्ञांच्या उपयोगी पडतात. मुख्य म्हणजे ज्या काळातली ही हवा असते त्यानंतरच्या काळातल्या हवेशी या हवेच्या बुडबुड्यांचा संबंध आलेला नसल्यानं हा कुठलाही भेसळ नसलेला नमुना शास्त्रज्ञांना उपलब्ध झालेला असतो.

बर्फचे थर मोजता येतात, त्याचबरोबर हिमप्रपाताचा भरपूर अभ्यास झालेला असल्यानं एक थर तयार व्हायला किती वेळ लागतो हे शास्त्रज्ञांना ठरवता येतं. त्यामुळे एखादा थर किती वर्षापूर्वी तयार झाला हेही शास्त्रज्ञ अचूकपणे सांगू शकतात. या प्रकारे जे हवेचे नमुने गोळा केले गेले त्यावरून काय दिसतं, ते आपण पाहू. साधारणपणे १८ व्या शतकाच्या सुरुवातीपर्यंत हवेतील कार्बन-डाय-ऑक्साईडच्या प्रमाणात सातत्य होतं. फक्त एखाद्या ज्वालामुखीच्या मोठ्या उद्रेकाच्या वेळी या प्रमाणात अत्यल्प वाढ झाली होती. पंधराव्या शतकात हवेत एकूण घनफळात कार्बन-डाय-ऑक्साईडचं प्रमाण दर एक लक्ष कणात २७ कण एवढ होतं, असं आता खात्रीलयक सांगता येतं. इ.स. १७५० मध्ये हे प्रमाण २६.५ कण होतं, विसाव्या शतकाच्या सुरुवातीस ते पुन्हा २७ कण झालं आणि १९८४ मध्ये ते ३४.५ कण प्रतिलक्ष कणास एवढं आहे. १९८४ ते १९९५ या काळात ते साधारणपणे एक लक्ष कणास ३५ कणांच्या आसपासच रेंगाळतंय; याचाच अर्थ आपण जो कार्बन-डाय-ऑक्साईड निर्माण करतोय त्यामुळे वातावरणामधील कार्बन-डाय-ऑक्साईडची पातळी हळूहळू पण निश्चितपणे वाढते आहे.

पृथ्वीच्या वातावरणाचं तापमान वाढवायचं काम एकटा कार्बन-डाय-ऑक्साईड वायुच करतोय असं नाही. इतरही काही रसायनं दीर्घ तरंग लांबीची प्रारणं अडवतात. सीएफसी म्हणजे क्लोरोफ्लुअरोकार्बन कुळातली रसायनं ही ओझोनच्या क्षयास जबाबदार असल्यामुळं प्रसिद्धीस आली हे खरं, पण दीर्घ तरंग लांबीची रसायनं अडवण्याच्या बाबतीत या रसायनांचे रेणू कार्बन-डाय-ऑक्साईडपेक्षा एक हजार पट अधिक कार्यक्षम असतात. त्यांचं वातावरणातलं प्रमाण कमी असेल पण तरीही त्यांची कार्यक्षमता लक्षात घेता ते वातावरणाचं तापमान वाढवण्यास हातभार लावतात, असं गृहीत धरलं तर वावगं ठरू नये.

औद्योगिक निष्कासातून म्हणजे उद्योगधंद्यांच्या उच्छ्वासातून जे वायू बाहेर पडतात त्यात नायट्रस ऑक्साईड (N_2O), मिथेन (CH_4) असे वायू असतात. नायट्रस ऑक्साईड हा उद्योग धंद्यांपेक्षाही शेतीसाठी वापरलेल्या खतांमधून जास्त प्रमाणात हवेत मिसळत असतो. खतं आणि सूक्ष्मजीवांकडून विषुववृत्तीय प्रदेशात ओलसर मातीत ज्या प्रक्रिया घडतात त्यातून जसा नायट्रस ऑक्साईड हवेत मिसळतो त्याचप्रमाणे बऱ्याच कारखान्यातून आणि वीज निर्मिती गृहांमधूनही नायट्रस

ऑक्साईड हवेत मिसळ्यायला मदत होत असते. वाहनांच्या निष्कासातही हा वायू आढळतो. मिथेन वायू दलदलीत कुजलेल्या वनस्पतींपासून निर्माण होतोच पण त्याहीपेक्षा मोठ्या प्रमाणात चराऊ गुरे आणि सेल्युलोजचं विघटन करणाऱ्या वाळवीच्या जातींकडून त्यांच्या पचन संस्थेतील सूक्ष्मजीवांकडून होणाऱ्या प्रक्रियेतून हा निर्माण होतो. या दोन वायूंच्या उष्णता अडवण्याच्या सामर्थ्याचं एक आगळंच वैशिष्ट्य आहे. ते म्हणजे या दोन वायूंचे रेणू ७०० ते १३०० नॅनोमीटर तरंग लांबीची प्रारणे अडवतात. कार्बन-डाय-ऑक्साईड आणि पाण्याची वाफ या प्रारणांना अडवू शकत नाहीत. त्यामुळे पूर्वी ह्या प्रारणांना कुणी अडवत नाही असा समज होता; तो आता खोटा ठरला आहे. या प्रारणांपासूनही आज तापमान वाढीचा धोका निर्माण झाल्याचं आता लक्षात आलं आहे.

वातावरणामधील वाढलेल्या कार्बन-डाय-ऑक्साईडमुळे पर्यावरणावर काय परिणाम होऊ शकतो? हा प्रश्न गेली काही वर्षे फार महत्त्वाचा ठरला आहे. जर वातावरणाचा तळाचा थर जास्त उबदार बनला तर त्या प्रमाणात पाण्याची वाफ होण्याचं प्रमाण वाढीस लागेल. वातावरणात जास्त प्रमाणात पाण्याची वाफ मिसळली तर वातावरणाचं तापमान आणखी वाढेल. या बरोबर आणखी एक परिणाम आपल्याला जाणवेल तो म्हणजे वातावरणात वाफ वाढली की आपोआपच वातावरणात ढगांचं प्रमाणही वाढेल. हवेत ढग असले की सूर्याकडून येणारी प्रारणं परावर्तित होतात. त्याच बरोबर पृथ्वीवर सावलीही पडते. यामुळे वातावरणाचं तापमान थंड होतं.

पृथ्वीचं जलवायुमान (क्लायमेट) हळूहळू बदलत असतं. सध्या आपण दोन हिमयुगांच्या मधल्या म्हणजे आंतरहिमयुगीन काळात वावरतो आहोत. मध्ययुगीन कालखंडात तसंच गेल्या शतकात पृथ्वीचं सरासरी तापमान कमी झालं होतं. याला 'छोटं हिमयुग' म्हणजे 'मिनी आईसएज' असं म्हणतात. पुढच्या शतकात पुन्हा एकदा असं 'मिनी आईसएज' अवतरण्याची शक्यता नाकारता येत नाही. काचघर परिणाम अस्तित्वात आला तर या छोट्या हिमयुगावर त्याला मात करावी लागेल.

जलवायुमानात काही वेळा तात्कालिक म्हणजे एक-दोन वर्षांकरिता बदल घडून येतो. अशा बदलाचं प्रमुख कारण म्हणजे ज्वालामुखीचा मोठा उद्रेक. जेव्हा एखाद्या ज्वालामुखीचा फार मोठ्या प्रमाणावर उद्रेक होतो त्यावेळेला फार मोठ्या प्रमाणावर धूळ आणि ज्वालामुखीची राख वातावरणाच्या वरच्या थरात पोहोचते. तिथून ती सूर्यप्रकाशाचं परावर्तन करते. ही राख खाली बसायला वेळ लागतो. त्यामुळे भूपृष्ठालगतचं तापमान कमी होतं. १९८५ नंतर दोन मोठ्या उद्रेकांचा व्यवस्थित अभ्यास करण्यात आला. हे दोन उद्रेक म्हणजे माऊंट सेंट

हेलेन्स आणि मेक्सिकोतील एल चिचाँ ज्वालामुखींचे उद्रेक. या दोन उद्रेकांपैकी माऊंट सेंट हेलेन्स खूप गाजला याचं कारण तो अमेरिकेच्या संयुक्त संस्थानांमध्ये झाला. ज्वालामुखींच्या उद्रेकांनाही प्रसिद्धी मिळणं किंवा न मिळणं हे, त्या उद्रेकाच्या स्थानावर असतं. अमेरिकन प्रसिद्धी माध्यमांनी माऊंट सेंट हेलेन्सचा उद्रेक गाजवला. मात्र या उद्रेकामुळे पृथ्वीच्या वातावरणावर फारसा परिणाम झाला नव्हता. एल चिचाँ हा विकसनशील देशातील ज्वालामुखी असल्यामुळे त्याच्याकडे प्रसिद्धी माध्यमांनी काहीसं दुर्लक्ष केलं पण या ज्वालामुखीनं पश्चिम गोलार्धातलं तापमान अत्यल्प प्रमाणात का होईना खाली आणलं. मग प्रसिद्धी माध्यमांना जाग आली.

कुठल्याही गोलार्धातील एकूण तापमानात घडणारे छोटे छोटे बदल शोधून त्यांचा सुसंगत अर्थ लावणं हे फार अवघड आणि क्लिष्ट काम असतं; पण अशा बदलांवर लक्ष ठेवून त्यांचा अन्वयार्थ लावला तरच एकूण जलवायुमानावर होणारा परिणाम लक्षात येत असतो. गेल्या काही वर्षांत म्हणजे विसाव्या शतकाच्या अखेरच्या वीस वर्षांत बृहद्संगणकाचा वापर करून जलवायुमानाचा आराखडा आणि सादृशीकरणाच्या साहाय्यानं त्याचं भविष्यात प्रक्षेपण करणं शक्य झालं आहे. यामुळे अचूक माहिती मिळते असा दावा त्या क्षेत्रातले तज्ज्ञही करीत नाहीत पण सर्वसाधारण अंदाज आणि शक्यता व्यक्त करता येतात. यातला एक अंदाज म्हणजे गेल्या काही वर्षांत हळूहळू उत्तर गोलार्धातलं सरासरी तापमान वाढतंय. ही वाढ अत्यल्प आहे. दरवर्षी एक अंश सेल्सियसचा छोटा हिस्सा एवढी ही सरासरी वाढ आहे. ही वाढ काचघर परिणामामुळेच झाली आहे, असं निश्चितपणे म्हणता येत नाही, हे खरं पण काचघर परिणामाबाबत जी गणितं केली गेली आहेत आणि केली जात आहेत, त्यातून येणाऱ्या उत्तरांशी सुसंगत अशी ही तापमानातील वाढ आहे, हे निश्चित. त्यामुळेच काचघर परिणामाविषयी गंभीरपणे विचार करणं आपल्याला भाग पडत आहे.

वातावरणाचं सरासरी तापमान अत्यल्प प्रमाणात वाढत राहीलं तर त्याचे परिणाम आपल्याला लगेच जाणवणार नाहीत आणि त्यामुळंच मुद्दाम शोध घेतल्याशिवाय लक्षातही येणार नाहीत. एखादी गोष्ट धक्का देत आपल्यासमोर आली तर आपण लगेच तिची दखल घेतो; तसं या परिणामांच्या बाबतीत कदाचित घडणारही नाही. याचा अर्थ काचघर परिणाम सहज समजेल आणि त्यातून आपल्याला सोपा मार्ग काढता येईल असा मात्र नाही. याचं कारण वातावरण ही एक अत्यंत जटील आणि गुंतागुंतीची निसर्गयंत्रणा आहे. ती सहज समजणं अवघड आहे. यामुळेच या सरासरी तापमान वाढीनं काय घडेल यावर लक्ष ठेवणं अत्यावश्यक ठरतं.

या तापमान वाढीमुळं पृथ्वीवरील जलाशयांमधून निर्माण होणाऱ्या बाष्पाचं

हवेतील प्रमाण वाढेल हे तर उघडच आहे. पृथ्वीवरचा पाण्याचा साठा पाहता अगदी थोड्या प्रमाणात वाढलेली वाफ ही सुद्धा बरीच असेल. हवेतील बाष्पाचं प्रमाण वाढलं की पावसाचं प्रमाणही वाढेल. पाण्याची वाफ होते त्या ठिकाणीच ती पाऊस रूपानं पडत नाही तर ही वाफ हवेतून हजारो किलोमीटर दूरवर वाहून नेली जात असते. हा पाऊस कुठं पडेल याचा नेम नसतो. तापलेल्या भूमीवर तो पडला तर त्याची पुन्हा वाफ होते. डोंगरात पडला तर नद्यांना पूर येतील आणि तो सागरावरच पडला तर जमीन कोरडी राहील. जिथे वातावरण बाष्पसंपृक्त असतं तिथं पाऊस जास्त प्रमाणात पडतो. यामुळं बेटं आणि सागर किनारी पावसाचं प्रमाण वाढेल आणि मोठ्या भूखंडांच्या गाभ्यातल्या भागात पावसाचं प्रमाण कमी होईल, असा एक बहुतेक शास्त्रज्ञांना मान्य असलेला अंदाज या भविष्यकाळातल्या वाढत्या तापमानाचा परिणाम म्हणून गृहीत धरला जातो.

पावसाचं प्रमाण बदललं की स्थानिक हवामानातही (वेदर) बदल घडून येत असतो; याचं कारण हवेत ढग असले की सूर्यप्रकाश जमिनीवर पोहोचू शकत नाही. शिवाय पाणी तापायला वेळ लागतो म्हणजे पाणी उष्णता संथपणे शोषून घेतं आणि तितक्याच सावकाश ती वातावरणास परत करतं. यामुळे जिथं भरपूर पाऊस पडतो त्या भूभागात त्या काळात गारवा येतो. या उलट जिथं हवा शुष्क असते तिथं दिवस आणि रात्रीच्या तापमानात खूप फरक असतो. अशा ठिकाणी खूप तीव्र उन्हाळा आणि तितकाच तीव्र हिवाळा अनुभवायला मिळतो.

अशा स्थानिक हवामान बदलात वनस्पतींचा वाटाही मोठा असतो. जास्त कार्बन-डाय-ऑक्साईड असला की वनस्पती भरघोस वाढतात. त्यांच्या पानावरची छिद्रं अशावेळी वनस्पती पूर्णपणे उघडत नाहीत. त्यामुळे त्यांना पाण्याचा सुनियंत्रित उपयोग करून घेता येतो. पाणी जर आवश्यक तेवढं वापरलं गेलं तर त्यांना जमिनीमधून अधिक पाणी खेचून घेण्याची गरज पडत नाही. हे जरी खरं असलं तरी काही प्रश्न अनुत्तरीत राहतात. शुष्क भागात पाणी पुरवठा अनियमित झाल्यावर तिथे केवळ जास्त कार्बन-डाय-ऑक्साईड वायू उपलब्ध आहे म्हणून वनस्पती वाढतील की पाण्याच्या अभावामुळं त्या भागाचं वनस्पती विरहीत वाळवंट बनेल; हा एक प्रमुख प्रश्न आपल्यापुढे अशावेळी उभा राहतो.

हवामानातील बदल हा आपल्या दृष्टीने फार महत्त्वाचा ठरतो. आपली पिकं ज्यांच्यावर आपण अन्नधान्यासाठी अवलंबून असतो, त्यांचा आणि स्थानिक हवामानाचा जवळचा संबंध असतो. आपण ही पिकं पिढ्यान् पिढ्या विशिष्ट हवामानाशी निगडित ठेवली आहेत. ज्या काळात जनन अभियांत्रिकी या सारख्या संकल्पनाही अस्तित्वात नव्हत्या त्या काळापासून शेती करताना विशिष्ट जमिनीत, विशिष्ट हवामानात, अमूक एक पीक चांगलं येतं, हे लक्षात येताच विशिष्ट वनस्पतीवर लक्ष केंद्रित

करून त्यातल्याही उत्तमोत्तम वाणांचं बी गोळा करून मानवानं हळूहळू वनस्पतीत हवे ते बदल घडवून आणले. यात गवताळ प्रदेशात गहू, मका, पाणथळ मोसमी पावसाच्या प्रदेशात भात अशी विभागणीही झाली. हवामानामध्ये बदल घडला तर या पिकांवर म्हणजेच प्रमुख अन्न उत्पादनावर त्याचा निश्चितच परिणाम होईल. ज्या भूभागांना आजकाल नापीक समजण्यात येतं ते कदाचित सुपीक बनतील. पण पिढ्यान पिढ्या शेती करणाऱ्यांची शेती खलास होईल आणि ज्यांनी कधी शेतीच केली नाही, त्यांना शेतीची तंत्रे आत्मसात करायला काही काळ जावा लागेल. या प्रकारात मानवी व्यवहारात खूप उलथापालथ होईल कदाचित यातून संहारक युद्धेही उद्भवतील.

सर्व साधारणपणे एकविसाव्या शतकाच्या मध्यापर्यंत १° ते २° से. नं तापमान वाढेल तर बाविसाव्या शतकाच्या पूर्वार्धात ते ४° ते ५° से. नं वाढलेलं असेल. सरासरी तापमान १° सें. न वाढलं तर फारसा फरक पडणार नाही पण ते ४° नी वाढलं तर मात्र पृथ्वीवर मानवी ज्ञात इतिहासात अभूतपूर्व उलाघालीचा काळ म्हणून एकविसाव्या शतकाच्या उत्तरार्धाकडं बघावं लागेल. याचं कारण म्हणजे ४° से. नं सरासरी तापमान वाढलं तर उत्तर ध्रुवीय प्रदेशातील सर्व बर्फ वितळेलच पण अंटार्क्टिकाचा हिमतट ही वितळू लागेल. पृथ्वीवरच्या सर्वात मोठ्या हिमसाठ्याला अशा तऱ्हेनं उष्णतेची बाधा झाली तर पृथ्वीवर खरोखरच हाहा:कार माजेल. याला दोन प्रमुख कारणं आहेत.

एक म्हणजे एवढ्या मोठ्या प्रमाणावर बर्फ वितळल्यामुळं सागरांची पातळी वाढेल. दुसरं म्हणजे आज पांढरा स्वच्छ असणारा अंटार्क्टिकाचा भूप्रदेश काळसर होईल. पांढरा बर्फ येणारे सूर्यकिरण परावर्तित करतो. काळे खडक येणारी प्रारणे शोषून घेतात. यामुळे अंटार्क्टिकाचं तापमान वाढून अंटार्क्टिकावरचा सर्व बर्फाचा साठा वितळून जाईल. उत्तर ध्रुव आणि दक्षिण ध्रुवावरील हिमटोपात पृथ्वीवरचं गोडं पाणी म्हणजे ज्यात क्षार जवळजवळ नाहीत, जे शुद्ध आणि पिण्या योग्य आहे असं पाणी किती असावं, याचा आपल्याला अंदाज येत नाही. तो आकडा अविश्वसनीय वाटावा असा आहे पण त्याबद्दल शंका घ्यायला तिळमात्र जागा नाही. दक्षिण ध्रुवीय हिमटोपात अधिक आणि उत्तर ध्रुवीय टोपात त्या मानानं कमी, पण या दोन हिमटोपात मिळून पृथ्वीवरचं ९८% शुद्ध गोडं पाणी साठलेलं आहे; गोठलेलं आहे. हे पाणी सागरात मिसळलं तर सागराची पातळी ५० मीटर म्हणजे जवळ जवळ १६५ फुटांनी वाढेल. पृथ्वीवरची बहुतेक मोठी व्यापारी शहरं ही बंदर आहेत, सागरतटी आहेत हे लक्षात घेतलं तर आपल्याला हे बर्फ वितळल्यामुळं केवढा धोका आहे हे आपोआप स्पष्ट होईल.

हरितगृह परिणाम टाळण्यासाठी आपण काय करू शकतो? हा प्रश्न विचारणं

सोपं आहे पण याचं उत्तर देणं फार अवघड आहे. हरितगृह परिणाम टाळायचा तर कार्बनी इंधनं जाळणं आपल्याला बंद करावं लागेल. सध्या तरी ते अवघडच वाटतंय. अणु ऊर्जा प्रकल्पांचे अपघात आणि त्यातून उदभवणारे धोके लक्षात घेता तो मार्गही वाटतो तितका सुरक्षित नाही, हे स्पष्ट होऊ लागलंय. हायड्रोजन जाळून ऊर्जा मिळवणे हा एक मार्ग आपल्यापुढं उपलब्ध आहे पण तो अजून सैद्धांतिक पातळी वरून व्यावहारिक पातळीवर यायला अवकाश आहे. तेव्हा पुढच्या शतकात हरितगृह परिणाम टाळण्यासाठीच आपल्याला धडपडावं लागणार हे उघड आहे.

विषुववृत्तीय पर्जन्यारण्ये

पारिस्थितिकी शास्त्राचा अभ्यास करणारे सर्वच जण पर्यावरणाच्या नुकसानासंबंधी बोलताना वारेमाप जंगलतोडीचा सतत उल्लेख करतात. भारत स्वतंत्र झाला तेव्हा भारताच्या एकूण भूमीपैकी जवळ जवळ ४०% भूमी वनाच्छादित होती. स्वातंत्र्याच्या पन्नासाव्या वर्षात हा आकडा अधिकृतरित्या १८% तर काही अभ्यासकांच्या मते १३ ते १५% आला आहे. १९९३-९४ मध्ये महाराष्ट्र शासनाने एक क्रांतिकारक पाऊल उचलून व्याघ्र अभयारण्यातलं निम्मं जंगल तोडीसाठी मुक्त करून पर्यावरणाची आपण मुळीसुद्धा पत्रास ठेवत नाही हे सिद्ध केलं आहेच. बऱ्याच शास्त्रज्ञांच्या मते ही अमाप वृक्षतोड आणि हरितगृह परिणाम यांचा परस्पर संबंध आहे. अरण्यांचा आणि हरितगृह परिणामाचा संबंध काय, असाही प्रश्न विचारला जाऊ शकतो; त्यालाही या शास्त्रज्ञांजवळ समर्पक उत्तर आहेच.

विषुववृत्तीय आर्द्र प्रदेश आणि हरितगृह परिणाम यातला दुवा म्हणजे कार्बन. जेव्हा वनस्पती मरतात आणि कुजतात तेव्हा त्यांच्यामधील कार्बनचा ऑक्सिजनशी संयोग होतो. हा कार्बन-डाय-ऑक्साईड वातावरणात परततो. ज्यावेळी आपण वनस्पती कुजते असं म्हणतो त्यावेळी आपल्या डोळ्यांसमोर बहुतेक वेळी वनस्पतीचं खोड आणि पानं असतात. झाडांच्या मुळांचा आपल्या मनात विचार येतोच असं नाही. बहुसंख्य वनस्पतींची मुळं कुजतात, तीही भूमिगत अवस्थेतच. त्यामुळ त्यांच्या कुजण्यानं निर्माण झालेला कार्बन-डाय-ऑक्साईड वायू हा मातीत अडकून पडतो; आणि हळूहळू संधी मिळेल तसतसा वातावरणात मिसळतो. काही वेळा तो भूजलामध्ये मिसळून त्याचे सौम्य आम्लात रूपांतर होते. मग पुढे तो या आम्लामधून बाहेर पडतो. यामुळे मृदेतील हवा ही मोकळ्या हवेपेक्षा जास्त कार्बन-डाय-ऑक्साईडयुक्त असल्याचे आढळते. कुठल्याही वनस्पतीचा फार थोडा भाग

आपल्याला जमिनीवर दिसतो आणि फार मोठा भाग जमिनीखाली असतो.

राय या तृणधान्याच्या मुळांबद्दल माहिती वाचली तेव्हा मी आश्चर्याने थक्क झालो. या वनस्पतीची मुळं ७५ सें.मी. खोल जातात. त्याची एकूण लांबी ६५० किलोमीटर असते. या मुळांवरची केशमुळे जर एकापुढं एक जोडली तर त्यांची लांबी १० हजार ५०० किलोमीटर भरते. ही सगळी मूळ-प्रणाली म्हणजे छोट्या सजीवांचं संग्रहालय असतं. वेगवेगळ्या प्रकारची बुरशी, सूक्ष्मजीव, अळ्या,

कीटक, अळिंबं आणि सूक्ष्मजीव या प्रणालीचे सदस्य म्हणून सुखानं नांदत असतात. या मुळांवर आणि एकमेकांवर त्यांची उपजीविका चालत असते. कुठलीही मृदा ही एक स्वयंपूर्ण परिस्थिती प्रणाली असते, हे आपण बरेचदा विसरतो पण तसं विसरून चालणार नाही. मृदेतले बरेच घटक हे मूलत: कार्बनी असतात.

वनस्पतींच्या जगात प्रकाश संश्लेषण प्रक्रिया जमिनीवर सूर्यप्रकाशात होत असते. त्यात कार्बन-डाय-ऑक्साईड हा महत्त्वाचा 'कच्चा माल' असतो. जमिनीमधून हळूहळू मुक्त होणारा कार्बन-डाय-ऑक्साईडही या प्रक्रियेत वापरला जात असतोच. जर ह्या वनस्पती तोडल्या गेल्या तर काय घडेल? या वनस्पती तोडल्या गेल्या तर त्यांची मुळं नेहमीप्रमाणेच कुजतील. निसर्गात काय घडतं. एखादं झाड खोड कुजून, तुटून पडतं. त्याची जागा इतर वनस्पती घेतात. माणूस यांत्रिक करवतींनी झपाट्यानं असंख्य झाडं तोडतो तेव्हा असं घडत नाही. यामुळे या झाडांच्या मुळांमधून वावरणारी सजीव सृष्टी उपासमारीनं मरेल. त्यांच्या देहांचंही विघटन होईल. त्यांचं विघटन करणारे सजीव मरतील. अखेरीस ती माती निर्जीव बनेल. या सर्व विघटनात तयार झालेला कार्बन-डाय-ऑक्साईड वायू त्या मातीत साठून राहील आणि हळूहळू तो वातावरणात मिसळत राहील. अशा तऱ्हेनं ही प्रक्रिया फार मोठ्या प्रमाणावर घडली तर वातावरणात फार मोठ्या प्रमाणावर कार्बन-डाय-ऑक्साईड वायू मिसळेल.

आपल्याला कल्पना नाही पण पृथ्वीवर अजूनही जवळजवळ दोन कोटी चौरस किलोमीटर (७७ लक्ष चौरस मैल) एवढं विषुववृत्तीय पर्जन्यारण्य शिल्लक आहे. ह्या अरण्याचा फार मोठा भाग तोडला गेला तर त्याचा जागतिक हवामानावर निश्चितच परिणाम होईल.

विषुववृत्तीय अरण्ये म्हणजे काय, हा प्रश्न आपल्याला पडला तर त्यात नवल नाही. पृथ्वीच्या उत्तर आणि दक्षिण (भौगोलिक) ध्रुवांपासून समान अंतरावर असलेली आणि पृथ्वीचे उत्तर आणि दक्षिण असे दोन भाग करणारी शून्य अक्षांशाची काल्पनिक रेषा म्हणजे विषुववृत्त हे आपण शाळेत शिकतो. पर्यावरण शास्त्रात 'वातावरणीय विषुववृत्त' अशी एक संकल्पना आढळते. भौगोलिक विषुववृत्त आणि वातावरणीय विषुववृत्त अगदी तंतोतंत जुळत नाहीत. पृथ्वीवरच्या ज्या पट्ट्यात सूर्याची प्रारणे जास्तीत जास्त ग्रहण केली जातात आणि पृथ्वीच्या भ्रमणकाळात जो भूभागाचा पट्टा एकाच कोनात जास्तीत जास्त वेळ सूर्यास सामोरा जातो, त्याला वातावरणीय विषुववृत्त असं म्हटलं जातं. अशा भूभागात ऋतू अस्तित्वात नसतात.

जेव्हा पृथ्वीवर ऊन पडतं तेव्हा जिथं ते ऊन पडतं तो भूभाग तापतो. हा भूभाग तापला की त्याच्यावरची हवा गरम होते. गरम हवा वर वर जाते. ऊन हा एक बोली भाषेतला सर्वसमावेशक शब्द आहे. जेव्हा आपण ऊन म्हणतो तेव्हा त्यात सूर्याकडून येणाऱ्या प्रकाशकिरणांबरोबरच इतरही सर्व प्रारणांचा समावेश असतो,

असं गृहीत धरू या. तर या उन्हानं विषुववृत्तावरील हवा तापून वर गेली की त्या जागी उत्तर आणि दक्षिणेकडून गार हवा येते. विषुववृत्तावरची वर गेलेली हवा खूप उंचीवर पसरते आणि थंड होऊन ती उत्तर आणि दक्षिण गोलार्धात ध्रुवीय प्रदेशालगत खाली उतरते. मात्र ती ध्रुवीय वर्तुळांपर्यंत पोहोचत नाही. या काळात पृथ्वीचं स्वतःभोवती फिरणं चालूच असतं. त्याचा परिणाम होऊन ही हवा ढवळलीही जाते. यामुळं विषुववृत्ताच्या दोन्ही बाजूस– ज्यांना आपण व्यापारी वारे म्हणतो– ते हवेचे प्रवाह तयार होतात. विषुववृत्तावर हवेचा दाब सर्वांत कमी असतो. तर विषुववृत्ताच्या दोन्ही बाजूंनी जास्त दाबाची हवा विषुववृत्ताच्या दिशेनं येत असते. यामुळे विषुववृत्तावरून उत्तरेकडे किंवा दक्षिणेकडे भूपृष्ठानजीक हवा जात नाही. तिथं येणारी हवा ही विषुववृत्त ओलांडू शकत नाही तर ती तापते आणि ऊर्ध्वगामी बनते म्हणजे वर वर जाऊ लागते. स्तरितांबरात ही हवा पोहोचली की थोडी फार देवाण-घेवाण होते पण बहुतांशी दक्षिण गोलार्धातील हवा दक्षिण गोलार्धात आणि उत्तर गोलार्धातील हवा उत्तर गोलार्धातच फिरत राहते, असं दिसून आलं आहे.

विषुववृत्तीय प्रदेशातील जास्त तापमानाचा बराच भाग हा सागरानं व्यापलेला आहे. यामुळे सागरातील पाण्याची मोठ्या प्रमाणावर वाफ होते. ही वाफ गरम होणाऱ्या हवेबरोबर वरवर जाते. हवे बरोबरच थंडही होते. या वाफेचे ढग बनतात. त्यातून पाऊस पडतो. विषुववृत्तीय पट्ट्यात या पावसाचे प्रमाण खूपच जास्त असते. या उलट जी थंड हवा अति उत्तर किंवा अति दक्षिण अक्षांशांवर खाली येते ती अतिशय शुष्क असते. त्या हवेत बाष्पाचे प्रमाण अत्यल्प असते. विषुववृत्तीय प्रदेशात भरपूर आर्द्रता असते या उलट हा प्रदेश ओलांडला की प्रदेशाच्या दोन्ही बाजूस वाळवंटी प्रदेश आढळतो.

उत्तरेस कर्कवृत्त आणि दक्षिणेस मकरवृत्तापर्यंतच्या भागास आपण विषुववृत्तीय प्रदेश म्हणतो. या भागात वर्षात एक दिवस तरी सूर्य बरोबर माथ्यावर असतोच. असं असलं तरी या भागातल्या वातावरणातही स्थानिक फरक आढळून येतात. वेगवेगळ्या जागी वेगवेगळं जलवायूमान आढळून येतं. विशेषतः पर्वतराजीचा स्थानिक जलवायूमानावर बराच प्रभाव पडत असतो. पर्वतांमुळं ढग अडवले जातात, वारे अडवले जातात, तसंच वेगवेगळ्या उंचीवर वेगवेगळ्या वनस्पती उगवतात. त्या वनस्पतींशी संबंधित वेगवेगळे सजीव तिथं वस्तीला येत असतात. तिथं एक वेगळीच पर्यावरण प्रणाली प्रस्थापित होत असते.

विषुववृत्तापासून जस जसं दूर जावं तस तसे ऋतूमानानुसार हवामानातील फरक अधिकाधिक तीव्र बनू लागतात. यामुळेही विषुववृत्तीय हवामानाच्या प्रदेशात सर्व ठिकाणी एकसारखेच हवामान असेल असंही ठामपणे आपण म्हणू शकत नाही. हे जरी खरं असलं तरी विषुववृत्तीय प्रदेशात बहुतेक ठिकाणी थंडी सौम्य

असते. पाऊस भरपूर असतो, उन्हाळा कडक असतो. यामुळे वनस्पती वर्षभर वाढू शकतात. तीव्र थंडीमुळे वनस्पतींची वाढ होत नाही; पण अशी परिस्थिती विषुववृत्तीय प्रदेशात अपवादात्मक ठिकाणी विशेषत: उंच पर्वत शिखरांवरच आढळून येते.

मुख्य म्हणजे विषुववृत्तीय प्रदेशात हिमविरहित दिवस वर्षभर असतात, त्याच बरोबर हा भूभाग कित्येक हजार वर्षे हिमविरहित राहात आलेला आहे, हेही इथं लक्षात घ्यायला हवे. पृथ्वीच्या इतिहासाची पानं जर आपण चाळली तर पृथ्वीवर गेल्या कोटी वर्षात अनेक हिमयुगं येऊन गेल्याचं आपल्या लक्षात येईल. त्यावेळी पृथ्वीचा फार मोठा पृष्ठभाग हिमाच्छादित होता. सागरातलं पाणी त्यामुळं कमी होऊन त्यांची पातळी खाली गेली होतीच पण या हिमयुगांमध्ये पृथ्वीवरची वृक्षराजी अर्थातच कमी झाली होती. ५०° दक्षिण किंवा उत्तर या पलीकडे ध्रुवांपर्यंत असं जबरदस्त हिमाच्छादन असे की तिथल्या वनस्पती या बर्फाखाली पूर्णपणे गाडल्या जाऊन त्यांचा समूळ नाश होत असे. असं बरेचदा घडलं आहे. या काळात हिमनद्या वाहात. वातावरणाचं सरासरी तापमान कमी व्हायचं हे खरं पण त्याच्या विषुववृत्तीय पर्जन्यारण्यांवर मात्र फारसा परिणाम जाणवत नसे. कितीही हिमयुगं आली आणि गेली तरी संपूर्ण पृथ्वी हिमाच्छादित आहे, असं कधीही घडलेलं नाही. विषुववृत्तीय पर्जन्यारण्यांचा प्रदेश, यामुळे फार प्राचीन ठरतो. तिथल्या वृक्षराजीला फार मोठी परंपरा लाभलेली आहे.

मादागास्कर बेटाचं दक्षिण टोक, ब्रह्मदेश– आता म्यानमारचा उत्तर भाग, ईशान्य भारत, दक्षिण चीन, ब्राझीलची अग्नेय किनारपट्टी अशा ठिकाणी, हे भाग विषुववृत्तीय पट्ट्यात नसतानाही विषुववृत्तीय पर्जन्यारण्ये अस्तित्वात आली आहेत. हे काही अपवाद सोडले तर मात्र विषुववृत्तीय पर्जन्यारण्ये विषुववृत्तीय भूभागांमध्येच आढळतात. मध्य आणि दक्षिण अमेरिकन भूप्रदेशात यांची व्याप्ती सर्वाधिक असली तरी इंडो-मलायन पर्जन्यारण्याची व्याप्तीही कमी नाही. त्यामानानं आफ्रिकेतल्या पर्जन्यारण्याचा पसारा थोडा कमी आहे.

या भूभागात वर्षभर उबदार वातावरण आणि पाऊस असतो. वर्षानुवर्षे पडलेल्या पालापाचोळ्यामुळे जमिनीत पोषक द्रव्येही भरपूर असतात. यामुळे इथं दाट झाडी आढळते. अधून मधून काही झाडांची पानं गळून पडत असली तरी एकाच वेळी सर्व जातीच्या वनस्पतींची पानं गळून पडत नाहीत. यामुळे हे अरण्य कायम हिरवंगार दिसतं. यामुळेच यांना सदाहरित अरण्ये असं म्हणतात. ही झाडं वाढतात याचं सर्वात महत्त्वाचं कारण म्हणजे यांना भरपूर सूर्यप्रकाश वर्षभर उपलब्ध असतो. जास्तीत जास्त सूर्यप्रकाश मिळावा म्हणून ही झाडं उंचच उंच वाढतात. किंबहुना इथल्या झाडांमध्ये उंच वाढण्याची स्पर्धाच असते असं आपण म्हणू शकतो. असं असलं तरी हे वृक्षराज एकमेकांपेक्षा जास्त उंच वाढत नाहीत, याचं कारण ह्या वृक्ष

छत्रातून जास्त उंच वाढलेल्या वृक्षाला वाऱ्याच्या आक्रमणास तोंड द्यावं लागतं.

हे वृक्ष वाऱ्याला एवढे का घाबरतात, असा प्रश्न आपल्या मनात येईल. वारा पानातून बाहेर पडणारी वाफ लगेच वाहून नेतो. यामुळे अशा इतर वृक्षांपेक्षा उंच वाढलेल्या वृक्षाला आपली पानं वाळू नयेत अस वाटत असेल तर जास्त प्रमाणात पाणी खेचून शेंड्यापर्यंत न्यावं लागतं. इतर वृक्षांनी जर साधारणपणे ठराविक उंचीवर वाढ थांबवली तर एकमेकांच्या आडोशामुळं त्यांना वाऱ्याचा त्रास एवढा जाणवत नाही. त्यांची पान फार मोठ्या प्रमाणावर वाळत नाहीत. त्यामुळे त्यांना अतिरिक्त प्रमाणात पाणी वर खेचायची आवश्यकताच निर्माण होत नाही.

विषुववृत्तीय प्रदेशात परागवहनासाठी ह्या वनस्पतींना वाऱ्यापेक्षा पक्षी, कीटक, केसाळ प्राणी ह्यांची जास्त प्रमाणात मदत होते. वृक्षराजीच्या छत्राखाली सावलीत जी झाडं वाढतात त्यांना वाऱ्याचा त्रास होत नाही. ऊन मिळविण्याच्या प्रयत्नात बऱ्याच वनस्पती या वृक्षांच्या खोडांचा आश्रय घेऊन वरवर जाताना आढळतात.

विषुववृत्तीय जंगलात जमीन बऱ्यापैकी मोकळी असते. चित्रपटांमधून जे जंगल दाखवतात तसं हे अरण्य मुळीच नसतं. चित्रपटातलं जंगल मुद्दाम लावलेलं मानवनिर्मित जंगल असण्याची शक्यताच जास्त असते. बहुधा रस्ता काढताना या जंगलातले राक्षसीवृक्ष पाडलेले असतात. त्यामुळे इथे काटेरी गचपण वाढलेलं असतं, माती ढकलल्यामुळं, आणि डोंगर फोडल्यामुळं इथं मोकळी जागा नाहीशी होऊन साचलेल्या मातीच्या ढिगाऱ्यांवर काटेरी झुडुपांची वाढ झालेली असते. खरं अरण्य उभं वाढतं. वरून ते दाट असलं तरी त्याच्या तळाशी बरीच मोकळी जागा असते. मोठमोठ्या वृक्षांच्या शिरोभागाच्या छत्राखाली कमी उंचीचे वृक्ष असतात. मर्यादेपेक्षा जास्त वाढलेलं झाड तसंच अधिक वयस्क वृक्ष कोलमडतात, मरतात. त्यांची जागा घ्यायला इतके दिवस त्यांच्या छत्राखाली वाढणारे वृक्ष तयार असतातच. या मोठ्या वृक्षांवर वेली असतात. काही प्रकारची शेवाळी वाढतात आणि बांडगुळं व ऑर्किडसारख्या वनस्पतीही त्यांच्या फांद्यांवर मुक्कामास असतातच. तळाशी असलेल्या वनस्पती १ ते सव्वा मीटर (तीन ते चार फूट) पेक्षा अधिक उंचीच्या नसतात; पण यातून सहज वाट काढणं शक्य असतं.

काही ठिकाणी स्थानिक परिस्थितीवर अवलंबून या अरण्यांच्या संरचनेत फरक दिसून येतो. जेव्हा अस अरण्य सागरकिनाऱ्याजवळ येतं तेव्हा सागरकिनाऱ्यावर आणि नद्यांच्या मुखाजवळच्या खाजणात कांदळवनं आढळून येतात. या कांदळांना (मॅंग्रुव्ह) श्वसनमुळं असतात. त्यात गाळ अडकतो. अशा तऱ्हेनं नवीन जमीन साठत किनारा वाढत असतो. पर्वतराजीच्या उतारांवर पहाडी अरण्य असतं. ही पर्वतराजी बरीच उंच असेल तर तिच्या शिखरांजवळ कायम धुकट वातावरण आढळतं. याला मेघारण्य (क्लाऊड फॉरेस्ट) म्हणतात. इथं तापमान कमी असतं. झाडांच्या खोडांवर

दगडफूल, नेचे, शेवाळी, आणि लिव्हरवर्टसारख्या वनस्पती आढळतात. असं असलं तरी या अरण्यांमध्ये सार्वत्रिक सारखेपणा आढळत नाही. आशियाई जंगलातले वृक्ष, आफ्रिकेत किंवा अमेरिकेत आढळत नाहीत तर अमेरिकन वृक्षही भारतीय किंवा आफ्रिकन जंगलात आढळणार नाही. याचं एक उदाहरण म्हणजे मलेशियन पर्जन्यारण्य. इथल्या निम्म्याहून अधिक जाती इतर कुठल्याही अरण्यामध्ये सापडत नाहीत. ब्रिटिश वनस्पती शास्त्रज्ञ सर्व प्रथम मलेशियात आले तेव्हा चक्रावून गेले. याचं कारण मलेशियन द्वीपकल्पाचा विस्तार ग्रेट ब्रिटनच्या निम्मा आहे. मलेशियात आठ हजाराच्या आसपास वनस्पती जाती आढळतात तर ग्रेट ब्रिटनमध्ये फक्त चौदाशे. ह्या सत्याची जाणीव झाल्यानंतर हळूहळू विषुववृत्तीय पर्जन्यारण्यांचं महत्त्व पाश्चात्त्यांना उमगू लागलं. शीत प्रदेशात किंवा समशीतोष्ण प्रदेशातल्या अरण्यांमध्ये एका हेक्टरला सरासरी १५ वनस्पती जाती आढळतात तर ब्राझीलच्या पर्जन्यारण्यात ही संख्या २३५ असते, एवढेच नव्हे तर हा परिसर सोडून एखादा किलोमीटर पलीकडं किंवा एखादा जलप्रवाह ओलांडून पलीकडं अगदी वेगळ्याच प्रकारच्या वनस्पती आढळतात, असंही दिसून येतं.

प्राणी जगण्यासाठी फार मोठ्या प्रमाणामध्ये वनस्पतींवर अवलंबून असतात. बऱ्याच प्राण्यांचा जीवनक्रम हा विशिष्ट वनस्पतींशी निगडित असतो. यामुळं वनस्पतींच्या जातींचं प्रमाण जेवढं जास्त त्या प्रमाणात प्राणी जातींचा आढळही जास्त असतो; विषुववृत्तीय प्रदेशात प्राणी जाती एवढ्या जास्त संख्येनं आढळतात याचं आणखी एक कारण म्हणजे ही पर्जन्यारण्ये गेली ६ कोटी वर्षे पृथ्वीवर अस्तित्वात आहेत. वेगवेगळ्या स्थानिक परिस्थितीशी सामावून घेत तिथली पर्यावरण प्रणाली उत्क्रांत झाली आहे. मुख्य म्हणजे यातल्या बऱ्याच स्थानिक पर्यावरण प्रणालींना या काळात आधुनिक मानवी उपद्व्यापांचा स्पर्शही झाला नव्हता हेही विशेष म्हणायला हवं.

ज्यावेळी आपण या अरण्यांचा विचार करतो तेव्हा ही अरण्ये अतिशय प्राचीन आहेत हे कायम लक्षात ठेवणे आवश्यक ठरते. ही अरण्ये ज्या भूभागावर वाढतात तिथली मृदाही अर्थातच त्याहीपेक्षा प्राचीन असायला हवी. यामुळे या मृदेतील बहुतेक सर्व वनस्पतींना वाढण्यास मदत करणारी पोषक द्रव्ये केव्हाच संपून गेलेली असतात. मग या वनस्पती एवढ्या मोठ्या प्रमाणात वाढतात तरी कशा हा प्रश्न आपल्याला पडेल.

या वनस्पतींना होणारा पोषक द्रव्यांचा पुरवठा या मृदेत असलेल्या सजीवांकडून होत असतो. इथल्या उष्णतेमुळं आणि आर्द्रतेमुळं कुठल्याही आता मेलेल्या कार्बनी सजीवाचं लगेच विघटन व्हायला सुरुवात होते. वनस्पतींची पानं, पर्जन्यारण्यात केवळ सहा आठवड्यात पूर्णपणे कुजून जातात. इतरत्र- विशेषत: शीत भूभागात

ह्या पालापाचोळ्याचं विघटन व्हायला किमान वर्षभर अवधी लागतो. समशीतोष्ण भूभागात मृदांमध्ये वनस्पतींना आवश्यक पोषक द्रव्ये भरपूर प्रमाणात आढळतात. याचं कारण इथं विघटनाला जास्त वेळ लागतो. पाऊस कमी असतो. झाडांची वाढ मर्यादित असतेच पण वाढीचा वेगही पर्जन्यारण्यातील वृक्षांच्या वाढीपेक्षा कमी असतो. यामुळे इथले अरण्य तोडले तर शेतीसाठी सुपीक जमीन उपलब्ध होते. याउलट विषुववृत्तीय पर्जन्यारण्याची तोड केली तर वनस्पतींची हानी होतेच पण उपलब्ध होणारी जमीन जवळजवळ नापिकच असते.

विषुववृत्तीय पर्जन्यारण्यातील मृदेच्या थराची जाडी दोन ते पंधरा मीटर (सहा ते पन्नास फूट) पर्यंत असते. मात्र या मातीमध्ये खडकांचे तुकडे नसतात. ज्या मातीत खडकांचे तुकडे असतात तिथे या खडकांच्या तुकड्यांचे हळूहळू विघटन होत असते. यामुळे त्या मातीत खडकातल्या खनिजांच्या विघटनानं निर्माण होणारे क्षार मिसळत राहतात व वनस्पतींना पोषक द्रव्याची कमतरता भासत नाही. विषुववृत्तीय पर्जन्यारण्यातल्या मातीचे कण खूपच बारीक असतात. त्यामुळे त्यांना क्ले अथवा चिकणमाती या प्रकारच्या मृदेचं स्वरूप प्राप्त होतं. ही चिकणमाती पाणी धरून ठेवते. त्यामुळे सदासर्वकाळ ओली असते. पाण्यात विद्राव्य अशा पोषकद्रव्यांचा यामुळे भूजला मार्फत लगेच निचरा होतो. ही माती सतत ओली आणि बरेचदा जलसंपृक्त असल्यानं ज्या सजीवांना ऑक्सिजनची आवश्यकता असते असे सूक्ष्मजीवसुद्धा या मुदेत आढळत नाहीत. जर या मातीच्या थरातून पाण्याचा निचरा होत असेल तर यात पोषक द्रव्येही राहात नाहीतच पण ह्यूमस म्हणजे जैविक कार्बन पदार्थही ह्या मातीत आढळत नाहीत, ते लगेचच वाहून जातात.

अशा परिस्थितीत इथल्या वृक्षांच्या मुळांना एक आगळंच महत्त्व प्राप्त होतं. झाडाला केवळ आधारभूत पक्का पाया देणं एवढंच काम करून भागत नाही तर त्यांना जिथून मिळतील तिथून पोषकद्रव्ये मिळवून ती वनस्पतीस पुरवावी लागतात. यामुळे अशा वृक्षांची मुळं जमिनीत खोलवर जाण्याऐवजी जमिनीच्या पृष्ठभागास समांतर अशी खूप दूरवर पसरतात. या झाडांच्या मुळांवर केशमुळं कमी प्रमाणात असतात. त्याऐवजी या मुळांवर बुरशी, सूक्ष्मजीव आणि अळिंबं मोठ्या प्रमाणावर आढळतात. ह्या सजीवांकडून मुळं बहुदा पोषकद्रव्ये मिळवत असावीत व त्याबदल्यात या वृक्षांकडून या सजिवांना कार्बोहायड्रेटे मिळत असावीत. अशा आदान-प्रदानाचा अभ्यास करून या सहजीवनाचे बारकावे जाणून घ्यायचे शास्त्रज्ञ प्रयत्न करीत आहेत. किंबहुना विषुववृत्तीय पर्जन्यारण्यातील घटकांचे परस्परसंबंध कसे असावेत याच्या अभ्यासाला दुसऱ्या महायुद्धानंतर हळूहळू सुरुवात झाली असून अजूनही इथल्या पर्यावरणातल्या घटकांचा अभ्यास चालूच आहे. या पर्जन्यारण्यांमध्ये

अजूनही रोज एक नवी सजीव जात उघडकीस येते.

आपल्याला कल्पना नसेल इतक्या मोठ्या प्रमाणात विषुववृत्तीय पर्जन्यारण्यात जैववैविध्य आढळते. रबर, केळी, आंबे, अननस, पेरू, आलं, जायफळ, मिरी, दालचिनी, लवंगा यासारखे पदार्थ वेगवेगळ्या विषुववृत्तीय पर्जन्यारण्यांची मानव जातीस मिळालेली देणगी आहे. आपण आज खातो त्या कोंबड्या (आणि त्यांची अंडी) मूळ विषुववृत्तीय पर्जन्यारण्यातल्याच आहेत. त्यांचे जंगली भाईबंद अजूनही पर्जन्यारण्यात सापडतात. याच विषुववृत्तीय पर्जन्यारण्यातील बरीच झाडं आणि वेली औषधी असून त्यांच्यातील मूळ घटक शोधून त्यांची पेटंटे घेण्याची स्पर्धा आता प्रगत देशांमध्ये सुरू आहे. या पर्जन्यारण्यात मानवी भविष्यात उपयोगी पडेल अशी अमाप नैसर्गिक संपत्ती दडलेली आहे.

या पर्जन्यारण्यांची तोड मोठ्या प्रमाणावर होते. यातले इंडोनेशियाचं उदाहरण आपण पुढं बघणार आहोतच. वाढत्या लोकसंख्येला अन्न पुरवण्यासाठी शेतीची व्याप्ती वाढवावी लागते; पण केवळ इथल्या गरीब जनतेला दोष देऊन उपयोग नाही. फार मोठ्या प्रमाणावर होणारी जंगलतोड औद्योगिक आणि श्रीमंत देशांना चांगल्या प्रतीचं लाकूड पुरवण्यासाठी आणि परकीय चलन मिळवण्यासाठी केली जाते.

उत्तर अमेरिका, युरोप, कोरिया, जपान आणि तैवान इथं हे सगळं लाकूड डॉलर मिळवण्यासाठी विकलं जातं. जर विषुववृत्तीय अरण्यं वाचवायची असतील तर प्रगत देशांना या अरण्यांचं महत्त्व पटवून द्यायला हवं. याचं कारण या देशांमध्ये जगातल्या खरेदी-विक्रीचे दलाल एकवटलेले असतात. त्यांना कायद्याला बगल देण्याचे मार्ग ठाऊक असतात. गरीब देशात खूप स्वस्तात माल खरेदी करायचा आणि श्रीमंत देशात तो भरपूर किमतीला विकायचा एवढंच यांना ठाऊक असतं. जोपर्यंत अशा दलालांचं प्रगत राष्ट्रातल्या अर्थकारणावर आणि पर्यायानं राजाकरणावर वर्चस्व आहे तो पर्यंत पर्यावरणाचा धोका कधीच कमी होणार नाही. त्यातून मग विषुववृत्तीय पर्जन्यारण्येही सुटणार नाहीत.

❖

सागर किनाऱ्यावरील पर्यावरण

वाळूच्या चौपाटीवरील पर्यावरण

सागर किनाऱ्याचं एक आकर्षण म्हणजे चौपाटी. ही चौपाटी मानवी चैनीसाठी निसर्गानं निर्माण केली असावी, असं बऱ्याच जणांना वाटतं. नाहीतर ह्या एवढ्या वाळूच्या पसाऱ्याचा उपयोग काय, अशी समजूत करून घेत माणसं सागर किनाऱ्याच्या चौपाटीवर मोठ्या संख्येनं जमतात आणि तिथं फार मोठ्या प्रमाणावर कचरा निर्माण करतात. मुलं किल्ले करतात, फिरस्ते स्वत:ला वाळूत पुरून घेतात तर आजकाल बरेचदा अशा चौपाट्यांवर सूर्यस्नानही केलं जातं. जणू काही अशा किनाऱ्यावर इतर सजीवांना स्थानच नाही.

प्रत्यक्षात परिस्थिती फार वेगळी आहे. सागर किनाऱ्यातील या वाळूत इतर अनेक सजीवांचे जीवन व्यवहार अव्याहतपणे सुरूच असतात. अनेक प्रकारचे पक्षी माणूस नसलेल्या चौपाट्यांवर आढळतात. त्यांच्या पायांच्या ठशांच्या लांबलचक मालिका दूरवर पसरलेल्या आढळतात. हे पक्षी इथं भक्ष्य शोधायला येतात. इथल्या मर्यादावेलींच्या आश्रयानं अंडी घालतात. टिटव्या आणि इतर पक्ष्यांच्या कलकलाटानं इथं सूर्योदयाची चाहूल लागते. कुठलाही शहाणा प्राणी वाळूवरती राहत नाही. ह्याला सागर किनाऱ्यावर दोन कारणं असतात. वाळूचे दांडे आणि पुळणी उन्हानं फार तापतात. तिथं जोरदार वारंही असतंच शिवाय भरतीच्या वेळेस तिथं लाटांचा मारा होतो. ह्यामुळं वाळूवरती कायमस्वरूपी वास्तव्य करणं सजीवांना परवडत नाही. पण ह्या वाळूखाली बघितलं तर तिथं अनेक प्रकारचे सजीव सापडतात. इथं बिळं करून, स्वत:ला पुरून घेऊन आणि दुसऱ्याची बिळं बळकावून राहणाऱ्या सजीवांची गर्दी असते. वरून जरी चौपाटीवरची वाळू जीवनास त्रासदायक भासली तरी शहाळ्याप्रमाणेच ती वरून कठीण पण आतून जीवनास पोषक अशी असते.

वाळूखाली भरपूर जीवन सापडतं ह्याचं कारण आपल्याला आश्चर्यकारक वाटेल पण इथल्या पर्यावरणात सातत्य असतंच पण सुरक्षितताही असते. वाळूच्या पृष्ठभागाखाली काही सेंटीमीटर खोलीवर गेलं तर भरती असो वा ओहोटी परिस्थितीमध्ये फारसा बदल घडून येत नाही. ऊन असो वा थंडी, वारा असो अथवा पाऊस असो, वालुका पृष्ठाखाली १० सें.मी.हून अधिक खोल गेलं की परिस्थिती अतिशय स्थिरावलेली आढळते.

वाळूच्या प्रत्येक कणाभोवती पाण्याच्या अतिशय पातळ पापुद्र्याचं आवरण असतं. ह्या आवरणामुळं वाळूचे कण एकमेकांना चिकटतात. त्यामुळे भरतीचं पाणी जिथपर्यंत पोहोचतं तिथपर्यंत वाळूच्या थराचा वरचा भाग हा कायम ओलसर असतो. इथलं तापमानही फारसं बदलत नाही तसंच ह्या पाण्याच्या क्षारतेत पावसाळ्यातही फारसा फरक पडत नाही. फारच विनाशकारी वादळ सोडलं तर इथं एक सुस्थित परिस्थिती उपलब्ध असते. त्यामुळे ह्या वाळूच्या भागात सजीवांचा जीवन कलह आणि जीवन प्रवाह चालू राहतो. इथं भक्ष्य असतं त्यामुळेच भक्षकही असतात. प्रथम दर्शनी हे अदृश्य वाटले तरी जर थोडी कळ सोसून निवांतपणे निरीक्षण केलं तर इथले जीवनव्यवहार आपल्याला दिसू शकतात.

वाळूखाली अंधार असतो. तो असणारच. त्यामुळं इथं अन्न निर्मिती होत नाही. इथल्या सजिवांना मिळणारं अन्न हे लाटांमार्फत आयात केलं जातं. काही वालुकाश्रित

सजीव हे लाटांचं पाणी गाळण्याचं काम करतात. हे पाणी ते मुखावाटे शरीरात घेतात. त्यातली पोषकद्रव्ये शोषून घेऊन राहीलेलं पाणी अवस्कराद्वारे बाहेर टाकतात. ह्या पाण्यात प्लॅक्टन हे एकपेशीय सजीव आणि इतर सजीवांचे विघटित कण असतात. तेवढे कण ह्या वालुकाश्रित सजीवांच्या जीवनव्यवहारास पुरेसे ठरतात. ह्या लाटांबरोबर जे कार्बनी पदार्थ येतात ते वाळूचाच एक भाग बनतात. गांडूळ ज्या प्रमाणे माती खाऊन तिच्यावर प्रक्रिया करतं, त्याप्रमाणेच वाळू खालचे काही प्राणी वाळू गिळतात. तिच्यावर प्रक्रिया करून कार्बनी पदार्थांचं सेवन करतात आणि कार्बनी पदार्थ विरहित वाळू शरीराबाहेर टाकतात.

वाळूवर काही वेळा मोठे तुकडे येतात. समुद्रफेस, मेलेल्या माशांचे अवयव किंवा इतर काही सजीवांचे भाग, पाणवनस्पतींचे तुकडे अशा स्वरूपाचं अन्न वाळून, बिळं करून राहणाऱ्या खेकड्यांसारख्या मोठ्या प्राण्यांना आणि किनाऱ्यावर भक्ष्य शोधणाऱ्या पक्ष्यांना उपयोगी पडतं.

सागरकिनारी चौपाटीवर राहणाऱ्या सर्वच सजीवांचं जीवन हे तालबद्ध सागर लहरींवर अवलंबून असतं. ह्या सागरलहरींची तालबद्धता सूर्य आणि चंद्रावर अवलंबून असते. पृथ्वीवर वेगवेगळ्या ठिकाणी लाटांची हालचाल वेगवेगळ्या प्रकारची असल्याचे दिसून येते. सर्वत्र दिवसाभरात म्हणजे साधारणपणे चोवीस तासांच्या कालावधीत दोनदा ओहोटी आणि दोनदा भरती असं हे चक्र आहे. ह्या चक्रातही महिन्यातून दोनदा उधाण येतं; म्हणजे लाटा नेहमीपेक्षा उंच असतात. किनाऱ्यावर नेहमीपेक्षा अधिक वर येत असतात. त्याचप्रमाणे ओहोटीच्या वेळेस सागरकिनारा खोलवर उघडा पडतो. हे पौर्णिमा अमावस्येच्या वेळेस घडतं. ह्या उलट ह्या दोन उधाणांच्या दरम्यान लाटांचं आक्रमण मंदावत जातं; आणि एकवेळ अशी येते की भरती ओहोटीमधला फरक कमीत कमी असतो. पूर्वी मुंबईच्या वृत्तपत्रांमधून हे लाटांचं वेळापत्रक प्रसिद्ध होत असे; त्यामुळे निरीक्षणवेळाही ठरवता येत असत.

कुठल्याही चौपाटीवर आढळणारे प्राणी हे ऑक्सिजन आणि अन्न कसं मिळवतात हे बघणंही महत्त्वाचं असतं. भरती आणि ओहोटीच्या मधल्या भागात राहणाऱ्या सजीवांना इंग्रजीत 'इंटर टायडल' तर मराठीत 'अंतरावेलीय' असं म्हटलं जातं. ह्या भागात मासे असत नाहीत कारण त्यांना पाण्याची आवश्यकता असते. ज्या प्राण्यांना पाण्याच्या आवरणाची आवश्यकता असते, पण अल्पकाळ जे पाण्याशिवाय जगू शकतात असे प्राणी वाळूच्या सागराजवळच्या भागात आढळतात. तर ज्या प्राण्यांना पाण्याच्या आवरणाखाली जगता येत नाही पण अत्यल्पकाळ त्यांच्यावर पाणी असलं तर जे जगू शकतात असे प्राणी भरतीचं पाणी जिथं पोचतं त्या भागात राहतात. साधारणपणे जास्तीत जास्त भरती येते त्यावेळी सागराचं पाणी जिथपर्यंत

पोहोचतं तिथं ह्या पाण्याबरोबर येणाऱ्या पाणवनस्पती, शिंपले, शंख, समुद्रफेस आणि इतर कचरा यांनी एक सीमारेषा आखली जाते. साधारणपणे ह्या रेषेपासून अंतरावेलीय सजीवसृष्टीचा आरंभ होतो असं मानण्यात येतं.

चौपाटीवर हिला वेळा असंही म्हणण्यात येतं. काही ठिकाणी नैसर्गिक कारणामुळे लाटांचा फारसा प्रभाव नसतो. काहीवेळा एखाद्या नैसर्गिक आडोशामुळे अशा जागी लाटांचा मारा होऊ शकत नाही मात्र तिथं पाण्याची ये-जा होते. ती अतिशय संथ असते. अशा ठिकाणी कार्बनी पदार्थ येऊन साठतात. ह्यामुळे अशा ठिकाणी ह्या कार्बनी पदार्थांवर उपजीविका करणाऱ्या सूक्ष्म जीवांचा प्रादुर्भाव होतो. हे सूक्ष्मजीव त्या कार्बनी पदार्थांचं विघटन करताना वाळूतील सर्व ऑक्सिजन फस्त करतात. अशा वाळूत थोडं खणलं तर एक काळसर पट्टा आपल्याला दिसून येतो. जेव्हा ऑक्सिजन संपतो तेव्हा अशा जागी ऑक्सिजनशिवाय उदर निर्वाह करणारे सूक्ष्मजीव नांदू लागतात. त्यांच्या जीवन व्यवहारांमुळं वाळूचा रंग जातो. अशा घटना खाडीजवळच्या चौपाटीवर आढळतात. अशा वाळूत कार्बनी पदार्थांचे प्रमाण बरेच जास्त असते.

खडकाळ किनाऱ्याचे पर्यावरण

कोकणामध्ये बऱ्याच ठिकाणी लांबलचक वेळा चंद्रकोरीच्या आकाराच्या असतात. ह्या चंद्रकोरीच्या दोन्ही निमुळत्या टोकांपाशी सह्याद्रीचे कडे घुसलेले असतात. ह्या कड्यांच्या आसपास सागर किनारा बराच खडकाळ असतो. ह्या खडकांमध्ये जे खळगे असतात त्यात पाणी साठलेलं असतं. बरेचदा अशा खडकांमुळे एखादा छोटासा तरण तलावच तयार होतो. मात्र ह्या तलावात जेलिफिश खेकडे, मासे आणि काही वेळा अष्टपाद म्हणजे ऑक्टोपसही दिसून येतात. ह्या शिवाय खडकाला चिकटलेल्या बऱ्याच शिंपा चांगल्याच धारदार असून त्या चपलासुद्धा कापू शकतात. शेवाळ्यामुळे ह्या तलावाच्या आसपासचे खडक चांगलेच बुळबुळीत झालेले असतात.

सागर किनाऱ्यावर विशिष्ट प्राणी आणि वनस्पतींचे काही खास विभाग झालेले आढळून येतात. ह्याचं कारण म्हणजे ह्या प्राण्यांना कितीकाळ पाण्यात बुडून राहावं लागतं, ह्यावर त्यांचा निवासीपट्टा ठरत असतो. खडकाळ पट्ट्यातल्या प्राण्यांचं वैशिष्ट्य म्हणजे ते खडकाला चिकटलेले तरी असतात किंवा भरतीच्या पाण्यात वाहून जाऊ नये ह्याची त्यांच्याजवळ काहीतरी भक्कम सोय असते. भरतीची लाट येताच ही मंडळी खडकाला चिकटतात किंवा खडकातल्या कपारीत आश्रयास जातात. ज्या ठिकाणी खडक लाटांना थेट सामोरे जातात अशा भागामध्ये सजीव जवळ जवळ नसतातच. कारण लाटांच्या सततच्या माऱ्यात टिकाव धरणं त्यांना शक्य नसतं. अशा जागी बार्नॅकल् नावाच्या शिंपा आणि लिंपेट नावाच्या गोगलगाई

फक्त टिकाव धरू शकतात. त्यांचे कवच जाड असतेच पण पाण्याचा मारा ह्या कवचाच्या पृष्ठभागावर विखरून बसावा, असा त्यांचा आकार असतो. वनस्पतींच्या बिया किंवा बिजुकं इथं टिकाव धरून रूजूच शकत नाहीत. बार्नॅकल् मधला जीव हा एक फार विचित्र सजीव आहे. निसर्गशास्त्रज्ञांच्या मते 'हा जीव खडकात डोकं घुसवतो आणि आयुष्यभर पायांनी तोंडात अन्न ढकलत राहतो.' ह्याचे पाय शिंपेच्या बाहेर येतात आणि जवळपास येणारे अन्नकण तोंडात ढकलत राहतात.

लिंपेट हा असाच एक खडकाळ किनाऱ्यावरचा जीव आहे. प्राणी आपल्या परिस्थितीशी जमवून घेण्यासाठी स्वत:मध्ये कसे बदल घडवून आणतात ह्याचं हे उत्कृष्ट उदाहरण आहे. ह्या गोगलगाईंच्या शंखांचा फुगीर वळणावळणाचा भाग निरूपयोगी ठरतो, अशी ही परिस्थिती असते. तेव्हा इथं टिकाव धरण्यासाठी ह्या गोगलगाईंचे शंख लांब तुंबड्यांसारखे बनले आहेत. ही गोगलगाय खडकास बार्नॅकल् प्रमाणं एके ठिकाणी चिकटून मात्र बसत नाही. तर ती ह्या खडकावर वाढणाऱ्या शैवालाच्या शोधात हिंडत राहते. ह्यामुळं शैवालांच्या वाढीवर नियंत्रण राहतं. गमतीची गोष्ट म्हणजे ही गोगलगाय एखादी चौकट आखून घ्यावी तशी ठराविक मर्यादेतच चरते. पाणी खडकावर येऊन खडक पूर्ण बुडतो त्या वेळी आणि ओहोटीत खडक पूर्ण वाळतो तेव्हाही गोगलगाय तिच्या घरात शिरते. भरतीचं पाणी आदळताना ती घराबाहेर असली तरी ह्या गोगलगायीच्या दृष्टीनं फारसा फरक पडत नाही. मात्र खडक जो अगदी थोडावेळ भरतीच्या वेळी काही थोडाकाळ पूर्णपणे पाण्याखाली राहतो त्यावेळी ही गोगलगाय घरी परतते. याचं कारण तेवढ्या वेळापुरती हवा तिच्या घरात असते. ह्या गोगलगायीचं घर तिच्या शंखरूपी तुंबडीसारख्या नळीच्या साहाय्यानं तिनं खडकामध्ये कोरून तयार केलेलं असतं. हा छोटासा खळगा ह्या गोगलगायीस हवा आणि ओलावा, आवश्यक तेव्हा पुरवतो.

लिंपेट गोगलगायींना खडकात भोक पाडणं जमतं. त्यांना चुकून एकादं जहाज सापडलं तर बघायलाच नको. खलाशी आपल्या पडावाच्या तळाला लिंपेट चिकटू नये म्हणून खूप काळजी घेतात. आता अनेक रासायनिक रोगणांमुळे जहाजांचा लिंपेटपासून बचाव होतो. पूर्वी ह्या गोगलगायीमुळं पडाव सोडून द्यावे लागत. ह्याचं कारण पडावांच्या तळाचं वजन वाढत असे. तळातून पाणी झिरपू लागे. वरून डांबराचा लेप लावला तर लिंपेट तळाच्या लाकडास आरपार भोक पाडत असत. दुसऱ्या महायुद्धात जहाजांच्या तळांना चुंबकाच्या साहाय्यानं पाण सुरूंग चिकटवले जात असत त्यांना 'लिंपेट माईन्स' हे नाव ह्या गोगलगायीमुळंच देण्यात आलं होतं.

खडकाळ किनाऱ्यावर जीवनास आवश्यक ते स्थैर्य पुरवणारी एक जागा असते; ही जागा म्हणजे खडकाच्या मोठमोठ्या खंडांचे तळ. बरेचदा पाण्याच्या सतत होणाऱ्या आघातामुळं इथं झीज होऊन पोकळी निर्माण होते. छोट्या जीवांच्या

दृष्टीनं ही पोकळी हे उत्कृष्ट आश्रयस्थान असतं. इथं ओलावा असतो. सावली असते. इथं अनेक प्रकारचे सागरीजीव वावरताना आढळून येतात. जेराल्ड डरेल ह्या निसर्गशास्त्रज्ञानं अशा मोठ्या खडकाखालच्या छोटेखानी जलसंचयात साध्या डोळ्यांनी दिसणारे छोटे छोटे वेगवेगळ्या जातींचे ५७ प्रकारचे सजीव वेल्सच्या किनाऱ्यावर नोंदवलेले होते. यात वेगवेगळे स्पंजचे प्रकार, ॲनिमोन, ट्युनिकेट, खेकडे, गोगलगाई, सागरी अळ्यांचा समावेश होता. यातले बरेच जीव त्या जलसाठ्यावरील छतास चिकटलेले होते. ह्याशिवाय तारकामत्स्यांचेही प्रकार ह्या ठिकाणी होतेच. शिवाय अनेक प्रकारची कालवंही इथं आश्रयास होती. काही सागरी पक्षी ओहोटीच्या वेळी या ठिकाणी येऊन कसरती करत अन्न मिळवायची धडपड करतात, ते वेगळंच. अशा खडकाळ किनाऱ्यावरच्या जलसंचयास 'रॉकपूल' असं संबोधण्यात येतं. बरेचदा ह्या छोटेखानी जलसंचयांना सागराची नमुना आवृत्ती म्हणण्यात येतं. खऱ्या अर्थानं हे सागराचं प्रतिनिधिक स्वरूप असलं तरी सागराप्रमाणेच ह्या जलसंचयाततील पाण्याचे तापमान, क्षारता, ऑक्सिजन आणि कार्बन-डाय-ऑक्साईड इत्यादींच्या प्रमाणात बदलत असते. ह्या खडकाळ किनाऱ्यावरील जलसंचयांचे आकार डबकी ते मोठा हौद इतपत असतात. मात्र सागर अभ्यासकाला ह्या जलसंचयाच्या निरीक्षणातून बरीच माहिती मिळते. सागरी जीवनासंबंधीच्या बऱ्याच तज्ज्ञांच्या अभ्यासाची सुरुवात अशा जलसंचयाच्या अभ्यासातून होते, हेही लक्षात ठेवायला हवे. हे जलसंचय म्हणजे त्याभागातील सागराने तयार केलेली एक 'शो केस'च असते.

अशा जलसंचयात त्या सागरी किनाऱ्यावरील सर्व सजीवांचे प्रतिनिधी आढळतात. त्यांच्यावर उपजीविका करणारे पक्षी आढळतात. काहीवेळा भरतीच्या लाटांबरोबर इथं पाहुणे येतात तर ओसरणाऱ्या लाटांबरोबर पक्का आधार न घेतलेले इथले काही सजीव बाहेर वाहून जातात. अशा तऱ्हेनं खडकाळ किनारा हा सागरकिनाऱ्याचा अभ्यास करणाऱ्यांच्या दृष्टीनं महत्त्वाची भूमिका बजावत असतो.

सागर किनाऱ्याजवळचे दलदलीचे (पाणथळ) प्रदेश

सागरकिनारा हा वेगवेगळ्या परिस्थितीत वेगवेगळा भासतो. नदीच्या मुखाजवळचा सागर किनारा हा आपण नेहमी बघतो, त्या सागर किनाऱ्यापेक्षा खूपच वेगळा असतो. नदीच्या आकारानुसार ह्या ठिकाणी वेगवेगळ्या परिस्थिती प्रणाली आपल्याला पाहावयास मिळतात. नदी गंगा ब्रह्मपुत्रेप्रमाणं मोठी असेल तर तिथं प्रचंड मोठा त्रिभूज प्रदेश आपल्याला बघायला मिळतो. पश्चिम बंगाल आणि बांगलादेश ह्यातलं सुंदरबन हा फार मोठा त्रिभूजप्रदेश आहे. हा भूप्रदेश बंगाली पट्टेदार वाघाबद्दल प्रसिद्ध आहे. इथलं कांदळवन हे आर्थिक महत्त्वाचं देखील आहे. मेकॉंगचा त्रिभुज

प्रदेश असाच. काँगो, ॲमेझॉनसारख्या नद्यांच्या, खरं तर नदांच्या किंवा महानद्यांच्या मुखाशी अशीच परिस्थिती आढळते. ह्या उलट आपल्या कोकणातल्या आणि दक्षिण अमेरिकेतील पश्चिम किनाऱ्यावरच्या नद्यांची मुखं म्हणजे किरकोळ खाड्या. पावसाळ्यात भरपूर पाणी नंतर खडखडाट. तरीही त्यांच्या मुखाशीही वैशिष्ट्यपूर्ण पाणथळ आणि दलदलीचे प्रदेश आढळतात.

कुठलीही नदी, मग तो नद असो किंवा छोटासा पाण्याचा प्रवाह असो तिच्या मुखाशी भरतीच्या वेळी सागराचं पाणी आत येत असतं. जिथे सागराधरणी मिळते, तिथे बरंच काही घडत असतंच पण पर्यावरणाच्या दृष्टीनं अशी ठिकाणं फार महत्त्वाची असतात. दुर्दैवानं शासनाचं बहुतांशी अशा पर्यावरण प्रणालीकडं दुर्लक्ष होत असतं. सागर किनाऱ्यावरचे पाणथळ प्रदेश आणि खाजणं यांची निर्मिती आणि तिथले जीवनव्यवहार हा खरं तर एक निसर्ग चमत्कारच असतो. इथली पाण्याची हालचाल लंबकाप्रमाणं नियमित असते. भरती बरोबर सागराचं पाणी आत येतं. नदीला फुगवटा येतो. ओहोटीच्या वेळी पाणी ओसरतं, दोन्ही काठ कोरडे पडतात. ह्या काळात दलदलीवरचा कचरा सागर खेचून नेतो. ह्यावेळी नदीही वाहून आणलेला गाळ सागरात टाकत असते.

नदी जिथे सागराला मिळते तिथली परिस्थिती तशी गोंधळाचीच असते. जत्रेत ज्याप्रमाणे कुणाचा कुणाला मेळ नसतो तशीच काही प्रमाणात इथलीही परिस्थिती असते. कधी नदीच्या काठच्या दलदलीचा पृष्ठभाग ठणठणीत कोरडा असतो; कधी तो चिखलानं भरलेला असतो. कधी इथं स्वच्छ गोडं पाणी असतं तर इतरवेळी गढूळ खारं पाणी असतं; कधी खाऱ्या आणि गोड्या पाण्याचं मचूळ मिश्रणही ह्या भागावर पसरलेलं आढळून येतं. अशा या गोंधळातल्या परिस्थितीमध्ये नदीतले आणि सागरातलेही सजीव अन्नाच्या शोधात वावरताना इथं दिसून येतात. ह्यातले काही जीव गोड्या पाण्यातले असतात, त्यांना खारं पाणी त्रासदायक ठरत असतं पण ते अल्पकाळ खारं पाणी सहन करू शकतात; तर काही सजीव खाऱ्या पाण्यातले असतात त्यांना कमी खारट पाणी चालत नाही पण तेही कमी क्षारतेच्या पाण्यात अल्पकाळ तग धरू शकतात. मुख्य म्हणजे एकमेकांच्या सहवासात हे सजीव काही काळ राहतात तेव्हा त्यांचे परस्परसंबंधही निर्माण होतात.

नदी जिथं सागराला मिळते त्या सर्व ठिकाणची सर्वसाधारण परिस्थिती ही अशी असली तरी प्रत्येक नदीच्या मुखाजवळचं वास्तव निरनिराळं असतं. विषुववृत्तावरील पर्जन्यारण्याच्या प्रदेशात जिथं अरण्य सागरापर्यंत नदीची सोबत करतं तिथली परिस्थिती वेगळी, सपाट मैदानी प्रदेशातून सागराला मिळणाऱ्या गंगेच्या किंवा मेघनेच्या मुखाजवळची परिस्थिती वेगळी, सिंधू आणि युफ्रेटिस, टायग्रीस सारख्या वाळवंटातून वाहात येणाऱ्या नद्यांच्या मुखाची परिस्थिती आणखीनच निराळी. तर

कोकणातल्या नद्यांच्या मुखाची ह्या नद्यांशी तुलनाही होऊ शकत नसली तरी तिच्या मुखाजवळचं खाजण ही सुद्धा एका स्वतंत्र अभ्यासाचा विषय असते. अनेक नद्यांच्या मुखाशी वाळूचे दांडे तयार होतात. ह्यामुळे सागराच्या भरतीच्या लाटांपासून आतल्या भूभागास आणि पाण्यासही संरक्षण मिळतं अशा ठिकाणी खारट जलाशय तयार होतात. विषुववृत्तीय प्रदेशामध्ये अशा ठिकाणी कांदळवनं निर्माण होतात. जिथं नदीच्या मुखास असं संरक्षण नसतं तिथं काही वेळा भरतीचं पाणी वेगानं आत शिरतं. ह्यांना इंग्रजीत 'बोअर' असं म्हणतात. ह्या लाटांमुळे नदीचं पात्र फुगतं. यागझे नदीत अशा लाटा तीन ते पाच मीटर उंचीच्या असतात. त्यांचं पाणी नदीच्या दोन्ही काठांवर पसरतं. ह्यामुळं छोट्या होड्यांचं आणि नदीकाठच्या वस्त्यांचं नुकसान होतं.

बदल हा निसर्गाचा स्थायीभाव आहे. सागरतटीची खाजणं आणि दलदलीचे प्रदेशही ह्याला अपवाद नाहीत. काही ठिकाणी जिथं नदीचे काठ उंच असतात अशा ठिकाणी भरतीचं पाणी जोरदार घुसतं. जिथं नदीचं पात्र रूंद आणि काठ पसरट असतात अशा ठिकाणी ते दोन्ही तीरांवर पसरतं. भरतीच्या पाण्यामुळं नदीचं पाणी मागं ढकललं जातं आणि नदीच्या पात्राच्या तळापासून काठांपर्यंत सागराचं खारट पाणी ह्याची जागा घेतं. काही विशिष्ट परिस्थितीत मात्र असं न घडता एक वेगळाच प्रकार घडतो. सागराचं पाणी फारशी खळखळ न करता नदीच्या पात्रात तळाशी शिरतं. अशा ठिकाणी तळाला खारटपाणी, वरती गोड पाणी आणि मधे संमिश्रपाणी असे पाण्याचे तीन विभाग काही काळ स्पष्टपणे दिसून येतात. एवढंच नव्हे तर जरी खारटपाणी तळाशी नदीत शिरत असलं तरी वरून गोडं पाणी सागरात जात असतंच.

खाडीच्या कडेची, नदीच्या मुखाची, खाजणात वाढणारी आणि कांदळवनातील वनस्पती सृष्टी हा वनस्पती शास्त्रज्ञांच्या खास अभ्यासाचा विषय बनलेली आहे. ह्या वनस्पती कालमानापरत्वे निर्जीव होतात. त्यांचे अवशेष नदी आणि ओहोटीच्या पाण्यामार्फत सागरात ढकलले जातात. ह्यातल्या काही अवशेषांवर विविध प्रकारचे सूक्ष्मजीव आणि इतर काही जीव उदरनिर्वाह करतात.तरीही बहुसंख्य वनस्पती सागरात वाहून नेल्या जातात. ह्यामुळं नदीच्या मुखाजवळचं पाणी, सागरकिनारा, दलदल आणि खाजणं सुद्धा सागरी पाण्यापेक्षा जीवनावश्यक घटकांनी समृद्ध असतात. खारं पाणी आणि गोड पाणी यांच्या सरमिसळीमुळं ह्या ठिकाणी जे जैव वैविध्य आढळतं तसं इतरत्र क्वचितच आढळतं. इथं एक पेशीय सजीवांपासून सुसरींपर्यंत सर्वप्रकारचे सजीव आढळतात. असं असलं तरी अशा विभागांचं आणखी एक वैशिष्ट्य लक्षात ठेवायला हवं, ते म्हणजे इथं प्रत्येक जातीचे सजीव खूप मोठ्या संख्येनं आढळत असले तरीही इथल्या एकूण प्राणी जातींची संख्या मात्र

इतर पर्यावरण प्रणालीतील प्राणी जातींच्या तुलनेत मर्यादित असते. जे प्राण्यांचं तेच वनस्पतींचं.

अशा तऱ्हेनं पर्यावरणाच्या अभ्यासकांसाठी इथं माहितीचा खजिना एकवटलेला असतो. इथल्या सजीवांचं साहचर्य, परस्परावलंबन, खडतर जीवनप्रणाली, अन्न श्रृंखला ह्यामुळे ह्या पर्यावरण प्रणालीचा अभ्यास बराच उद्बोधकही ठरतो. दुर्दैवाने मानवी व्यवहारांमुळे आजकाल ह्या पर्यावरण प्रणाली धोक्यात आल्या असून त्यांचं संरक्षण करण्याकडं आर्थिक बाबींमुळे दुर्लक्ष होऊ लागलं आहे. ते थांबवलं नाही तर बऱ्याच सजीव जातींचं अस्तित्व कायमस्वरूपी धोक्यात येणार आहे.

सागरीकडे आणि वालुकागिरी

कोकणामध्ये बऱ्याच ठिकाणी सह्याद्रीचे कडे सागरात घुसलेले पाहावयास मिळतात. अशीच परिस्थिती भूमध्य सागरातील बेटांवर, ग्रीनलंड आणि कॅनडाच्या किनाऱ्यावर, स्कॅडिनेव्हीयन देशांमध्ये, ईस्ट इंडीजमध्ये आणि इतरत्रही पाहावयास मिळते. अशा कड्यांच्या पायथ्यांवर सागरीलाटा सतत आदळत असतात. त्यामुळे तळाचा खडक झिजतो. वरच्या कड्यावर खारा वारा आदळत असतो. बरेचदा वरून हे कडे खालचा भाग खूप झिजल्यामुळं आत गेल्यावर कोसळतात. ते खडकातील संधींवर अवलंबून असतं. खडकाच्या प्रकारानुसार खडकातले जोड तयार होतात. ह्या नैसर्गिक कमकुवत फटींनाच संधी असं म्हटलं जातं. ह्या संधींमुळं खडकाची झीज व्हायलाही मदत होते. तसंच ह्यात पडलेल्या वनस्पतींच्या बिया रूजू शकतात. मुळांना भक्कम आधार मिळतो पण जेव्हा ही मुळं वाढतात तेव्हा संधी फाकतात आणि कडे कोसळतात. अग्निजन्य खडकांची झीज सावकाश होते त्यामानानं अवसादी खडक लौकर झिजतात. रूपांतरित खडकांची त्यांच्या सुभाज्यतेवर आणि खनिज घटकांवर अवलंबून कमीजास्त झीज होते. अशा कड्यांवर वाढणाऱ्या वनस्पतींमध्ये मिठाच्या पाण्याचा मारा सहन करण्याचा गुण आवश्यक ठरतो, हे ओघानं आलंच. खरं तर अशा कड्यांवरचं जीवन फारसं सुखावह नसतं तरीसुद्धा इथं अनेक वनस्पती वाढतात. त्यांना खूप आकर्षक फुलं येतात. त्यांच्याकडं कीटक आकर्षित होतात; ह्या कीटकांना खायला कोळी आणि छोटे पक्षीही इथं वास्तव्यास येतात. मात्र इथं प्राणी अभावानंच आढळतात. मात्र त्यांची उणीव पक्षी भरून काढतात.

सागरी कड्यांवर पक्ष्यांच्या वसाहती असतात ह्याचं एक कारण म्हणजे प्राण्यांचा अभाव. इतरत्र अंडी चोरणारे प्राणी इथं क्वचितच येतात. इथे पक्ष्यांचे शत्रू म्हणजे इतर शिकारी पक्षीच असतात. कड्यांवर आणि कड्यातील कपारींमध्ये वास्तव्यास असणाऱ्या प्रत्येक पक्षी जोडीची स्वत:ची एक ठराविक स्वामित्व

मर्यादा ठरलेली असते. ही तशी अगदीच छोटी असते पण ह्या मर्यादेतील स्वामित्व भूमीचं पक्षी प्राणपणानं रक्षण करताना आढळून येतात. ह्या कड्यांवर अनेक जातीचे कुरव म्हणजे सीगल वसाहती करतात. ह्या शिवाय गॅनेट, पाणकावळे, पफिन इत्यादी पक्ष्यांच्या वसाहती हे सागरी कडे पृथ्वीच्या कुठल्या भागात आहेत त्यावरून इथं दिसून येतात. कड्यांवर घरटी बांधणं हे एक अवघड काम असतंच पण वाऱ्याच्या जोरामुळं इथं घरटी टिकूनही राहत नाहीत. ह्यामुळं बरेच पक्षी इथं घरटी बांधतच नाहीत.

जे पक्षी घरटी बांधतात त्यांचा पारंपरिक घरट्यांमध्ये समावेश करणं अवघड असतं. जमिनीतला खळगा, एखाद्या कपारीत उगवलेलं गवत ह्यांच्या भोवती दोनचार भक्कम काटक्या रचणं, असाच हा प्रकार असतो. खडकात निर्माण झालेला कुठलाही आडोसा, एखादी छोटी पायरीसारखी जागा बघून बहुतेक पक्षी अंडी घालतात. अशा पक्ष्यांची अंडी एका बाजूस खूप निमुळती असतात. त्यामुळं ती वाऱ्यानं किंवा पक्ष्यांच्या धक्क्यानं हलली तर त्या टोकाभोवती गोल फिरतात पण जागा सोडून जात नाहीत.

सागर किनारी पर्यावरणात हे कडे हा जसा एक महत्त्वाचा घटक आहे तसंच सागर मागं हटल्यानं आधीची वाळू घट्ट होऊन किंवा इतर काही कारणांमुळं कायम स्वरूपी झालेले वालुकागिरी आणि वाळूचे दांडे हाही सागरकिनारी पर्यावरणाचा महत्त्वाचा घटक मानले जातात. सागर किनारी सतत वेगवान वारे वाहात असतात त्यामुळे सुटी वाळू वाऱ्यानं उडून जमिनीवर येते. तिच्या छोट्या छोट्या टेकड्या तयार होतात. ह्यांनाच वालुकागिरी असं म्हणतात. ह्या वालुकागिरींच्या निर्मितीस आणि स्थैर्यास वनस्पती कारणीभूत असतात. सरकत्या वाळूला ह्या वनस्पती अडथळा करतात. ह्यामुळे त्यांच्याजवळ वाळू साठायला सुरुवात होते. वाळू साठू लागली की त्यावर आणखी वनस्पती वाढतात त्यामुळे हा ढीग स्थिरावतो. त्याच्यामागे आणखी वाळू साठते, त्यावर वनस्पती हातपाय पसरतात. असं करत हे वालुकागिरींच स्थिरावणं किनाऱ्याभोवती तट निर्माण करतं. ह्या वनस्पती बहुदा काटेरी असतात. त्यांची मुळंच नव्हे तर खोडंही बरेचदा भूमिगत असतात. त्यांचा जमिनीलगत विस्तार होतो. दुपारी ह्यांची पानं वळून बंद होतात तर रात्री ती उलगडतात. वाऱ्याच्या विरुद्ध दिशेस वालुकागिरींच्या उतारावर ह्या वनस्पतींना वारा आणि वाळू ह्यापासून बरेच संरक्षण मिळते त्यामुळे ह्या वनस्पती थोड्या उंच वाढतात. ह्या खुरट्या झुडुपांची पानं तेलकट किंवा मेणचट पृष्ठभाग असलेली असतात. अशा बहुतेक वनस्पती काटेरी असतात.

वनस्पती आल्या की कीटक आले. कीटक आले की कीटकभक्षी आले. ह्या कीटकभक्षींचे भक्षक मग आपोआपच येतात. नाकतोडे, कोळी, भेक हे अशा

वालुकागिरीतले प्राथमिक रहिवासी. त्यांच्या रंगसंगतीमुळं वालुकागिरीत आणि त्यावरील वनस्पतींमध्ये ह्यांना शोधणं अवघड असतं. आपण पाय टाकावा आणि टुणकन एखादा नाकतोडा उडून पुढं जावा असं बरेचदा घडतं. वालुकागिरीतील वुल्फस्पायडर हे ह्या नाकतोड्यांवर आणि इतर कीटकांवर जगतात. ते वाळूत बीळ करून राहतात. त्यांच्या बिळावर त्यांनीच कातलेल्या रेशमाहून मऊसूत धाग्यांचा पडदा असतो.

वेगवेगळ्या प्रकारचे भेक— ह्यांना इंग्रजीत टोड असं म्हणतात. ते सूर्यास्ताच्या सुमारास बाहेर पडतात. हे भेक बाहेर पडले की त्यांचे शत्रू म्हणजे साप तेही शिकारीसाठी बाहेर येतात. बरेचदा हे साप आपल्याला शत्रू समजून अंग फुगवतात, छोटासा फडा काढतात तरीही शत्रू हटत नाही म्हटल्यावर मेल्याचं नाटक करतात. हे लौकर बाहेर पडले तर सागरी गरूड घरट्याकडं परतता परतता त्यांना उचलतात तर रात्री घुबडं ह्यांची शिकार करतात. कोकणात ह्या सापांना दिवड म्हणतात. अर्थात वाळूत फक्त दिवडच असते असं नाही इतर प्रकारचे सापही स्थान वैशिष्ट्यानुसार इथं आढळतात.

बरेचदा सूर्यास्ताच्या वेळी टिटव्या आणि इतर पक्षीही इथं वावरताना आढळतात. टिटव्यांची घरटी ह्या वालूकागिरीत पसरणाऱ्या वनस्पतींच्या आश्रयासही असतात. बरेचदा वालुकागिरीच्या सागरी बाजूस खेकड्यांची बिळं असतात. काही वेळा इथं रानससेही वाळूवर पळताना दिसतात ते अर्थात सागराच्या विरुद्ध बाजूच्या उतारावर असतात.

वालुकागिरीतील जैववैविध्यही आश्चर्यकारक असते. दुर्दैवानं आता बरेचदा सहज मिळणाऱ्या वाळूच्या मोहानं ह्या टेकड्या उकरल्या जाऊ लागल्या असून, हजारो वर्ष तयार होत असलेल्या ह्या टेकड्या माननी आक्रमणानंतर काही दिवसातच नाहीशा होतात ही दुर्दैवाची बाब आहे.

❖

सागरी वादळे आणि पर्यावरण

सागरी वादळं, सागरी वावटळी, चक्रवात ह्या सर्वांना मिळून इंग्रजीत हरिकेन हा शब्द आहे. भारताच्या पूर्व किनाऱ्यावर ह्या वादळांनी फार मोठ्या प्रमाणात नुकसान केल्याच्या बातम्या आपण वाचतो. १९९९ च्या वादळाला महावादळ म्हणून संबोधण्यात येते. भारतीय हवामान खाते ह्या वादळांचा अभ्यासही करत असतं; पण बऱ्याच भारतीय शासकीय विभागांचे अहवाल जनतेसमोर जनतेला कळतील अशा भाषेत क्वचितच येतात. भारताप्रमाणंच चीनलाही अशा सागरी वादळांना तोंड द्यावं लागतं. भारताच्या पश्चिम किनाऱ्यावरही ह्या वादळांचे प्रताप बघायला मिळतात. असं असलं तरी वेस्ट इंडिज द्वीप समूहाकडून अमेरिकेच्या संयुक्त संस्थानाकडं येणाऱ्या; तसंच हवाई बेटांच्या आसपासच्या सागरीवादळांचा अमेरिकन शास्त्रज्ञांनी खूप अभ्यास केला आहे. अमेरिकन राज्यांपैकी फ्लोरिडा हे 'हरिकेन प्रोन' म्हणजे सागरी वादळांना हमखास तोंड द्यावं लागणारं राज्य मानलं जातं.

ज्या प्रमाणं सागरी वादळांमुळं मानवी संपत्तीचं नुकसान होत असतं त्याचप्रमाणे नैसर्गिक संपत्तीचंही नुकसान होत असतं. सागरी वादळं निसर्ग संपत्तीचं कसं आणि किती नुकसान करतात, ह्याचा पद्धतशीर अभ्यास फ्लोरिडाच्या बाबतीत करण्यात आलेला आहे. ह्याचं कारण आजही फ्लोरिडातल्या बऱ्याच मोठ्या भूभागावर मानवी प्रगतीनं आघात केलेला दिसत नाही. इ.स. १९९२ मध्ये हरिकेन अँड्र्यूनं फ्लोरिडाला आपला हिसका दाखवला. ह्या वादळाचा वेग ताशी २४२ किलोमीटर होता. १९९४ मध्येच ह्या वादळाचा पर्यावरणावर परिणाम ह्या बद्दलचा परिसंवाद आणि शासकीय अहवाल प्रसिद्ध झाले.

अँड्र्यूनं फ्लोरिडाचा किनारा गाठला तेव्हा भरतीची वेळ होती. ह्यामुळं काही

ठिकाणी सव्वापाच मीटर म्हणजे सुमारे १६ फूट उंचीच्या लाटांवाटे सागरी पाणी भूभागावर लोटलं गेलं होतं. फ्लोरिडाच्या द्वीपकल्पावरून ह्या लाटा पसरल्या तेव्हा त्यांचा वेग ताशी ५० किलोमीटर होता. ह्या काळात पाऊस मोजण्याची यंत्रणा अर्थातच मोडून पडली. तरीही जी पाच-दहा पर्जन्यमापक यंत्र उरली त्यावरून हे वादळ फ्लोरिडावरून पुढं सरकेपर्यंत दहा ते बारा सें.मी. पाऊस झाला. त्यामुळं अँड्रयू वादळाला इतर वादळांच्या मानानं कोरडं वादळ मानण्यात येतं. खरं तर ह्या भागात अँड्रयूच्या मानानं किरकोळ म्हणावी लागतील अशा वादळांनी ह्यापेक्षा कितीतरी पाऊस बरसवला आहे. ओल्या वादळांमध्ये हा पाऊस एक हजार मिलीमीटरपर्यंत पडतो.

फ्लोरिडात हरिकेन अँड्रयू १०० किलोमीटर लांब आणि ५० किलोमीटर रुंद एवढ्या भूभागावरून पुढं सरकलं. ह्या भागातल्या वृक्षराजीला ह्या वादळाचा चांगलाच झटका जाणवला. ह्या भागातल्या बहुतेक उंच झाडांना ह्या वादळानं निष्पर्ण बनवलं तर झुडुपांना अर्धनिष्पर्ण केलं. अँड्रयू वादळाच्या मार्गात बिस्केन नॅशनल पार्क, एव्हर ग्लेड्स नॅशनल पार्क आणि बिग सायप्रेस नॅशनल पार्क अशी अमेरिकेतली तीन राष्ट्रीय उद्यानं होती. ह्या राष्ट्रीय उद्यानांची अँड्रयूनं वाट लावली.

त्या नुकसानीचा अंदाज घेण्यासाठी अमेरिकेच्या नॅशनल पार्क सर्व्हिसनं राष्ट्रीय स्तरावरच्या तज्ज्ञांची एक समिती नेमली. ह्या समितीचे तीन गट केले. सागरी पर्यावरण प्रणाली, भूपर्यावरण प्रणाली आणि गोड्या पाण्याची पर्यावरण प्रणाली. ह्यांच्यावर झालेले अँड्रयूचे परिणाम हे तीन वेगवेगळे गट तपासणार होते. ह्यांनी प्रथम जलदगतीनं काम करून एक प्राथमिक अहवाल सादर करायचा होता. मग सर्वंकष अहवाल पुढच्या दोन वर्षांत तयार करायचा होता.

ह्यापूर्वी ह्या राष्ट्रीय उद्यानांचा विविधांगी अभ्यास करणाऱ्या तज्ज्ञांना ह्या समितीत प्राधान्य देण्यात आलं होतं त्यामुळं ह्या वादळाच्या परिणामांचा अभ्यास करणं थोडंसं सोपं गेलं. ह्या अभ्यासातून सागरी वादळांचे पर्यावरणावर होणारे परिणाम स्पष्ट व्हायला मदत झाली. त्याचबरोबर अशा वादळांचे परिणाम जाणवायला वीस-पंचवीस वर्षांचा कालावधी जावा लागेल, पण तोपर्यंत इतर वादळांचा तडाखा ह्या भागाला बसेल, त्यामुळं झालेल्या नुकसानाचा नक्की फटका किती हे निश्चित करणं अवघड जाईल, असे ह्या अहवालात म्हटलं आहे.

ह्या अभ्यासकांच्या मते वादळाचे तडाखे आणि पर्यावरणावरचे परिणाम ह्या गतिमान प्रक्रिया आहेत. ज्या भूभागांना सतत वादळाचे तडाखे बसतात तिथल्या प्रणाली ह्या वादळांना तोंड देत देत निर्माण झालेल्या असतात. त्यामुळं होणारं नुकसान भरून काढण्याची त्यांच्यात उपजत– ज्याला इंग्रजीत एनहेरंट म्हणतात– अशी क्षमता असते; म्हणजेच वादळांचे तडाखे हाही त्या प्रणालीचा एक घटक

असतो. हे नुकसान भरून काढण्याच्या क्षमतेवर मानवी घडामोडींचा प्रतिकूल परिणाम घडून येतो; असं ह्या वैज्ञानिक अभ्यास गटांचं म्हणणं आहे. ह्या भागात बराच मोठा भाग वर्षाचा बराच काळ जलसंपृक्त असल्यानं दलदलीचं प्राबल्य असतं. त्यामुळं इथं तशीही मानवी वर्दळ कमी असते. जिथं दलदल बुजविण्याचे प्रयत्न झाले, तिथं मात्र ह्या वादळाचा अधिक प्रभाव जाणवल्याचं स्पष्ट होतं.

सागरी वादळाचे सागर किनाऱ्यावर होणारे परिणाम

कुठलंही सागरी वादळ हे दुसऱ्या सागरी वादळासारखं नसतं. त्यामुळं सर्व सागरी वादळांचे परिणाम अगदी एकसारखेच होतील ह्याची कधीच खात्री देता येत नाही; हे लक्षात घेऊनच सागरी वादळांचे परिणाम अभ्यासावे लागतात. तरीही एखाद्या विशिष्ट परिस्थितीचा विचार केला तर अशा परिस्थितीवर होणाऱ्या परिणामातला किमान सारखेपणा मात्र गृहीत धरता येतो.

सागरी वादळांचे सागरकिनाऱ्याजवळील म्हणजे उथळ सागरी पाण्यातील पर्यावरणावर होणारे परिणाम हानीकारक ठरतात. विषुववृत्तीय भागातील सर्वच सागर किनाऱ्यांजवळच्या प्रवाळांच्या वसाहतींवर आणि प्रवाळ तट निर्मितीवर ह्या वादळांचा प्रभाव पडतो.

ह्यामुळं होणाऱ्या नुकसानाच्या खुणा प्राचीन अश्मीभूत प्रवाळ तटांमध्येही आढळतात. ह्या परिणामांचा प्राचीन काळातील प्रभाव आणि आज काल होणारा प्रभाव ह्यांच्या अभ्यासातून प्रवाळांच्या उत्क्रांतीबद्दलही माहिती हाती येते. प्रवाळ शास्त्रज्ञांच्या मते एकमेकांशी जगण्याबाबत आणि अस्तित्व टिकविण्यासंबंधी स्पर्धा असलेल्या जाती गुण्या गोविंदानं इथं नांदताना दिसतात. ह्या वर्तणुकीमागं सागरी वादळांमुळं आपलं घाऊक प्रमाणात नुकसान होणार आहे हे गृहीत धरून नैसर्गिक अंत:स्फूर्त प्रेरणेनं ह्या एरवी शत्रूत्व असलेल्या आणि जीवन संघर्षात स्पर्धक असलेल्या जाती परस्परांशी सहकार्य करून जगत असाव्यात.

विषुववृत्तीय प्रदेशातील पर्जन्यारण्यांमध्येही बेटांवर आणि सागरकिनारी असणाऱ्या अरण्यांमध्ये असेच साहचर्य पाहावयास मिळते. गेल्या शतकात कॅरिबिइन बेटांना आणि मध्य अमेरिकेला, तसंच फ्लोरिडाच्या किनाऱ्यावर आढळणाऱ्या सर्वच मोठ्या सागरी वादळांनी ह्या भागातील प्रवाळतटांचं आणि पर्जन्यारण्यांचं नुकसान केल्याचं दिसून येतं. उथळ सागरातील परिस्थितीवर ह्या वादळांचा प्रभाव लगेच जाणवतो. प्रवाळ वसाहती, त्या जवळची सागरी शैवालांच्या आणि वनस्पतींच्या जलांतर्गत वाफ्यांवर आणि सागरकाठच्या दलदलीतील कांदळवनांवर ह्या वादळांचे जे परिणाम होतात ते अँड्रू वादळानंतर अभ्यासता आले. ह्या वादळात केवळ जोराचे वारे आणि लाटांचाच परिणाम होतो असं नाही तर वाळूचे साठे आणि इतर

अनेक प्रकारच्या गोष्टी ह्या वादळांबरोबर एका जागेहून दुसरीकडं फेकल्या जातात, त्या प्रदूषणाचाही पर्यावरणावर फार मोठा परिणाम घडून येतो.

सागरी वादळांं सागराच्या पाण्याचे गुणधर्म फार मोठ्या प्रमाणावर बदलून एखाद्या ठिकाणच्या स्थानिक परिस्थितीचा पर्यावरणीय समतोल ढळतो. विशेषत: तीन बाजूंनी संरक्षित अशा जलसाठ्यातलं, नेहमी फारसा बदल अनुभवला जात नाही अशा ठिकाणचं पाणी फार जोरात घुसळून निघतं. सर्वसाधारणपणे अशा संरक्षित सागरतटांवर मानवी व्यवहार फार मोठ्या प्रमाणावर घडून येतात. इथल्या पडावांचं अशा वादळांं फार मोठं नुकसान होतंच पण त्यांचं इंधन सागरात मिसळतं. त्याचवेळी तळापासून ढवळून निघाल्यांं सागरतळाचे अवसाद विस्थापित होऊन वर येतात. ह्या अवसादात हे इंधन आणि वंगण मिसळून तेलकट चिखलाची निर्मिती होते. वादळ निघून गेल्यावर ह्या तेलकट चिखलाचा जो थर तळावर विसावतो त्यामुळं पुन्हा सुस्थिर व्हायच्या सजिवांच्या प्रयत्नांमध्ये अडथळे निर्माण होतात. ह्याचं कारण नव्यानं अन्नश्रृंखला निर्माण होताना सागरतळाचा तेलकट चिखल सागरतळावर जीवसृष्टीचं पुनर्वसन होण्यात अडसर निर्माण करीत असतो.

पेट्रोलियम आणि तत्संबंधित पदार्थांमुळं होणारं प्रदूषण ही जशी चिंतेची बाब आहे त्याच प्रमाणं कार्बनी नायट्रोजन आणि कार्बनी पौष्टिक पदार्थांचं प्रमाणही अशा सागरी वादळांच्यानंतर नेहमीपेक्षा जास्त झालेलं आढळतं. त्यामुळं अशा वादळांच्या नंतर फायटोफ्लॅक्टॉनांची– एकपेशीय वानसांची– वाढ फार मोठ्या प्रमाणावर ह्या वादळग्रस्त उथळ सागरात झालेली दिसून येते. ही पौष्टिके कुठून येतात? वारा आणि वेगानं पडणाऱ्या पावसानंतर जोरात वाहणारे आणि बरोबर गाळ वाहून आणणारे नाले, ह्यामुळे ह्या बऱ्याच अंशी स्थिर पाण्यातही भर पडते.

फायटोफ्लॅक्टॉनांची ही वाढ अशीच निर्धोक होत राहीली आणि ती बरेचदा राहतेच, तर त्यामुळं ह्या पाण्यातल्या ऑक्सिजनचे प्रमाण कमी कमी होत जाते. ही वानसे वाढण्याचं एक कारण म्हणजे वादळी झंझावातानं त्यांचे भक्षक बरेचदा मारले गेलेले असतात. ह्या वानसांच्या वाढीचा एक परिणाम म्हणजे स्पंजच्या वसाहती तसंच सागरी गवतांची वाढ खुंटते. फायटोफ्लॅक्टॉनं बेसुमार वाढली तर हे नाहीसेही होतात.

ज्या सागर किनारी मानवी वसाहत असते तिथं ह्या झंझावाती वादळांमुळं ड्रेनेजचं पाणी फार मोठ्या प्रमाणात सागरी पाण्यात मिसळून ढवळलं जातं. त्यामुळं अशा पाण्यामुळं रोग प्रसार होण्याची शक्यताही वाढते.

ह्या वादळाच्या सरकण्याबरोबर वाहणारे वारे आणि उत्पन्न झालेल्या लाटांमुळं फार मोठ्या प्रमाणावर सागर किनाऱ्यावरची वाळू आत जमिनीवर फेकली गेल्याचं

दिसून आलं. त्यामुळं ह्या वाळूचं ज्या भागात अवसादन झालं त्या भागामधल्या आधीच्या वनस्पतींचं नुकसान झालं.

अँड्रू वादळाच्या अभ्यासात एक गोष्ट उघडकीस आली ती म्हणजे झंझावाती वादळांनी सागरकिनाऱ्याच्या चौपाटीच्या संरचनेत फारसा बदल होत नाही पण कमी वेगाच्या आणि जास्त काळ टिकणाऱ्या वादळांनी किनाऱ्याची रचना जास्त मोठ्या प्रमाणात बदलते.

सागरी वादळाचे प्रमुख प्राणी जीवनावर होणारे परिणाम

सागरकिनाऱ्याजवळच्या उथळ सागरात माशांव्यतिरिक्त इतर बरेच मोठे प्राणी वास्तव्यास असतात. अँड्रूनं अमेरिकेच्या ज्या राज्याला तडाखा दिला, त्या राज्यातला दलदलीचा प्रदेश आणि उथळ किनारा सागरी कासवं, मनाटी आणि ऑलिगेटर म्हणजे अमेरिकन सुसरींसाठी प्रसिद्ध आहे. किंबहुना फ्लोरिडाच्या आसपासच्या सागराचं म्हणजे मेक्सिकोच्या आखाताचं वैशिष्ट्य म्हणजे नॉनफिश मरीन व्हर्टिब्रेट्स. मासे नसलेले सागरी पृष्ठवंशी प्राणी हे ह्या भागाचं वैशिष्ट्य मानण्यात येत असल्यामुळं ह्या प्राण्यांवर सागरी वादळांचा कोणता परिणाम होतो, हे पाहणं महत्त्वपूर्ण ठरतं.

गल्फ ऑफ मेक्सिकोच्या काठच्या फ्लोरिडाच्या किनाऱ्यावरच्या ह्या सपृष्ठवंशी प्राण्यांमध्ये सागरी कासवं ही त्या भागात अंडी घालायला येत असतात. ह्या कासवांच्या अंड्यांमुळं ती प्रसिद्ध आहेतच पण त्याच कारणानं शंभर वर्षांहून अधिक काळ त्यांचा अभ्यासही झालेला आहे. फ्लोरिडाच्या किनाऱ्यावरच्या ह्या प्राण्यांच्या अभ्यासाचं अलिकडचं कारण म्हणजे अर्थातच त्यांची कमी होत जाणारी संख्या. ह्यामुळं गेल्या तीस वर्षात ह्या प्राण्यांच्या अभ्यासाचं व्यापारी स्वरूप नष्ट होऊन त्याला संरक्षणात्मक स्वरूप प्राप्त झालं आहे.

एव्हर ग्लेडस नॅशनल पार्कच्या ५७ किलोमीटर लांबीच्या किनाऱ्यावर सागरी कासवं फार मोठ्या संख्येनं अंडी घालायला येत असतात. ह्या किनाऱ्यावर येणाऱ्या कासवांचं शास्त्रीय नाव कारेटा कारेटा असून स्थानिक रहिवासी त्यांना लॉगरहेड सी टर्टल्स असं म्हणतात. १९७० नंतर जेव्हा सागरी कासवांची संख्या कमी झाल्याचं प्रकर्षानं जाणवू लागलं तेव्हापासून ह्या भागावर वाईल्ड लाईफ कॉंझर्वेशन विभागानं लक्ष ठेवायला सुरुवात केली. १९७५ पासून १९९२ पर्यंत जास्तीत जास्त १६४४ ठिकाणी अंडी घातली गेली. ह्याच काळात कमीत कमी ८१७ कासवींनी एक वर्ष इथं अंडी घातली. ही निचांकी संख्या आणि उच्चांकी संख्या ह्यांच्या दरम्यान म्हणजे प्रतीवर्षी १२०० ते १५०० कासव माद्या इथं अंडी घालायला येतात. हरिकेन अँड्रूनं ह्या कासवांचा घात केला. नेमकं कासवांच्या अंडी घालायच्या

मोसमातच अँड्र्यूनं घाला घातला. तोपर्यंत फक्त २५% अंड्यातून कासव पिल्लं बाहेर पडली असावीत, असा अंदाज करण्यात आला. त्यामुळं कासवांची पिल्लंही फार वाचली नसावीत पण सागरी कासवं दीर्घायुषी असतात. त्यामुळे एखाद्या वर्षी त्यांच्या अंड्यांचं नुकसान झाल्यामुळं त्यांचं फार मोठं नुकसान होणार नाही, असं शास्त्रज्ञांना वाटतं. किंबहुना अँड्र्यूनं किनाऱ्यावर लोटलेल्या वाळूमुळं पुढच्या काळात ह्या कासवांना अंडी घालायला अधिक जागा उपलब्ध झाली.

मनाटी हा प्राणी सागरी सस्तन प्राण्यांमध्ये मोडतो. त्याचं शास्त्रीय नाव ट्रायकेकस मॅनेटस लॅटिरोस्ट्रीस असं आहे. हा प्राणी फ्लोरिडातील एव्हर ग्लेडस आणि बिस्केन ह्या दोन्हीही राष्ट्रीय उद्यानांमध्ये आढळतो. मार्च १९९० पासून एव्हर ग्लेड्स राष्ट्रीय उद्यानाच्या कर्मचाऱ्यांनी मनाटींचं हवाई सर्वेक्षण सुरू केलं. ह्यामुळे अँड्र्यूचा मनाटींवर किती परिणाम झाला ह्याची पाहणी करणं सोपं गेलं.

अँड्र्यूच्या धक्क्यानंतर केलेल्या सर्वेक्षणात कुठंही मनाटींचे मृतदेह आढळले नव्हते. साधारणपणे मनाटींच्या संख्येत ६ ते १४% पिल्लं असतात. अँड्र्यूनंतर केलेल्या मोजणीत एकूण २०९ मनाटींमध्ये २० पिल्लं आढळली. हा आकडा ९.६% येतो म्हणजे मनाटीच्या पिल्लांवरही वादळाचा परिणाम झाला नव्हता; पण हे सर्व मनाटी अँड्र्यूच्या मार्गाच्या खूप उत्तरेस आढळले; म्हणजेच ते नेहमीची जागा सोडून वादळाच्या मार्गातून बाजूला झाले होते. ह्या भागातील ऑलिगेटरांची नेहमीची निवासस्थानं अँड्र्यूच्या मार्गात नव्हती तरीही ह्या ऑलिगेटरांचं हवाई सर्वेक्षण करण्यात आलं. ह्या सुसरींना शास्त्रीय भाषेत क्रोकोडायलस अॅक्युटस असं म्हणतात. ह्या सुसरींच्या वीण वसाहतींची जवळून पाहणी करण्यासाठी वल्ह्याच्या होड्या वापरण्यात आल्या. ह्या सुसरींचंही अँड्र्यूनं फारसं नुकसान केलेलं नव्हतं.

दक्षिण फ्लोरिडा हे विषुववृत्तीय आणि प्रवाळतटीय माशांसाठी मासेमारांचं आवडतं ठिकाण आहे. इथं व्यापारी आणि हौशी म्हणजे गळ टाकून मासे पकडणाऱ्यांची नेहमीच गर्दी असते. त्यामुळे इथल्या माशांना आर्थिक महत्त्व प्राप्त झालेलं आहे. बहुतेकवेळी सागरी वादळांच्या नंतर ह्या भागात मोठ्या संख्येनं मेलेले मासे आढळतात. आश्चर्याची गोष्ट म्हणजे अँड्र्यूची गणना महावादळात होती तरीही अँड्र्यूनंतर इतर वादळांच्या तुलनेत मरणाऱ्या माशांची संख्या कमी होती. वादळानंतर केलेल्या जलांतर्गत संरक्षणातही माशांवर ह्या वादळाचा फारसा परिणाम झालेला आढळला नाही.

ह्या वादळाचा अभ्यास केलेल्या शास्त्रज्ञांच्या मते वादळाचा चिंचोळा पट्टा आणि तुफान वेग ह्यामुळे ह्या भागातल्या सागरी जीवसृष्टीवर ह्या वादळाचा जाणवण्याएवढा परिणाम झाला नसावा.

सागरी वादळे आणि कांदळवनं

अमेरिकेच्या म्हणजे अमेरिकेच्या संयुक्त संस्थानांच्या गल्फ ऑफ मेक्सिकोजवळील भागाला पर्यावरण शास्त्राच्या दृष्टीनं एक आगळं वेगळं महत्त्व आहे. पश्चिमी गोलार्धामध्ये म्हणजे उत्तर आणि दक्षिण अमेरिका खंडांमध्ये अनेक ठिकाणी कांदळवनं म्हणजे ज्यांना इंग्रजीत मॅंग्रूव्ह फॉरेस्ट म्हणतात, ती आढळतात. पण फ्लोरिडाच्या दलदलीच्या प्रदेशामध्ये पश्चिमी गोलार्धातील सर्वात मोठं कांदळवन आहे. लोकसंख्येच्या रेट्यामुळं इतरत्र दलदल बुजवून कांदळवनं उखडून मानवी वस्ती होत असताना देखील अमेरिकेनं ही कांदळवनं जपून ठेवली आहेत हे विशेष. ह्या कांदळवनांच्या सुरक्षिततेसाठी अमेरिकेत अनेक कायदे करण्यात आलेले आहेत.

कांदळवनामध्ये अनेक जातीच्या वनस्पती आढळतात. ह्या वनस्पतींच्या गर्दीत वेगवेगळे पशु, पक्षी, सरपटणारे प्राणी, कीटक आणि जलचर वावरत असतात. फ्लोरिडातील कांदळवनात अनेक जातीचे स्थलांतरीत पक्षी वीण वसाहती स्थापन करतात. ह्या भूभागात सलग जमीन नाही. फ्लोरिडाच्या द्वीपकल्पाच्या दक्षिण भागाला 'टेन थाऊजंड आयलंड्स' असं नाव आहे. खरोखरच इथं दहा हजार बेटं आहेत का हे कुणी मोजलेलं नाही. अगदी हवाई सर्वेक्षणातूनही ह्या सर्व बेटांची मोजदाद करणं शक्य नाही. इथल्या वनस्पतींमुळं बरेच जलप्रवाह झाकले जातात, त्यामुळं हवेतून पाहताना त्यांचं अस्तित्व लक्षात येऊ शकत नाही.

ह्या बेटांमधली उत्तरेच्या अर्ध्या भागातील बेटं छोटी छोटी आहेत तर दक्षिणेकडे असलेली बेटं बरीच मोठी आहेत. इथं अनेक छोटे-मोठे जलप्रवाह, खारट तळी, ह्यांच्या मधली बेटं आणि त्यावरची कांदळं त्यामुळं ह्या भागात फारशी मानव वस्ती नाही. इथं एकूण साठ हजार हेक्टरचं एकच मोठं कांदळवन आहे, असं ह्यामुळं म्हटलं जातं. हे कांदळवन उत्तर दक्षिण चिंचोळ्या पट्टीत पसरलेलं आहे तर येणारी सागरी वादळं अग्नेयेकडून येऊन वायव्येकडं जातात. नकाशावर बघितलं तर सागरी वादळांचा मार्ग आणि हा जमिनीचा पट्टा ह्यांची एक फुली तयार झाल्याचं दिसून येतं. ह्या कांदळवनांचा सागराजवळचा भाग म्हणजे खाऱ्या पाण्यातली कांदळवनं आणि एक्र ग्लेड्सचा भाग म्हणजे गोड्या पाण्यातली कांदळवनं ह्यात वाढणाऱ्या कांदळांमध्ये बराच फरक दिसून येतो. सागरकिनाऱ्यावर खाऱ्या पाण्यातील कांदळ बरीच उंच वाढतात. त्यांची उंची २५ मीटर म्हणजे सुमारे ८० फुटांपर्यंत असते. ह्यामध्ये लाल, काळी आणि पांढरी कांदळं आढळतात. लाल म्हणजे ऱ्हायझोफोरा मॅंगल्. काळी म्हणजे ऑव्हीसेन्त्रिया जर्मिनान्स आणि पांढरी म्हणजे लॅगुनक्युलारिया रेसीमोझा प्रकारच्या कांदळ जाती. सागर किनाऱ्यावरून खाजणं ओलांडत नदीनाल्यांचं प्राबल्य असलेल्या भागाकडं गेलं की गोड्या पाण्यातली डबकी आढळू लागतात. खाऱ्या पाण्यात उंच वाढणारी कांदळं गोड्या पाण्याच्या प्रदेशात खुरटी होत

जातात; पण कांदळांच्या वाढीत कुठं खंड पडलेला मात्र दिसून येत नाही. अगदी दक्षिणेस अरुंद आणि काही मीटर असलेलं कांदळवन उत्तरेस १५ किलोमीटर रुंद होत होत जातं. ह्यामुळं त्या कांदळवनास टोकदार सुरीची उपमा दिली जाते. टेनथाऊजंड आयलंड्सच्या दक्षिण भागात दलदलीवर वेगवेगळ्या प्रकारची लव्हाळी वाढतात. फ्लोरिडात ह्या दलदलीच्या आणि कांदळवनानं झाकलेल्या प्रदेशास 'कीज्' असं म्हणतात.

अँड्रूनं ह्या कांदळवनांचं किती नुकसान केलं हे पाहण्यासाठी विमानं, रबरी यंत्र चलित होडगी आणि वल्ह्याच्या तराफ्यांचा वापर करण्यात आला. वनस्पतींचं नुकसान किती झालं ह्याचं एक परिमाण आधीच निश्चित करण्यात आलं होतं.

शून्य, भागशः म्हणजे २५% किंवा त्याहून कमी पानं गळून पडलेल्या वनस्पती, मोठी हानी २५ ते ५०% पानं गळून पडणे, १० टक्के फांद्या तुटणे, एखाद दुसरं झाड कोसळणे, भरपूर हानी म्हणजे ७५% पानगळती आणि बरीच पण एकमेकापासून दूर असलेली झाडं उन्मळून पडणे, घातक धक्का म्हणजे ७५% झाडांचं नुकसान. हे नुकसान उन्मळून पडलेली झाडे आणि खोड तुटून पडलेली झाडे मिळून गृहीत धरण्यात आलं होतं. हे प्रमाण तात्पुरत्या सर्वेक्षणापुरतंच मर्यादित होतं.

अँड्रू वादळानं एव्हरग्लेड्स नॅशनल पार्कमधील कांदळवनात हाहाकार माजवला होता. कमीत कमी ८०% तर जास्तीत जास्त ९५% पर्यंत अनेक कांदळ झाडं

ओरिसाच्या वादळाने झालेले नुकसान

बुंध्यातून तुटून पडलेली होती. झाडं मुळापासून उखडून निघण्याचं प्रमाण झाड खोडातून तुटण्याच्या प्रकाराच्या निम्म्यानं होतं. हे नुकसान जोराच्या वाऱ्यामुळं झालं असल्यामुळं झाडं खोडातून तुटून पडण्याचं प्रमाण जास्त होतं. त्यामुळंच हे नुकसान जमिनीवरच्या कांदळतही ७५% इतकं आढळलं. लाटांनी होणारं नुकसान इतकं आतपर्यंत पोहोचत नाही आणि लाटांनी झालेल्या नुकसानीत झाडं मुळासकट उपटून पडण्याचं प्रमाण अधिक असतं.

जिथं वाहतं पाणी होतं तिथं– विशेषत: गोड्या पाण्याच्या प्रवाहांच्या काठानं कांदळांची उंची सरासरी ३ मीटर होती. अशा भागात नुकसान होण्याचं प्रमाण बरंच कमी होतं. अँड्र्यूच्या मार्गापासून दोन्ही बाजूला काही किलोमीटर जाता– कांदळवनांमध्ये फक्त पानं झडण्यापुरतंच– हे नुकसान मर्यादित होतं. टेनथाऊजंड आयलंड्सच्या उत्तर भागात घातकधक्क्या इतकं तीव्र होतं, मात्र दक्षिण भागात भागाशः नुकसान झालेलं होतं.

ह्या नुकसानीचे परिणाम दहा महिन्यातच कळून आले.ह्या भागात चॅटहॅम आणि लॉस्टमन नद्यांच्या परिसरात ब्राझिलियन पेपरची झाडं वाढतात. कुणीतरी कधीतरी शोभेची झाडं म्हणून ह्यांची इथं आयात केली, पण गेल्या शंभर वर्षात विसाव्या शतकाच्या सुरूवातीस आलेल्या ह्या झाडांचा बराच प्रसार झाला. ती कांदळात मिसळून वाढतात. अँड्र्यूमध्ये कांदळांच्या मानानं ह्या झुडुपांचं खूपच कमी प्रमाणात नुकसान झालं. अँड्र्यूनंतर वर्षभरात त्यांची जोमानं वाढ होऊ लागली. त्यामानानं कांदळांचं नुकसानही मोठ्या प्रमाणात होतंच पण त्यांची वाढही मंद गतीनं होत असल्यामुळं त्यांचं नुकसान भरून येण्याचं प्रमाणही मंदच होतं. त्यामुळं चॅटहॅम आणि लॉस्टमन नद्यांच्या परिसरात बऱ्याच कांदळांची जागा ब्राझिलियन पेपरनं घेतल्याचं दिसून आलं. अशा तऱ्हेनं अँड्र्यूमुळं स्थानिक परिस्थितीत कसा बदल घडून येतो, ह्याचं एक आगळं वेगळं उदाहरण ह्या अभ्यासातून पुढं आलं.

❖

वाळवंटी पर्यावरण

वाळवंटाबद्दल आपल्या बऱ्याच चुकीच्या समजुती असतात. वाळवंट म्हणजे भकास, उजाड आणि निर्जीव भूभाग ही त्यातली एक समजूत. ज्या भूभागात फक्त वाळूच वाळू असते त्याला वाळवंट म्हणायचे ही त्यातली दुसरी समजूत. प्रत्यक्षात भूशास्त्रीय व्याख्येनुसार जिथली हवा अतिशय शुष्क असते आणि जिथे अतिशय थोडा पाऊस पडतो अशा भूमीस वाळवंट म्हणतात. अगदी सहज सांगता येणाऱ्या या व्याख्येला थोडे शास्त्रीय रुप दिले तर जिथे हवेतील आर्द्रता शून्याच्या जवळपास आणि पाऊस प्रतिवर्षी २० सेंमी हून कमी पडतो अशा भूमीस वाळवंट म्हणजे 'डेझर्ट' असे म्हटले जाते. अशी परिस्थिती अंटार्क्टिका भूखंडावर, लडाखमध्ये आणि तिबेटच्या पठारावर आढळते. असे असले तरी इथे मात्र आपण अशा शीत वाळवंटाच्या ऐवजी उष्ण अशा वाळूच्या सागराचाच विचार करणार आहोत.

वरकरणी पाहता वाळवंट निर्जीव वाटली तरी निसर्गशास्त्रज्ञाच्या दृष्टीने हा एक नैसर्गिक वैचित्र्याचा अनोखा खजिनाच असतो. अनेक वनस्पती आणि प्राणीसृष्टीचे सदस्य या खडतर आणि जलविहीन परिस्थितीत वावरतात. या परिस्थितीत वावरताना उपयोगी पडतील असे बदल त्यांच्यामध्ये उत्क्रांती मार्गे झालेले दिसून येत असतात. परिस्थितीशी जुळवून घेणाऱ्या या सजीवांच्या अभ्यासात चमत्कार वाटावा अशा अनुकूलनाची उदाहरणे आपल्या दृष्टीस पडतात. उंट हे यातले सर्व परिचित उदाहरण आहे.

वाळवंटातील सजीवांचे वैशिष्ट्य म्हणजे ही जीवसृष्टी बहुतेक काळ निद्रितावस्थेत असते. ही सुप्तवस्था इतकी तीव्र असते की हे सजीव अस्तित्वात असावेत अशी या काळात नीट निरीक्षण करूनही शंकासुद्धा येत नाही. चुकून जेव्हा कधीतरी वाळवंटामध्ये पाऊस पडतो, तेव्हा ते सजीव त्यांची सुप्तावस्था सोडून झपाट्याने

जागृत होतात. वनस्पती उगवतात, फुलतात. कीटक, उभयचारी प्राणी जागे होतात. सर्वत्र वेगवेगळे रंग भरले जातात. वनस्पतींच्या बिया ज्या कित्येक वर्षे सुप्तावस्थेत होत्या त्या रुजतात. हवेतील ही आर्द्रता, ही डबकी हे सर्व क्षणभंगूर आहे, ह्याची त्यांना कल्पना असते. रुजलेल्या बियांची रोपे जमिनीवर येतात, फुलतात. परागवहन होते, त्यांच्या बिया त्या जागीच चिखलात किंवा जमिनीत गाडल्या जातात. परत जेव्हा पाऊस येईल तेव्हा त्याचे वंशसातत्याचे कार्य सुरू होणार असते.

एवढी फुले फुलल्यावर तिथे असंख्य कीटक जमा होतात. त्यांना भरपूर अन्न मिळणार असते. मुख्य म्हणजे या फुलाच्या परागवहनाची जबाबदारी निसर्गनि त्यांच्यावर टाकलेली असते. त्यांनी जर त्यांचे कार्य जलदगतीने केले नाही तर या वनस्पतीचे फुलणे वाया जाणार असते.

वाळवंटातल्या वनस्पती परागवहनासाठी कीटकांवर आणि इतर प्राण्यांवर अवलंबून असतात.याचे कारण या परागवहनात फलनाची खात्री असते. वनस्पतींना इतर, ज्यांची खात्री देता येत नाही अशा, परागवहनाच्या पद्धतीचा धोका पत्करणे वाळवंटात तरी परवडत नाही. फुलपाखरे, पतंग, मधमाशा आणि भुंगे याशिवाय पक्षी आणि वटवाघुळे यांच्यावर या वाळवंटी वनस्पतींची भिस्त असते. उत्तर अमेरिकेतील वाळवंटामध्ये राक्षसी 'सागुआरो' निवडुंगाचे परागवहन लांब जिभेच्या वटवाघुळांकडून होते. ही वटवाघुळे या निवडुंगांच्या फुलांपाशी पंख हलवत स्थिरावतात आणि लांब जिभेने मध गोळा करतात. त्यावेळी त्यांच्या तोंडाला या

फुलातले परागकण चिकटतात आणि ते दुसऱ्या ठिकाणच्या निवडुंगाकडे वाहून नेले जातात.

वाळवंटातील सर्वात गमतीचे आणि उत्क्रांतीच्या चमत्काराचे उदाहरण म्हणजे 'युक्का' नावाची वनस्पती आणि 'युक्का मॉथ' नावाचा पतंग होय. काटेरी पाने असलेली युक्का आणि युक्का मॉथ यांचे सहजीवन पाहून मन थक्क होते. ही वनस्पती आणि हा पतंग एकमेकांशिवाय जगूच शकत नाहीत. युक्का पतंगातला नर मादीच्या संपर्कात आला की लगेच मरतो. फलन झालेल्या अंड्यांसह मादी एखाद्या युक्काच्या फुलातला मध गोळा करायला जाते तेव्हा ती तिथल्या परागकणांचा एक छोटा गोळा बनवते. हा तिच्या जबड्याच्या खालच्या भागात असलेल्या एका आकड्याला अडकतो. याचवेळी मादी त्या फुलाच्या बीजांडकोशात २-३ अंडी घालते आणि पुढच्या फुलावर जाते. तिथे ती मध गोळा करायला लागली की तिच्या अंड्यांबरोबर हे परागकण बीजांडकोशात पोहोचतात आणि नवीन परागकणांचा गोळा घेऊन पतंग मादी तेथून पुढे जाते. युक्काच्या बीजांडकोशात अंड्यातून युक्का पतंगाची अळी बाहेर पडते. या एक किंवा २ अळ्या फलीत बियांतील साधारणपणे निम्म्या बिया खातात, तर निम्म्या बिया वनस्पतीच्या उपयोगासाठी ठेवल्या जातात. युक्काचे वंशसातत्य युक्का पतंगावर, तर युक्का पतंगाच्या पुढच्या पिढीचे भवितव्य युक्काच्या फुलावर अवलंबून असते.

पृथ्वीचा १/७ भाग हा वाळवंटांनी व्यापलेला आहे. सागरा इतकेच जैववैविध्य वाळवंटांमध्ये आढळते. मानवाच्या निर्बुद्ध वर्तणुकीमुळे प्रतीवर्षी ३० लक्ष हेक्टर वाळवंटी प्रदेशाची यात भर पडते आहे. बरीच वाळवंटे मोठमोठ्या पर्वतराजींच्या पर्जन्य छायेच्या प्रदेशात आढळतात. रॉकी पर्वतरांगेमुळे अमेरिकेतली तर अनेक पर्वतांनी वेढलेले ग्रेट ऑस्ट्रेलियन डेझर्ट ही अशा वाळवंटांची उदाहरणे आहेत. शीत वाळवंटांचे उदाहरण आपण या आधीच सुरुवातीला बघितले आहे. काही वाळवंटातून खूप खुरटी झुडुपे असतात. पावसावर अवलंबून या झुडुपांची दाटी आणि संख्या ठरते. वाळवंट कशाही प्रकारचे असले तरी तेथे पाऊस अत्यल्प पडतो. तो कधीतरी पडतो आणि पडलेल्या पाण्याची वाफ होऊन ती परत हवेत जाते. काही थोडे पाणी वाळूत मुरते. मध्यंतरी थर परकार वाळवंटांचे चित्रण असलेला एक माहितीपट दूरदर्शनवर दाखवण्यात आला. त्यात एका छोट्या ७-८ वर्षाच्या मुलाला पाऊस कसा असतो हेच माहीत नव्हते. अशा परिस्थितीत वाळवंटातून प्राणी आणि वनस्पती जगतात आणि त्यांचे जीवन व्यवहार पार पाडतात. हाही एक निसर्ग चमत्कारच म्हणायला हवा.

वाळवंटाच्या विविध भागात तिथल्या परिस्थितीवर अवलंबून सजीवसृष्टी नांदते. ओऑसिसच्या आसपास खजुराची झाडे आणि मानवी वसाहतीही असतात; पण हा

वाळवंटांच्या मानाने जलसमृद्ध भाग सोडला तर इतर वाळवंटात बच्याच वनस्पती आणि बरेच सजीव पाऊस पडेपर्यंत निद्रिस्त असतात. पक्षी स्थलांतर करून इतरत्र जातात. काही प्राणी फक्त रात्रीच बाहेर पडतात. काही खोल बिळात राहतात. सर्वच नैसर्गिक वाळवंटांमध्ये हिरव्या वनस्पती आणि कायमस्वरूपी प्राणी आढळतात. त्यांचे विश्व आपल्या दृष्टीने अनोखे असते. वाळवंटात राहण्यासाठी त्यांच्यामध्ये नैसर्गिकदृष्ट्या बदल झालेले आढळतात. वाळवंटातील एक सर्व परिचित वनस्पती म्हणजे कोरफड होय. या वनस्पतींनी वाळवंटात जगण्यासाठी स्वत:मध्ये आश्चर्यकारक बदल घडवून आणलेले आहेत. यांना पाने नसतात. असलीच तर ती काट्यांच्या स्वरूपात असतात. त्यांनी शोषलेले पाणी कमीत कमी प्रमाणात बाहेर जाईल अशी व्यवस्था केलेली असते. त्यांच्या काट्यांमुळे प्राणी त्यांच्याजवळ यायला घाबरतात. यांची खोडे जाड आणि लुसलुशीत, मांसल अशी असतात. ती हिरवी असतात आणि प्रकाश संश्लेषणाचे काम करतात. त्यांची मुळे खोल जात नाहीत. पण भूपृष्ठाखाली दूरवर पसरून जी काही आर्द्रता असेल ती शोषून घ्यायचा प्रयत्न करतात. अशा अनेक वैचित्र्यांसह वाळवंटातील सजीवसृष्टी प्रतिकूल परिस्थितीमध्येही आपले अस्तित्व टिकवून असते हे विशेष.

वाळवंटातील दिवसाचे जीवन

वाळवंटात सूर्य उगवतो व माध्यान्हीच्या सूर्यासारखा तळपू लागतो. वाळवंटात पहाट नसते, संध्याकाळ नसते. दिवस आणि रात्र यांच्यातला संधिकाळ नसतो. रात्र पडल्यावर काही काळातच गार वारे वाहू लागतात. दिवस उजाडताच हवा तापू लागते. अशा परिस्थितीत वाळवंटात दिवसा फार थोडे सजीव वावरताना दिसतात. माध्यान्हीचे तापमान अंटार्क्टिका, तिबेटच्या पठारासारखी शीत वाळवंटे सोडली तर ५० ते ५२ अंश सेल्सिअसच्या दरम्यान असते. काही ठिकाणी ते याहून जास्त असते. काही ठिकाणी ते याहून जास्त म्हणजे ५५ ते ६० अंश सेल्सिअसपर्यंत जाते.

अशाही परिस्थितीत वाळवंटात सूर्यप्रकाशात काही प्राणी वावरताना आढळतात. यातले प्रमुख प्राणी म्हणजे वाळवंटी सरडे. अतिशय तापलेल्या वाळूवर हे सरडे केवळ पायांची बोटे टेकवत अतिशय वेगाने इकडून तिकडे जाताना आढळतात. वाळवंटी सरड्यांना जलद गतीने वावरणारे संधिसाधू प्राणी असे बरेच निसर्गशास्त्रज्ञ म्हणतात. वाळवंटात जिथे वाळव्यांची मोठ-मोठी वारुळे असतात, त्यांच्या आसपास हे सरडे हमखास आढळतात. वाळवंटातल्या वाळवीचे महानगर हे कधीही शांत नसते. त्यांचे कार्य सतत चालू असते. काही वेळा या वाळव्या उंच मंदिराचे कळस वाटावेत अशी वारुळे उभी करतात. बरेचदा ती वाळवंटातल्या रस्त्याच्या मध्यभागीसुद्धा

असू शकतात. ऑस्ट्रेलियातील वाळवंटात १० ते १५ मीटर उंच अशी वारुळे दृष्टीस पडतात. यांची अंतर्रचना खूप जटील आणि गुंतागुंतीची असते. चुकून जर हे वारूळ गडगडले तर वाळवीचे शत्रू त्या संधीचा फायदा घेतात. मुंगळे हे वाळवीचे प्रमुख शत्रू. ते कामकरी वाळव्यांना पकडून आपल्या वारुळात नेतात.

सरडे या संधीचा चांगलाच फायदा उठवतात. ते वाळवी तोंडात पकडलेल्या मुंगळ्याला उचलतात. त्या मुंगळ्याला मारून थुंकून टाकतात आणि वाळवी खाऊन टाकतात. असे करत करत हे सरडे मग उघड्या झालेल्या वारुळापर्यंत पोहोचतात. नॅशनल जिऑग्राफिकने वाळवंटावर काढलेल्या चित्रफितीत हे आपल्याला पहावयास मिळते. इतरवेळी हे सरडे मुंगळ्यांना खात नाहीत. याचे कारण मुंगळ्यांचे आकडे, पण त्या आकड्यांत जेव्हा वाळवी असते तेव्हा हे मुंगळे सरड्यांना अपाय करू शकत नाहीत.

सरडे आणि सापांना शीत रक्ताचे प्राणी असे संबोधण्यात येते. याचा अर्थ असा की त्यांच्या रक्ताच्या तापमानावर त्यांचे नियंत्रण नसते, तर त्यांच्या शरीराचे तापमान त्यांच्या आजूबाजूच्या परिस्थितीवर अवलंबून गरम किंवा थंड होत असते. याउलट उष्ण रक्ताचे प्राणी शारीरिक तापमान विशिष्ट तापमानाच्या मर्यादित यशस्वीपणे ठेऊ शकतात. असे असले तरी वाळवंटी सरडे हे त्यांच्या शरीराचे तापमान नियंत्रित करण्याच्या कलेत फार निष्णात असतात. यासाठी ते वेगवेगळ्या युक्त्या प्रयुक्त्यांचा उपयोग करीत असतात. याचे एक उत्कृष्ट उदाहरण अमेरिकेतील वाळवंटांमध्ये सापडते.

अमेरिकेच्या वाळवंटात हॉर्न्ड टोड म्हणजे श्रुंगी भेक नावाचा एक सरडा सापडतो. ह्या सरड्याचे तोंड बेडकाप्रमाणे पसरट असल्याने तसेच त्याच्या अंगावर मोठमोठे शिंगासारखे उंचवटे असल्यामुळे त्याला 'श्रुंगी भेक' हे नाव मिळाले आहे. त्याच्या परिसरात वावरताना हा सरडा अशा तऱ्हेने वावरतो की त्याच्या शारीरिक तापमानाचे आपोआप नियंत्रण होत राहते. ह्या सरड्याच्या हालचालींचा शास्त्रज्ञांनी अभ्यास केला आहे. त्यांना असे आढळून आले की या सरड्याच्या अंगावरील काट्यांसारख्या टेंगळांच्यामुळे त्यांच्या त्वचेचे क्षेत्रफळ खूप वाढलेले असते. हे सरडे सतत अपली जागा बदलतात. त्यांना स्थिर व्हावयाचे असेल तेव्हा ते सूर्य किरणांच्या दिशेशी विशिष्ट कोन करून बसतात. यामुळे काट्यांची सावली पडून शरीरावरची त्वचा तापत नाही.

या सरड्याचे आणखी एक वैशिष्ट्य म्हणजे त्यांचे स्वसंरक्षणाचे साधन. हे सरडे संकट येताच डोळ्यातून रक्ताची चिळकांडी उडवतात. सुप्रसिद्ध निसर्ग शास्त्रज्ञ जेराल्ड डरेल यांनी त्यांच्या एका पुस्तकामध्ये या सरड्यांबद्दलचा अनुभव वर्णन केला आहे. त्यांनी अमेरिकेतून असे सहा 'श्रुंगी भेक' मागवले. ते एका पेटीतून

डरेल यांच्या घरी आले. तिथे डरेलनी त्या सरड्यांच्या पेटीचे झाकण उघडताच त्यांच्या पांढ्या शुभ शर्टावर रक्ताच्या सहा पिचकाऱ्या उडाल्या!

वाळवंटात दिवसाच्या सुरुवातीस आणि अखेरीस म्हणजे– सकाळी आणि संध्याकाळी– दिवसा वावरणारे अनेक प्रकारचे प्राणी बघायला मिळतात. त्यामुळे ज्यांना वाळवंटाचा अभ्यास करायचा आहे त्यांच्या दृष्टीने यावेळा महत्त्वाच्या ठरतात.जर ह्या प्राण्यांच्या निवासस्थानांचा मागोवा घेतला तर त्यांचे निरीक्षण करणे सोपे जाते. यासाठी बरेच निसर्ग शास्त्रज्ञ या प्राणी किंवा पक्ष्यांच्या पावलांचे ठसे, पडलेली पिसे आणि केस तसेच विष्ठा यावरून या प्राण्यांची वास्तव्यस्थाने कुठे असतील याचा अंदाज बांधतात. मग पहाटेस किंवा सूर्यास्ताच्या आधी दोन तास अशा ठिकाणी लक्ष ठेवतात. त्यामुळे यांना पाहण्याची संधी प्राप्त होते.

वाळवंटातल्या बऱ्याच प्राण्यांचे आणि पक्ष्यांचे छद्मावरण इतके उत्कृष्ट असते की ते सहज लक्षात येत नाही. त्यांच्या हालचालीमुळे आणि सावल्यांमुळेच ते ओळखू येतात. बरेच निसर्गशास्त्रज्ञ पदचिन्हांवरून हे प्राणी कुठल्या दिशेने गेलेत ते आणि ही पदचिन्हे कुणाची आहेत ते ओळखू शकतात. या ज्ञानाचा उपयोग करून ते त्यांना हवे असलेले नमुने मिळवतात.

वाळवंटाच्या प्रकारानुसार अर्थातच वाळवंटी जीवन बदलते. ज्या वाळवंटामध्ये खुरटी झुडुपे असतात तिथे त्या झुडुपांच्या आश्रयाने सजीवांचा जीवनकलह चालू असतो. तर खडकाळ वाळवंटामध्ये मोठमोठ्या घळीच्या सावलीत प्राणी जीवन व्यतीत करतात. तसेच ओऑसिसच्या आसपासही प्राणीजीवन आढळते. रेताड वाळवंटात मात्र माध्यान्ही निरव शांतता असते.

वाळवंटातील रात्रीचे जीवन

वाळवंटास संध्याकाळी सूर्य मावळतीकडे झुकू लागताच जाग यायला सुरूवात झालेली असते. सूर्य अस्तास जाताच वाळवंट खऱ्या अर्थाने जागते. दिवसा उन्हापासून बचाव करण्याकरिता आडोशाला गेलेले असतात. हळूहळू हे सजीव आपला आडोसा सोडून जीवन व्यवहारास सज्ज होतात. सूर्य अस्तास गेल्यावर वाळवंटाचे तापमान झपाट्याने कमी होऊ लागते. दुपारच्या वावटळींची जागा वाऱ्याच्या झुळुका घेतात. जसजशी रात्र वाढू लागते, तसतसा वाऱ्यांचा जोर वाढतो त्यामुळे आणि गरम हवा वर जाऊन त्याजागी कमी तापलेली हवा आल्यामुळे तापमान इतक्या नाट्यमयरित्या कमी होते.

खडकांच्या कपारी खालून, झुडुपांच्या मुळातून, बिळातून साप, विंचू, कोळी, वाळवंटी मुंगुस, स्टोट आणि शतपाद तसेच सहस्रपाद भक्ष्य मिळवायला बाहेर पडतात. वाळवंटातल्या उंदरांचेच प्रकार बघायचे तर, ऑस्ट्रेलियात कांगारू रॅट

आढळतात, अमेरिकेत, कॅनडात हॉपिंग माऊस मिळतात, आशियाई आणि आफ्रिकी वाळवंटात गर्बिल तर गोवीमध्ये जर्बोआ अशा विविध प्रकारचे कृदंत वर्गी प्राणी मिळतात. या सर्व उंदरांचे वैशिष्ट्य म्हणजे यांचे मागचे पाय खूप लांब असतात तर पुढचे पाय खूप आखूड असतात. त्यामुळे हे उंदीर कांगारूप्रमाणे मागच्या पायांचा रेटा देऊन लांब लांब उड्या मारत झपाट्याने खूप अंतर काटतात. तर पुढचे पाय अन्न तोंडात सरकवण्यासाठी वापरतात. यावेळी कीटक बहुसंख्येने बाहेर पडतात. यामुळे त्यांच्यावर उदरभरण करणारी वटवाघुळे, पाकोळ्या यांच्याबरोबर खुजी घुबडे (एल्फ औल्स) आणि दुर्बल (स्विफ्ट) यासारखे पक्षीही यावेळी वाळवंटात संचार करतात. ही खुजी घुबडे घुबडांच्या सर्वांत छोट्या प्रकारात मोडतात. ती १० ते १५ सें.मी. उंच असतात. वटवाघुळे आणि हे पक्षी वाळवंटातील खडकांच्या कपारी किंवा निवडुंगातील बेचक्यात आणि ढोल्यांमध्ये दिवस व्यतीत करतात. यातली घुबडे केवळ उंदीरच नव्हे तर शतपाद, कोळी आणि छोटे कीटक यांनाही स्वाहा करतात. काही वेळा या घुबडांनी पकडलेले जीव लांबीला त्यांच्या एवढेच असतात. एखादी वाळवंटी गोम २० ते २२ सें.मी. लांब असते. पण तरीही तिचे या घुबडांपुढे काही चालत नाही.

वाळवंटात रात्री शिकार करणाऱ्या प्राण्यात कोळी आणि विंचू यासारखे प्राणी असतातच. पण या शिवाय अनेक छोटे आक्रमक शिकारीही वाळवंटात आढळतात. यात छोट्या सस्तन प्राण्यांचा आक्रमकतेमध्ये अग्रक्रम लागतो. हे सर्व प्राणी आपल्या कल्पनेतल्या छोट्या केसाळ सस्तन प्राण्यांच्या प्रतिमेपेक्षा अगदी भिन्न असतात. अमेरिकन वाळवंटामध्ये ग्रासहॉपर माईस आणि पिग्मी माईस आपापले भक्ष्य पकडताना अतिशय चपळाई दाखवतातच पण त्याचबरोबर जोडीदार मिळवण्याच्या प्रयत्नात त्यांचा आक्रमकपणा अंगावर शहारे आणतो. आफ्रिकेच्या वाळवंटात आफ्रिकेतल्या जंगलांप्रमाणे आणि सॅव्हानाप्रमाणेच अनेक प्रकारचे चित्रविचित्र प्राणी आढळतात. यातल्या काही प्राण्यांची आपण माहिती घेऊ. हेनहॉग हा प्राणी आशिया प्रमाणेच आफ्रिकेत रेताड प्रदेशात आणि वाळवंटातही सापडतो. याला जाहक असे आपल्याकडे म्हटले जाते. या वाळवंटी जाहकाचे काही प्रकार सहारा आणि नामिबच्या वाळवंटात आढळतात. त्याचबरोबर बिळे करून राहणाऱ्या प्राण्यात आफ्रिकेमध्ये आढळणारा गोल्डन मोल हा प्राणी शास्त्रज्ञांच्या आकर्षणाचा विषय बनला याचे कारण हा जमिनीवीवर क्वचितच आढळतो. त्याच्या अंगावर सोनेरी रंगाची मऊसूत लव असते. यामुळे हा वाळूत चटकन दिसत नाही. आफ्रिकेत सोंडवाली चिचुंद्रीही आढळते. हिला एलेफंट श्रू असे नाव अर्थातच तिच्या सोंडेसारख्या लांब नाकामुळे मिळाले आहे. मात्र या चिचुंद्रीचे डोळे, अंधारात वावरायला मदत व्हावी म्हणून गोल आणि मोठे असतात. छोटे छोटे कीडे खाऊन ही उपजीविका

करते. अरायझोना आणि मेक्सिकोच्या वाळवंटामध्ये देखील काही चिचुंद्र्यांचे प्रकार सापडतात. चिचुंद्री ही खरं तर शुष्क हवेत आढळत नाही. ओलसर जागी ती वास्तव्यास असते. ऑस्ट्रेलियन वाळवंटातले उंदीर ऑस्ट्रेलियातील स्थानिक रहिवाशी प्राण्यांप्रमाणे शिशुधानी असतात. त्यांची पिल्ले आईच्या पोटावरच्या पिशवीत वाढतात. या शिशुधानी उंदरांचे वैशिष्ट्य म्हणजे माणसांबरोबर ऑस्ट्रेलियात पोहाचलेल्या सस्तन उंदरावर हल्ला करून हे शिशुधानी उंदीर त्यांना खातात. याशिवाय ते संधिपाद प्राणी खातात. किंबहुना संधिपाद प्राणी हेच त्यांचे मुख्य अन्न असते.

भारतीय वाळवंटातल्या घोरपडी आता संरक्षित असल्या तरी त्यांचे तेल पौरुषत्व प्रदान करते, या चुकीच्या समजुतीमुळे त्यांची हत्या अजून थांबलेली नाही. हे सर्व वाळवंटी जीव वाळवंटातल्या कठीण परिस्थितीशी सामना देऊन जगू शकतात याचे कारण निसर्गाने त्यांना या परिस्थितीशी सामना करण्यासाठी अनुकूलनाचे वरदान दिले आहे. उत्तर अमेरिकन भूखंडातील वाळवंटातले कांगारू रॅट दिवसा त्यांच्या खोल बिळात पडून असतात. त्यांचे जीवन व्यवहार संपवून या बिळांमध्ये परतताना ते बिळांची तोंडे बंद करून घेत आत शिरतात. आणि मग आतूनही बिळे पूर्णपणे बंद करून टाकतात. यामुळे बाहेरची गरम हवा आत येत नाही आणि बिळातला ओलावा आणि थंड हवा बाहेर जात नाही. हे उंदीर ज्या बिया गोळा करून बिळात साठवतात, त्या बिया ह्या उंदरांच्या श्वासातून बाहेर पडलेली वाफ शोषून घेतात. या उंदरांची लघवी अतिशय दाट असते. मानवी मूत्राच्या तुलनेत ह्या मूत्रामध्ये फक्त २५ टक्केच पाणी असते.

रात्री जेव्हा हे उंदीर बाहेर पडतात तेव्हा ते लांब लांब उड्या मारून शत्रूस चुकवतात. ते एका सेकंदास ३ मीटर या वेगाने पळू शकतात. त्यांची एक उडी ०.५ मीटर म्हणजे १.५ फूटाहून थोडी अधिक लांब पडते. या उंदरांची नाक ते शेपूट लांबी ४ ते ५ सें.मी. असते हे लक्षात घेतले की हा वेग आणि हे अंतर किती मोठे असते हे लक्षात येईल. शिवाय हे उंदीर शेपटाच्या टोकाला असलेल्या गोंड्याचा उपयोग करून हवेत दिशाबदल करतात यामुळे त्यांना पकडणे अवघड जाते. या चपळाईचा आणि कौशल्याचा उपयोग झाला नाही तर अखेरचा उपाय म्हणून मागील पायांनी ते शत्रूच्या तोंडावर माती उडवतात. वाळवंटातल्या बहुतेक सर्व कृदंतांमध्ये लांब उड्या मारता येतील अशी शारीरिक ठेवण आढळते. ऑस्ट्रेलियातील उंदीर बिळांच्या तोंडाशी छोटे छोटे दगड ठेवतात. पहाटेच्या गारव्यात या दगडांभोवती दव जमा होते तेव्हा उंदीर बिळाच्या मुखापासचे हे दगड चाटून तहान भागवतात.

वाळवंटांच्या प्रकारावर अवलंबून वाळवंटात फेरेट, बॅजर, मुंगूस, मार्जरिवर्ग प्राणी आणि वाळवंटी खोकडही वास्तव्यास असतात. या खोकडांचे कान खूप मोठे असतात. त्यांच्या सहाय्याने जमिनीखालच्या वाळव्या आणि कीटकांची हालचाल

हे खोकड जाणून घेतात. त्याचबरोबर या कानांच्या सहाय्याने शारीरिक उष्णताही बाहेर टाकली जाते. वाळवंटी मांजरही अंधारात त्यांचे भक्ष्य शोधण्यात पटाईत असतात. त्यांच्या डोळ्याप्रमाणे त्यांची श्रवण शक्तीही तीव्र असते.

पहाट होऊ लागताच रात्रभरचे जीवनव्यवहार संपूवन ही मंडळी आपापल्या निवासस्थानी परततात. सूर्य उगवतो आणि वाळवंटातील हालचाली कमी होतात. जसजसा सूर्य वर येतो तसतशी वाळवंटामध्ये निरव शांतता पसरते.

वाळवंटातील दुष्काळावर मात करणारे इतर जीव

वाळवंटातला जीवनक्रम ज्यांना झेपणार नाही असे प्रथम दर्शनी वाटते त्या सजीवांमध्ये पक्ष्यांचा समावेश होतो. प्राण्यांपैकी वटवाघुळे आणि पक्ष्यांमधे घुबडे सोडली तर इतर पक्ष्यांना त्यांच्या जीवन व्यवहारासाठी उजेडाची थोडीतरी आवश्यकता असतेच. यामुळे वाळवंटातील बहुतेक पक्षी हे सूर्योदय आणि सूर्यास्ताच्या आगेमागे भक्ष्य शोधावयास बाहेर पडतात. वाळवंटात वावरणारे बहुतेक पक्षी हे कीटकभक्षक असतात. कीटकांच्या शरीरातील द्रवावर ते त्यांची तहान भागवतात. असे असले तरी वाळवंटातील सर्वच पक्षी हे कीटकभक्षी नसतात. यातले काही पक्षी वनस्पतींच्या बियांवर आपापली गुजराण करीत असतात. सहाराच्या वाळवंटातील सँड ग्राऊझ काही शे किलोमीटर उडत एखादे ओऑसिस गाठतात. मग ते स्वतःची तहान भागवतात आणि त्यांच्या वाळवंटातील घरट्यात असलेल्या पिलांसाठी पाणी येऊन परततात. ऑस्ट्रेलियातील बजरिगार, ज्यांना आपण लव्हबर्ड म्हणून पाळतो, ते पक्षी पाण्यासाठी वाळवंटातून ३००-३५० किलोमीटरचा प्रवास करतात. वाळवंटात पाऊस पडतो तेव्हा तेथे भक्ष्याच्या शोधार्थ आलेले पक्षी पाण्याची कमतरता भासू लागताच तो भाग सोडून वाळवंटाच्या कडेला त्यांच्या नेहमीच्या वास्तव्याच्या ठिकाणी निघून जातात. पक्ष्यांसारखे दूर अंतर काटणे इतर प्राण्यांना मात्र शक्य होत नाही. त्यामुळे असे प्राणी पाण्याच्या कमतरतेवर मात करण्यासाठी वेगवेगळे, आश्चर्यकारक वाटावेत असे, मन थक्क करणारे मार्ग शोधून काढतात. यात काही आकाराने लहान अशा पक्ष्यांचाही समावेश असतो. अमेरिकन वाळवंटात सापडणारे 'पुअर-विल' नावाचे निशाचर पक्षी वसंतागमनानंतर बाहेर पडतात. मात्र हिवाळ्याच्या सुरुवातीस ते खडकांच्या कपारीत शीतनिद्रेसाठी जातात. याचे कारण वाळवंटात उन्हाळ्यात थोडा फार तरी ओलावा असतो. हिवाळ्यात हवा अतिशय शुष्क बनते आणि जमिनीतला ओलावाही नष्ट होतो.

अनेक छोटे सस्तनप्राणीही शुष्क हिवाळ्यात शीतनिद्रेत जातात. तर तीव्र उन्हाळ्यात ते गुंगीत जातात. त्यांच्या उन्हाळ्यातील या तात्पुरत्या गुंगीस एस्टिव्हेशन असे म्हणतात. तर हिवाळ्यातील दीर्घ निद्रेस 'हायबर्नेशन' असे म्हटले जाते.

अर्जेंटिनामध्ये अँडीज पर्वताच्या पायथ्याशी मेडोंझा नावाचे वाळवंट आहे. इथे 'फेअरी आर्माडिलो' हा पृथ्वीवरचा सर्वांत छोटा मुंग्याखाऊ आढळतो. हा फक्त १५ सें. मी. लांब असतो. तो गुलाबी रंगाचा असतो. त्याच्या खवल्यांमध्ये चंदेरी फर असते. तशीच त्याच्या पोटावरही चंदेरी मऊ केस असतात. हे खवले मांजर कीटक आणि त्यांच्या अळ्या खाऊन जगते. ते वाळूत खूप खोल आणि एकमेकांना बोगद्यांनी जोडलेली बिळे खणून जगतात. इथे हिवाळ्यात खूप थंडी पडते. त्याकाळात या बिळांमध्ये हे खवले मांजर शीतनिद्रेत जाते.

वाळवंटातील उभयचरी प्राण्यांची जगण्याची पद्धत अदभूत वाटावी अशीच असते. जगण्यासाठी ओली जमीन आणि पाण्यावर अवलंबून असणाऱ्या बेडूक आणि भेकांचे भाईबंद वाळवंटात जगतात, हेच खरे आश्चर्य म्हणायला हवे. तरीही जगातील सर्वच वाळवंटामध्ये बेडूक, भेक आणि त्यांचे भाईबंद स्वत:ला जमिनीत गाडून घेऊन पावसाची वाट पाहात सुप्तावस्थेत पडून असतात. पाऊस पडताच ते जागृत होतात. त्यांचे मीलन होते. पिले वाढतात आणि आर्द्रता कमी होताच ते परत चिखलात खोलवर घुसतात. पुढच्या पावसापर्यंत ते इथेच पडून असतात. या बेडकांचे सगळेच जीवन घाईगर्दीचे असते. ऑस्ट्रेलियातील वाळवंटामधील बेडूक ज्या झपाट्याने कीटक खातात किंवा बेडूकमासे अंड्यातून बाहेर येऊन त्यांचे बेडकात रूपांतर होण्याची प्रक्रिया ज्या वेगाने घडते, त्याला तोड नाही. भरपूर खाऊन मग भराभरा कमी होणारे पाणी तितक्याच घाईघाईने पिऊन हे बेडूक फुगतात. मग त्यांच्या निवासस्थानी म्हणजे चिखलात किंवा खडकांच्या भेगात ते परततात. इथे त्यांच्या त्वचेवर सेलोफेनसारखे एक जलाभेद्य आणि हवाबंद आवरण तयार होते. हे पारदर्शक असते. यामुळे त्यांनी शोषलेले पाणी परत हवेत जाऊ शकत नाही. मग पुन्हा २-३ वर्षांनी जेव्हा केव्हा पाऊस पडेल तेव्हा ते बेडूक हे आवरण फोडून बाहेर पडतात. झपाट्याने पुनरूत्पादन करतात, खातात आणि सुप्तावस्थेत जातात. वाळवंटात कायम स्वरुपी राहणाऱ्या पक्ष्यांनीही त्यांचा जीवनक्रम वाळवंटात सुखेनैव जगता येईल अशा तऱ्हेने बदललेला आढळतो. या पक्ष्यांना उजेडातील फरक जाणवतो. दिवसाच्या लांबीतला फरकही त्यांच्या लक्षात येतो. दिवसाची लांबी कमीतकमी असताना त्यांचे मीलन होते पण मादी लगेच अंडी घालतेच असे नाही. ऑस्ट्रेलियातील वाळवंटामधील बरेच पक्षी कायमस्वरुपी जोड्या करून राहतात मात्र जेव्हा पाऊस पडेल तेव्हाच त्यांचे मीलन होते, अंडी घातली जातात. अमेरिकन वाळवंटात गँबेल्स क्वेल नावाचा एक पक्षी आढळतो. तो वाळवंटात एकट्याने वावरतो. ढग जमू लागले की गँबेल्स क्वेल नर, मादी शोधू लागतात. जर पाऊस पडला तरच त्यांचे मिलन होते. पाऊस भरपूर पडला नाही आणि वनस्पती उगवल्या नाहीत तर जमलेली जोडी एकमेकांचा निरोप घेत वेगळी होते.

वाळवंटी प्रदेशातल्या उंटांची सर्वांना माहिती असते पण वाळवंटी प्रदेशात आणखी एक मोठा सस्तन प्राणी राहतो. तो दिवसेंदिवस दुर्मिळ होत चालला आहे. हा प्राणी म्हणजे रान गाढव. रान गाढव किंवा वाळवंटी गाढव कळपाने राहतात. ती ताशी ६० ते ७० किलोमीटर वेगाने पळतात. त्यांच्या अंगावर लोकरी सारखे दाट केस असतात. तर वाळूच्या वादळात संरक्षण व्हावे आणि वाळू श्वसनावाटे शरीरात जाऊ नये म्हणून नाकावर पडदे असतात. जरुरीप्रमाणे ह्या पडद्यांचा झडपांसारखा वापर करून ही गाढवे वाळूच्या वादळाशी सामना करतात. ती पाण्याशिवाय बराच काळ जगू शकतात. कच्छचे रण, थर परकारचे वाळवंट, लडाख आणि तिबेटमधील शीतवाळवंट तसेच मध्य आशियात रान गाढवे आढळतात.

वाळवंटातील सापांचे विश्व आणखीच वेगळे असते. अमेरिकेतील खडखड्या साप म्हणजे रॅटल्स्नेक जसा विषारी म्हणून प्रसिद्ध आहे, तसेच ऑस्ट्रेलियन वाळवंटातील सापही विषारी म्हणून प्रसिद्ध आहेत. वाळवंटातील साप कीटक आणि उंदीर तसेच पक्ष्यांची अंडी खाऊन जगतात. आयत्या बिळावर नागोबा ही म्हण सार्थ करीत ते वाळव्यांच्या वारुळांचा आश्रयस्थान म्हणून वापर करतात. ते जसे पाणथळ जागांजवळ आढळतात तसेच पाण्यापासून दूरही आढळतात. खडकाळ आणि खुरट्या झुडुपानी युक्त वाळवंट हे वाळवंटी सापाचे आगर असते.

वाळवंटातील जीवन हे असे विविध सजीवांनी समृद्ध असते. आता माणसाचा वावर वाळवंटात सुरू झाल्यामुळे यातले काही सजीव धोक्यात येऊ लागले आहेत, हेही लक्षात घ्यायला हवे.

पर्यावरणातील जीवन संघर्ष

आपण प्राण्यांना आपल्या परीनं अनेक गुण चिकटवीत असतो. खरं तर निसर्गामध्ये 'एकाने दुसऱ्यास गिळावे, हाच जगाचा न्याय खरा' ही ओळ सार्थ ठरावी अशी परिस्थिती आहे. मोठा मासा छोट्या माशाला गिळतो, हेही आपल्याला ठाऊक आहेच. यामुळे गिळणारा आणि गिळले जाणारे यात सतत एक प्रकारची स्पर्धा चालू असलेली आपल्याला पाहावयास मिळते. गिळले जाणारे संख्याबळाच्या जोरावर जगतातच, पण त्याचबरोबर स्वसंरक्षणाची इतरही अनेक साधने त्यांच्याकडे निसर्गदत्त उपलब्ध असतात. यात अनेक वाईट चवीची किंवा विषारी रसायने महत्त्वाची भूमिका बजावत असतात. मावाने रासायनिक अस्त्रे निर्माण करण्याच्या कितीतरी आधी निसर्गानं या सजीवांना रासायनिक युद्धात सहभागी करून घेतलं असं आपण म्हणू शकतो.

कीटकांमध्ये तर अशा विषांचा आणि विविध रंगांचा वापर खूप चातुर्याने करून घेण्यात येतो. छद्मावरण (कॅमोफ्लाज) हे या कीटकांचं आणि इतरही प्राण्यांचं आणखी एक वैशिष्ट्य. त्याबद्दल आपण आता फार खोलात न शिरता प्राण्यांच्या रासायनिक युद्धाची माहिती करून घेणार आहोत.

कीटक त्यांना संरक्षणासाठी आवश्यक विष कुठून मिळवतात? काही थोड्या सजीवांमध्ये जरी विष निर्माण करणाऱ्या ग्रंथी असल्या तरी बहुतेक कीटकांच्या शरीरात ते ज्या वनस्पती खातात तिथून विष येते आणि साठते. खरं तर त्या वनस्पतींनी हे विष स्वसंरक्षणासाठी निर्माण केलेले असते. इतर काही कीटकांना नांग्या असतात. मधमाशा, गांधीलमाशा, कुंभारमाशा यांच्या नांगीतील विषामुळं सहसा शत्रू त्यांच्या वाटेला जात नाही. नांगी म्हणजे प्राण्याच्या पृष्ठभागी असलेला, केवळ विष टोचण्यासाठी निर्माण केलेला अवयव. तर सोंड म्हणजे तोंडाचा किंवा

नाकाचा सुधारित उपयोगासाठी वैशिष्ट्यपूर्ण बनलेला अवयव. मराठीतील एका तथाकथित मान्यवर कोशात मधमाशीला सोंड असते व तिच्या साहाय्याने ती विष टोचते असं लिहिण्यात आलं आहे म्हणून मुद्दाम हा खुलासा.

स्वसंरक्षणासाठी विष

विषुववृत्तीय पर्जन्यारण्यातले अनेक प्राणी विषाचा स्वसंरक्षणासाठी वापर करतात. अनेक शास्त्रज्ञ याला निसर्गातील रासायनिक युद्ध असं म्हणतात. बेडूक आणि तत्सम प्राण्यांच्या अनेक जाती (फ्रॉग्ज आणि टोड्स) विषाचा वापर करतात. टोडला आपल्याकडे भेक असं म्हणतात. संकट येताच भेक उड्या मारत अंधाऱ्या जागी जाऊन लपतो आणि त्याला पकडताच तो लघवी उडवतो. यामुळे त्याला पकडणाऱ्या प्राण्याच्या त्वचेची आग होते. या भेकवरूनच 'भेकड' हा शब्द निर्माण झाला असावा. विषुववृत्तीय अरण्यातल्या बेडूक आणि भेकांची लघ्वी वेदनाकारक असते. पण त्यांची विषं मात्र जालीम असतात. अतिशय छोट्या प्रमाणात हे विष शत्रूच्या शरीरात गेलं तर शत्रूची हृदयक्रिया तरी बंद पडते किंवा शत्रूला पक्षाघाताचा तात्पुरता झटका येऊन तो जागीच कोसळतो. बरेच प्राणी छद्मावरणाचा अवलंब करतात किंवा खायला त्रासदायक आणि बेचव असतात. बफ-टिप मॉथ नावाचा पतंग हा बेचव तर असतोच पण तो लाकडाच्या तुकड्यासारखा दिसतो. एकतर त्याचं अस्तित्व झटकन लक्षातच येत नाही आणि आलंच तरी त्याचा भक्षक या पतंगाच्या वाईट चवीमुळं एखादा चावा घेऊन त्याला सोडून देतो.

भडक रंगाचे सजीव

काही चवीला वाईट आणि सौम्य विषारी सजीव लपून राहण्याऐवजी आपल्या अस्तित्वाची शत्रूला जाणीव झाली तरी चालेल अशा बेफिकीरीने वावरत असतात. त्यांचे रंगही उठून दिसतील असे असतात. काही वेळा त्यांच्या शरीरावर चटकन लक्षात येईल अशी अनेकरंगी नक्षी असते. हे रंग उजेडात तर चमकतातच पण अंधारातही प्रस्फुरित होत असतात. ते संकटाची अजिबात जाणीव नसावी असा मुक्त संचार करताना आढळतात. एवढंच नव्हे तर त्यांच्या अस्तित्वाची ते इतरांना जाणीव करून देतात.

चार्लस डार्विननाही प्राण्यांच्या या वागणुकीनं कोड्यात टाकलेलं होतं. डार्विननी त्यांच्या 'डिसेंट ऑफ मॅन' या

ग्रंथात या प्रश्नाचा ऊहापोह केलेला आढळतो. ते म्हणतात– 'अशा त-हेचे भडक रंग आणि बेदरकार वागणूक ही कुठल्याही प्राण्याच्या दृष्टीनं फायदेशीर ठरणारी नाही. या प्राण्यांना निसर्गानं कितीही मोठ्या प्रमाणात रासायनिक किंवा इतर प्रकारचं संरक्षण दिलेलं असलं तरीही, आपल्या अस्तित्वाची अशी जाहिरात करणं त्यांच्या दृष्टीनं फायदेशीर ठरणारं नाही. अतिशय वाईट चवीच्या आणि न जाणवणाऱ्या रंगाच्या सजीवांमध्ये उत्परिवर्तनामुळे एखादा भडक रंगाचा प्राणी जन्माला आलाच तर अनुभवी शिकारी त्याला मारतील. याचं कारण हे भडक रंगी प्राणी इतर प्राण्यांपेक्षा चटकन उठून दिसतील आणि जास्त प्रमाणात मारले जातील. यामुळे असे उत्परिवर्तन टिकाऊ ठरणार नाही.' डार्विनचं हे म्हणणं सैद्धांतिकरित्या बरोबर होतं पण त्यांनीच म्हटल्याप्रमाणे निसर्गामध्ये अशा त-हेचे प्राणी तरीही आढळतातच.

डार्विनच्या काळात त्यांना हे रहस्य उलगडता आलं नव्हतं. तसं बघायला गेलं तर 'माझ्या पासून दूर रहा' असं सांगणारी रंगसंगती अनेक प्राण्यांमध्ये आढळते. यावरून अशा रंगसंगतीचा प्राण्यांना निश्चितच काहीतरी फायदा होत असणार; पण हा फायदा नक्की कोणता किंवा कशामुळं होत असावा हे डार्विनच्या काळात शास्त्रज्ञांच्या लक्षात आलं नव्हतं तरीही त्या प्रश्नावर त्या काळातही विचार झाला होताच. या प्रश्नासंबंधी काही उत्तरे अलीकडच्या काळात शास्त्रज्ञांना हळूहळू मिळू लागली आहेत.

उत्क्रांतीवादाची कल्पना डार्विन यांच्याबरोबर मांडणारे आल्फ्रेड रसेल वॉलेस यांनी डार्विननाच लिहिलेल्या एका पत्रामध्ये या प्रश्नाचं उत्तर द्यायचा प्रयत्न केला होताच. जर भडक रंगाचे प्राणी विषारी असतील तर कुठलाही भक्षक या प्राण्यांच्या वाटेला जाणार नाही. उलट हा प्राणी अपायकारक आहे हे त्या शिकाऱ्याच्या झटकन लक्षात यायला त्या भक्ष्याच्या भडक रंगामुळे लगेच लक्षात येईल. कुठल्यातरी मंद रंगाच्या प्राण्याचा विषारीपणा लक्षात येणे त्यामानाने अवघड ठरेल.

जेव्हा निसर्गात दोन प्राणी शिकाऱ्यापुढे येतात तेव्हा भडक रंगाचा प्राणी त्याला झटकन दिसतो. यामुळे हा शिकारी त्या भडक रंगाच्या प्राण्यावर हल्ला चढवील. आता असं दोन चार वेळा झालं की या हल्ल्यात आपले श्रम व्यर्थ जातात हे त्याच्या लक्षात येईल. यामुळं हा शिकारी पुढं कुठल्याही भडक रंगाच्या प्राण्याच्या वाटेला जाणार नाही; कारण भडक रंग असलेला प्राणी भक्ष्य म्हणून निरुपयोगी हे त्याच्या डोक्यात पक्कं बसलेलं असेल. या विचाराला पाठिंबा देईल असा काही पुरावा आहे का? ससेक्स विद्यापीठामधील पॉल हार्वे आणि त्यांच्या सहकाऱ्यांनी या बाबतीत काही प्रयोग केले. कोंबडीच्या पिल्लांना अन्न घालताना त्यांनी वाईट चवीच्या तुकड्यांना खूप भडक रंग दिले, तर काही अन्नकणांना मातकट रंग दिले. यांची चव आणि भडक रंगाच्या अन्न कणांची चव यात काहीच फरक नव्हता. ही चाचणी सुरू

होताना सुरुवातीस कोंबडीच्या पिल्लांनी भडक रंगाचे अन्नकण, अळ्यांचे तुकडे, पटपट खाल्ले. मग मात्र त्यांनी काही दिवसातच भडक रंगाच्या अन्नकणांकडे चक्क दुर्लक्ष करायला सुरुवात केली. या काळात मातकट रंगाच्या अन्नकणांकडे त्यांनी फारसं लक्ष दिलं नव्हतं. त्यांनी भडक रंगाच्या अन्नकणांकडे पूर्ण दुर्लक्ष करायला सुरुवात केली त्यानंतरही पूर्वी ज्या प्रमाणात मातकट रंगाचे अन्नकण उचलत होते त्याच प्रमाणात नंतरही ती पिल्ले हे मातकट अन्नकण उचलताना दिसून आली. यावरून बेचव किंवा वाईट चवीचं अन्न भडक रंगाचं असेल तर प्राणी ते टाळायला लौकर शिकतात. अशाच तऱ्हेच्या आणखी काही प्रयोगातूनही हे सिद्ध झालं आहे. म्हणजेच आल्फ्रेड रसेल वॉलेस म्हणत त्याप्रमाणे भडक रंगामुळं बेचव, विषारी किंवा वाईट चवीच्या प्राण्यांना एकप्रकारे लवकर संरक्षण प्राप्त होतं.

भडक रंग टाळणे

अशा प्रकारच्या रंगाचे काही वेगळे फायदेसुद्धा असतात. लीड्स विद्यापीठाच्या जॉन टर्नर या शास्त्रज्ञानीही याबाबत काही निरीक्षणं केली आहेत. त्यांच्या मते भडक रंगामुळे भक्ष्य अधिक दृश्यमान होते म्हणून टाळले जात नाही तर ते नेहमीच्या भक्ष्यापेक्षा वेगळे दिसते म्हणून टाळले जाते. बहुतेक सर्व प्रकारचे भक्ष्य आजूबाजूच्या परिसराशी मिळताजुळता रंग धारण करून भक्षकाला टाळायचा प्रयत्न करत असते. त्याचे रंग अनाकर्षक, मंद असे असतात. अशा परिस्थितीत नेहमीपेक्षा वेगळं म्हणजे धोकादायक असं एक समीकरण बहुतेक सर्व सजीवांच्या मनात पक्कं झालेलं असतं. बऱ्याच पक्ष्यांच्या बाबतीत हे ज्ञान उपजत असतं. हे पक्षी भडक रंगाच्या किड्याच्या वाटेलाच जात नाहीत. गॉटिंजेन विद्यापीठाच्या वेर्नर शुलर आणि एल्के हेसे या प्रायोगिक जीवशास्त्रज्ञांनी कोंबडीची पिल्लं आणि अननुभवी स्टार्लिंगना काही किडे खायला दिले. हे किडे हे पक्षी नेहमीच खात असत; पण यावेळी यातले काही किडे नैसर्गिक अनाकर्षक रंगामध्ये होते तर उरलेले किडे मुद्दाम काळ्या-पिवळ्या पट्ट्यांनी रंगवले होते. हा रंग निसर्गात गांधीलमाशी आणि भुंग्यांचा असतो. या कोंबडीच्या पिल्लांनी आणि स्टार्लिंगनी नैसर्गिक हिरव्या अळ्या लगेच खाल्ल्या. काळेपिवळे पट्टे असलेल्या अळ्यांकडे मात्र त्यांनी चक्क दुर्लक्ष केलं. क्वचित एखाद्या दुसऱ्या पक्ष्यानं त्यांना चोच मारली पण खायचा प्रयत्न मात्र केला नव्हता. डॉ. टी. जे. रोपर यांनी याच धर्तीवर एक वेगळाच प्रयोग केला. त्यांनी केवळ एकाच भडक रंगाने भक्ष्य रंगवले. चक्त्यापक्त्यांप्रमाणेच नुसता भडक रंगही भक्षकास भक्षापासून दूर ठेवतो असा त्यांना अनुभव आला. मग बऱ्याच अळ्या आणि कीटक चक्त्यापक्त्यांचे का असावेत, हा प्रश्न निर्माण होतो. रोपर यांच्या मते चक्त्यापक्त्यांमुळे कीटक आसमंतात लपून जाऊ शकतो. गवताळ प्रदेशात झेब्रा एकदम लक्षात येत

नाही. त्याप्रमाणे कीटक चटेरीपटेरी असेल तर तोही दुरून एकदम लक्षात येत नाही आणि जवळून मात्र भडक रंगामुळे तो वेगळा भासतो. अशा तऱ्हेनं विष निर्मिती न करतासुद्धा काही कीटक स्वसंरक्षण करतात.

याचा अर्थ हे भक्ष्य खाल्ले जात नाहीत असंही नाही. वेडा राघू (ग्रीन बीइटर) मधमाशा पकडून त्यांची नांगी तोडण्यात पटाईत असतो. अशावेळी या मधमाशांचा रंगच त्यांना धोका देत असतो. या प्राण्यांच्या परस्पर संबंधांचा अभ्यास हे निसर्गशास्त्रज्ञांना एक आव्हान असून त्यामुळे निसर्ग-अभ्यासक रोज एक नवे रहस्य शोधून निसर्गाचे कौतुक करावे तेवढे थोडेच असे म्हणतात.

माणसाची हाव आणि पर्यावरणावर घाव

गेल्या वर्षी इंडोनेशियात प्रचंड आग लागली. १९९७ चा उत्तरार्ध आणि १९९८ ची सुरुवात या आगीची बातमी नाही असा एकही दिवस गेला नाही. मात्र या बातम्यांमध्ये फक्त मनुष्यहानी, पसरलेला धूर, त्यामुळं माणसांना झालेले श्वसनरोग अशाच बातम्यांना महत्त्व होतं. याच काळात मानवाच्या काही भाईबंदांचं झालेलं शिरकाण मात्र दुर्लक्षित राहीलं. हे मानवाचे भाईबंद म्हणजे फक्त इंडोनेशियातच सापडणारे ओरांग उटान. बॅरिटा मॅनुललांग हे वर्ल्ड वाईड फंड फॉर नेचरचे ओरांग उटान संरक्षण प्रकल्पाचे जाकार्ता इथले प्रमुख आहेत. कालिमंटन म्हणजे इंडोनेशियाच्या ताब्यातील बोर्निओ. ते राहात असलेल्या जंगलात वणवे पेटल्यामुळे ओरांग उटान जंगलाबाहेर पडले. प्राण्यांच्या चोरबाजारात ओरांग उटानच्या कातड्याला खूप किंमत येते. यामुळे इथल्या शेतकऱ्यांनी आणि मळेवाल्यांनी या ओरांग उटानांची बेसुमार हत्या केली. नोव्हेंबरमध्ये पाऊस पडायला सुरुवात झाल्यावर हळूहळू या आगी विझू लागल्या आणि १९९८ जानेवारीत त्या थांबल्या. मॅनुललांग हे या आगींच्या अखेरच्या पर्वात कालीमंटनला पोहोचू शकले. तिथे पहिल्या आठवड्यातच त्यांना फार धक्कादायक बातमी मिळाली.

मध्य कालिमंटनच्या राजधानीच्या– पलांगकारायाच्या दक्षिणेच्या खेड्यात मॅनुललांग पोहोचले. तेव्हा प्रत्येक ठिकाणी त्यांना अतिशय छोट्या पिंजऱ्यात कोंबून ठेवलेली ओरांग उटानांची पिल्लं सापडली, त्यांच्या आयांना मारून ही पिल्लं आईपासून वेगळी करण्यात आली होती. ओरांगउटान आई कुठल्याही परिस्थितीमध्ये आपल्या पिल्लाला खाली ठेवत नाही. तिला मारणे हा एकमेव उपाय. तिच्यापासून उटान मादी बाहेर पडली. तिच्या मागं गावची कुत्री लागली. त्यामुळं सावध झालेल्या गावकऱ्यांनी त्या मादीची हत्या केली. तिचं मांस खाल्लं. कातडं आणि पिलू

चोरट्या व्यापाऱ्यांना विकण्यासाठी बाजूला ठेवलं.

ओरांग उटान हे विनाशाच्या मार्गावर असलेले कपि-एप्स आहेत. त्यांची संख्या आणखी कमी झाली तर येत्या पाच-पन्नास वर्षांत ते पूर्णपणे नाहीसे होतील असं त्यांचा अभ्यास करणाऱ्या शास्त्रज्ञांना वाटतं. दुसऱ्या महायुद्धाच्या अखेरीस काही लाख ओरांग उटान सुमात्रा आणि बोर्निओ या बेटांवर वावरत होते. १९९६ मधल्या अंदाजानुसार त्यांची संख्या २५-३० हजारांपर्यंत कमी झाली होती. या आगी लागायच्या आधीही इंडोनेशियामधील विषुववृत्तीय जंगलांच्या भरमसाठ छाटणीमुळं त्यांनी राहायचं कुठं हा प्रश्न निर्माण होऊ लागला होता. इतर वेळी निसर्गाची हानी, पर्यावरण रक्षण अशा घोषणा देऊन तिसऱ्या जगातील देशांवर नाना बंधनं घालणाऱ्या अमेरिकेने; या जंगल तोडीकडं दुर्लक्ष केलं कारण हा जंगलतोडीचा ठेका अमेरिकन कंपन्यांना मिळाला होता.

ओरांग उटान शक्यतो जमिनीवर यायचं टाळतात. ते वृक्षांच्या शेंड्यावर वावरतात. अगदी अपरिहार्य असेल तरच जमिनीवर येतात. नाहीतर या झाडावरून त्या झाडावर असाच त्यांचा प्रवास चालतो. जंगली फळे-फुले, कोवळी पाने आणि कोंब, झाडांची सालं, त्यावर असलेली बुरशी, मुंग्या आणि वाळवी हे यांचं प्रमुख खाणं असतं. मोठ्या प्रमाणावर वृक्षतोड करून त्या राहिलेल्या आगींनी, ओरांग उटान जिथे मोकळेपणानं वावरायचे ती जंगलंच नष्ट झाली, उरलेल्या आगीत न जळणाऱ्या झाडांवर इतका धूर साठला होता की श्वास घेणं मुश्किल व्हावं. यामुळे उरलेल्या ओरांग उटानच्या अस्तित्वाचाही प्रश्न निर्माण झाला. 'आता यांचा निर्वंश होणं जवळ आणण्यात आलंय,' असे उद्गार तिथल्या जिम श्वैथेल्म या वनसंरक्षण अधिकाऱ्यांनं काढले. 'या आगीत नष्ट झालेली वनसंपदा आणि प्राणी पुन्हा पूर्व स्थितीस येऊ शकतील का? हा महत्त्वाचा प्रश्न आहे.' असं श्वैथेल्मना वाटतं.

या आगीपासून पळणाऱ्या १२० ओरांग उटानची निश्चित हत्या झाल्याचे पुरावे हाती आले आहेत. ओरांग उटानची ६० पिल्ले विली स्मिट्स यांनी वाचवली. ते पूर्व कालिमंटनमध्ये ओरांग उटान पुनर्वसन कार्यक्रम चालवतात. शिवाय ओरांग उटान गणनेतही त्यांचा मोठा सहभाग असतो. इंडोनेशियन शासनाचे ओरांग उटान विषयक सल्लागार म्हणूनही ते काम करतात.

बिरूटे गाल्डिकास यांनी आपलं सर्व आयुष्यच ओरांग उटानांच्या अभ्यासाला आणि बचावाला वाहिलं. आंतरराष्ट्रीय ओरांग उटान प्रतिष्ठानाच्या त्या अध्यक्ष असून

त्यांच्या इतका ओरांग उटानांचा अभ्यास करणारी व्यक्ती पृथ्वीच्या पाठीवर अस्तित्वात नाही, असं म्हटलं तर ते वावगं ठरणार नाही. त्या मध्य कालिमंटनमध्ये ओरांगउटान पुनर्वसन केंद्र चालवतात. त्यांच्यामते जाहीर झालेले आकडे म्हणजे प्रत्यक्ष शिरकाणात  मेलेल्या चोरट्या शिकाऱ्यांच्या लाठ्या काठ्यांना बळी पडल्या होत्या. 'आम्ही जर आणखी काही खेड्यापाड्यापासून हिंडलो तर प्रत्येक खेड्यात आणखी पाच-सहा पिलं मिळतील पण मग या केंद्रातल्या पिलांकडं दुर्लक्ष होईल. त्यांना वाचवायचं की जी वाचली आहेत, त्यांना जगवायचं हा मोठाच प्रश्न आमच्यासमोर उभा आहे. काही वेळा दिवसात चार ते पाच अनाथ (ओरांग उटान) बालकं आमच्याकडं येतात. त्यांचे हाल बघवत नाहीत. यांना वाचवून सोडणार कुठं? त्यांच्या राहण्याच्या जागांना माणसं आग लावत सुटली आहेत.' असं त्या कळवळून सांगतात.

या आगीमध्ये किती भूमीवरचं जंगल जळून खाक झालं याचा अजून अंदाज आलेला नाही. पाऊस पडून गेल्यावरही काही ठिकाणाहून धूर येतोय. शासन आणि पर्यावरण अभ्यासकांच्या (वेगवेगळ्या) मते १० लक्ष ते ३० लक्ष हेक्टर भूमी या आगीत उजाड झाली आहे. यातही मध्य कालीमंटन भागातल्या पीटयुक्त दलदलीच्या भागातील अरण्याचं या आगीत फार मोठं नुकसान झालं आहे. या इथं ओरांग उटानांच्या जनसंख्येपैकी आठ ते दहा हजार ओरांग उटान वास्तव्याला होते. सुमात्रा बेटावरचे पाच हजार ओरांग उटान सोडले तर सर्वांत मोठ्या संख्येनं ओरांग उटानांचं या अरण्यात वास्तव्य होतं.

या आगीत केवळ ओरांग उटानांचीच हानी झालीय असंही नाही. मध्य आणि दक्षिण सुमात्रातील आगीमध्ये सुमात्रन पटाईत वाघ, आशियन हत्ती आणि मलेशियन अस्वलं यांच्याही लोकसंख्येत खूप घट झाली. इंडोनेशियाच्या पर्यावरण विभागाचे मंत्री सार्वोनो कुसुमात्मजा यांनी दिलेल्या आदेशाला भीक न घालता या प्राण्यांची खेडुतांनी हत्या केली होती.

शासनाची चुकीची धोरणं आणि केवळ टक्केवारीत फायदा मोजणाऱ्या बहुराष्ट्रीय कंपन्यांची जास्तीत जास्त पैसा उकळायची घाई यामुळं इंडोनेशियन वन्य जीवांवर हे भीषण संकट कोसळलं. सुहार्तो हे लष्करी हुकुमशहा आणि त्यांचे काही देशी-परदेशी मित्र यांनी सपाट अशा पीट दलदलींवरचं अरण्य साफ करून दहा लाख हेक्टरवर भातशेती करायचा निर्णय घेतला. (आपल्याकडेही मेळघाटमधलं आरक्षित अरण्य झाडतोडीला द्यायचा निर्णय असाच आतताई होता.) जावातील वीस कोटी लोकांपैकी दीड कोटी लोक इथं वस्तीला आणायचं ठरलं. यामुळं अरण्यकांड

अपरिहार्य ठरलं. १९९६ मध्ये पर्यावरण विषयक समितीनं एवढ्या जंगलतोडीनं होणाऱ्या नुकसानीची आकडेवारी त्यात नाहीशा होणाऱ्या वनसंपदेची आणि सजिवांची यादी सादर करून फक्त ३ लाख हेक्टर दुय्यम अरण्यात हळू हळू मानवी वस्ती वाढवावी, असा अहवाल दिला. शासनानं हा अहवाल कचऱ्याच्या टोपलीत टाकला; आणि जंगल तोड सुरू करायचे आदेश दिले.

१९९७ हे एल निनो वर्ष असल्यामुळं यावर्षी दुष्काळ पडणार हे माहित असूनही ही अरण्य हत्या सुरू झाली. त्याचे भीषण दुष्परिणाम अशा तऱ्हेनं प्राण्यांना भोवले. या प्रकल्पाचा फायदा राष्ट्राध्यक्ष सुहार्तोंच्या जिवलग मित्रांना होणार आहे. शेतीसाठी जमीन आणणे हा एक बहाणा असून या वृक्ष तोडीतील लाकडी ओंडके लावण्यात आले. काली मंटनमध्ये तेच झालं. इंडोनेशियाला परकीय चलन मिळावं म्हणून सुहार्तोंनी ही मोहीम काढली. सुहार्तोंच्या अनेक मित्रांनी या व्यवसायात उड्या घेतल्या. एकेकाळी सर्वत्र दिसणारे ओरांग उटान झपाट्यानं नाहीसे झाले. आता ते फक्त तांजुंग पुटिंग नॅशनल पार्कमध्ये शिल्लक राहीले.

बिरूटे गाल्डिकासना आता ही पिल्लं वाढवून सोडायला अरण्य हवं आहे; कारण तांजुंग पुटिंग अभयारण्यात आता आणखी ओरांग उटान सोडायला जागा नाही. त्यातच इंडोनेशियावरचं आर्थिक संकट आणि येणाऱ्या निवडणुका यामुळं कुणालाही वन्य जीवांची काळजी वाटत नाही आणि तिकडे लक्ष घायला फुरसत नाही. मानवी आर्थिक हाव कशा तऱ्हेनं पर्यावरणाला हानीकारक ठरते याचं हे एक उत्तम उदाहरण आहे.

युद्ध आणि पर्यावरण

युद्धाचा आणि पर्यावरणाचा संबंध काय? हा प्रश्न युद्ध आणि पर्यावरण हे दोन शब्द एकत्रित बघितल्यावर आपल्या मनात उभा राहतो. हा प्रश्न मनात येणं चुकीचं नाही. याचं कारण पर्यावरण हा शांततेच्या काळातला बागुलबुवा आहे, युद्ध काळात इतर अनेक राष्ट्रीय, आंतरराष्ट्रीय महत्त्वाचे प्रश्न राष्ट्रांपुढं उभे असतात. त्या काळात असल्या किरकोळ प्रश्नांचा बाऊ करण्याचं कारणच काय? अशी एक समजूत करून देण्याचे राजकारणी प्रयत्न गेली कित्येक हजार वर्षे चालू होते. याच साधं, सोपं, सरळ कारण पर्यावरणाच्या सहाय्यानं युद्ध खेळलं जात होतं. मुख्य म्हणजे त्या काळात जगाची लोकसंख्या अतिशय कमी असल्यामुळे, तसंच रोगराईत बरीच जनसंख्या कमी होत असल्यामुळं पर्यावरणाची होणारी हानी तातडीनं लक्षात येत नव्हती. आलीच तर तिकडं दुर्लक्ष करणं सोपं जात होतं.

दुसरी महत्त्वाची गोष्ट म्हणजे आजकाल हवाई छायाचित्रण आणि उपग्रही सर्वेक्षण सर्रास चालतं. त्यामुळं फार मोठ्या भूभागाची हानी झटकन लक्षात येते. त्यामुळं ती आपल्या सारख्या सामान्य माणसांपर्यंत पोहोचते. पूर्वी असं नव्हतं, अर्जुनानं खांडववन जाळलं तेव्हा किती प्रकारचे जीव होरपळले याची यादी महाभारतात वाचायला मिळतेच. पण केवळ महाभारतातच हे असं पर्यावरणाच्या नाशाचं चित्र आहे असं नाही. ओल्ड टेस्टामेंटमध्ये जॉर्डनमधल्या नाब्लुस जवळच्या युद्धाचं वर्णन आहे. या युद्धात अबिमेलेकचं सैन्य शेकेम हे शहरराज्य जिंकून घेतात. त्यावेळी या शहरातल्या बाग बगिचांवर आणि सभोवतालच्या शेतीवर मीठ पसरतात, म्हणजे आखाती युद्धात जे पर्यावरणी युद्ध झालं त्यात नवं असं काही नव्हतं. पर्यावरणाची हानी ही युद्धाची परंपराच आहे; अर्थात हेही सर्वस्वानं खरं नाही. काही वेळा युद्धामुळे पर्यावरणाचं संरक्षण झाल्याचंही दिसून येतं. त्याचीही उदाहरणं

आढळतात. उदाहरणच घ्यायचं तर उत्तर आणि दक्षिण कोरिया या दोन देशांच्या सीमेचं घेता येतं. या दोन देशांमधून विस्तव जात नाही. सतत युद्धजन्य वातावरण असायचं तेव्हा तर केव्हा काय होईल याचा नेम नव्हता. यामुळे युनोच्या देखरेखीखाली या दोन देशांच्या सीमांवर तारेचं कुंपण घालण्यात आलं. हे कुंपण दुहेरी आहे. मधला भाग 'नो मॅन्स लँड' म्हणून ओळखला जातो. या भागात कुणी शिरला तर तो गोळीला बळी पडणार, पण हे झालं माणसांच्या बाबत, पक्ष्यांना हा नियम नसल्यानं सारस पक्ष्यांनी ही जागा आपलीशी केली. या भागात ते अंडी घालू लागले. एकेकाळी नष्ट होणार असं म्हटलं जाणाऱ्या या सारस जातीची संख्या वाढली. अशी आणखीही काही उदाहरणं आहेत; पण म्हणून युद्धासाठी पर्यावरण रक्षण हे कारण ठरू नये. त्याचबरोबर ज्या प्रमाणे युद्धकैद्यांना कसे वागवावे याचे जसे नियम आहेत तसेच युद्धकाळात पर्यावरणाचा वापर युद्धसाधन म्हणून होऊ नये असे नियम करायचीही वेळ आली आहे.

व्हिएतनाम युद्धातील पर्यावरणाची हानी

ज्यावेळी आखाती युद्धात पर्यावरणाची हानी झाली असा आरडाओरडा सुरू

झाला तेव्हा अलीकडच्या काळात या प्रकारच्या हानीची सुरवात करणारं व्हिएतनामचं युद्ध आठवणं अपरिहार्य होतं. किंबहुना अमेरिका ज्या ज्या गोष्टींचा इतर राष्ट्रांविरुद्ध प्रचारासाठी उपयोग करतं, त्या त्या सर्व निघृण आणि टीकास्पद गोष्टी अमेरिकेनं व्हिएतनामयुद्धात केलेल्या आढळतात. मग ती निरपराध माणसांची हत्या असो किंवा पर्यावरणाची हानी असो, अमेरिकेनंच या बाबतीत पहिले पाऊल उचललं असं म्हणावं लागतं.

व्हिएतनाम युद्धात अमेरिकेनं पर्यावरण नाशाचा, महत्त्वाचे आणि प्राथमिक दर्जाचे हत्यार म्हणून उपयोग केला होता. अमेरिकेनं प्रचंड वजनाचे तोफगोळे आणि विमानातून टाकलेले बाँब यांच्या सहाय्यानं दक्षिण व्हिएतनामचा ३०% भाग उद्ध्वस्त केला. दक्षिण व्हिएतनामचं मित्रराष्ट्र म्हणून अमेरिकेनं या युद्धात सल्लागार म्हणून भाग घेतला होता. या भागात २५ कोटी मोठे खड्डे निर्माण झाले. १०% देशावर वनस्पतीनाशक रसायनं फवारली गेली. दक्षिण व्हिएतनाममधली ८% जमीन नापीक बनवण्यात आली. १४% जंगल नष्ट करण्यात आलं, तर कांदळ म्हणजे मॅंग्रुव्ह किंवा खारफुटीचं फार मोठ्या प्रमाणावर नुकसान करण्यात आलं. त्यात ५०% मॅंग्रुव्ह कायमचं नष्ट झालं. या साठी खास बुलडोझर आणि साखळ्या बनविण्यात आल्या होत्या.

या सर्व विध्वंसामुळे जंगलांच्या जागी गवताळ प्रदेश निर्माण झाला. अनेक ठिकाणी जमिनीची प्रचंड प्रमाणात धूप झाली. त्यामुळं एकेकाळी हिरवागार असलेला प्रदेश खडकाळ बनला. कधी नव्हे ते व्हिएतनाममध्ये धुळीची वादळं होऊ लागली. या वावटळींमुळे स्थावर आणि जंगम मालमत्तेचंही नुकसान होऊ लागलं. गोड्या पाण्याच्या सरोवरात गाळ साचू लागला. यामुळे मत्स्यशेतीचं नुकसान झालं. सागरतटी वाजवीपेक्षा जास्त गाळ येऊ लागल्यामुळे शेवंडे, खेकडे आणि किनारी मासेमारीचंही नुकसान झालं. व्हिएतनाममधले सारसपक्षी जवळ जवळ नाहीसे झाले. इतर वन्यजीवनही हळूहळू पण निश्चितपणे कमी झाले. मोठमोठ्या वृक्षांच्या शेंड्यावर वास्तव्य करणारे सजीव मारले गेले.

तोफगोळे आणि बॉम्बच्या विवरामुळे जे नुकसान झालंय ते भरून निघायला किमान २०० वर्षे जावी लागतील असा अंदाज आहे. यासाठी शास्त्रज्ञांकडे पुरावा आहे. फ्रान्समध्ये व्हर्दूनच्या लढाईत इ.स. १९१६ मध्ये तोफगोळ्यांनी जी विवरं तयार केली ती अजून अस्तित्वात आहेत. त्यात अजूनही खुरटी झाडं झुडपं सोडली तर काहीही उगवत नाही. व्हिएतनाममध्ये वापरले गेलेले तोफगोळे तर त्यापेक्षा खूप शक्तिमान होते. बॉम्ब तर त्याहूनही जास्त शक्तिमान होते.

या उद्ध्वस्त प्रदेशात बांबूची वनं आणि चिवट गवताचे प्रकार वाढताहेत. विशेषत: इंपेराटा सिलिंड्रिका नावाचे गवत, अनेक कृदंतवर्गी प्राणी म्हणजे उंदीर,

घुशी आणि तत्सम प्राणी वाढत आहेत. यात लपलेल्या विवरात साठलेलं पाणी हे डासांचे उत्पादक क्षेत्र बनतं. इथं नवनव्या प्रकारच्या डासांची पैदास होते. हे डास मग जगभर वेगवेगळे आजार पसरवतात. व्हिएतनाममध्ये यांना 'बॉम्ब मोटर मलेरिया' असंच नाव देण्यात आलं आहे. एवढं नुकसान होऊनही व्हिएतनामी जनतेनं स्वप्रयत्नांनं पर्यावरण दुरूस्त करण्यात यश मिळवलं. त्यामुळे अनेक वन्यजीव आता व्हिएतनाममध्ये परतू पहात आहेत हे विशेष.

निकाराग्वातील युद्ध आणि वन्यजीवन

निकाराग्वा हा मध्य अमेरिकेतील देश. तिथे जवळ जवळ दोन तपं युद्ध चालू होतं. सुरुवातीस हे युद्ध शहरातून चाललं होतं, पुढे ते खेड्यापाड्यातून पसरलं आणि त्यानं सर्व देश व्यापून टाकला. या युद्धात १ लाख व्यक्ती बळी गेल्या; तीस लाख लोकसंख्येच्या या देशातले सहा लाख लोक दुसऱ्या देशामध्ये पळून गेले, ४ लक्ष लोक याच देशातल्या शहरात रहायला गेले. या शिवाय उत्तरेच्या भागातील सूचीपर्णी अरण्यातील आणि दक्षिणेच्या पर्जन्यारण्यामधील दोन लक्ष व्यक्ती शासनामार्फत इतरत्र पुनर्प्रस्थापित करण्यात आल्या. याचं कारण इथे युद्धाचा खूप प्रभाव होता.

या युद्धात निकाराग्वातले लोक अशा तऱ्हेने पिडले गेले होतेच, पण त्यांचं अर्थाजनही थांबलं होतं. यामुळे देशावर आर्थिक संकट कोसळलेलं होतं, पण त्याचवेळी देशातील सर्वच पर्यावरण प्रणाली मात्र फोफावत होत्या. निकाराग्वात युरोपी लोकांचा प्रवेश झाल्यापासून फार मोठ्या प्रमाणावर वृक्षतोड झालेली होती. अनेक ठिकाणी खाणी खोदल्या गेल्या होत्या. सोनं, रत्नं, महॉगनी आणि देवदाराचं लाकूड, दुर्मिळ प्राणी आणि त्यांची कातडी, पक्षी, कासवं, शेवंडे आणि झिंगे हे सर्व पैशासाठी जसं आणि जिथून मिळेल तिथून गोळा केलं जात होतं. याशिवाय शेती आणि बागायतीसाठी तसंच पशुपालनासाठी वनहानी केली गेली. यामुळं खूप रान मोकळं झालं होतं.

'या प्रदेशातला सर्वोत्कृष्ट भूभाग म्हणजे निकाराग्वा! इंडीज मधील हे रत्न म्हणजे पृथ्वीवरचं नंदनवन आहे. स्वर्गीय बाग आहे.' असं या भूप्रदेशाचं वर्णन बार्टोलोमे द ला कासाजूनं १६ व्या शतकात स्पेनच्या राजाला लिहिलेल्या पत्रात म्हटलं होतं. ते खरंही होतं. अमेझॉनच्या खोऱ्या खालोखाल मोठं पर्जन्यारण्य निकाराग्वात आढळतं, त्याच बरोबर इथली गवताळ कुरणंही प्रचंड विस्ताराची आहेत. एवढंच नव्हे तर इथला भूखंडमंचही भरपूर रूंद आहे. यामुळे कॅरिबिअन सागरातले सर्वोत्कृष्ट प्रवाळ तटही निकाराग्वाच्या किनाऱ्यावरच आढळतात. या भागातली सर्वात मोठी नदी, सर्वात मोठी सरोवरं असं जे जे सर्वाधिक आणि सर्वोत्कृष्ट ते ते निकाराग्वातच मिळतं. गोड्या पाण्यातल्या माशांच्या शंभर जाती,

सस्तन प्राण्यांच्या २०० जाती, ६०० जातींचे सरीसृप आणि उभयचरी प्राणी तर ७५० जातींचे पक्षी या छोटेखानी देशात वास्तव्य करतात. इ.स. १९५० पासून या देशातल्या निसर्ग संपत्तीची लूटमार सुरु झाली. या काळात इथल्या जंगलतोडीचं प्रमाण इतरत्र चालू असलेल्या जंगलतोडीच्या किमान पाचपट तरी जास्त होतं. इथल्या सोन्याच्या खाणीत वापरल्या जाणाऱ्या सायनाईडमुळे या देशातल्या सर्व नद्या प्रदूषित बनल्या होत्या. शिकारीमुळे जग्वार, ऑसेलाट, सुसरी, कैमान (सुसरी सारखाच उभयचरी प्राणी) अनेक जातीची कासवं आणि पक्षी धोक्यात आले होते.

१९७० नंतर इथं गनिमी युद्ध सुरू झालं. त्यामुळे सुरुवातीस सांगितल्याप्रमाणे माणसं जंगल सोडून इतरत्र गेली. आधी सोमोझा विरुद्ध सँडिनिस्टा आणि मग सँडिनिस्टा विरुद्ध काँट्रा, या लढ्यात निसर्गाचं पावलं, जंगलं पुन्हा फोफावली. वन्यजीवन वाढू लागलं. पांढऱ्या शेपटीची हरणं, वेगवेगळी माकडं, आयग्वानासारखे सरडे, मनाटीसारखे सस्तन जलचर, पाणमांजरे पुन्हा दिसू लागली. त्यांची संख्या वाढीस लागली. गोपालन जवळ जवळ संपुष्टात आल्यानं चराऊ रानाच्या जागी वृक्ष वाढू लागले.

दरम्यान युद्ध संपुष्टात आलं आणि आता पूर्वीप्रमाणेच निसर्गाची हानी पुन्हा सुरू झाली आहे.

अफगाणिस्तानातले युद्ध आणि स्थलांतरित पक्षी

अफगाणिस्तानमध्ये जवळ जवळ आठ वर्षे युद्ध चाललं होतं. हे युद्ध मुख्यत: गुरिला किंवा गनिमीकाव्यानं खेळलं जात होतं; म्हणजेच ते व्हिएतनाम किंवा निकाराग्वातल्या युद्धाप्रमाणेच होतं. अशा युद्धात गनिमीकाव्यानं युद्ध खेळणारी बाजू ही नैसर्गिक आडोशांचा, जंगलांचा, डोंगर कपारींचा, डोंगरातील गुहांचा आश्रय घेते आणि बरेचदा सामान्य जनात मिसळून जाते. तर शासकीय फौजांना या गनिमी कारवायांना बंदी घालायची असते. त्यामुळे गनिमीकाव्यानं युद्ध करणाऱ्यांचे आडोसे दूर करणं हे शासकीय फौजांचं प्रमुख काम असतं. व्हिएतनाम युद्धात अमेरिकेनं जंगल नष्ट करून गनिमांना उघडं पाडायचा प्रयत्न केला. निकाराग्वात खेडीच्या खेडी उठवून त्यांचं पुनर्वसन करून गनिमांचा पराभव करायचा प्रयत्न झाला. अफगाणिस्तानात एक अगदीच वेगळं युद्धतंत्र वापरलं गेलं; त्याला कारणही तसंच होतं. एकंदर हा मुलूख पहाडी आणि गनिमांनी अफूची लागवड करून शस्त्रांसाठी पैसा मिळवायचा प्रयत्न केला हे दुसरं.

पहाडी मुलुखात, एक व्यक्ती योग्य ती मोक्याची जागा पकडून पाच पाचशे सैनिकांना अनेक दिवस थोपवू शकते आणि शेतीच्यामध्ये लावलेलं अफूचं पीक शोधून काढणं अवघड असतं, यावर एक वेगळाच उपाय मग शोधून काढण्यात

आला. तो म्हणजे हेलिकॉप्टर गनशिप. रशियाची हिंद– २४ ही हेलिकॉप्टर या युद्धतंत्राच्या दृष्टीनं योग्य होती. ती खूप सैनिक वाहून नेऊ शकत. त्यांच्यावर अग्निबाण आणि मशीनगन अशी आयुधं होती. यामुळे हवेतून खाली लक्ष ठेवणं, योग्य तिथे सैनिकी तुकडी उतरवणं, शत्रूचा मारा चुकवणं, पिकं बॉम्ब टाकून जाळणं आणि एकट्या दुकट्या गनिमास मारणं ही कामं करणं त्यांना शक्य होतं.

पर्यावरणाच्या दृष्टीनं अफगाणिस्तान हे फार मोक्याच्या ठिकाणी आहे.

पूर्व युरोप, उराळ पर्वतराजी, रशियातील स्टेप्सचा गवताळ प्रदेश आणि सैबेरियातील अनेक स्थलांतर करणारे पक्षी थंडीत अफगाणिस्तानमार्गे भारतात येतात. यात फ्लेमिंगो, सारस, अनेक प्रकारची बदकं, भोरड्या, धोबी इत्यादी पक्षांच्या थव्यांचा समावेश असतो. हेलिकॉप्टरांनी उडवलेली धूळ, त्यांचा आवाज आणि सततचं युद्ध यामुळं या पक्ष्यांना अफगाणिस्तानात विश्रांतीचा मुक्काम करणं अवघड होऊन बसलं होतं. यामुळे हे पक्षी अफगाणिस्तान टाळू लागले. त्यामुळे भारतात येणाऱ्या या पक्ष्यांची संख्या लक्षणीयरित्या कमी झाली. विशेषत: सारसपक्ष्यांवर तर या युद्धाचा फारच मोठा परिणाम झाला. दुसरी महत्त्वाची गोष्ट म्हणजे हे पक्षी मग भारतात दक्षिणेपर्यंत दूर जायचं टाळू लागले. यामुळे त्या काळात यावर्षी पक्षी कमी संख्येत दिसले अशा बऱ्याच बातम्या वाचायला मिळू लागल्या.

अफगाणिस्तानातील युद्ध संपल्यानंतर हळूहळू ही परिस्थिती बदलू लागली. आता भारतात परत पूर्वीप्रमाणे पक्षी येताना आढळू लागले आहेत.

आखाती युद्धातील प्रदूषण आणि सागरी जीव

आखाती युद्ध म्हणजे संयुक्त राष्ट्रसंघाने मान्यता दिलेलं, अमेरिका आणि तिच्या दोस्तराष्ट्रांनी इराक विरुद्ध लढलेलं युद्ध.

या युद्धास अनेक कारणांमुळे प्रचंड प्रसिद्धी मिळाली. हे युद्ध एका अर्थानं दूरचित्रवाणीच्या साहाय्यानं खेळलेलं प्रचारतंत्रांचं युद्ध असंही म्हणता येईल. यापूर्वीही अनेक युद्धांमध्ये पर्यावरणाची प्रचंड हानी झाली होती. अमेरिकन यादवी युद्धात, तसंच केनातल्या माऊमाऊ चळवळी विरोधी मोहिमेत १९५० ते ५६ च्या दरम्यान ब्रिटिशांनी, दुसऱ्या महायुद्धात रशियानं आणि जर्मनीनं, फ्रान्सनं अल्जेरिया विरुद्ध दग्धभू धोरण अमलात आणलं. हे पर्यावरण हानीचंच युद्ध होतं. याशिवाय पाश्चात्त्य आणि रशियन राष्ट्रांनी आपल्या अण्वस्त्र चाचण्यांनी केलेली पर्यावरणाची हानी हाही युद्धाचाच एक भाग मानायला हवा. १९६३ साली रशिया आणि फ्रान्स वगळता इतर आण्विक राष्ट्रांनी म्हणजे अमेरिका आणि ग्रेट ब्रिटन यांनी एक करार करून फक्त भूमिगत चाचण्या घेण्याचं ठरवलं. तत्पूर्वी १९४६ ते १९५८ च्या दरम्यान अमेरिकेनं बिकिनी आणि एनेवेटोक या पॅसिफिक महासागरातल्या प्रवाळद्वीपांवर,

६६ अणुचाचण्या केल्या. यात अणुबॉम्ब आणि हायड्रोजन बॉम्बचा समावेश होता. ग्रेट ब्रिटननं ख्रिसमस बेटांवर १९५७ ते ६२ च्या दरम्यान १२ चाचण्या केल्या; तर फ्रान्सनं १९६६ पासून मोरूरोआ आणि फांगातुआफा या दक्षिण पॅसिफिकमधल्या प्रवाळ द्वीपांवर १३२ अण्वस्त्रांचे स्फोट केले. यामुळे जी पर्यावरणाची हानी झाली, त्या मानानं आखाती युद्धातील हानी अगदीच किरकोळ होती, पण याचा अर्थ ती निंदनीय नाही असा मात्र नाही. प्रश्न एवढाच आहे की 'एक्झॉन व्हाल्डेज'नं अलास्काच्या किनाऱ्यावर केलेलं प्रदूषण विसरायचं, पॅसिफिक महासागराचं पाश्चात्त्य राष्ट्रांनी केलेलं वाटोळं दुर्लक्षित करायचं (कारण तिथं दूरचित्रवाणीचे कॅमेरे पोहोचू देण्यात आले नाहीत.) आणि आखाती युद्धाची मात्र वर्षानुवर्षे चर्चा करायची हे कितपत योग्य आहे?

आखाती युद्ध म्हणजे पर्शियन गल्फच्या काठी झालेलं युद्ध. हे पर्शियन आखात तसंही खूप प्रदूषित आखात आहे. याचं कारण मध्यपूर्वेतलं जवळ जवळ सर्व तेल हे या आखातातून मोठमोठ्या तेलवाहू जहाजांमधून वाहून नेलं जातं. ही जहाजं बरेचदा इथंच धुतली जातात. तसं पहायला गेलं तर खुल्या सागरापेक्षा इथलं पाणी सुरुवातीपासूनच तिप्पट खारट होतं. त्यातच या पाण्यात प्रचंड प्रमाणात तेल मिसळलं जात होतं. हे पाणी होर्मुझच्या सामुद्रधुनीतून खुल्या सागरात जायला पाच वर्षे लागतात. असं असूनही या पाण्यात अनेक चित्रविचित्र जीव सापडतात. युफ्रेटिस टायग्रिसच्या त्रिभुज प्रदेशात आणि इतरत्र असलेल्या खाजणांमध्ये अनेक प्रकारचे पक्षी हिवाळ्यात वास्तव्यात येतात. या भागात मासे, कासवं मोठ्या प्रमाणावर सापडतात. याचं कारण या आखातात किनाऱ्यापासून ३ किलोमीटर अंतरावर काही ठिकाणी माणूस छाती एवढ्या पाण्यात उभा राहू शकतो. अशा उथळ पाण्यात वेगवेगळी शैवालं मोठ्या प्रमाणावर सापडतात. ही शैवालं इथल्या अन्न साखळीचा पाया ठरतात. यामुळेच या भागात इतर सजीवही मोठ्या प्रमाणावर आढळतात.

युद्ध हरणार हे लक्षात आल्यावर इराककडून या आखातात कोट्यावधी पिंपे नैसर्गिक खनिज तेल सोडण्यात आलं. एकूण ७०० तेल विहिरींचं नुकसान करण्यात आलं. यातल्या ६०० तेल विहिरी पेटवण्यात आल्या. ज्या विहिरी पेटल्या नव्हत्या त्यातलं तेल वाहत होतं. यातलं बरंच तेल भूजलात मिसळलं. यामुळे आता हे भूजल दूषित बनलंच पण त्यात कॅडमियम, पारा, अॅल्युमिनियम यासारखे धोकादायक धातू सहजगत्या मोठ्या प्रमाणावर विरघळले आहेत.

याशिवाय पहिल्या काही महिन्यातच २० हजाराहून अधिक पक्षी मृत्यूमुखी पडले. कासवं, बेडूक, खेकडे, अनेक प्रकारचे कीटक, डॉल्फीन आणि ड्यूगॉंग सारखे प्राणी मेले ते वेगळेच. या आखाताच्या नुकसानीचे अनेक आकडे प्रसिद्ध

झालेले आहेतच पण इराकनं केलेल्या आणखी एका 'इको टेररिझम'ला प्रसिद्धी मिळाली नाही याचं कारण याच्याशी पाश्चात्त्यांचा संबंध नव्हता. शात एल अरबच्या पुढच्या त्रिभूज प्रदेशात 'मार्श अरब' नावाची एक जमात अक्षरश: लक्ष्यात राहते. इराकनं या त्रिभूज प्रदेशातलं पाणी कमी व्हावं म्हणून खास प्रयत्न केले. यामुळे या अरबांना हुसकणं शक्य होणार आहे हे खरं पण इथलं पर्यावरण पूर्णपणे बदलून जाणार असून तिथल्या अनेक दुर्मिळ सजीवांचा वंशविच्छेद होणार आहे.

रवांडातील युद्ध आणि पर्वती गोरिला

रवांडा देश हा जगाला माहिती व्हायचं एकमेव कारण म्हणजे तिथले पर्वती गोरिला. हे माऊंटन गोरिला तिथल्या ज्वालामुखीय उतारावर राहतात. पूर्वी या ज्वालामुखी शंकूंच्यामध्ये अरण्य होतं. त्यामुळे ते एका पर्वताच्या उतारावरून दुसऱ्या पर्वताच्या उतारावर जाऊ शकत. आफ्रिकेतली लोकसंख्या झपाट्यानं वाढली. दरम्यान हे देशही स्वतंत्र झाले. तेव्हा हळुहळू वनराजी मागं मागं हटू लागली. दोन पर्वत शिखरांच्या मधल्या खोलगट भागात तसंच सपाट प्रदेशात मानवी वस्ती आणि शेती वाढली तसतसे हे गोरिला एकाच पर्वतराजीत बंदिस्त झाले.

या गोरिलांवर आणखी एक संकट कोसळलं ते म्हणजे चोरटे शिकारी. प्राणी संग्राहलये, सर्कशी आणि खाजगी संग्राहक खूप पैसे देऊन गोरिला विकत घेतात. तसंच यांची कातडी आणि पंजे यांनाही चांगला भाव येतो म्हणून या गोरिलांची चोरटी शिकार सुरू झाली. पुढं पुढं तर मारलेल्या गोरिलांचे फक्त पंजेच पळवले जाऊ लागले. या गोरिला माद्या असत. त्यालाही एक कारण होते. सर्कस किंवा प्राणी संग्रहालयात यांना मोठा गोरिला विकत घेणं परवडत नाही. याचं कारण हे गोरिला माणसाळत नाहीत. शिवाय त्यांची चोरून वाहतूक करता येत नाही आणि त्यांच्यासाठी खूप पैसे मोजावे लागतात. या उलट जर पिल्लू पळवता आलं तर चोरून वाहतूक करणं सोपं जातं, ते लवकर माणसाळतं त्यामुळे ते विकणं सोप जातं आणि मोठ्या गोरिलाच्या मानानं त्याची किंमत कमी असते.

हे पिल्लू कायम आईजवळ असतं. कुठलीही आई ज्याप्रमाणे आपल्या पिलांचं रक्षण प्राणपणानं करते त्याचप्रमाणे गोरिला माताही आपल्या पिलांसाठी जीवाची बाजी लावते. यामुळे शिकारी गोरिलाच्या सवत्स मातेची शिकार करतात. तिचं पिल्लू आणि पंजे तेवढेच पळवतात. गोरिलांमध्ये एका मादीस ३ ते ४ वर्षांनी एक पिल्लू होते. यामुळे या माद्यांची शिकार हा गोरिलांना निर्वंशाकडे नेणारा जलदगती मार्ग ठरला होता. गोरिलांच्या या दुर्दशेकडे जगाचं लक्ष वेधण्याचं काम एका अमेरिकन स्त्रीनं केलं. या स्त्रीचं नाव डाएन फॉसी. डाएन फॉसीनं या गोरिलांचा

अभ्यास केला. तिच्या प्रेरणेनं आणि काही आतंरराष्ट्रीय संघटनांच्या आर्थिक मदतीनं कारिझोके नॅशनल प्रिझर्वंची स्थापना झाली. डाएन फॉसीनं चोरट्या शिकाऱ्यांविरुद्ध रान उठवलं. यामुळे हळूहळू या माऊंटन गोरिलांची संख्या वाढू लागली. किंबहुना कारिझोके नॅशनल पार्कमध्ये येणाऱ्या हौशी प्रवाशांकडून मिळणारं उत्पन्न हे रवांडाच्या परकी चलनाचं प्रमुख साधन बनलं. दरम्यान चोरट्या शिकाऱ्यांनी डाव साधला आणि डाएन फॉसीची हत्या झाली. या खुनानंतर या गोरिलांचं भवितव्य धूसर बनलं पण आंतरराष्ट्रीय दबावाखाली रवांडा शासनानं या गोरिलांना संरक्षण दिलं.

दरम्यान एका विमान अपघातात रवांडाचे अध्यक्ष ठार झाले आणि रवांडात यादवी युद्ध सुरू झालं. लक्षावधी लोक निर्वासित बनले. बुरुंडी आणि युगांडात स्थलांतरित झाले. ज्यांना देश सोडून जाणं जमलं नाही ते जंगलांच्या आश्रयाला गेले. त्यांनी अन्नासाठी आणि इंधनासाठी जंगलतोड सुरू केली. गडबडीत चोरट्या शिकाऱ्यांना फावलं. त्यांनी पुन्हा आपला धंदा सुरू केला. बेघर निर्वासितांची या कामात मदत घेतली आणि आता या गोरिलांचं भवितव्य अंध:कारमय झालं.

मानवी युद्धात एक प्राणीजात धोक्यात यावी यासारखं दुर्दैव कोणतं? एखादी प्राणीजात नष्ट करायला फारसा वेळ लागत नाही पण ती जगवायची तर अफाट परिश्रम आणि खूप वेळ खर्च करावा लागते. तसंच त्यासाठी पैशांचीही गरज पडते. यामुळे वन्यजीव संरक्षणाची जाणीव ठेवणं चांगलं पण युद्धकाळात ही जाणीव मागं पडते आणि मग आपल्याला हळहळत बसावं लागतं.

बंदिवासातील प्राण्यांचे पुनर्वसन : काही प्रयत्न

मानवी व्यवहारांमुळे वेगवेगळ्या अरण्यातून वेगवेगळे प्राणी नाहीसे होतात. या प्राण्यांचे अस्तित्व फक्त मानवी प्रयत्नांनी वेगवेगळ्या प्राणी संग्रहालयांमधूनच फक्त शिल्लक राहते. मग बरेचदा प्राणी संग्रहालयातून हे प्राणी परत अरण्यात सोडले जातात. पुढं त्यांचं काय होतं; असा प्रश्न आपल्याला पडतोच असं नाही पण हे प्राणी अरण्यात सोडण्याचा जी मंडळी प्रयोग करतात त्यांना मात्र तो पडतोच. मानवी कैदेत किंवा सोनेरी पिंजऱ्यात म्हणू या, वाढलेले प्राणी स्वातंत्र्य उपभोगण्यास असमर्थ ठरतात. पिंजऱ्यातून सुटलेला पोपट किंवा जाळीतून निसटलेला लव्हबर्ड हे कसे वागतात ते आपल्याला बरेचदा पाहायला मिळतंच; असे पक्षी किंवा प्राणी स्वातंत्र्यात फार काळ जगू शकत नाहीत.

वॉशिंग्टन इथल्या अमेरिकन 'नॅशनल झू'नं असे काही प्रयोग केले ते पाहण्यासारखे आहेत. इ.स. १९७० मध्ये ब्राझीलच्या विषुववृत्तीय अरण्यातील 'गोल्डन लायन टॅमॅरिन्स' जवळ जवळ नाहीसे झाले होते. त्यांचा गोंडस आकर्षकपणा हा त्यांच्या नाशास कारणीभूत ठरला होता. पाळीव प्राणी म्हणून त्यांना खूप मागणी होती. त्यामुळे विजनवासाची त्यांची सवयही मोडत होतीच पण त्यांची संख्याही झपाट्यानं कमी झाली होती. ब्राझीलच्या अरण्यात जेमतेम १०० गोल्डन लायन टॅमॅरिन्स शिल्लक उरली होती. त्यामुळे ब्राझील सरकारनं रिओ द जानीरोच्या उत्तरेस असलेल्या पर्जन्यारण्यामध्ये सुमारे साडेतीन हजार हेक्टरचे अभयारण्य या टॅमॅरिन्ससाठी निर्माण केले.

दरम्यान अमेरिकेच्या 'नॅशनल झू'मध्ये बंदिवासातल्या प्राण्यांच्या प्रजननाचा कार्यक्रम सुरू झाला होता. त्या काळात जगभरच्या प्राणी संग्रहालयांमध्ये मिळून ऐंशी गोल्डन लायन टॅमॅरिन्स शिल्लक होती. त्यांच्या मृत्यूचं प्रमाण जन्माला

येणाऱ्या टॅमॅरिन्सपेक्षा जास्त असल्यानं
ती ही फार काळ टिकतील अशी परिस्थिती
होती. बेन बेक हा प्रायमेटॉलॉजिस्ट आणि
डेव्हरा क्लीमान, नॅशनल झूचे सहाय्यक
संचालक यांनी यावर उपाय शोधून काढला.
टॅमॅरिन्सना वेगवेगळ्या प्राणी
संग्रहालयांमध्ये इतर माकडांप्रमाणेच फळे
आणि भाज्या खाऊ घालण्यात येत असत.
अरण्यामध्ये वास्तव्यास असताना टॅमॅरिन्स
कीटक, वाळवी आणि पक्ष्यांची अंडीही
खात. क्लीमनच्या सूचनेनुसार जेव्हा
टॅमॅरिन्सना प्रथिनांच्या गोळ्या, कीटक
आणि वाळवी खायला देण्यात आली
त्याबरोबर सर्व टॅमॅरिन्स सुदृढ झालेच
पण त्यांची प्रजाही वाढीस लागली. ही

प्रजा वाढायचं दुसरंही एक कारण होतं. टॅमॅरिन अरण्यात टोळीनं वावरतात. तिथं
या टोळीतील प्रमुख मादीच फक्त प्रजनन क्षम असते. शिवाय वयात येणाऱ्या इतर
मादांचा ती नराशी संबंध येऊ देत नाही. प्राणी संग्रहालयातही सर्व टॅमॅरिन्स एकत्र
ठेवली की फक्त प्रमुख मादीलाच पिल्लं होत असत. क्लीमानच्या सल्ल्यानुसार मग
वयात आलेल्या टॅमॅरिन्सच्या जोड्या करून त्यांना वेगवेगळ्या पिंजऱ्यांमधून ठेवण्यात
येऊ लागलं तेव्हा सर्वच मादांना पिल्ले होऊन त्यांची बंदिवासातील संख्या १९८३
मध्ये ३७० पर्यंत गेली. इ.स. १९८४ मध्ये अरण्यामधील टॅमॅरिनांच्या संख्येत
वाढ व्हावी म्हणून क्लीमान आणि बेक यांनी ब्राझीलच्या राखीव अरण्यात सोडण्यासाठी
१३ टॅमॅरिन पाठवली. त्यांना वाटलं होतं त्याप्रमाणे ही टॅमॅरिन त्या जंगलात
सोडल्यावर तिथं रूळलीच नाहीत. त्यांना जंगलात अन्न मिळालं तरी त्याचं काय
करावं, हे कळत नव्हतं. केळ्याचं साल सोलणंही त्यांना जमेना. नैसर्गिक अन्न
त्यांना समोर दिसलं तरी ते अन्न आहे हे त्यांच्या डोक्यात शिरेना. जंगलामध्ये ती
मर्कटं चुकल्यासारखी झाली. पिंजऱ्यात वाढल्यामुळे त्यांना झोपाळ्यावर आणि
लोखंडी दांड्यांवर खेळायची सवय झाली होती. जिथं लाकडी जंगल जिम केले होते
तिथं ते लाकडांचे वासेही गुळगुळीत केलेले होते. भक्कम होते. या वाऱ्यावर
हलणाऱ्या, टॅमॅरिनच्या वजनानं झुकणाऱ्या फांद्यावरून ती खाली पडू लागली. मग
ती जमिनीवरच वावरायला लागली. एकाला अजगरानं गिळलं, दुसऱ्याला कुत्र्यानं
मारलं. काही सरड्यांनी खाल्ली अशा तऱ्हेनं पहिल्या वर्षी सात टॅमॅरिन नाहीशी

झाली; यातली एक-दोन उपासमारीनं ही मेली असावीत.

यानंतर 'नॅशनल झू' मध्ये टॅमॅरिनसह सर्वच वृक्षवासी प्राण्यांच्या पिंजऱ्यातून मानव निर्मित वस्तू काढून तिथं वेगवेगळी झाडं लावण्यात आली. त्यांना थाळीतून अन्न देणं बंद करण्यात आलं. अशा पिंजऱ्यात वाढलेल्या सात आणि पूर्वीच्या पिंजऱ्यातून वाढलेल्या ४ टॅमॅरिनांना ब्राझीलच्या अरण्यात सोडण्यात आलं. पहिले दोन आठवडे जंगली वातावरणात वाढलेली टॅमॅरीन आघाडीवर होती. पिंजऱ्यात वाढलेल्या टॅमॅरिनांपेक्षा झाडावर वाढवलेल्या टॅमॅरिनांना या जंगलात वावरणं सोपं जात होतं; पण दोन आठवड्यातच सर्व टॅमॅरिनांमधला फरक कमी कमी होत नाहीसा झाला. या अकरामधील फक्त दोन टॅमॅरिन वर्ष अखेरीस जिवंत होती.

टॅमॅरिनांना योग्य ती संधी मिळाली तर ती शिकतात; हे लक्षात आल्यावर १९८६ पासून वॉशिंग्टनमध्ये उन्हाळा असतो त्या दिवसात आता नॅशनल झू मधील सर्व टॅमॅरिन झाडावर बागडत असतात. त्याचं खाणं त्यांना त्या झाडांच्या फांद्यांवर शोधून मिळवावं लागतं. फळं झाडावरून तोडून मिळवावी लागतात; आणि खोड खरवडून त्या खालच्या अळ्या शोधून काढाव्या लागतात. यातली जी टॅमॅरिने झाडावर जगायला शिकतात त्यांना ब्राझीलच्या पर्जन्यारण्यामध्ये सोडलं जातं. अशा टॅमॅरिनांना नैसर्गिक वास्तव्यात अडचणी येत नाहीतच पण त्यांची प्रजासुद्धा अरण्यामध्ये व्यवस्थित जगते कारण त्या पिल्लांना पालकांकडून आपोआपच प्रशिक्षण मिळते. १९९२ अखेरीस बेक आणि त्यांच्या सहकाऱ्यांनी १३४ टॅमॅरिन जंगलामध्ये सोडली. त्यातली ४३ जगली. त्यांना पुढे ९७ पिल्लं झाली. त्यातली ७० जगली. आधीची अरण्यवासी टॅमॅरिन धरून आज ब्राझीलच्या किनारी जंगलामध्ये जवळ जवळ ४०० गोल्डन लायन टॅमॅरिन वास्तव्यास असून त्यांची संख्या वाढते आहे.

बेकना या काव्यात आणखी एक गोष्ट लक्षात आली; ती म्हणजे प्राणीसंग्रहालयात जन्माला आलेली आणि वाढलेली टॅमॅरिन आपला नैसर्गिक शत्रू ओळखू शकतात.

त्याचा त्यांना विसर पडलेला नसतो. आकाशातून झडप घालणाऱ्या शत्रूंचं ज्ञान त्यांना उपजतच प्राप्त झालेलं असतं, आकाशातून कुणीही उडत गेलं आणि त्याची दाट सावली टॉर्मेरिन असलेल्या झाडावर पडली तर टॉर्मेरिन संकट आल्याचा इशारा देणारे आवाज काढू लागतात. मग ते सरळ जमिनीवर तरी उतरतात किंवा झाडाच्या मध्यभागी येऊन मुख्य खोडावर मध्यम उंचीवर खोडाला चिकटून बसतात. ही सर्व कृती त्यांना मुद्दाम शिकावी लागत नाही. हे ज्ञान जन्मजात झालेलं असतं.

त्यामानानं जमिनीवरच्या संकटाचं त्यांना असं ज्ञान इतक्या तीव्रतेनं होत नसावं असा तर्क करण्याजोगी परिस्थिती आहे. जमिनीवर त्यांना जेव्हा एखादा मोठा साप दिसतो तेव्हा एखादं टॉर्मेरिन खूप आवाज करित त्या सापाच्या दिशेनं पुढं जातं. ते या कृतीतं आपल्या टोळीला सावध करित असतं. अगदी पहिल्यांदा रानात सोडलेल्या टॉर्मेरिनना तर साप हा आपला शत्रू आहे, हे सुद्धा कळलं नसावं.

प्राणी संग्रहालयात जन्मलेल्या लांडग्यांना निसर्गातले शिकारी ओळखता येत नाहीत पण त्याचं कारण वेगळं आहे. नैसर्गिक परिस्थितीमध्ये त्यांना शत्रूच नसतात. तसंच त्यांना मोकळं सोडल्यावर त्यांची उपासमारही होत नाही. ते जन्मजात शिकारी असतात. ते अगदी सहजगत्या रानघुशी, ससे, रॅकून, मुंगूस, हरणं आणि रानडुकरांची शिकार करू लागतात. लांडगे परत वनात सोडण्यामधला एक धोका म्हणजे ते शेतकऱ्यांची आणि रांचवरची पाळीव जनावरं, पाळलेली कुत्री, कोंबड्या आणि टर्की मारून खातात. यामुळे मग शेतकरी आणि रांचर्स चिडून या लांडग्यांना गोळ्या घालून मारतात. मानवांनी जंगलात सोडल्यावर या लांडग्यांनी रानावनातल्या प्राण्यांची शिकार करून आपली उपजीविका करावी ही अपेक्षा असते. पाळीव जनावरे सहज उचलता येतात म्हटल्यावर लांडगे अवघड शिकारीच्या मागं धावत नाहीत. या लांडग्यांना मानवी वस्तीची भीती आणि रानातल्या भूप्रदेश स्वामित्वाची जाणीव झाली तरच ते जंगलात टिकू शकतील.

निसर्गात वाढलेल्या लांडग्यांची स्वामित्वभूमी ठरलेली असते. तिचं ते रक्षण करतात आणि त्या स्वामित्वभूमीच्या बाहेर कळप कधीच जात नाही. पुढं नर पिल्लं वयात आली की ती स्वतःहून कळपाबाहेर पडतात आणि स्वतःची टोळी प्रस्थापित करण्याकरिता निघून जातात. असे लांडगे माणसाच्या वाऱ्यालाही उभे राहात नाहीत. याला कारणही तसंच आहे. एकेकाळी लांडगे हे अमेरिकेतले प्रमुख शिकारी होते. टेक्सास पासून उत्तर कॅरोलायनापर्यंत ते सर्वत्र आढळत असत. १९७० च्या दशकापर्यंत मानवी शिकाऱ्यांनी त्यांना अमेरिकेतून जवळ जवळ पूर्णपणे नाहीसं केलं.

इ.स. १९८७ मध्ये अमेरिकन राखीव जंगलांमध्ये प्राणी संग्रहालयात जन्मलेले लांडगे सोडायचा कार्यक्रम सुरू करण्यात आला. उत्तर कॅरोलायनातल्या 'ॲलिगेटर रिव्हर नॅशनल वाईल्ड लाईफ रेफ्यूज' मध्ये काही लांडगे सोडण्यात आले. नोव्हेंबर

१९९१ मध्ये आणखी काही लांडगे टेनेसी मधल्या 'ग्रेट स्मोकी माऊंटेन्स नॅशनल पार्क' मध्ये सोडण्यात आले. या शतकात प्रथमच ऑपेलेशियन पर्वतराजीत लांडग्यांचे सूर अशा तऱ्हेनं घुमले. हा प्रयोग म्हणावा तितका यशस्वी ठरला नव्हता. हे लांडगे जवळ जवळ माणसाळलेलेच होते. अमेरिकन फिश अँड वाईल्ड लाईफ विभागाचे जीवशास्त्रज्ञ ख्रिस ल्युकाश हे या प्रयोगातले एक तज्ज्ञ स्मोकी माऊंटेन प्रकल्पाचे प्रमुख होते. त्यांनी सोडलेल्या एका लांडग्याने त्या राष्ट्रीय उद्यानाच्या बाहेरच्या एका शेतकऱ्याची एक टर्की मारली. अमेरीकन शेतकऱ्यांना याची सवय असते. त्या शेतकऱ्यांं या लांडग्याला हुसकवून लावायचा प्रयत्न केला. तो लांडगा तिथून हललाच नाही. तिथंच बसून त्यानं ती टर्की खाल्ली. इतर वेळी तो असा खात बसला असताना पिंजऱ्याबाहेर प्रेक्षक असायचे तसाच हा शेतकरी असा बहुदा त्या लांडग्याचा समज झाला असावा. आयुष्याचा बराच काळ त्या लांडग्यानं पिंजऱ्यातच घालवला असल्यामुळं समोर अन्न दिसलं की लगेच ते खायला सुरुवात करायची, एवढंच त्याला ठाऊक होतं. दुसऱ्या दिवशी परत त्या लांडग्यानं तिथ टर्की मारून खायला सुरुवात केली. त्या दिवशी दहा-पाच माणसं आणि दोन कुत्री त्याला हुसकावून लावायचा प्रयत्न करीत होती. शेवटी त्या शेतकऱ्यांं ख्रिस ल्युकाशच्या कचेरीशी संपर्क साधला. ल्युकाशनी त्या लांडग्याला मग पुन्हा प्राणीसंग्रहालयात बंद केलं.

पुढच्या दहा महिन्यात ल्युकाशनी इतर लांडगेही परत पकडून आणले. त्यानंतर लांडगे रानात परत सोडताना काय करावं लागेल यावर ल्युकाश आणि त्यांच्या सहकाऱ्यांनी विचार केला. लांडग्यांना निसर्गात मोकळं सोडायचं असेल तर त्यांच्या मनात स्वामित्वभूमीची कल्पना रूजवायला हवी, त्याच बरोबर त्यांचा माणसाळलेपणा कमी करून माणसापासून सावध राहायची वृत्ती त्यांच्यामध्ये निर्माण करायला हवी, असं ल्युकाशना वाटलं.

आता प्राणी संग्रहालयामध्ये जन्माला आलेले लांडगे अरण्यात सोडण्यापूर्वी त्यांना खास विजनवासात ठेवण्यात येतं. ऑपेलेशियन पर्वतराजीमध्ये ओक, मेपल् आणि देवदार वृक्षांच्या खोडांना ३॥ मीटर उंचीच्या जाळ्या बसवून १६ मीटर लांबी रूंदीचा एक कोंडवाडा तयार केला जातो. लांडगे इथं वर्षभर राहतात. यामुळे त्यांना ऋतुमानातील बदल, नैसर्गिक वास, पानगळ यांची माहिती होते. इथंच ते जोडीदार निवडतात, प्रजनन होतं. पिलं वाढवली जातात. या काळात त्यांना क्वचितच माणसाचं दर्शन घडतं. लांडग्यांना अन्न पुरवणारा आणि साफ सफाई करणारा माणूस दोनशेमीटर दूर एका तंबूत वास्तव्यास असतो. इथं इतर कुठल्याही माणसाला जवळपास फिरकूही दिलं जात नाही. त्यासाठी जागोजाग 'वीस हजार डॉलर दंड' अशा पाट्या लावण्यात आल्या आहेत. हायकर्स आणि हौशी मासेमारांना या भागात प्रवेश करताच त्यांची जाणीवही करून दिली जाते. १९९२ मध्ये अशा

दोन ठिकाणी लांडग्यांचं एक एक कुटुंब ठेवण्यात आलं होतं. या दोन कोंडवाड्यांमध्ये १३ कि. मी.चं अंतर होतं. लांडगा-लांडगी आणि त्यांची चार पिल्लं या कोंडवाड्यात वर्षभर वावरली.

हा कोंडवाडा हेच आपलं घर किंवा स्वामित्वभूमीचं केंद्र ही कल्पना त्या लांडग्यांच्या डोक्यात भिनवणे अशी या कोंडवाड्यामागची मूळ कल्पना होती. या भागात लांडग्यांचं अन्न भरपूर प्रमाणात सापडतं; आणि निर्मनुष्य जंगलही मोठ्या प्रमाणात आहे. जर लांडग्यांनी हे जंगल आपलंसं केलं आणि मानवी वस्तीमध्ये यायचं टाळलं तर त्यांच्या निसर्गातल्या पुनर्प्रवेशास फारशी अडचण येणार नाही.

ल्युकाश यांच्या मनात अशा लांडग्यांची ८ कुटुंब म्हणजे सुमारे ५० लांडगे या भागात वावरायला हवेत असं एक स्वप्न आहे. ऑक्टोबर ९२ मध्ये ल्युकाशनी पहिलं लांडगे कुटुंब या कोंडवाड्यातून बाहेर सोडलं. आधी त्यांनी एका कोंडवाड्याचं दार उघडलं आणि या दारापासून काही अंतरावर दूर असं एक मारलेलं डुक्कर टाकून दिलं. आणखी एक आठवड्यानंतर एका डुकराचा मृतदेह त्यांनी या जागेपासून म्हणजे पहिल्यांदा डुक्कर ठेवलं होतं तिथून आणखी दूर ठेवला. हे लांडगे सैरभैर पळू नयेत किंवा कोंडवाड्यातच बसून राहू नयेत, त्याचबरोबर त्यांची उपासमारही होऊ नये, हा हेतू असं करण्यामागे होता. ते लांडगे आता स्वतंत्रपणे हिंडू लागले. आठवडाभर ते कोंडवाड्याच्या परिसरापासून फारसे लांब गेले नव्हते; पण हळुहळू ते स्वत:च शिकारही करू लागले. नंतर दुसऱ्या कोंडवाड्याचीही दारं उघडण्यात आली. हे लांडगे वाहनांना घाबरत नाहीत. रस्त्यावर आरामात पडून राहतात. पिल्लं बरेचदा सुरक्षित अभयारण्याच्या सीमा ओलांडून जातात; हे लक्षात आल्यावर पिल्लांना पुन्हा कोंडवाड्यात ठेवण्यात आलं. ज्या शेतकऱ्यांच्या तक्रारी आल्या त्यांना नुकसान भरपाई देण्यात आली.

हे लांडगे पूर्ण रानवट बनायला अजूनही दोन-तीन पिढ्या जाव्या लागतील असं ल्युकाशना वाटतं. जो पर्यंत लांडग्यांच्या दोन पिढ्या माणसाच्या संपर्कात न येता पूर्णपणे जंगलातच जन्मापासून वावरतील तेव्हाच माणसाला टाळायची प्रवृत्ती त्यांच्यामध्ये निर्माण होईल असं ल्युकाशना वाटतं.

अमेरिकेत असाच आणखीही एक कार्यक्रम चालू आहे. ब्लॅक फुटेड फेरेट या मुंगसासारख्या प्राण्याला अमेरिकेतल्या प्रेअरी प्रदेशात पुन्हा सोडण्यासाठी केंद्रीय आणि राज्यपातळीवरच्या संस्थांनी एकत्र येऊन वायोमिंग राज्यामध्ये कृष्ण पाद फेरेट प्रकल्प सुरू केला आहे. टॉम थॉर्न हे प्राणीवैद्यक तज्ज्ञ या प्रकल्पाचे एक अध्वर्यु आहेत. यांचे विचारही ल्युकाश यांच्या विचाराशी मिळते जुळते आहेत. प्राणी संग्रहालयात वाढलेले प्राणी एकदम रानावनात सोडणे म्हणजे या प्राण्यांचा जीव धोक्यात घालणे असे थॉर्नना वाटते. रानावनात नैसर्गिक शत्रूंपासून स्वसंरक्षण

करणे, जोडीदार शोधून प्रजा वाढवणे ही या प्राणी संग्रहालयात वाढलेल्या प्राण्यांच्या दृष्टीनं कठीण गोष्ट असते. त्यापेक्षा त्यांना जंगलात वावरायला शिकवणे आणि मग अशा प्रशिक्षित प्राण्यांना जंगलात मोकळे सोडणे, ह्या पद्धतीस यश येण्याची अधिक शक्यता आहे, असे थॉर्न यांचे मत आहे. लांडग्यांच्या बाबतीत हे यशस्वी होईल पण फेरेट सारख्या निशाचर, कायम दडून राहणाऱ्या आणि झटकन नाहीसे होणाऱ्या प्राण्याच्या बाबतीत त्याच्यावर लक्ष ठेवणेच अवघड ठरते.

फेरेटना भरपूर शत्रू आहेत. कॉथोट, बॅजर, घुबडं अशा शत्रूंमुळे लपून छपून वावरणे हेच त्यांचं संरक्षणाचं महत्त्वाचं साधन ठरतं. फेरेट पूर्वी 'प्रेअरी डॉग' या जमिनीत बिळं करून राहणाऱ्या एका कृदंतवर्गी प्राण्याच्या बिळांमधून राहत असत, एवढंच नव्हे तर ते प्रेअरी डॉगवरच जगत असत. पुढं अमेरिकन प्रेअरी मैदानात गव्हाची शेती सुरू झाली. यामुळे हा गवताळ प्रदेश नांगरला गेला. त्यात प्रेअरी डॉगांच्या बिळांच्या जाळ्यांची वाट लागली. यामुळे फेरेट उपासमारीनं आणि राहायला जागा नसल्यानं मेले. त्यातच अमेरिकन शासनानं रांचर आणि शेतकऱ्यांच्या म्हणण्यापुढं मान तुकवून प्रेअरीडॉगना 'अवांछित जीव' म्हणून घोषित केलं. त्यांना विष घालून मारण्यात आलं. हे विषारी प्रेअरी डॉग खाऊन फेरेट मारले गेले. १९६० च्या सुमारास कृष्णपाद फेरेट नाहीसे झाले, असं मानण्यात येऊ लागलं. १९८० नंतर वायोमिंगमध्ये फेरेटांचं एक जोडपं आढळलं. काळजीपूर्वक पाहणीत १९८५ साली १८ कृष्णपाद फेरेट जिवंत असल्याचं दिसून आलं. यांना काळजीपूर्वक पकडून बंदिवासात त्यांचं प्रजनन करण्याचे प्रयत्न सुरू झाले.

या प्राण्यांची प्रजा आधी वायोमिंग मग मोंटाना आणि नंतर दक्षिण डाकोटा राज्यातल्या शिल्लक उरलेल्या गवताळ प्रदेशात सोडावी, असा सध्या विचार आहे. हळूहळू पूर्वी ज्याला 'वाईल्ड वेस्ट' म्हणत, त्या सर्व भूभागात पुन्हा फेरेट नांदू लागावेत, यासाठी हे केलं जातंय. या निशाचर प्राण्यांवर लक्ष ठेवणं फार अवघड असतं. त्यांना रेडियो गळपट्टी बसवली तर त्यांच्या शरीराच्या मानानं ती जड ठरते. या प्राण्यांचे वजन जेमतेम १ किलोग्रॅम असतं. मग या शास्त्रज्ञांनी एका वेगळ्याच पद्धतीचा अवलंब केला. रात्री अचानक प्रखर प्रकाशझोत टाकून यांचे चमकणारे डोळे दिसतात का ते पाहणे. याशिवाय बर्फ पडून गेल्यावर त्यात उमटलेले यांच्या पावलांचे ठसे पाहणे.

हे बंदिवासातले प्राणी जेव्हा नैसर्गिक वातावरणात सोडले जातील तेव्हा ते त्यांच्या नैसर्गिक शत्रूंच्या हल्ल्याला अगदी सहज बळी पडतील. ज्यावेळेस फेरेट प्रजनन कार्यक्रम सुरू झाला तेव्हापासूनच या काळजीनं या कार्यक्रमातील शास्त्रज्ञांना सतावलं होतं. यासाठी काय करावं, या विचारातून त्यांनी काही नवे उपक्रम हाती घेतले. फेरेटचा दूरचा भाईबंद, सायबेरियन पोलकॅटला त्यांनी या उपक्रमात सहभागी

करून घेतलं. सायबेरियन पोलकॅटला नष्ट होण्याची भीती नाही त्यामुळे या पोलकॅटांना या प्रयोगासाठी वापरण्यात आलं.

एका ट्रकखाली सापडून एक बॅजर मेलं. त्या बॅजरमध्ये भुस्सा भरून ते इथं आणलं गेलं. ते खेळण्यातल्या दूरनियंत्रित गाडीवर बसविण्यात आलं. या रोबो-बॅजरच्या साहाय्यानं फेरेटना भीती दाखविण्यात आली. त्याचवेळी लहानमुलांच्या खेळण्यातील पिस्तुलांच्या साहाय्यानं या फेरेटवर रबर झाडण्यात आली. याशिवाय एक भुस्सा भरलेलं घुबडही या फेरेटवर अधून मधून झडप घालेल, अशीही व्यवस्था करण्यात आली. तसंच एक पाळीव कुत्रं अधून मधून भुंकत त्यांच्या अंगावर जायचं. एवढ्या तयारीनिशी ही फेरेट जेव्हा निसर्गात सोडण्यात आली तेव्हा ती नैसर्गिक शत्रूंना बळी पडलीच. वायोमिंग मध्ये थॉर्ननी वेगळी पद्धत अवलंबून बघितली. इथं त्यांनी ७ मीटर लांबी रूंदीचे कोंडवाडे तयार केले. यांच्या जाळ्या जमिनीत ३ मीटर खोली पर्यंत नेल्या. मग या कोंडवाड्यात थॉर्जनी प्रेअरी डॉग सोडले. त्यांनी या कोंडवाड्यात बिळाचं जाळं तयार केलं. मग या कोंडवाड्यात फेरेटची जोडी सोडण्यात आली. इथं प्रेअरी डॉगची शिकार करीत स्वत:चा संसार वाढवायला फेरेट शिकली.

१९९२ मध्ये बंदिवासात जन्मलेल्या ९० फेरेटना प्रेअरीमध्ये सोडण्यात आलं. ती स्वतंत्र झाल्यावर मूळ कोंडवाड्याकडं परतलीच नाहीत. ज्या ३० फेरेटांना रेडियो गळपट्टी बांधली होती. त्यातली दहा कॉयोटांनी खाल्ली. एक ससाण्यानं मारलं तर एक गरूडानं खाल्लं. तरीही १६ फेरेट विजनवासात व्यवस्थित जगलेली आढळून आली. यामुळे या फेरेट कार्यक्रमातल्या शास्त्रज्ञांचा आत्मविश्वास वाढला. दोन जोडप्यांनी सहा पिल्लांना जन्मही दिला. यामुळे अमेरिकन प्रेअरीवर पुन्हा कृष्णपाद फेरेट मुक्तपणे वावरतील असा विश्वास थॉर्ननां वाटू लागला आहे.

आपल्याकडेही असे कार्यक्रम राबवले जातात. उदाहरणार्थ गिरचे काही सिंह कुनो अभयारण्यात सोडून तिथं त्यांचं पुनर्वसन करण्यात आलं आहे. अशा गोष्टींना या ना त्या कारणानं आपल्या देशात प्रसिद्धी मिळत नाही यामुळे असं चांगलं काम दुर्लक्षित राहतं, हे योग्य नाही. जनजागृतीसाठी अशा मोहिमांना प्रसिद्धी मिळणे आवश्यक आहे.

गैयावाद – पर्यावरणाचा एक नवा विचार

पृथ्वीवरच्या सजीवांवर अनेक नैसर्गिक प्रक्रियांचा प्रभाव पडत असतो. मुख्य म्हणजे या प्रक्रियांवर मानवाचंसुद्धा काहीही नियंत्रण नसतं; किंबहुना तसा प्रयत्न करणं हा गाढवपणा ठरेल याची मानवास पूर्ण कल्पना असते. भूकंप, ज्वालामुखी, एल निनोसारखे सागरी प्रवाह, प्रचंड सागरी वादळे, दुष्काळ, हवामानातील बदल आणि सरकारी भूखंडे अशा भूभौतिक घटनांचा किंवा अजैवी घटनांचा पृथ्वीवरल्या जीवनावर फार मोठ्या प्रमाणात प्रभाव पडत असतो. ही गोष्ट किंवा हा सिद्धांत सर्वमान्य आहे; तो मुद्दाम सांगायची गरजही पडत नाही. पण अगदी एक पेशी सजीवांपासून सर्व वनस्पती आणि प्राणी आपल्या सभोवतालची कायिक आणि रासायनिक परिस्थिती बदलायचा प्रयत्न करीत असतात. एवढंच नव्हे तर भूशास्त्रीय कालगणनेनुसार फार मोठ्या कालखंडावर त्या त्या कालखंडातले सजीव नियंत्रणही करतात, आणि आपल्याला हवी तशी परिस्थिती ते निर्माण करून घेत असतात असा एक धाडसी सिद्धांत जेम्स इ. लव्हलॉक या ब्रिटिश वास्तवशास्त्रज्ञानं मांडला आहे. या सिद्धांताचे सहप्रणेते आहेत लिन मार्गुलीस. मार्गुलीस हे अमेरिकन शास्त्रज्ञ सूक्ष्मजीव शास्त्रांचे अभ्यासक आहेत. या दोघांनी मिळून 'गैया' सिद्धांत मांडला आहे. तो साधारणपणे असा आहे–

'पृथ्वीच्या पृष्ठभागाजवळचा वातावरणाचा थर हा पृथ्वीवरील जीवनाचाच एक अविभाज्य, नियंत्रित आणि आवश्यक भाग आहे. गेली कोट्यावधी वर्षे सजीवांनी पृथ्वीच्या वातावरणाचे तापमान, रासायनिक घटना, ऑक्सीडीकरणाची क्षमता आणि आम्लता यांच्यावर नियंत्रण ठेवलेलं आहे.' हा या सिद्धांताचा गाभा आहे.

लव्हलॉक यांच्या म्हणण्यानुसार ज्याप्रमाणे मांजराच्या अंगावरची लव किंवा गोगलगायीचा शंख हे सजीव नसले तरी सजीवांनी बनवलेले असतात; ते संरक्षण

हा हेतू समोर ठेवून सजीवनिर्मित निर्जीव मदतनीस असतात आणि या प्राण्यांना प्रतिकूल परिस्थितीशी झगडायला मदत करतात, त्याचप्रमाणे आपल्या सभोवतालची हवा हा आपलाच एक घटक समजायला हरकत नाही. हा माझा सिद्धांत पचायला अवघड असल्यामुळे इतर अनेक अशाच चाकोरीबाहेरच्या सिद्धांतांप्रमाणेच अनेक वैज्ञानिक नियतकालिकांनी हा सिद्धांत छापायला नकार दर्शविला.

आपल्या या नव्या सिद्धांताला प्रचलित आणि चाकोरीबद्ध शास्त्रज्ञांकडून विरोध होईल याची लव्हलॉक यांना कल्पना होतीच. याचे कारण आत्तापर्यंतच्या विचारसरणीनुसार मानवानं केलेलं प्रदूषण वगळता सजीव हे वातावरण बदलण्याबाबत अकार्यक्षम असतात. फार फार तर पर्यावरणांवर स्थानिक आणि किरकोळ स्वरूपाचे परिणाम ते घडवून आणत असतात. याचं एक उदाहरण म्हणजे वनस्पती; त्या कार्बन-डाय-ऑक्साईड घेतात आणि ऑक्सिजन बाहेर टाकतात; पण तरीही सजीवांचा वातावरणावर लव्हलॉक म्हणतात तितपत साकल्यानं परिणाम होतो हे मान्य करायला फार कमी जाणकार तयार होतात आणि सजीव आपल्याला हवं तसं वातावरण बदलून घेतात हे तर बहुतेकांना मान्य होण्यासारखं नसतंच.

'गैया' सिद्धांताबद्दल जो वाद आहे तो याचमुळे. पर्यावरणावर सजीवांचे साक्षेपी नियंत्रण असते का आणि आपण असे नियंत्रण ठेवू शकतो याची सजीवांना जाणीव असते का? सजीवांचे पर्यावरणावर जाणीवपूर्वक नियंत्रण असते की नाही या प्रश्नावर नाही. 'माझा सिद्धांत खरा आहे की खोटा आहे, हे चर्चेतूनच सिद्ध होईल आणि त्यासाठी काही काळ जावा लागेल हे खरं! पण यावर प्रतिवाद न करता हा सिद्धांत मोडीत काढणे कितपत योग्य ठरेल? शिवाय या सिद्धांताचा स्वीकार केला तर आपण एका वेगळ्या दृष्टीनं जीवनाकडं पाहू लागतो.' असं लव्हलॉक म्हणतात. तेव्हा आता आपण लव्हलॉक यांच्या दृष्टीतून जगाकडं पहायचा प्रयत्न करू या. यासाठी आधी जेम्स लव्हलॉक यांचा जीवन परिचय करून घ्यायला हवा.

जेम्स लव्हलॉक हे इतर शास्त्रज्ञांपेक्षा फार वेगळे आणि वृत्तीनं स्वतंत्र शास्त्रज्ञ आहेत. कुठलंही विद्यापीठ, राष्ट्रीय प्रयोगशाळा किंवा बहुराष्ट्रीय कंपनी यांच्याशी त्यांचा संबंध नाही. इंग्लंडमधल्या कॉर्नवॉल भागात ते निसर्ग सान्निध्यात राहतात. इथंच त्याचं घर आणि घरगुती पण अत्याधुनिक प्रयोगशाळा आहे.

ते अशा तऱ्हेनं स्वतंत्र संशोधन करीत असल्यामुळं बरेचदा आर्थिक अडचणी त्यांच्यापुढे आऽऽ वासून उभ्या असतात. १९५०च्या आसपास ते अमेरिकेत आपल्या कुटुंबियांबरोबर हार्वर्ड मेडिकल स्कूलमध्ये अभ्यासासाठी गेले. त्यांना त्यावेळी वर्षास तीन हजार डॉलर एवढं विद्यावेतन मिळत असे. त्यावेळी जगण्यासाठी रक्त विकत असत. त्यांचा रक्तगट दुर्मिळ असल्यामुळं त्यांना या मार्गानं हमखास पैसे मिळवता येत असत. त्याकाळात त्यांना साधारण अर्ध्या लीटर रक्तासाठी ५०

डॉलर मिळायचे. ते स्वतंत्र वृत्तीचे शास्त्रज्ञ असल्यानं त्यांना पृथ्वीवरील जीवनाप्रमाणेच जगण्यासाठी धडपड करणं आवश्यक होतं. यासाठी लव्हलॉकनी आपले अनेक शोध आणि एकाधिकार व्यापारी कंपन्यांना विकले. लव्हलॉक यांनी विज्ञान आणि तंत्रज्ञान विषयक असे तीस शोध वेळोवेळी विकून आपल्या आवडीच्या संशोधनासाठी पैसा उभा केला आणि घरही चालवलं. वातावरणातील रसायनांचे सूक्ष्मातिसूक्ष्म कण शोधून काढण्याचा त्यांचा शोध पुढे चांगलाच गाजला. हा शोध वापरून हवेतील व पाण्यातील तणनाशक आणि जंतू नाशकांचे प्रमाण शोधणे शक्य झालेच पण त्यामुळेच डीडीटीचा धोका जगासमोर आला. या यंत्राने मिळवलेल्या माहितीचा राचेल कार्सनना, त्यांच्या 'सायलेंट स्प्रिंग' या ग्रंथलेखनाच्या वेळी बराच उपयोग झाला. अगदी अलिकडे या यंत्राच्या सुधारित आवृत्तीचा उपयोग 'ओझोन विवर' शोधण्यासाठी झाला.

सामाजिक आणि वैज्ञानिक रूढींचा आणि चाकोरीबद्ध संशोधन पद्धतींचा पगडा झुगारून टाकणाऱ्या लव्हलॉकसारख्या शास्त्रज्ञाला 'गैया सिद्धांत' सुचावा, याचं लव्हलॉकच्या परिचितांना आश्चर्य वाटत नाही.

हा सिद्धांत म्हणजे क्षणात स्फुरलेला विचार मात्र नाही तर आयुष्यभरचा सखोल विचार या सिद्धांतामागं उभा आहे.

१९६० ते ७० च्या दरम्यान लव्हलॉक नासा (नॅशनल एरॉनॉटिक्स अँड स्पेस अॅडमिनिस्ट्रेशन) या संस्थेचे सल्लागार होते. मानवी शरीर शास्त्राचे त्यांचे ज्ञान आणि त्याचबरोबर त्यांच्या गाठी असलेला वेगवेगळी यंत्रसामुग्री बनविण्याचा अनुभव यामुळे व्हायकिंग योजनेत मंगळावर जीवसृष्टी आहे का? याचा शोध घेण्यासाठी जी यंत्रणा राबवली गेली त्यात लव्हलॉक यांचा प्रमुख सहभाग होता. या काळात नासाचे अभियंते जी यंत्रे बनवत होते, ती मंगळावरची जीवसृष्टी शोधण्याच्या दृष्टीनं निरूपयोगी आहेत असं स्पष्ट मत लव्हलॉक आणि जीवशास्त्रज्ञ डायेन हिचकॉक या दोघांनी मांडलं होतं. या दोघांनीही मंगळावर न जाताच मंगळावर सजीवसृष्टी आहे की नाही ते सांगता येणं शक्य आहे, अशी भूमिका घेतली. नासाचा सल्लागार म्हणून आपला बराच वेळ वाया गेला असंही लव्हलॉक जाहीरपणे म्हणाले होते.

'नासामध्ये प्रचंड विरोधाभास होता. इथे अभियांत्रिकी आणि तंत्रज्ञानाची कमाल पहायला मिळत होती. मात्र काही सन्माननीय अपवाद वगळता जीवशास्त्रविषयक पराकोटीचं अज्ञान होतं. इथे जगातले अतिशय ख्यातनाम अभियंते आणि तंत्रज्ञ जमा झाले होते. त्यांना सहारा वाळवंट ओलांडण्यासाठी एक वाहन तयार करायला सांगण्यात आलं. हे वाहन बनवून झाल्यानंतर आता इथं मासेमारी करण्यासाठी एक चांगला स्वयंचलित गळ तयार करून तो या वाहनावर बसवा, असं त्यांना सांगितलं

गेलं. हा गळ सहारातल्या वाळूच्या टेकड्यातून वावरणारे मासे पकडण्यासाठी उपयोगात आणला जाणार होता.'

लव्हलॉक यांच्या अशा टीकेमुळं त्यांचं नासाशी फारकाळ पटलं नाही. नासा ज्या पद्धतीनं प्रयत्न करतंय, त्यापद्धती वापरून मंगळावर सजीवांच्या अस्तित्वाचे कोणतेही पुरावे मिळणार नाहीत, असं लव्हलॉकनी नासास निक्षून सांगितलं होतं. पृथ्वीवरून मंगळाचा भरपूर अभ्यास झालेला आहे. मंगळावरच्या वातावरणाची पृथ्वीवर बसूनही आपल्याला बरीच माहिती मिळालेली आहे. यावरून मंगळावर सजीवसृष्टी असण्याची शक्यता फारच कमी आहे, असं लव्हलॉक म्हणत असत.

कुठल्याही ग्रहावरच्या सजीवसृष्टीला उपलब्ध अशा गोष्टींचाच वापर करून जीवनावश्यक ऊर्जा मिळवावी लागते; आणि तिथंच आपल्या जीवन प्रणालीत निर्माण झालेली अपशिष्ट सोडावी लागतात. यामुळे जर कुठलेही सजीव एखाद्या पर्यावरण प्रणालीमध्ये भरपूर प्रमाणात असतील तर ते त्या पर्यावरणामधील वातावरणाचे घटक हळूहळू बदलून टाकत असतात. याची पृथ्वीवरही उदाहरणे बघायला मिळतात.

पृथ्वीच्या वातावरणात मिथेन आणि अमोनिया या सारखे वायू आढळतात. खरं तर या वायूंचं विघटन होऊन कार्बन-डाय-ऑक्साईड आणि पण तसं घडताना दिसत नाही. याचं कारण या वायूंची पृथ्वीवर सूक्ष्मजीव आणि इतर ही काही प्रक्रियांमार्फत सतत निर्मिती होत असते. यामुळे यांचं वातावरणातलं प्रमाण फारसं बदललेलं आढळत नाही.

मंगळाच्या वातावरणात सजीव निर्मित वायूंचं तसंच ऑक्सिजन आणि नायट्रोजन यांचं प्रमाण अत्यल्प असल्यानं मंगळावर सजीवसृष्टी नसावी, असा लव्हलॉक यांच्या तर्क होता. मंगळाच्या वातावरणाचे वर्ण पृथ:करण पृथ्वीवर बसूनही करण्यात आलेले होतंच. यासाठी अर्थातच मंगळावर कार्बन मूळाधार असलेली जीवसृष्टी असावी, हे गृहीत धरण्यात आलेलं होतं.

नासामध्ये काम करताना लव्हलॉक आणि मार्गुलीस एकत्र आले. लिन मार्गुलीस यांचा अनेक विषयांचा व्यासंग आहे. त्या सूक्ष्मजीवशास्त्रज्ञ आहेतच पण भूशास्त्र, वनस्पती शास्त्र, रेण्विकजीवशास्त्र, अनुवांशिकी अशा अनेक शास्त्र शाखांमध्ये त्यांना गती आहे. लव्हलॉक आणि मार्गुलीस यांनी पृथ्वी ही एक स्वनियंत्रित, स्वयंसिद्ध प्रणाली असून त्यात सजीव आणि पर्यावरण हे परस्परावलंबी घटक आहेत. सजीव आपल्याला हवे त्याप्रमाणे वातावरणाच्या घटकांमध्ये फेरफार घडवून आणत असतात; या सिद्धांताचा प्रचार करायला सुरुवात केली. या सिद्धांतातला एकच वादग्रस्त मुद्दा म्हणजे सजीव स्वकल्याणार्थ हे फेरबदल जाणीवपूर्वक घडवून आणत असतात, हा. तो सध्यातरी बऱ्याच शास्त्रज्ञांना मान्य नाही. याला लव्हलॉक

यांनी 'होमिओ स्टॅसीस' हे नाव दिलं. म्हणजे सर्वजीव समभाव. लव्हलॉक मात्र याला 'गैया सिद्धांत' म्हणणं पसंत करतात. ग्रीकमध्ये गैया (GAIA) म्हणजे 'पृथ्वीमाता'. काहीतरी जडजंबाल नाव देण्यापेक्षा माझ्या मनाला 'गैयावाद' हे नाव देणंच मला आवडेल असंही ते म्हणतात.

लव्हलॉकना हा 'गैय्यावाद' सुचला तो मानवी शरीराच्या अभ्यासातून. बाहेरच्या तापमानात कितीही बदल झाले तरी आपल्या मेंदूतून शरीराच्या तापमानाचे नियंत्रण केले जाते आणि हे तापमान विशिष्ट मर्यादेत कायम राखले जाते. हे तापमान थोडे वाढले तर माणूस आजारी पडतो कमी झाले तर मृत्यूसमीप जातो. या शारीरिक समस्थिती (होमिओ स्टॅसिस)चा तोल कसा सांभाळला जातो हे कोडं अजून सुटलेलं नाही. पृथ्वीच्या वातावरणाचं तापमान नियंत्रण हेही एक कोडं असल्यानं मार्गुलीस आणि लव्हलॉक यांनी दोघांचं एकत्रीकरण केलं. पृथ्वी ही एक व्यक्ती मानून तिच्या शरीराचं तापमान नियंत्रण हे मानवी शरीराप्रमाणेच होतं असं गृहीत धरायला काय हरकत आहे? असा विचार या दोघांनी केला. सुरुवातीस त्यांनी याला भूशरीरशास्त्र (जिओफिजिओलॉजी) असं नाव दिलं. या शास्त्राचं मूलतत्त्व म्हणजे अजूनही आकलन न झालेल्या कुठल्यातरी यंत्रणेमुळे पृथ्वीचे तापमान सजीवांच्या दृष्टीने सुयोग्य राखले जाते. ते पाहणंही आवश्यक ठरतं.

यातला पहिला पुरावा म्हणजे पृथ्वीवरला ऑक्सिजन. ऑक्सिजनचा पृथ्वीवरील अनेक मूलद्रव्यांशी संयोग होतो आणि या प्रक्रियेमध्ये ऊर्जा मुक्त होत असते. सध्याच्या बहुतेक सर्व सजीवांच्या चयापचयक्रिया ऑक्सिजनवर अवलंबून असतात. ऑक्सिजन ज्वालामुखीवाटे पृथ्वीच्या पोटातून बाहेर पडतो. ही प्रक्रिया गेली कित्येक कोटी वर्षे चालू आहे. ज्वालामुखीतून बाहेर पडणारा ऑक्सिजन हा संयुगांच्या स्वरूपात असतो. कार्बन, सल्फर अशा मूलद्रव्यांशी त्याची संयुगे बनलेली असतात. तो पाण्याचा मूलभूत घटक म्हणूनही पृथ्वीवर आढळतो. पाणी पृथ्वीवर किमान ४ अब्ज वर्षे तरी अस्तित्वात आहे. सुरुवातीस पृथ्वीवरच्या वातावरणात ऑक्सिजन मुक्तप्रमाणात जवळ जवळ नव्हताच. यामुळे सूर्याकडून येणारे अल्ट्राव्हायोलेट-अतिनील किरण अडवणारा अडथळाच वातावरणात नव्हता. सूर्याकडून येणाऱ्या या अतिनील किरणांनी जलरेणूंचे विघटन होत असते. यामुळे सुटा झालेला हायड्रोजन हलका असल्यामुळे वातावरणात वरच्या दिशेनं प्रवास करू लागत असे आणि वातावरणाबाहेर जात असे आणि ऑक्सिजन मात्र पृथ्वीवर वातावरणाच्या खालच्या थरात साठत असे; अशा प्रकारे वातावरणामधील ऑक्सिजनचे प्रमाण वाढले असेल का? या प्रश्नाचे उत्तर 'अत्यल्प प्रमाणात' असे दिले जाते; पण यामुळे निर्माण झालेल्या ऑक्सिजनमुळे वातावरणाचा प्रमुख घटक म्हणून ऑक्सिजनला नक्कीच स्थान मिळाले नसते. सध्या वातावरणात २१% ऑक्सिजन आहे; आणि एवढ्या

मोठ्या प्रमाणात हा ऑक्सिजन तयार झाला तो अन्य कारणांमुळे हेही आता मान्य झाले आहे.

पाण्याची वाफ जेव्हा वातावरणात वरवर जाते तसतसा तिथला दाब कमी कमी होतो आणि ती प्रसरण पावते. तापगतिकीच्या (थर्मोडायनॅमिक्स) नियमांनुसार कुठलाही प्रसरण पावणारा वायू थंड व्हायला हवा. त्याप्रमाणे ही वाफही थंड होऊन तिचे पुन्हा द्रवात रूपांतर व्हायला हवे; आणि या द्रवाचे थेंब गुरूत्वाकर्षणामुळे परत पृथ्वीवर यायला हवेत. यामुळे वातावरणाच्या वरच्या थरात पाण्याची वाफ जाऊन तिथं तिचं विघटन होण्याची शक्यता फार कमी होती. (मंगळ आणि शुक्रावर कार्बन-डाय-ऑक्साईडचे प्रमाण भरपूर आहे पण मंगळाचं वातावरण खूप विरळ आहे तर शुक्रावर पाण्याची वाफ भरपूर प्रमाणात आहे यामुळे तिथे अल्ट्रा व्हायोलेट किरणांचा नि पाण्याच्या वाफेचा परस्पर संबंध येऊ शकतो. पृथ्वीवर मात्र तसे घडत नाही. शुक्रावर मुक्त झालेला ऑक्सिजन शुक्र पृष्ठावरील खनिजांचे ऑक्सिडीकरण करीत असावा.)

पृथ्वीवरचा ऑक्सिजन हा अजैविकी यंत्रणांकडून निर्माण झालेला नाही, यासाठी आणखीही एक पुरावा आहे. तो म्हणजे भूपृष्ठावर अनेक खनिजे विखुरलेली आहेत. त्यांचा ऑक्सिजनशी संयोग होणं सहज शक्य होतं. पृथ्वीवर मुक्त किंवा अयनिक स्वरूपातील ऑक्सिजनचा या मूलद्रव्यांशी विशेषत: लोह, तांबे इत्यादींच्या खनिजांशी तसेच कार्बन आणि कार्बन मोनॉक्साइड यांच्याशी सहज संयोग होऊ शकतो. अशा तऱ्हेनं ऑक्सिजनला बरीच गिऱ्हाईकं असूनही जवळ जवळ गेली एक अब्ज वर्षे तरी पृथ्वीवर सध्याच्या प्रमाणातच ऑक्सिजन आढळतो; याच काळात पृथ्वीवर बहुपेशीय जीवही भरपूर प्रमाणात वाढलेले आढळतात. हे ऑक्सिजनचे प्रमाण असेच कायम राहायला प्रकाश संश्लेषण करणाऱ्या वनस्पती कारणीभूत ठरल्या आहेत.

मात्र ऑक्सिजनचे प्रमाण वाढून २१% वरून ३०% किंवा त्यापेक्षा जास्त झालं तर पृथ्वीवर फार मोठे वणवे लागले असते. वीजा चमकू लागल्यावर ओली झाडेही पेटली असती पण हे प्रमाण वाढत नाही याचं कारण लव्हलॉक, मार्गुलीस यांच्या मते सजीवांकडून होणारी मिथेन निर्मिती. वातवरणात मिथेन फार काळ राहू शकत नाही. त्याची ऑक्सिजनशी प्रक्रिया होऊन कार्बन-डाय-ऑक्साईड वायू तयार होतो. अशा तऱ्हेनं गैया पृथ्वीमाता समस्थिती टिकवून धरते.

सध्याच्या आपल्या ज्ञानावर अवलंबून आपण संपूर्ण पृथ्वीवर पर्यावरणाचा समतोल कसा राखला जातो ते लव्हलॉक-मार्गुलीस यांच्या चष्म्यातून बघू या. सूर्य अस्तित्वात आला तेव्हापासून त्याचे तापमान वाढत आहे; म्हणजेच हळूहळू सूर्याकडून प्रसारित होणारी उष्णता वाढत जाणार आहे. ४ अब्ज वर्षापूर्वी पृथ्वीवर

पहिला सजीव अवतरला तेव्हा सूर्य आजच्यापेक्षा किमान २५% कमी प्रमाणात तेजस्वी होता. सध्याच्या हवामानशास्त्रीय सिद्धांतांनुसार त्यावेळी पृथ्वी हा गोठलेला पण अवसादी (सेडिमेंटरी) खडकांचा अभ्यास केला तर पृथ्वीवर ४ अब्ज वर्षांपूर्वी वाहते पाणी होते. याचे पुरावे मिळतात. ३.८ अब्ज वर्षांपूर्वी जर अवसादी म्हणजे गाळ, वाळू वाहून आलेले खडक बनले असतील तर त्या आधी बराच काळ पाणी वाहण्याची क्रिया चालू असायला हवी. भूशास्त्रीय दृष्ट्या हा काळ किमान वीस ते अडीचशे कोटी वर्षांचा तरी असायला हवा. याचाच अर्थ सूर्य जेव्हा आजच्या मानानं फक्त ७५%च ऊर्जा प्रसारित करीत होता तेव्हाही पृथ्वीवर वाहते पाणी आणि सजीव अस्तित्वात होतेच. ते कुठेतरी कानाकोपऱ्यात असतील. कमी प्रमाणात असतील पण ते अस्तित्वात होते हे महत्त्वाचे.

हे कसे शक्य झाले?

या प्रश्नाचे उत्तर अमेरिकन खगोलशास्त्रज्ञ कार्लसागन यांनी १९७१ मध्ये दिले. सागन आणि त्यांच्या सहकाऱ्यांनी जे स्पष्टीकरण दिले ते कुणालाही पटावे असे होते. त्याकाळी पृथ्वीच्या वातावरणात मिथेन आणि अमोनिया हे वायू मोठ्या प्रमाणात होते. ते इन्फ्रारेड (उपारूण) उत्सर्जन मोठ्या प्रमाणात शोषून घेऊ शकतात. अशा तऱ्हेनं त्यांनी पृथ्वीचं तापमान त्या काळात काचघर परिणामानं वाढवलं. किंबहुना आजच्या काचघर परिणामापेक्षा त्या काळातला हा काचघर परिणाम खूपच प्रचंड होता. त्यामुळे सूर्य कमी तेजस्वी असताना या काचघर परिणामानं पृथ्वीचं तापमान सजीवांना राहण्यायोग्य केलं होतं. पुढं सूर्याचं तेज जसजसं वाढत गेलं तस तसे हे वायू, कार्बन-डाय-ऑक्साईड आणि पाण्याची वाफ हे कमी कमी होत गेले. गैया सिद्धांतानुसार ही सगळी पृथ्वीवरील सजीवांचीच करणी आहे. गैयाच्या (मेंदूतील) तापमान नियंत्रण व्यवस्थेमुळेच हे शक्य झाले.

पण आता सूर्याची उष्णतादायकता २५% वाढल्यावर पृथ्वीचं तापमान त्या प्रमाणात का वाढलं नाही, असा प्रश्न उद्भवतो. याला ही गैया सिद्धांतात उत्तर आहेच. सागरात काही प्लँक्टॉन नावाचे सूक्ष्मजीव असतात. ते आपली कवचे कार्बन-डाय-ऑक्साईड आणि कॅल्शियम वापरून तयार करतात. पृथ्वीचं तापमान जसजसं वाढू लागलं तसतसे हे जीव जास्त फोफावले आणि त्यांनी कार्बन-डाय-ऑक्साईड शोषणाचे कार्यक्षम मार्ग शोधून काढले. हे प्राणी मेल्यानंतर त्यांची कवचे सागरतळी साठू लागली. त्यात बऱ्याच मोठ्या प्रमाणात कार्बन-डाय-ऑक्साईड अडकून पडला.

अशा तऱ्हेनं या जीवांच्या (आणि इतर सागरी जीवांच्या) कवचात कॅल्शियम कार्बोनेट स्वरूपात कार्बन-डाय-ऑक्साईड अडकून पडत असतानाच पृथ्वीवर

नियमित जलचक्रही सुरू झाले. सूर्यांकडून येणाऱ्या प्रारणांनी सागर तापू लागले. सागरी पाण्याची वाफ होऊ लागली. फार मोठ्या भूभागावर पाऊस पडू लागला. यामुळे भूखंडांची झीज होऊ लागली; आणि यामुळे सागरात अनेक खनिजे वाहून जाऊ लागली. या खनिजांमध्ये फ्लॅक्टॉनांना वाढीस उपयोगी पडतील अशी पोषक द्रव्येही होतीच. कार्बन-डाय-ऑक्साईड अशा तऱ्हेनं अडकून पडू लागल्यानं काचघर परिणाम खूपच कमी झाला. यामुळे सूर्यांकडून येणाऱ्या वाढीव उष्णतेचा पृथ्वीवरच्या सजीवांवर फारसा परिणाम झाला नव्हता.

पहिल्यांदा जेव्हा लव्हलॉक-मार्गुलीसनी गैया सिद्धांत मांडला तेव्हा वैज्ञानिकांनी त्यांच्याकडे चक्क दुर्लक्षच केलं. मात्र पारिस्थितिकी चळवळ्यांनी या सिद्धांताचं प्रचंड उत्साहानं स्वागत केलं. 'निसर्गाशी तादात्म्य' हा या सिद्धांताचा आत्मा असल्यानं या मंडळींना हा सिद्धांत म्हणजे त्यांच्या चळवळीस मिळालेली संजीवनीच वाटला. विनोदाची आणि आश्चर्याची बाब म्हणजे या चळवळीच्या विरोधकांना विशेषत: प्रदूषणकारी उद्योगांना हा सिद्धांत आपलासा वाटला; कारण त्यांनी कितीही प्रदूषण केलं तरी सजीव त्या प्रदूषणाशी जमवून घेणार होते, असा अर्थ त्यांनी यातून काढला. त्यात अर्थातच नवल असं काहीच नव्हतं.

या मुद्द्यावर पर्यावरणवादी चळवळीचे अध्वर्यू आणि लव्हलॉक यांच्यामध्ये अनेकवार चर्चा झडली. इ.स. १९७५ मध्ये मार्गरिट मीडनी 'नॅशनल इन्स्टिटट्यूट ऑफ एन्वायर्नमेंटल हेल्थ सायन्सेस' या नॉर्थ कॅरोलायनातल्या संस्थेत 'द ऑटमॉस्फीअर ऐडेंजर्ड अँड एडेंजरिंग' असा एक परिसंवाद घडवून आणला. त्या काळात क्लोरोफ्लुरोकार्बन्सच्या धोक्याबद्दल सर्वत्र चर्चा चालू होती. वातावरण हे धोक्यात आलंय. यामुळं मानवजातीस धोका निर्माण झाला आहे. यासाठी सर्व मानवजातीनं आपले राजकीय वैर आणि हितसंबंध विसरून काम करायला हवं, असं त्यांचं म्हणणं होतं. क्लोरोफ्लुरोकार्बनमुळे ओझोनचा थर क्षीण झाला. त्यात विवरं निर्माण झाली तर माणसात कातडीचा कर्करोग, काही कीटकांत अंधत्व तर इतर अनेक सजीवांत अनुवंशिक नुकसान अशा धोक्यांना अतिनील किरणांच्या परिणामामुळे तोंड द्यावे लागेल, असं पर्यावरण शास्त्रज्ञ टाहो फोडून सांगत होते; पण लव्हलॉक म्हणतात त्याप्रमाणं समस्थिती साध्य होणार असेल तर सीएफसींचा परिणाम गंभीर मानण्याचं काहीच कारण नाही असं उद्योगपतींच्या मुखंडांचं मत होतं. याबाबत या चर्चासत्रात बोलताना लव्हलॉक म्हणाले,

'प्रदूषण हे मानवजातीस धोकादायक आहे याबद्दल माझ्या मनात कसलीच शंका नाही; पण जर साकल्याने पृथ्वीचा विचार केला तर प्रदूषण फारसे महत्त्वाचे नाही. पृथ्वीवर आजमितीस अनेक जाती निर्माण झाल्या आणि नाहीशा झाल्या. काही सजीव जातींचा प्रदूषण हाच जीवनक्रम आहे. मानवाची प्रदूषण क्षमता पृथ्वीचा

विचार करता फार किरकोळ आहे. त्यामानानं पृथ्वीवरची गैया प्रणाली खणखणीत आणि धडधाकट आहे. तिनं अनेक प्रदूषणकारी घटना पचवल्या आहेत. पर्यावरण वाद्यांचा 'आपल्यामुळं पृथ्वीवरील सर्व जीवनाचा नाश होईल हा घोष अयोग्य आणि अतिशयोक्त आहे. ओझोनच्या थरातील ओझोन काही टक्क्यांनी कमी झाला तर पृथ्वीवरल्या काही जातींना धोका पोचेल. त्यात मानव जात पोळून निघेल एवढंच.'

यावर प्रचंड चर्चा झाली. स्टीफन श्रायडर या वातावरण शास्त्रज्ञानं आणि जॉन होल्ड्रेन या ऊर्जा शास्त्रज्ञानं लव्हलॉकच्या मुद्यांचा प्रतिवाद केला. अगदी अणुयुद्ध झालं तरी पृथ्वीवरचं सर्व जीवन नष्ट होणं शक्य नाही, हे या दोन्ही शास्त्रज्ञांनी मान्य केलं. पण पृथ्वीवरची मानवी लोकसंख्या पाच अब्ज आहे. ते कसेबसे जगताहेत. यामुळे पर्यावरणात घडणारा छोटासा बदलही मानवजातीच्या दृष्टीनं धोकादायक ठरण्याची शक्यता आहे, असं या शास्त्रज्ञांनी सांगितलं.

मानवी दृष्टीकोनातून बघितलं तर हे म्हणणं सर्वस्वी बरोबर आहे हे लव्हलॉकनी मान्य केलं. पण सर्वच गोष्टी फक्त मानवी दृष्टीकोनातून बघितल्यामुळेच आज मानव संकटाच्या खाईत लोटला गेला आहे, असंही ते म्हणाले, तेव्हा मग या चर्चासत्रानं, 'आज या बाबतीत आपलं अज्ञान जास्त असून या सर्व प्रश्नांचा अधिक अभ्यास क्यायला हवा,' असा निष्कर्ष काढला. यावेळी प्रथमच मानवी दूरदृष्टीचा अभाव एवढ्या मोठ्या प्रमाणावर चर्चेस आला. यांनतर जवळ जवळ एक तप गैया सिद्धांताकडं वैज्ञानिक जगतानं डोळेझाकच केली होती. पण गेल्या काही वर्षात ही डोळेझाक कमी कमी होत गेली. एवढंच नव्हे तर पाश्चात्य जगातल्या सामान्य जनांचं लक्षही या सिद्धांतानं वेधून घेतलं; आणि १९८८ मध्ये जागतिक गैया चर्चासत्राचं आयोजन केलं गेलं.

या चर्चासत्रात पुन्हा एकदा पृथ्वीवरच्या ऑक्सिजनच्या प्रमाणाचा प्रश्न चर्चेस आला.

पृथ्वीवर पहिली तीन अब्ज वर्षे ऑक्सिजन फारच कमी प्रमाणात होता. यातल्या पहिल्या अब्ज वर्षात पृथ्वीवर फक्त सूक्ष्मजीवच अस्तित्वात होते. मग सायानो बॅक्टेरियांनी ऑक्सिजन निर्माण करायला सुरुवात केली. पुढची दोन अब्ज वर्षे त्यांना एवढा ऑक्सिजन निर्माण करायला लागली, हे या सिद्धांतात कसं बसतं? असं या सिद्धांताचे विरोधक विचारतात. यावर गैय्यावाद असा की पृथ्वीवरचं वातावरण ऑक्सिजन युक्त झटकन होणं शक्य नव्हतं. पृथ्वीच्या खडकांचा अभ्यास केला तर त्यात 'रेड बेडस' खडक आढळतात. हे अवसादी खडक आहेत. हे लोहयुक्त आहेत. सुरुवातीचा ऑक्सिजन हा अनेक खनिजातील घटकांचं ऑक्सिडीकरण करण्यासाठी वापरला गेला. FeO चं Fe_2O_3 त रूपांतर करण्यासाठी या काळात फार मोठ्या प्रमाणावर ऑक्सिजन खर्ची पडला.

याचा अर्थ असा की सजीवांबरोबर पृथ्वीच्या वातावरण प्रणालीच्या निर्मितीत अजैवी घटकांचा प्रभावही होताच. दुसरी गोष्ट म्हणजे सुरुवातीच्या काळात जे सजीव निर्माण झाले त्यांचं जीवन ऑक्सिजनवर अवलंबून चालत नव्हतं. उलट यांच्या दृष्टीनं ऑक्सिजन हे विष होतं. यामुळं वातावरणात ऑक्सिजन वाढल्यावर या जीवांना ऑक्सिजनमुक्त वातावरणाचा शोध घ्यावा लागला. दलदलींचे तळ, सागरतळ अशा ठिकाणी हे जीव आता नांदू लागले. जर त्यांच्या हाती वातावरणाचे नियंत्रण असते तर त्यांनी वातावरणात एवढा ऑक्सिजन साठू दिला असता का?

रिचर्ड डॉकिन्स (यांचें 'सेल्फीशजीन' नावाचं पुस्तक त्यातील क्रांतीकारक विचारांमुळे गाजलंय) हे एक सजीव उत्क्रांती शास्त्रज्ञ आहेत. ते गैयावादाचे विरोधक आहेत. ते म्हणतात–

'एखादी सजीव जाती जगाच्या कल्याणासाठी आपला जीव धोक्यात घालेल ही कल्पना तद्दन मूर्खपणाची आहे. कुठलीही सजीव जात असं कधीही करणं शक्य नाही. गेल्या काही वर्षात जगाच्या कल्याणासाठी स्वार्थत्याग करणाऱ्या सजीवांच्या जाती असाव्यात असा एक धोकादायक विचार प्रभावशाली ठरतोय, पण तो चुकीचा आहे, हे ठासून सांगायची वेळ येऊन ठेपली आहे.'

याला लव्हलॉक यांनी उत्तर दिलं, 'आमचा सिद्धांत पहिल्यांदा मांडला गेला त्यावेळी त्यात काही काव्यात्म विचार होते, नाही असं नाही. पण विचारांची उत्क्रांती व्हायलाही काही वेळ जावा लागतोच. आता गैयावादावर एवढी चर्चा झाल्यावर मला असं म्हणावंसं वाटतं की सजीव जाती विचारपूर्वक आपल्या पर्यावरणाचं नियंत्रण करतात असं नाही पण ही एक वैश्विक जाणीव आहे. एक स्वयंचलित प्रक्रिया आहे, असं आपण म्हणू शकू.'

अशा तऱ्हेनं लव्हलॉक हळूहळू गैया सिद्धांतात काही बदल सुनवू लागले आहेत. यामुळे शास्त्रीय जगतही आता हा सिद्धांत तपासून पहायला तयार झाले आहे.

गैया वादावर आणखीही काही आक्षेप आहेत, त्या सर्वांची माहिती देणं इथं शक्य नाही. यातल्या काही आक्षेपांना लव्हलॉक आणि मार्गुलीसजवळ उत्तरे आहेत तर काही बाबत ते अंदाज व्यक्त करतात. उदाहरणार्थ, हवेतील कार्बन-डाय-ऑक्साईड फायटोप्लँक्टॉनांनी म्हणजे सागरी एक पेशी माणसांनी शोषून घेतल्यामुळे कार्बन-डाय-ऑक्साईडचे पर्यायाने काचघर परिणामाचे नियंत्रण होते हे म्हणणं जेम्स वॉकर, पॉल हेज् आणि जेम्स कास्टिंग या मिशिगन विद्यापीठाच्या शास्त्रज्ञांनी खोडून काढायचा प्रयत्न केला. त्यांच्या मते एकतर सुरुवातीस जे एकपेशी जीव किंवा सागरी एकपेशी वानसे होती ती अगदीच प्राथमिक अवस्थेत होती. त्यांच्याकडून हे जगडव्याळ काम थोड्या प्रमाणात झाले असेलही पण हवेतला कार्बन-डाय-ऑक्साईड कमी करण्याचे प्रमुख काम नैसर्गिक अजैवी प्रणालींनीच पार पाडले आहे.

पावसाच्या पाण्यात कार्बन-डाय-ऑक्साईड विरघळतो. तो खडकांवर पडतो. खडकांचं विघटन होतं त्यात हा कार्बन-डाय-ऑक्साईड मदत करतो. त्यामुळं निर्माण होणाऱ्या संयुगात अडकून पडतो. त्याचं प्रमाणही खूप मोठं आहे. यामुळंही काचघर परिणाम कमी होत असतो; असं वॉकर आणि त्यांच्या सहकाऱ्यांचं म्हणणं आहे. यावर लव्हलॉक यांनी गैया सिद्धांताची सुधारित आवृत्ती मांडली. या त्यांच्या नव्या विचारांनुसार वॉकर यांनी जे विचार मांडलेत त्यात क्षरण प्रक्रियेस सजीवही साथ देत असतात. क्षरण प्रक्रिया (खडकांची झीज होण्याची प्रक्रिया) ही पृथ्वीवरच्या जीवमानाच्या (बायोमास) प्रमाणाशी संबंधित असते. जर वातावरणाचे तापमान कमी असेल; (किंवा थंड वातावरणात) तर क्षरणाचा वेग मंदावतो; आणि त्याचा कार्बन-डाय-ऑक्साईडच्या प्रमाणावर परिणाम होतो; असं लव्हलॉक म्हणतात. या सैद्धांतिक विचारास ठोस पुराव्याची मात्र ते जोड देऊ शकत नाहीत.

गैय्यावादात म्हटल्याप्रमाणं पृथ्वीच्या सरासरी तापमानात गेल्या अब्ज वर्षात लक्षणीय फरक पडलेला नाही. या विधानाच्या बाजूने किंवा विरोधात कसलाही भक्कम पुरावा मिळत नाही. यामुळं अजूनही गैयावाद हा पुस्तकीच आहे. सैद्धांतिक प्रमाणित पोथीही उपलब्ध नाही.

असं असलं तरी हा एक फार मोठा आणि क्रांतीकारक विचार आहे; आणि त्याचं श्रेय लव्हलॉक आणि मार्गुलीस यांनाच आहे. मुख्य म्हणजे यामुळे पर्यावरणवादालाच एक नवी दिशा मिळाली हे महत्त्वाचं. या विचारावर चर्चा होऊन आज ना उद्या या विचारांचं पोथीबद्ध सिद्धांतात रूपांतर होईलही पण तोपर्यंत तरी या विषयीचं विचार मंथन चालू राहणार याबद्दल शंका नाही.

राचेल कार्सन – पर्यावरणवादाची उद्‌गती

राचेल कार्सनचा जन्म १९०७ साली झाला. पेनसिल्वानियातील अलेघनी खोऱ्यातल्या निसर्गरम्य वातावरणात ती वाढली. अगदी लहान वयातच आपण लेखक होणार असं तिच्या मनात आलं. तिनं तिच्या स्प्रिंगफील्ड गावच्या सेंट निकोलस लिटररी जर्नल फॉर चिल्ड्रेनमध्ये वयाच्या दहाव्या वर्षी लिहायला सुरुवात केली. ती एकलकोंडी होती. पुस्तकातला किडा म्हणून तिला ओळखलं जात असलं तरी तिनं एकटीनंच पक्षी निरीक्षणाचा छंदही जोपसला होता. निसर्गात एकटीनंच हिंडणं तिला आवडत असे. ती कॉलेजात जायला लागली तरी तिनं लिहिण्याचा नाद सोडला नव्हता. 'पेनसिल्वानिया कॉलेज फॉर वुमेन'च्या नियतकालिकात तिच्या कविता प्रसिद्ध झाल्या त्यामुळं स्फूर्ति घेऊन तिनं इतरत्रही कविता पाठवल्या आणि त्या प्रतिष्ठित नियतकालिकांमधून प्रसिद्धही होऊ लागल्या. इंग्रजी वाङ्मयाचा अभ्यास करणारी ही मुलगी पुढं पर्यावरण शास्त्रज्ञ म्हणून गाजेल ह्यावर कुणी विश्वासही ठेवला नसता. इंग्रजी विषय घेऊन पदवी मिळविण्याची तयारी करीत असतानाच त्यांच्या महाविद्यालयातल्या प्राणीशास्त्र विभागाशी तिचा संबंध आला. ह्या विभागाच्या संपर्कात आल्यावर तिचं निसर्गप्रेम पुन्हा जागृत झालं आणि इंग्रजी भाषेच्या अभ्यासास रामराम ठोकून राचेल प्राणीशास्त्राची उपासक बनली. निसर्गाची रहस्य सोडवणं तिला जास्त महत्त्वाचं वाटू लागलं. १९२९ मध्ये ती प्रथमश्रेणी पदवी मिळवून पदव्युत्तर शिक्षणासाठी जॉन हॉपकिन्स विश्वविद्यालयात दाखल झाली. पुढं घरच्या जबाबदाऱ्यांमुळं डॉक्टरेट करण्याचं तिचं स्वप्न मात्र अपूर्णच राहिलं.

ह्यानंतर काही काळ राचेलनं मेरिलँड विद्यापीठामध्ये प्राणी शास्त्राचं अध्यापन केलं. आणि उन्हाळ्याचे सुट्टीत वुड्सहोल, मॅसॅच्युसेट्स इथल्या सागरी जीवशास्त्र

संशोधन संस्थेमध्ये ती संशोधन करू लागली. इथंच तिचा सागर संशोधनावर जीव जडला.

इ.स. १९३५ मध्ये 'रे' कार्सननं मत्स्यविभागासाठी लेखन सुरू केलं. राचलेला तिचे मित्र मैत्रिणी 'रे' म्हणत. ह्याच नावानं ती नभोवाणीसाठी मत्स्यविभागासंबंधी अधिकृत अहवाल लिहू लागली. त्यामुळं तिला शासकीय मत्स्य विभागात कनिष्ठ जीवशास्त्रज्ञ म्हणून नोकरी मिळाली. नोकरी करता करता जास्तीचं उत्पन्न म्हणून ती बाल्टीमोर सन ह्या वृत्तपत्रात लिहू लागली. हे बहुतेक सर्व लेख सागर विज्ञान आणि सागरी प्राण्यांबद्दल होते. तिचे हे लेख वाचकांना आवडत होते.

एका शासकीय नियतकालिकासाठी लिहिलेला तिचा एक लेख इतका सुंदर होता की त्या नियतकालिकाच्या संपादकानं राचेलला बोलवून घेतलं आणि शासकीय प्रकाशनात हा लेख वाया जाईल, तो अटलांटिक मंथली मध्ये पाठवावा, असंही सुचवलं. हा लेख 'अंडर सी' ह्या नावानं अटलांटिक मंथलीत प्रसिद्ध झालाच पण त्या नियतकालिकाच्या संपादकांनी राचेलनं आणखी काही असेच लेख लिहावेत, असंही सुचवलं.

'सन' ह्या सुप्रतिष्ठित वृत्तपत्रात तिचे लेख येत होतेच. ह्याच बाल्टीमोर सन मध्ये 'चीझापेक इल्स सीक द स्तरागालो सी' हा राचेलचा लेख प्रसिद्ध झाला आणि चांगलाच गाजला. राचेलच्या 'अंडर द सी– विंड' ह्या पुस्तकाची ही सुरुवात होती. १९४१ साली प्रसिद्ध झालेलं हे कार्सनचं पहिलं पुस्तक, तिचं स्वत:चं खूप लाडकं होतं, पण वाचकांनी आणि समीक्षकांनी त्याची फारशी दखल घेतली नव्हती. दरम्यान अमेरिकेच्या 'फिश अँड वाईल्ड लाईफ सर्विस'च्या पूर्वज असलेल्या ब्युरो ऑफ फिशरीजमध्ये तिच्यावर संपादनाची पूर्ण जबाबदारी टाकण्यात आली होती. १९४९ मध्ये ह्या विभागाची 'प्रमुख संपादक' बनली.

१९५१ मध्ये तिच्या दुसऱ्या पुस्तकाचं हस्तलिखित १५ नियतकालिकांनी नाकारलं. पण न्यूयॉर्करनं ती लेखमाला 'अ प्रोफाईल ऑफ द सी' ह्या नावानं प्रसिद्ध केली. जुलै ५१ मध्ये पुस्तक रूपानं ही लेखमाला 'द सी अराउंड अस' ह्या नावानं प्रसिद्ध झाली. ह्या पुस्तकाला 'नॅशनल बुक ऑवॉर्ड' मिळालं. एका वर्षात ह्या

पुस्तकाच्या हार्डकव्हर आवृत्तीच्या २ लक्ष प्रती खपल्या. ह्यामुळं कार्सननं फिशरीज विभागातून स्वेच्छानिवृत्ती स्वीकारली आणि पूर्ण वेळ लेखनाचा निर्णय घेतला.

इ.स. १९४६ पासून राचेल आणि तिची आई मेन राज्यातल्या शीपस्कॉट नदीच्या काठी सागर किनाऱ्याजवळ वेस्ट साऊथपोर्ट इथं सुटी घालवायला येत असत. इथंच जमीन विकत घेऊन राचेलनं एक घर बांधलं. ह्याच बरोबर आता ती सार्वजनिक भाषणंही देऊ लागली. ह्याच सुमारास राचेलनं मॅडिसन इथल्या पाटुक्सेंट इथं चालू असलेल्या डीडीटी ह्या कीटक नाशकाच्या चाचण्यांसंबंधी एक लेख रीडर्स डायजेस्टला पाठवला पण तो नाकारण्यात आला. तेव्हा राचेल परत शासकीय सेवेत रुजू झाली. ह्याच वेळी तिनं सागरासंबंधीचं तिचं तिसरं पुस्तक लिहायला घेतलं होतं. हे पुस्तक पूर्ण झाल्यानंतर राचेलनं परत डीडीटीच्या चाचण्यांचा मागोवा घ्यायला सुरुवात केली. दरम्यानच्या काळात रासायनिक कीटकनाशकांमध्ये बरीच भर पडली होती. ह्यात डीडीटीपेक्षा कितीतरी अधिक पटीनं संहारक अशा डायेल्ड्रीन, पॅराथिऑन, हेप्टॅक्लोर, मॅलेथिऑन आणि अशाच इतर अनेक रसायनांचा समावेश होता. शेतकी विभागामार्फत ही रसायनं सार्वजनिक वापरासाठी पुरवायची अमेरिकन शासनाची योजना होतीच शिवाय ह्या रसायनांचं मोठ्या प्रमाणावर उत्पादन करण्यासाठी तयारीही जोरात सुरू होती.

ह्या बातम्या कानावर पडताच राचेल अस्वस्थ झाली. तिनं ह्या कीटकनाशकांचे दुष्परिणाम बघितले होते. तेव्हा कीटकनाशकांसंबंधी एक पुस्तक लिहायचं राचेलनं ठरवलं. 'निसर्ग प्रेमी म्हणून ज्या काही माझ्या भावना होत्या त्या सर्वांना ही कीटक नाशकं सुरुंग लावणार आहेत हे माझ्या लक्षात आलं होतं,' असं ह्या बाबतीत राचेल म्हणते. ह्यामुळं मोठ्या जिद्दीनं राचेलनं ह्या कीटकनाशकांच्या परिणामांची माहिती गोळा करायला सुरुवात केली.

राचेल कार्सनची लेखन म्हणून प्रसिद्धी, तिचं वक्तृत्व आणि शास्त्रज्ञ म्हणून ख्याती, तिच्या मदतीस आली. ह्यामुळं बऱ्याच शास्त्रज्ञांनी आणि निसर्गप्रेमींनी तिचं बोलणं लक्षपूर्वक ऐकून त्यात तथ्य आहे, हे मान्य केलं. तरीही अमेरिकन प्रसिद्धी माध्यमांनी ह्या निराशावादी वक्तृत्वाकडं आणि लेखनाकडं दुर्लक्ष केलं. रीडर्स डायजेस्टनं ह्याच कारणसाठी राचेलचे लेख नाकारले. इ.स. १९५७ मध्ये मॅसॅच्युसेट्स राज्यातल्या डक्सबरी इथं डासांच्या विरुद्ध एक मोठी मोहीम हाती घेण्यात आली. ह्या मोहीमेनंतर ह्या भागात फार मोठ्या प्रमाणावर वन्यजीवांची हानी झाल्याचं दिसून आलं.

डक्सबरी मागोमाग पूर्व लाँग आयलंडच्या परिसरामध्ये डीडीटी आणि डीझेलच्या मिश्रणाची फवारणी करण्यात आली. जिप्सीमॉथ ह्या पतंगाचा नाश करण्यासाठी ही मोहीम हाती घेण्यात आली होती. त्या मागोमाग अमेरिकेच्या दक्षिणी राज्यात फायर

अँट ह्या चावऱ्या मुंग्यांविरुद्ध अशीच एक मोहीम काढण्यात आली. ह्या मोहिमेमुळं इतर वन्यजीवांचं इतकं नुकसान झालं की दक्षिणेतल्या शेतकऱ्यांनीच ही मोहीम आता आवरा अशी शासनाला गळ घातली. ह्यानंतर १९५९ मध्ये क्रॅनबेरीच्या झाडांवर अमायनोड्रायाझोलची फवारणी करण्यात आली तेव्हा ह्या संपूर्ण क्रॅनबेरी उत्पादनाच्या विक्रीवर बंदी घालून ते नष्ट करावं लागलं. अनेक शास्त्रज्ञ ह्या कीटकनाशकांच्या वापराबद्दल ह्या काळात सावधगिरीच्या सूचना देत होते पण तिकडं कुणी फारसं लक्ष दिलं नव्हते. कार्सनच्या 'एक लोहार की' म्हणतात तशा दणक्यानं ह्या सर्व विरोधकाचं म्हणणं शासनाच्या आणि समाजाच्या गळी उतरलं. राचेल कार्सनचं 'सायलेंट स्प्रिंग' अमेरिकन जनतेचे आणि शासनाचे डोळे उघडायला कारणीभूत ठरलं.

'सायलेंट स्प्रिंग'ची प्रकरणं लेखमाला स्वरूपात १९६२ मध्ये न्यूयॉर्करनं छापली. ह्या लेखमालेच्या सुरुवातीलाच राचेल विरुद्ध अमेरिकन बहुराष्ट्रीय कंपन्यांनी प्रचाराची झोड उठवली. राचेलला वकिली नोटीसा पाठवल्या, तिची पद्धतशीर टिंगलटवाळी करण्याची मोहीम हाती घेण्यात आली. राचेल कार्सनच्या मनावर परिणाम झाला असल्याचं सूचित करणारे लेख प्रसिद्ध झाले. अमेरिकेतल्या रासायनिक उद्योगांनी तिच्याविरुद्ध प्रचाराची फळीच उभारली. ह्या फळीचं नेतृत्व भारतात जननिक पिकांचे प्रयोग करायला निघालेल्या 'मोन्सांटो' ह्या कंपनीकडं होतं. टाईमसारख्या साप्ताहिकांनंही राचेलच्या म्हणण्यावर टीका केली होती. १९६२ मध्येच ह्या लेखमालेची न्यूयॉर्करमध्ये न आलेली प्रकरणं ऑड्युबॉन आणि नॅशनल पार्क्स मॅगेझीन ह्या नियतकालिकांनी छापली. राचेल कार्सनवर जी टीकेची झोड उठली त्यामुळं तिच्या म्हणण्याकडं खरं तर सामान्य जनांचं लक्ष वेधलं गेलं नाहीतर एखाद्यावेळी 'सायलेंट स्प्रिंग' दुर्लक्षित राह्यलं असतं, ही शक्यता नाकारता येत नाही. सायलेंट स्प्रिंगची पहिली आवृत्ती हातोहात खपली. त्या पुस्तकाला आंतरराष्ट्रीय ख्याती मिळाली. आजही हे पुस्तक 'पर्यावरणवादी चळवळीचा पाया' म्हणूनच ओळखलं जात.

कार्सन ही काही चळवळी स्त्री नव्हती. ती एक बुद्धिमान आणि स्वत:च्या मतांशी ठाम असलेली निसर्गप्रेमी व्यक्ती होती. आपण जे लिहिलंय त्यात वावगं काही नाही, ह्या बद्दल तिला खात्री होती. तिच्या विरुद्ध जो आरडाओरडा झाला त्यामुळं बिथरून न जाता तिनं तिची मतं यशस्वीपणे जनतेच्या गळी उतरवली. कदाचित मृत्यूची चाहूल लागल्यामुळं असेल पण ती ह्या प्रसंगात न डगमगता तिचे विचार भक्कमपणे मांडत राहिली. तिला कर्करोगाची बाधा झालेली होती. एप्रिल १९६४ मध्ये वयाच्या ५६ व्या वर्षी तिचं कर्करोगानं निधन झालं.

आजही रसायनांमुळं पर्यावरणाचं प्रचंड मोठ्या प्रमाणावर नुकसान होतं आहे.

जर त्यावेळी राचेल कार्सननं रसायनांविरुद्ध आवाज उठवला नसता तर आज काय परिस्थिती असती ह्याचा विचार करवत नाही. सायलेंट स्प्रिंगनं संपूर्ण मानव जातीत एक क्रांती घडवून आणली. निसर्गाचं रूदन सायलेंट स्प्रिंगद्वारा पहिल्यांदाच अतिशय प्रभावीपणे मानवी कानावर पडलं होतं. सायलेंट स्प्रिंग विसाव्या शतकातलं एक महत्त्वाचं पुस्तक मानलं जातं. कार्सनची भाषा काव्यमय असल्यानं असेल पण सायलेंट स्प्रिंगचा वाचकांच्या मनावर परिणाम झाला.

राचेलनं जरी सायलेंट स्प्रिंग लिहिलं नसतं तरीही ती ह्या शतकातली एक प्रभावी लेखिका ठरली असती. निसर्ग मानव परस्परसंबंधांना उजाळा देणारी लेखिका म्हणून ती गाजली असती; इतकी तिची सागर विषयक पुस्तकं प्रभावी आहेत पण 'सायलेंट स्प्रिंग'नं त्यावरही कडी केली आहे.

''अमेरिकेच्या मध्यभागी एकेकाळी एक छोटासा गाव होता. तो निसर्गाशी तादात्म पावलेला होता. मग ह्या भागावर एक विचित्र काजळीची छाया पसरली आणि तिथं एकाएकी बदल घडून येऊ लागला. सर्वत्र एक विचित्र शांतता पसरली. जे काही थोडे पक्षी दिसत होते ते निर्जीव भासत होते. ते उडू शकत नव्हते, त्यांचं शरीर जोरात थरथरत होतं. तो एक आगळाच वसंत ऋतू होता. त्यात ध्वनीला स्थान नव्हतं. जिथं पहाट पक्ष्यांच्या गुंजारवानं थरारून जाग यायची तिथं एक भयाण शांतता पसरली होती; शेतांवर, वनांवर आणि नदीकाठच्या पाणथळ जागेवर ह्या शांततेचंच आवरण होतं.'' ह्या सायलेंट स्प्रिंगच्या सुरुवातीनं निसर्गाचं दु:ख ज्या पद्धतीनं मानवासमोर आणलं ते अनेक संशोधकांच्या आकडेवारीसही कधी शक्य झालं नसतं.

बदलते हवामान आणि मानवी वर्तणूक

गेली काही वर्षे 'तापमानवाढ' हा शब्द मागे पडलाय. त्याऐवजी जागतिक हवामानाबदल हा शब्द वापरला जाऊ लागलाय. जागतिक तापमानवाढ म्हणा किंवा जागतिक हवामानबदल म्हणा, त्याचा त्रास सर्व मानव जातीला होणार आहे. खरं तर हा त्रास आधीच सुरू झालेला आहे, असं एक संशोधन सांगतं. इथं मी जरा एका वेगळ्याच संशोधनाचाही समावेश करणार आहे. त्या संशोधनानुसार जागतिक हवामानबदलाचा मानवाच्या भविष्यातील उत्क्रांतीवरही परिणाम होण्याची शक्यता आहे.

आपलं डोकं इतर प्राण्यंच्या तुलनेत मोठं असतं. इतर प्राण्यांची शरीरं आणि त्यांची डोकी यांचं जे प्रमाण नैसर्गिकरीत्या आढळतं त्या मानानं मानवी मस्तक हे मोठं असतं, हे मानवशास्त्रज्ञांसह इतर वैज्ञानिकही म्हणतात. याचं कारण आपला मेंदू. हा मेंदू मोठा असल्यामुळेच आपण अमूर्त विचार करू शकतो, बोलू शकतो आणि भविष्याचा अंदाज घेण्यासाठी भूतकाळाचाही अभ्यास करतो. आपल्या जाणिवाही इतर प्राण्यांपेक्षा तीव्र असतात आणि त्यामुळं आपल्या जगण्याचं नियंत्रण बऱ्याच मोठ्या प्रमाणावर भावनांवर अवलंबून असतं.

मानवी मेंदूंचा अभ्यास दंतकथा-कहाण्यांमधून बाहेर पडल्यानंतर 'हे असं का?' हे कोडं सोडविण्यामागे मेंदूशास्त्रज्ञ व्यग्र झाले. त्यांनी अनेक प्रकारे मेंदूचा अभ्यास केला. त्यातून आता एक नवा विचार पुढं आला आहे. त्यानुसार आपला मेंदू असा अपवादात्मक मोठा असण्याचं एक मूलभूत कारण जागतिक हवामानबदलात दडलेलं आहे. युनिव्हर्सिटी कॉलेज ऑफ लंडनमधले भूगोलाचे प्राध्यापक मार्क मुस्लीन यांनी हा विचार इ.स. २००९ मध्ये सर्वप्रथम पुढे आणला. या विषयावर त्यांनी सतत विचार करून अलीकडच्या काळात त्याला अधिक नेटकं स्वरूप

दिलं. काही कोटी वर्षांपूर्वीपासून पृथ्वीच्या सूर्याभोवतीच्या भ्रमणकक्षेत हळूहळू बदल घडू लागला, त्याचा उत्क्रांतीवर परिणाम झाला तो हवामानातील बदलांमुळे. मानवी उत्क्रांतीही यातून सुटली नव्हती.

हवामानबदल हे सलग, सातत्यानं होत राहत नाहीत; ते स्पंदनासारखे अगदी नियमित मध्यंतरानंही होत नाहीत. तरीही यांना 'स्पंदनात्मक हवामानबदल' (पल्स्ड क्लायमेट चेंज) असं म्हटलं जातं; कारण ते थांबून थांबून अधूनमधून पण घडणारच, असं पृथ्वीच्या हवामानाचा आजपर्यंतचा इतिहास सांगतो. मुस्लीन यांच्या मते, हवामानबदलाच्या काळात दुष्काळ आणि सुकाळ हे आळीपाळीनं अनुभवायला मिळतात. पूर्व आफ्रिकेत ही हवामानाची आंदोलनं टोकाची असावीत, असं भूशास्त्रीय पुरावे सांगतात. कधी तिथे भरपूर पेयजल उपलब्ध असे, त्यामुळे त्या भागात भरपूर वनराई निर्माण होत असे; तर काही वेळा तो भाग पूर्ण वाळवंटी बनत असे. यामुळे आदिमानवांच्या नवनव्या जाती इथं अस्तित्वात येत होत्या आणि त्यातून अधिकाधिक प्रगत आणि आकारानं मोठा असा मेंदू असलेल्या जाती पूर्व आफ्रिकेच्या खचदरीच्या (रिफ्टव्हॅली) मैदानी प्रदेशात जन्माला आल्या– त्यांचं अंतिमतः आधुनिक मानवात रूपांतर झालंच; पण या प्रगत मानवाला आफ्रिका सोडून बाहेर पडावं लागलं.

या अभ्यासाच्या सहसंशोधक डॉ. सुझान शुल्झ म्हणतात, 'साधारणपणे एकोणीस लक्ष वर्षांपूर्वी या भागात अनेक नव्या जाती अस्तित्वात आल्याचे पुरावे आम्हाला मिळाले. हे परिस्थितीतील तीव्र बदलांमुळे घडले असावे, असे आम्हाला वाटते. त्या काळात पूर्व आफ्रिकेच्या खचदरीच्या प्रदेशात पेयजलाची बरीच तळी होती. ती भरपूर भरलेली होती. या विविध जातींमध्येच होमो इरेक्टसच्या आदिजाती होत्या. होमो इरेक्टस ही आदिमानवाची जात पूर्णपणे दोन पायांवर विनाआधार ताठ चालणारी आदिमानवी जात होती. या मानवांचा मेंदू आधीच्या आदिमानवांपेक्षा दीडपट तरी अधिक मोठा असावा, असा अंदाज बांधता येतो.' सुझान शुल्झ या मॅंचेस्टर विद्यापीठामध्ये मानवशास्त्राच्या प्राध्यापक आहेत.

गेल्या अनेक कोटी वर्षांमध्ये आफ्रिकेच्या जलवायुमानात (क्लायमेट) जे बदल सतत घडत होते, त्यामुळे मानवी मेंदूचा आकार वाढला असावा. याचं कारण या प्राण्याजवळ स्वसंरक्षणाची कोणतीही साधनं नव्हती. सतत बदलत्या आव्हानांना सामोरे जाताना आकार तर बदललाच पण या मोठ्या आकाराच्या मेंदूचा एक परिणाम म्हणजे माणूस संयम गमावून बसला. मेंदूच्या वाढीच्या समप्रमाणात त्याचा संतापी स्वभाव वाढू लागला. मानवी स्वभाव हा वातावरणाच्या तापमानानुसार बदलतो, त्या स्वभावबदलाचा परिणाम आपल्या वर्तणुकीवर होतो. तीव्र हिवाळ्यात आत्महत्यांचं प्रमाण वाढतं असं शीत कटिबंधातील आकडेवारी सांगते, तर

नेहमीपेक्षा जास्त तापमानात माणूस आक्रमक बनतो, असंही दिसतं. प्रिन्स्टन विद्यापीठ आणि बर्कले येथील कॅलिफोर्निया विद्यापीठ इथल्या वर्तणूक शास्त्रज्ञांनी केलेल्या संशोधनानुसार जलवायुमानातील बदल आणि मानवी हिंसाचाराच्या घटना यामध्ये जवळचा संबंध आहे. तापमान आणि पाऊस यांच्या प्रमाणात थोडी जरी वाढ किंवा घट दिसली की, वैयक्तिक हिंसाचारामध्ये ४ टक्के वाढ होते, असं आढळून आलं. वैयक्तिक हिंसाचारात घरगुती मारहाण, क्षुल्लक कारणांवरून प्राणघातक हल्ला, खून आणि बलात्कार तसंच आत्महत्या यांचा समावेश होतो. तर समाजातील विविध वांशिक (आपल्याकडे जातीय म्हणता येईल.) गटांमधल्या हाणामाऱ्या आणि तज्जन्य जाळपोळ तसंच सार्वजनिक हिंसेच्या घटनेत १४ टक्के वाढ होते, असं या संशोधनाची आकडेवारी पाहता स्पष्ट होतं.

बर्कले इथल्या कॅलिफोर्निया विद्यापीठामधील डॉ. मार्शल बर्क म्हणतात, 'जलवायुमान आणि मानवी वर्तणुकीमधील हा संबंध पृथ्वीवर सर्वत्र जवळजवळ सारख्याच प्रमाणात आढळतो. जलवायुमानातील बदलांशी संबंधित हिंसाचाराचं प्रमाण त्यांच्या संबंधात संशय घ्यायला जागा नाही इतकं मोठं आहे.' हा निष्कर्ष काढताना वेगवेगळ्या देशांमधील अशा प्रकारच्या ६० संशोधन प्रकल्पांची आकडेवारी तपासण्यात आली होती. त्यात गेल्या काही शतकांतील पुरावे एकत्र केलेले होते. यात भारतातील दुष्काळी वर्षांतील घरगुती हिंसाचारांपासून अमेरिकेतील उष्णतेच्या लाटेदरम्यान घडलेले बलात्कार आणि हिंसाचार, यांच्या आकडेवारीचा समावेश आहे.

'कुठल्याही एका विशिष्ट घटनेचा आणि जलवायुमानातील बदलाचा परस्पर संबंध जोडता येत नसला तरी एकूण विविध हिंसाचारी घटना आणि जलवायुमानातील बदल यांच्यात निश्चितच संबंध आहे,' असं बर्क म्हणतात. विशेषतः एखाद्या भूप्रदेशातील सरासरी तापमानापेक्षा झालेली तापमानवाढ आणि विविध प्रकारचे हिंसाचार यांच्यात नक्की काय संबंध आहे, हे अजून उलगडलेलं नाही. जलवायुमानातील बदलांमुळे एकतर कोरडा दुष्काळ पडतो किंवा पावसाचं प्रमाण वाढून महापूर येतात. या दोन्ही प्रकारांमुळे अन्नधान्याची कमतरता जाणवते. पेयजल दुर्मिळ होतं, किंवा दूषित होतं. त्यामुळं रोगराई वाढते. मोठ्या प्रमाणावर लोकसंख्येचं स्थलांतर होतं; तसंच उत्पन्न घटतं. यामुळे मानवी मनात असुरक्षिततेची भावना वाढून त्याचा परिणाम गुन्हेगारीत वाढ होण्यात होतो, असं या अभ्यासकांचं मत आहे.

जागतिक हवामानबदलाचा आणि मानवी हिंसाचारी वर्तणुकीचा परस्पर संबंध आहे का, या प्रश्नाचा अभ्यास मॅथ्यू रॅन्सन या अर्थशास्त्रज्ञांनं करायचं ठरवलं. अमेरिकेची अंतर्गत सुरक्षा संस्था म्हणजे एफबीआयकडून दर महिन्याला त्यांनी राष्ट्रीय गुन्हेगारीची आकडेवारी मिळवली. अमेरिकेच्या सुमारे एक हजाराहून अधिक

तालुक्यातील (कौंटी) पोलीस ठाण्यांत नोंदवलेल्या गुन्ह्यांची माहिती एफबीआयकडे जमा होत असते. १९८० ते २००९ अशा तीस वर्षांमधील या आकडेवारीचा आणि त्या-त्या भागातील रोजच्या हवामानाचा काही संबंध लावता येतो का, याचा त्यांनी मेळ घालायचा प्रयत्न केला. विशेषतः त्या तीस वर्षांमधील कमाल तापमानाच्या आकड्यांवर त्यांनी लक्ष केंद्रित केलं होतं. या अभ्यासाचे निष्कर्ष जर्नल ऑफ एन्व्हायर्न्मेंट इकॉनॉमिक्स अँड मॅनेजमेंटमध्ये प्रसिद्ध करण्यात आले आहेत.

या निष्कर्षांनुसार इ.स. २०१० ते २०९९ दरम्यान जी तापमान वाढ होणार असं गृहित धरण्यात आलं आहे. ती लक्षात घेतली तर एकूण गुन्ह्यांमध्ये लक्षणीय वाढ होणार आहे. एकट्या अमेरिकेच्या संयुक्त संस्थानांमध्ये २२००० खून, एक लाख ऐंशी हजार बलात्कार, २३ लाख मारामाऱ्या, १२ लाख प्राणघातक हल्ले, २ लाख ५० हजार जबरी चोऱ्या, १३ लाख घरफोड्या, २२ लाख फसवाफसवीचे आणि आर्थिक गुन्हे आणि ५ लाख ८० हजार वाहनचोऱ्या होतील. यातून अंदाजे ३८ अब्ज ते ११५ अब्ज डॉलरचं आर्थिक नुकसान संभवतं.

गुन्हेगारीसाठी इतरही अनेक घटक जबाबदार असतात. त्यात आर्थिक कारणांप्रमाणेच सांस्कृतिक फरकही समाविष्ट असतात, सामाजिक तसंच मानसशास्त्रीय घटक हेही महत्त्वाची भूमिका बजावतात. या सर्व घटकांच्या संदर्भात जलवायुमान पार्श्वभूमीला राहून या घटकांना गुन्हेगारीच्या दिशेनं ढकलतं, असं रॅन्सन म्हणतात. तापमानवाढ, दुष्काळ, अतिवृष्टी, हवेतील आर्द्रता किंवा अतीव शुष्कपणा यांचा निश्चितच गुन्हेगारीशी थेट संबंध जोडता येतो, असं रॅन्सनना वाटतं. या घटकांमुळे सामाजिक दुरावा वाढतो आणि समाजातील विविध घटकांमधली दरी रुंदावते.

थोडक्यात म्हणजे जागतिक जलवायुमान बदलाचा आपल्या जीवनावर वेगवेगळ्या प्रकारे परिणाम दिसून येणार आहे. पाण्याचा प्रश्न तर खूपच तीव्र बनणार आहे. रोजच्या गरजांसाठी पाणी की शेतीसाठी पाणी या वादातला तिसरा घटक म्हणजे उद्योगधंद्यांना असणारी पाण्याची गरज. जर रोजगार वाढवायचा तर त्यासाठी अधिकाधिक उद्योगधंदे आवश्यक ठरतात. उद्योगधंद्यांना पाणीपुरवठा करताना शेतीसाठीच्या पाणीपुरवठ्याकडे दुर्लक्ष करून चालणार नाही, त्याचबरोबर लोकसंख्यावाढीमुळे दैनंदिन व्यवहारासाठी पिण्याचे पाणी उपलब्ध करून द्यावेच लागणार आहे.

❖

हवामान बदलामुळं जाणवणारे परिणाम

हवामान बदलामुळे जे परिणाम घडणार आहेत नक्की कसे आणि कुठे घडतील, हे आज सांगणं शक्य नाही. तापमानवाढ किती झटकन होईल आणि पृथ्वीचं ध्रुवीय हिमाच्छादन किती झटपट वितळेल, यावर हे बदल अवलंबून असतील. पण ज्या वेळी हे हिमाच्छादन वितळेल, त्या वेळी साडेपाच कोटी वर्षापूर्वी जशी परिस्थिती निर्माण झाली होती, तशीच परिस्थिती पुन्हा निर्माण होईल, यात शंका नाही. यातून निर्माण होणारा पहिला प्रश्न म्हणजे आज जिथं लोकसंख्या एकवटली आहे, अशी बरीच औद्योगिक शहरं पाण्याखाली जातील. त्याचबरोबर मानवजातीला अन्न पुरवणारे धान्योत्पादक भूप्रदेश उजाड बनतील. सागरी पातळी वाढल्यामुळे सागरकिनाऱ्यावरची बहुतेक शहरं पूर्णपणे पाण्याखाली जातीलच, पण भयावह सागरी वावटळींनी किनाऱ्यापासून थोडे दूरचे भागही सतत धोक्याच्या छायेत वावरतील.

'नासा'च्या न्यूयॉर्क येथील गोडार्ड इन्स्टिट्यूट ऑफ स्पेस स्टडीजचे प्रमुख जलवायुमान तज्ज्ञ जेम्स हॅन्सर यांच्या मते सध्याच्या कार्बन-डाय-ऑक्साईडच्या पातळीत होणारी वाढ खूप घातक ठरेल. सध्या दर लाखात ३८.५ एवढ्या प्रमाणात वातावरणात कार्बन-डाय-ऑक्साईडचे कण आढळतात. कार्बन-डाय-ऑक्साईडच्या रेणूंचं हे प्रमाण दर लाखात ५५ एवढं वाढलं तर महाभयानक संकट अटळ आहे, असं हॅन्सनना वाटतं. 'या शतकाच्या अखेरीस पश्चिम अंटार्क्टिकावरील हिमाच्छादन अस्तित्वातच असणार नाही. ते पूर्णपणे वितळलं तर सागरांची पातळी १ ते २ मीटर एवढी वाढेल, त्याचबरोबर कार्बन-डाय-ऑक्साईडचं प्रमाण लाखात ५५ एवढं झालं तर पृथ्वीवर कुठंच नैसर्गिक हिमाच्छादन अस्तित्वात असणार नाही. तर सागरी पातळी आजच्यापेक्षा ८० मीटरनी वाढलेली असेल.

पृथ्वीचा निम्म्याहून थोडा अधिक भूभाग विषुववृत्ताच्या दोन्ही बाजूस पसरलेला आहे. साधारणपणे मकरवृत्ताच्या दक्षिणेस ७ अंश आणि कर्कवृत्ताच्या उत्तरेस त्याहून जास्त प्रमाणात हा भूभाग आहे. हे भूभाग या जलवायुमान बदलांना तोंड देऊ शकणार नाहीत. भारतीय उपखंडातले देश अल्पकालीन मौसमी पावसामुळे झोडपले जातील. हा पाऊस इतका जोरदार आणि कमी काळात इतक्या मोठ्या प्रमाणावर कोसळेल, की त्यामुळे त्या काळात महाप्रलयासारखी परिस्थिती निर्माण होईल. असं असलं तरी तापमान इतकं जास्त असेल की, हे पाणी जमिनीवर साठून राहणार नाही. त्याची लगेचच वाफ होईल. यामुळं आशियाभर सर्वत्र कोरड्या दुष्काळाची परिस्थिती निर्माण होईल. बांगलादेशाची भूमी आहे त्यापेक्षा ३५ टक्क्यांनी कमी होईल.

आफ्रिकेतील मौसमी पाऊसही वाढेल. या मौसमी पावसाचा आशियाई मौसमी पावसाइतका अभ्यास झालेला नाही; पण त्यात वाढ झाली तर सहाराच्या दक्षिणेकडील अर्धवाळवंटी प्रदेश पुन्हा हिरवागार होईल. काही शास्त्रज्ञांच्या मते मात्र असा पाऊस वाढला तरीही आफ्रिकेत एकदम हिरवागार प्रदेश होणार नाही. तर तिथले वाळवंट आणि कोरडा दुष्काळी प्रदेश यात वाढच होईल. जगात इतरत्र प्यायच्या पाण्याची बोंब होईल. याचं कारण वाढलेल्या तापमानामुळे मातीतील ओलावा नाहीसा होईल. चीन, नैर्ऋत्य अमेरिका (संयुक्त संस्थाने) मध्य अमेरिका, सर्व दक्षिण अमेरिकन खंड आणि ऑस्ट्रेलिया यामध्ये पिण्याच्या पाण्याचं दुर्भिक्ष जाणवेल. जगातील सर्व वाळवंटांची व्याप्ती वाढेल. सहारा मध्य युरोपपर्यंत पसरेल. कारण युरोपातील हिमाच्छादन नाहीसं झाल्यामुळं युरोपच्या नद्यांचं पाणी आटेल. जगातल्या इतर डोंगराळ भागात अशीच परिस्थिती उद्भवेल. द. अमेरिकेतील अँडीज पर्वतराजी, तसंच हिमालय आणि काराकोरम पर्वतराजीतून बर्फ नाहीसं झाल्यामुळं अफगाणिस्तान, पाकिस्तान, चीन, व्हिएतनाम, भारत, नेपाळ आणि भूतानमधल्या नद्यांना होणारा पाणीपुरवठा बंद होईल. जपानमधील टोक्यो विद्यापीठाचे सायुकुरो मनाबे यांच्या मते पृथ्वीवर विषुववृत्ताला समांतर असे दोन कोरडे पट्टे निर्माण होतील. या दोन्ही पट्ट्यांमध्ये मानवी वस्ती करणं अशक्य असेल. यातला उत्तरेचा पट्टा मध्य अमेरिका, दक्षिण युरोप, दक्षिण आशिया आणि जपान असा असेल, तर दुसरा पट्टा दक्षिण आफ्रिका, पॅसिफिक बेटं, चिली, संपूर्ण ऑस्ट्रेलिया आणि मादागास्कर असा पसरेल.

'उत्तर आणि दक्षिण ध्रुवांच्या जवळच्या अक्षांशांवर मात्र पाण्याची कमतरता भासणार नाही. तिथं पृथ्वीवरचं हिरवं आच्छादन जोमानं वाढेल. बाकी सर्व पृथ्वीचं, काही ओऑसिसचा अपवाद वगळता वाळवंट होईल, असं जेम्स लव्हलॉक यांचं मत आहे. जेम्स लव्हलॉक हे त्यांच्या 'गैया' सिद्धान्ताबद्दल प्रसिद्ध आहेत.

जर पृथ्वीवर अशा प्रकारे अत्यल्प भूभाग मानवी वसाहतीयोग्य उरला,

तर पृथ्वीच्या सात अब्जांहून अधिक आणि सातत्यानं वाढणाऱ्या लोकसंख्येचं काय होईल? लव्हलॉकसारखे शास्त्रज्ञ याबाबत काहीसे निराशाजनक उद्गार काढताना दिसतात. 'माणूस हा मोठ्या संकटात सापडणार आहे, यात शंकाच नाही. त्याला या संकटातून मार्ग काढता येईल, असे मला वाटत नाही. याचं कारण माणसानं बुद्धी गहाण टाकलेली आहे. भविष्यात फार मोठ्या प्रमाणावर मानवी जात नष्ट होईल. जरी संपूर्ण मानवजात नष्ट झाली नाही तरी फार मोठ्या प्रमाणावर या काळात मानवी जीवितहानी होईल, यात शंका नाही. एकविसाव्या शतकाअखेर पृथ्वीवर जेमतेम एक अब्ज माणसं शिल्लक राहतील,' असं लव्हलॉक म्हणतात.

जर्मनीतील 'फेट्सडॅम इन्स्टिटट्यूट फॉर क्लायमेट इंपॅक्ट रिसर्च' या संस्थेतील जॉन शेल्न ह्यूबर या शास्त्रज्ञानं रंगवलेलं चित्र इतकं निराशाजनक नाही. त्यांच्या मते ४ अंश सें.नं तापमान वाढल्यावर माणसाचा जीवनसंघर्ष खूपच तीव्र होईल यात शंकाच नाही; पण त्याला मानवजात एकत्रितपणे यशस्वीरीत्या तोंड देऊ शकेल. मात्र त्यासाठी आपल्याला आपली जीवनशैली पूर्णपणे बदलावी लागेल. जमीन आणि उत्पादन यांची फेररचना या नव्या जगात आवश्यक ठरेल. ही नवी जीवनशैली अंगीकारताना त्यात राजकारण केलं तर सर्वांचाच तोटा होईल. त्याऐवजी कुठे कसं वातावरण आहे आणि तिथं कुठलं उत्पादन फायद्याचं ठरेल, याचा विचार करावा लागेल. त्यानुसार अन्न आणि ऊर्जानिर्मिती करावी लागेलच, पण लोकसंख्याही त्यानुसार वितरीत करावी लागेल. हा विचार खूपच आदर्शवादी आहे. याचं कारण सत्तेला लालचावलेले आणि सत्तेचा फायदा घ्यायला चटावलेले राजकारणी सुखासुखी सत्ता सोडतील, हे संभवतच नाही. या सर्व प्रकारात ते स्वतःच्या पोळीवर तूप ओढून घेतीलच, शिवाय सत्ता टिकवण्यासाठी नवनवे संघर्ष निर्माण करतील. राजकारण्यांची सुट्टी केल्याशिवाय भविष्यात जनसामान्यांना सुखानं जगता येईल असं दिसत नाही.

'मायक्रोनेशियन बेटांमधील किरिबाती या द्वीपदेशाचे अध्यक्ष अनोटे टाँग हे म्हणतात, 'आमच्या दृष्टीनं या चर्चेला आता तसा काही अर्थ उरलेला नाही. आमच्या प्रमुख बेटाचा फार मोठा भाग पाण्याखाली गेलेला आहे. छोटी बेटं वस्ती करण्याएवढीही उरलेली नाहीत. आमच्या जनतेनं ऑस्ट्रेलिया आणि न्यूझीलंडमध्ये स्थलांतर सुरू केलेलं आहे. तापमानवाढीचं जे होणार आहे ते आम्ही आजच अनुभवतो आहोत. राष्ट्राराष्ट्रांच्या सीमा आणि खोटा राष्ट्राभिमान नष्ट केल्याशिवाय या संकटातून मानवजात तरेल असं आम्हाला वाटत नाही.' कॉक्सना हे म्हणणं परिपूर्ण पटतं. 'मानवजात शिल्लक राहण्यात राष्ट्रीयत्व आणि धर्म आड येत असतील, तर हे अडथळे दूर करायला आत्तापासून सुरुवात करायला हवी,' असं त्यांचं म्हणणं आहे.

यासाठी काय करावं लागेल याचं एक कल्पनाचित्रही शास्त्रज्ञांनी तयार केलं आहे. जेव्हा हे संकट ओढवेल त्या वेळी पृथ्वीवर सुमारे ९ अब्ज लोक वास्तव्यास असतील, असं गृहीत धरायला हरकत नाही. बदलत्या जलवायुमानाचा अंदाज बघता, या सर्व जनसंख्येला पाण्याची उपलब्धता बघून दोन पट्ट्यांमध्ये सामावून घ्यावं लागेल. याचाच अर्थ सध्या जिथं दाट लोकसंख्येचे प्रदेश आहेत, ते रिकामे करावे लागतील.

भविष्यातील पृथ्वी

बदलत्या जलवायुमानाचा अंदाज वर्तवणारी जेवढी म्हणून प्रतिरूपे आहेत, ती पाहता, विषुववृत्तीय लोकसंख्येला दोन्ही धृवांजवळच्या सुजलाम् प्रदेशात आश्रय घेण्यावाचून पर्यायच उरणार नाही. उत्तर गोलार्धात कॅनडा, सैबेरिया, मंगोलिया आणि स्कॅंडिनेव्हियासह ग्रीनलंडचा हिमाच्छादनमुक्त भाग तर दक्षिण गोलार्धात पॅटागोनिया, टास्मानिया, ऑस्ट्रेलियाचा काही भाग, न्यूझीलंड, तसेच दक्षिणध्रुवीय खंडाचा हिमाच्छादनमुक्त भाग हे वसाहतयोग्य बनतील. ब्रिटनच्या गृहनियोजन खात्याच्या नियमानुसार प्रत्येक व्यक्तीला सुखाने जगण्यासाठी कमीतकमी दहा चौरसमीटर जागा आवश्यक असते. जर आपण त्या काळात प्रत्येक व्यक्तीला २० चौरसमीटर जागा द्यायचं ठरवलं तर ९ कोटी माणसांना १८ हजार चौरस किलोमीटर जागा लागेल. एकट्या कॅनडाचं क्षेत्रफळ सुमारे एक कोटी १० लाख चौरस किलोमीटर आहे. यात अलास्का, ब्रिटन, ग्रीनलंड, रशिया आदी भूभागांची भर गृहीत धरली तरी पृथ्वीच्या लोकसंख्येला आरामात जगता येईल, एवढी जमीन त्याकाळातसुद्धा उपलब्ध असेल.

याच भूभागात मानवजातीचं धान्योत्पादनही होईल. तसेच याच भूभागामध्ये मानवेतर इतर प्राण्यांनाही सामावून घ्यावं लागेल. यामुळे मानवी शहरांमध्ये उंचच उंच इमारती बांधाव्या लागतील. अशा गगनचुंबी इमारतीत राहण्याचे फायदे जसे असतात, त्याचबरोबर तोटेही असतात, हे विसरून चालणार नाही. इतकी माणसं अशा दाटीवाटीने राहतात, त्यावेळी त्यांना रोगांच्या साथींना वारंवार तोंड द्यावं लागतं. यामुळे साथीच्या रोगांविरोधात सतत जागरूक राहणं आवश्यक ठरेल.

'शहराचं तापमान हे आजूबाजूच्या परिसरापेक्षा नेहमीच सरासरीनं २ अंश सें. जास्त असतं. याला कारणं अनेक असतात. ऊर्जेचा अतिरिक्त वापर, तापणाऱ्या

इमारती आणि त्यांची उष्णताधारण क्षमता वगैरे. त्यासाठी इमारतींचे रंग उजेड परावर्तित करतील असे असावेत आणि उंच इमारतींच्या गच्च्यांवर झाडी लावावी' असं मार्क मॅकार्थी म्हणतात. ते ग्रेट ब्रिटनच्या हवामान खात्यात शहरी जलवायुमानाचे तज्ज्ञ असून, या विभागाच्या हॅडली केंद्राचे प्रमुख आहेत. या काळात पेयजल आणि इतर कामांसाठी वापरायचे पाणी यांचे नियोजनही अत्यावश्यक असेल.

'शेतीसाठी पाणी सुनियोजित प्रकारे वापरावे लागेल. त्यातच पिकं घेण्याचे दिवसही कमी असतील. यामुळे दुभत्या जनावरांच्या चाऱ्याचा प्रश्नही तीव्र बनेल', असं सीऑटल इथल्या वॉशिंग्टन विद्यापीठातील जलवायुमानतज्ज्ञ डेव्हिड बॅटिस्टी आणि त्यांच्या सहकाऱ्यांचं म्हणणं आहे. 'त्यामुळे कमी पाण्यावर वाढणारी, दुष्काळी परिस्थितीला तोंड देऊ शकतील, अशी पिकं घ्यावी लागतील. भातखाऊंना त्यांच्या खाण्याच्या सवयी बदलाव्या लागतील. उसाऐवजी बीटची साखर आणि तांदळाच्या जागी बटाट्यासारख्या पदार्थांचा अन्नात प्रामुख्याने समावेश करावा लागेल,' असाही त्यांचा दावा आहे.

या काळात मानवाला सक्तीनं शाकाहारी बनावं लागेल. पाण्यातलं कार्बन डायऑक्साईडचं प्रमाण वाढल्यामुळे सागराचं पाणी आम्लयुक्त बनेल; त्यामुळे त्यातील जलचर जवळजवळ नामशेष होतील. कॅल्शियम कार्बोनेटची कवचं निर्माण करणाऱ्या प्राण्यांना तर जगणं अशक्य होईल. कवचं निर्माण करणं शक्य न झाल्यानं ते प्राणी संपले की त्यांच्यावर जगणारे प्राणीही नाहीसे होतील. शेतकरी कुक्कुटपालनाचा जोडधंदा करू शकतील पण खाण्यासाठी प्राणी वाढवणं अशक्य होईल. मांसाहारी जग प्रामुख्यानं गाय, डुक्कर आणि बकऱ्या खाऊन जगतं. त्यांच्यासाठी चराऊ कुरणं उपलब्ध होणार नाहीत. यातल्या शेळ्या आणि काही प्रमाणात मेंढ्या या वाळवंटी, अर्धवाळवंटी प्रदेशातील खुरट्या गवतावर जगू शकतात, इतर प्राण्यांना ते शक्य नाही. पाश्चात्य संस्कृतीत शेळ्या-मेंढ्यांचं मांस फारसं खाल्लं जात नाही, हे लक्षात घेता, मांसाहार हळूहळू कमी करणं भाग पडेल, हे निश्चित. मुख्य म्हणजे हे प्राणी कमी झाल्यामुळे नैसर्गिक खताचीही चणचण भासू लागेल; त्यामुळे सोनखताला परत भाव येईल.

नैसर्गिक मांसाची उणीव कृत्रिम मांसाने भरून काढली जाईल. शैवालापासून तसंच सोयासारख्या शेंगबियांपासून कृत्रिम मांस करता येईल. दलदलीच्या प्रदेशात शैवालशेतीचे प्रयोग केले जातील.

याहीपेक्षा मोठा प्रश्न म्हणजे ऊर्जा उत्पादनाचा. त्यासाठी नवनवे मार्ग शोधून काढावे लागतील. वाळवंटांच्या वाढीचा फायदा सौरऊर्जा निर्मितीसाठी होऊ शकतो. वॉशिंग्टन (डी.सी.) इथल्या सेंटर फॉर ग्लोबल डेव्हलपमेंट या संस्थेतील ऊर्जातज्ज्ञ डेव्हिड व्हीलर आणि केव्हिन उम्मेल यांनी डिसेंबर २००८ मध्ये ऊर्जानिर्मितीचा

एक प्रस्ताव तयार केला. लिबिया, मोरोक्को आणि जॉर्डन इथल्या वाळवंटी प्रदेशात एक लाख दहा हजार चौरस किलोमीटर परिसराचा वापर करून सौरवीज प्रकल्प निर्माण केले तर जागतिक ऊर्जेची ६० टक्के ते ७० टक्के गरज भागवणं शक्य होईल. आज युरोपमध्ये जेवढी वीज वापरली जाते त्याच्या तिप्पट वीजनिर्मिती अशा प्रकल्पांमधून होऊ शकेल. हा एक दिश (डी.सी.) विद्युत्प्रवाह खास उच्चदाब प्रवाह वाहक तारांमधून शहरांपर्यंत नेता येईल किंवा याच्या साहाय्यानं पाण्यापासून हायड्रोजन निर्मिती करता येईल. पुढं हा हायड्रोजन वायू इंधनघटात वापरून त्यापासून पुन्हा ऊर्जानिर्मिती करणं शक्य होईल. या ऊर्जानिर्मितीला आण्विक, पवन आणि जलविद्युत प्रकल्पांची जोड देता येईल. याशिवाय भूऔष्णिक आणि लाटांपासून निर्माण होणारी ऊर्जा, तसेच सागरात उभारलेल्या पवनचक्क्यांपासूनही ऊर्जा निर्माण करणं शक्य होईल.

'यात एक मेख अशी की, ही सर्व ऊर्जा वापरताना काटकसर करणं आवश्यक ठरेल. आवश्यकतेपेक्षा जास्त ऊर्जा वापरणाऱ्यांना या परिस्थितीत शिक्षा करणं क्रमप्राप्त ठरेल. केवळ ऊर्जाच नव्हे पाणी, जमीन आणि अन्नाचीसुद्धा उधळमाधळ करणं योग्य ठरणार नाही. हे संकट येण्याआधीच खरं तर योजनाबद्ध स्थलांतर करणं, सुरू करावं लागेल. त्यात देश, धर्म, वर्ण असले वृथाभिमान टाकून द्यावे लागतील. प्रत्येक व्यक्तीला तिच्या कर्तव्याचा खारीचा वाटा कामचुकारपणा न करता उचलावा लागेल; राजकारण बाजूला ठेवावं लागेल,' असं हॅडली सेंटरच्या पीटर फॉलून या जलवायुमान बदलाच्या परिणामाच्या अभ्यासकाचं मत आहे. 'हे स्थलांतर आत्ताच हळूहळू सुरू केलं तर आणखी वीस-तीस वर्षांनंतर घाई करावी लागणार नाही; त्यामुळे अनावश्यक जीवितहानी टळेल.'

ही माणसाची जगण्याची धडपड काही प्रमाणात यशस्वी ठरली तरी पृथ्वीवरील जैववैविध्याची वाट लागेल. त्याचं कारण मानवी अत्याचारानंतर आणि त्यांच्या नैसर्गिक प्रदेशावर आक्रमण होऊन नष्ट होत चाललेल्या बऱ्याच प्राणिजातींना या नव्या परिस्थितीला सामोरं जाण्यासाठी जे बदल आवश्यक आहेत, ते करणं शक्य होणार नाही. जास्तीचं तापमान, पाण्याची कमतरता, परिस्थितिकी बदल, याचबरोबर भूक भागविण्यासाठी मानवाकडून हत्या यामुळं या प्राणिजाती नष्ट होतील.

शैलेन ह्यूबरच्या मते, 'हे सर्व टाळायचं असेल तर आपल्याला वातावरणामधील कार्बन डायऑक्साईड वायूचे प्रमाण नियंत्रणात ठेवून ते दर लाखात २८ भाग या पातळीवर आणणं आणि सातत्याने ते तसंच ठेवणं आवश्यक आहे. यासाठी सध्या चालू असलेली जंगलतोड पूर्णपणे थांबवून विषुववृत्तीय पर्जन्यारण्याचं क्षेत्रफळ झपाट्यानं वाढवावं लागेल. आज उघड्या पडलेल्या भूप्रदेशाचं वनीकरण, जिथं पूर्वी वनाच्छादन नव्हतं अशा भूभागात टिकतील अशा वनस्पतींची लागवड

करूनही हिखं छत्र वाढवता येईल.' बच्याच शास्त्रज्ञांना ही आदर्शवादी भूमिका योग्य वाटली तरी ती प्रत्यक्षात येईल का, याबद्दल ते साशंक आहेत.

जिथं वनस्पती नव्हत्या अशा ठिकाणी जंगल निर्माण झाल्याची काही उदाहरणं यासाठी शैलन ह्यूबर देतात. मध्य अटलांटिकमध्ये असेन्शन बेटं आहेत. तिथं पूर्वी खुरट्या वनस्पतीच्या २०-२५ जाती वाढत असत. व्यापारी वाऱ्यामुळं या बेटावर माती टिकत नसे; त्यामुळे इथं वनस्पतींची मोठ्या प्रमाणावर वाढ होत नसे. ही बेटं ब्रिटिशांच्या ताब्यात आल्यानंतर त्या बेटांवर ब्रिटिश सैनिकी तळ प्रस्थापित केले गेले. या सैनिकांनी या बेटांवर ठिकठिकाणाहून आणलेली झाडं लावायला सुरुवात केली. ती या मानवी प्रयत्नांमुळं टिकली, वाढली आणि शंभर वर्षांत या बेटांवरचं पावसाचं प्रमाण हळूहळू वाढत तर गेलंच, पण हा द्वीपसमूह हिरवागार बनला. लिव्हरपूल या ठिकाणच्या जॉन मूर या ब्रिटिश विद्यापीठातले पर्यावरणतज्ज्ञ डेव्हिड विल्किन्सन, याला भूअभियांत्रिकीचं जितं जागतं उदाहरण समजतात. अशी काही उदाहरणं आजही अस्तित्वात असली तरी त्यापासून योग्य तो धडा घेऊन आपण काही करणार आहोत का, हा महत्त्वाचा प्रश्न आहे. त्याचं कारण एकदा का तापमान ४ अंश सें.ने. वाढलं की त्यानंतर तापमानवाढ रोखून पृथ्वीपर्यंत पूर्ववत करणं आपल्याला शक्य होणार नाही. तसं झालं तर मानवी जातीचं भवितव्य फार सुखद असणार नाही.

❖

जागतिक हवामानबदल आणि रोगराईत वाढ

सध्या जगभरच विचित्र हवामानाचा अनुभव येत आहे. पूर्वी जिथं पाऊस पडत नव्हता तिथं प्रचंड पाऊस; एखाद्या भूभागातील पाऊस जवळजवळ गायबच होणं, सागरी वादळात आणि त्यामुळे जो जमिनीवर किनारपट्टीच्या भूप्रदेशात नुकसान होतं, त्यातही लक्षणीय वाढ, अशी अनेक उदाहरणं आपल्याला माहीत असतात.

जागतिक हवामानबदलाचा (हवामान म्हणजे वेदर, ही स्थानिक घटना असते) आणखी एक परिणाम अनुभवायला मिळतो. आपण याला जेव्हा जागतिक हवामान म्हणतो तेव्हा खरंतर आपण 'क्लायमेट' हा अर्थ गृहित धरलेला असतो. क्लायमेटला मराठीमध्ये जलवायुमान हा शब्द आहे. पण जनमानसात 'हवामानबदल' हा शब्द इतका रुजला आहे की, त्यामुळं शीर्षकात मी तो वापरला आहे.

जागतिक जलवायुमान बदलाचा एक जाणवेल असा परिणाम म्हणजे रोगराईत वाढ. जगात वेगवेगळ्या ठिकाणी काही जुने तर काही नवे आजार डोकं वर काढताना दिसत आहेत. अमेरिकेच्या नॅचरल रिसोर्स डिफेन्स कौन्सिलनं इ.स. २००९ मध्ये एक अहवाल प्रसिद्ध केला, त्यात हा अंदाज व्यक्त करण्यात आला आहे. 'जागतिक तापमानवाढ, पर्जन्यमानातले बदल आणि आर्द्रता वाढ यामुळे वेगवेगळे कीटक, सूक्ष्म जीव आणि विषाणू यांच्या वाढीसाठी पोषक वातावरण तयार होतं. त्यामुळे यापूर्वी ज्या ठिकाणी ते आढळत नसत, अशा ठिकाणीसुद्धा त्यांचा प्रादुर्भाव होतो. त्यामुळे वेगवेगळ्या आजारांची भौगोलिक व्याप्ती वाढताना दिसेल.

डेंग्यू ताप आजकाल उष्ण कटिबंधातील प्रदेशात झपाट्यांनं वाढताना दिसतो. ब्राझील आणि भारतीय उपखंड ही त्याची दोन उत्तम उदाहरणं आहेत. या आजाराला ब्राझीलमध्ये हाडमोड्या (ब्रेकबोन) आजार (डिसीझ) असं म्हटलं जातं. एके काळी

फक्त विषुववृत्तीय प्रदेशात आढळणारा हा आजार आता युरोप-अमेरिकेतही पसरतोय. अमेरिकेतील २८ राज्ये डेंग्यूप्रवण असल्याचं हा अहवाल सांगतो.

डासांची वाढ होण्यास उबदार वातावरण मदत करतं. तापमान वाढलं की, डासांची प्रौढावस्थेतील वाढ जलद गतीनं होते. त्यामुळं त्यांच्या माद्या अधिक प्रमाणात पण कमी कालावधीत अंडी घालू लागतात. त्यामुळे त्यांची झपाट्यानं संख्यावाढ होते. त्यातच जेव्हा हिवाळ्यातही तापमान सरासरीपेक्षा जास्त असतं, त्या वेळी एरवी हिवाळ्यामध्ये न आढळणारे डास, हिवाळ्यातही त्यांचं प्रजनन चालू ठेवतात, असं दिसतं. जास्त तापमानात डासांच्या माद्यांना जास्त रक्ताची आवश्यकता भासते. कारण तिला अंड्यांचं जास्त प्रमाणात पोषण करावं लागतं. शिवाय पूर्वी जिथं न झेपणारी थंडी असे, तिथं आता डास बागडू लागलेले असतात, ते वेगळंच. त्याचबरोबर डास मादीच्या पोटामधील विषाणूही जास्त तापमानात नेहमीपेक्षा कमी वेळात वाढतात. त्यामुळंही डासाची मादी अधिक धोकादायक बनते.

हिवताप आणि हाडमोडी ताप (डेंग्यू) एवढेच दोन आजार जास्त तापमानात वाढतात, असंही नाही तर जास्तीचं तापमान इतरही आजारांच्या वाढीस कारणीभूत ठरतं. नैग्लेरिया (एन) फौलरी या जातीच्या अमीबाला उष्ण तापमान खूप आवडतं. सेंटर फॉर डिसीझ कंट्रोल अँड प्रिव्हेन्शन (सीडीसी) या अमेरिकी संस्थेनं या अमीबास 'हीट लव्हिंग अमीबा' असं म्हटलंय. पाण्याचं तापमान जास्त झालं की, या अमीबाची अमर्याद वाढ होते. यामुळे जागतिक हवामान बदलत ज्या-ज्या भूभागाचं तापमान वाढणार आहे, तिथं तिथं एन. फौलरीमुळं होणाऱ्या मेंदूज्वरात आणि मृत्यूत वाढ होणार आहे, असं भाकीत सीडीसीनं एका अहवालात केलं आहे. हा एन. फौलरी नावाचा अमीबा फार धोकादायक असतो. पोहताना किंवा अशुद्ध पाण्यानं चेहरा धुताना, तसंच ज्या पाण्यावर निर्जंतुकीकरणाची प्रक्रिया केलेली नाही, अशा पाण्यातून हा अमीबा नाकात शिरतो. तिथून तो थेट मेंदू गाठतो. मेंदूतील करडा मगज (ग्रे मॅटर) हे त्याचं आवडतं अन्न असतं. त्यामुळं कालांतरानं ती व्यक्ती मरते. मुख्य म्हणजे या प्रकारचा आजार उघडकीस यायला खूप वेळ लागतो. तो उघड होईपर्यंत बहुधा हा आजार झालेली व्यक्ती उपचारापलीकडे गेलेली असते.

याशिवाय बदलत्या जलवायुमानामुळे पूर्वी ज्या भागात जे जीवजंतू आढळत नव्हते, त्यांना वाढीसाठी नवा भूभाग उपलब्ध होणार आहे, ते वेगळंच. त्यामुळं पूर्वी ज्या भूभागात जे रोग आढळत नव्हते, ते रोग आता नव्यानं उद्भवण्याची शक्यता वाढते आहे.

जे माणसांचं तेच वनस्पतींचं. पूर्वी ज्या भूभागात ज्या वनस्पती आढळत नसत

त्या भूभागात नव्या वनस्पतींचं आक्रमण होईल, हे गृहित धरणं भाग आहे. त्याचबरोबर वनस्पतींच्या दृष्टीनं त्रासदायक ठरणाऱ्या कीटकांनाही नवं रान उपलब्ध होईल. याचा परिणाम पिकांवर आणि फळबागांवर होणार आहे, असं हार्वर्ड विद्यापीठातल्या चार्ल्स सी. डेव्हिस यांना वाटतं. ते हार्वर्ड विद्यापीठात जैव उत्क्रांतीचे सहप्राध्यापक असून, वनस्पतींचे स्थलांतर आणि या स्थलांतराचे परिणाम यासंबंधीच्या एका शोध प्रकल्पाचे संचालक आहेत. 'परक्या जाती या मूळ जैव वैविध्याची वाट लावतात. परिस्थितीचा समतोल बिघडवतात; एवढंच नव्हे तर वनस्पतींच्या स्थलांतरामुळे प्राणिसृष्टी, शेती आणि मानवी आरोग्य यांच्यावरही विपरीत परिणाम होतो. एकट्या अमेरिकेच्या संयुक्त संस्थानात अशा तऱ्हेच्या वनस्पतींच्या स्थलांतरामुळे १ अब्ज २० कोटी डॉलर एवढं नुकसान दर वर्षी होतं. या आमच्या अभ्यासाचा भविष्यकालीन नुकसान कमी करण्यासाठी कसा उपयोग करता येईल, याचा विचार चालू आहे; कारण जलवायुमानातील बदल हे स्थलांतर अधिक वेगानं व्हायला मदत करतील, यात शंका नाही,' असं डेव्हिस म्हणतात.

अलीकडच्या काळात ज्या झपाट्यानं नवनव्या रोगांच्या साथी येत आहेत ते पाहता, या शास्त्रज्ञांचं वरील म्हणणं पटू लागतं आणि यावर वेळीच उपाययोजना व्हायला हवी असं वाटतं. पण विकासाच्या नावाखाली आपल्याकडे एकंदरीतच पर्यावरणाच्या प्रश्नांकडे जे दुर्लक्ष होतंय ते पाहता, भविष्यात आपल्यापुढे काय वाढून ठेवलंय, याचा विचारही करवत नाही.

या संशोधनाशिवाय इतरही 'जलवायुमानातील बदलांचा समाजावर होणारा परिणाम', यावर जे संशोधन चालू आहे, त्यांचे प्राथमिक निष्कर्ष माणसातील आपपरभाव वाढवून क्षुल्लक कारणाने हिंसाचारात वाढ होणार, वांशिक दंगली, यादवी, घरगुती अत्याचार, क्षुल्लक कारणावरून हमरीतुमरी आणि हत्या यात वाढ, बलात्कार आणि हत्या यांच्या प्रमाणात वाढ आणि पाण्यासाठी युद्ध असं भाकीत करतात. आता तर आपल्या देशात तशीही याबद्दल कारणं पुरवली जात असताना पुढं काय वाढून ठेवलंय, हे सांगायला नकोच.

❖

दोन हिमयुगांच्या मध्यावर?

अमेरिकेत थंडीची लाट आली. अमेरिका अंतर्बाह्य गोठली. जानेवारीच्या शेवटच्या आठवड्यापर्यंत ही परिस्थिती कायम होती. ध्रुवीय चक्री वादळाचा हा परिणाम आहे, अशा बातम्या डिसेंबर २०१३ मध्ये भारतीय वृत्तपत्रांनी पहिल्या पानावर छापल्या. पण, अशा तऱ्हेची परिस्थिती विसाव्या शतकातच दोन ते तीन वेळा निर्माण होऊन गेलेली होती. विसाव्या शतकामध्ये किमान दोन वेळा नायगारा धबधबा गोठला होता. अठराव्या शतकात युरोप आणि अमेरिकेत १८३०-४०च्या दरम्यान थंडीचा प्रचंड कडाका पडला होता. या पर्यावरणीय अवस्थेला 'लिट्ल आइस एज' म्हटले जाते. विज्ञान कथाकारांनी यावर कादंबऱ्या लिहिल्या होत्या. त्यातली 'आइस' या नावाची ऑना कॅव्हानाची कादंबरी १९६७ मध्ये प्रसिद्ध झाली होती. त्या कादंबरीत सध्याच्या युरोप, अमेरिकेपेक्षाही भयानक परिस्थितीचे वर्णन करण्यात आले होते.

किम स्टॅन्ली रॉबिन्सन या लेखकाने नंतर काही काळातच 'आइस एज' नावाची कादंबरी लिहिली. त्यातही नव्या हिमयुगाच्या आगमनाचे प्रत्ययकारी चित्रण होते. याशिवाय 'न्यूक्लिअर विंटर' नावाची संकल्पनाही बऱ्याच विज्ञानकथांमध्ये आढळते. शीतयुद्धाच्या काळात अमेरिकी जनता बरीच धास्तावलेली होती. रशिया आणि अमेरिका यांनी जर युद्ध पुकारले, तर त्यात अण्वस्त्रांचा वापर केला जाईल, अशी खात्रीच बऱ्याच जणांना भेडसावत होती. साम्यवादी रशियात लेखकांवर बरीच बंधने होती. त्यामुळे या भीतीला त्यांनी शब्दबद्ध केले नव्हते. तरीही स्टुगार्स्की बंधूंच्या लेखनात कुठे कुठे ही शक्यता डोकावताना दिसते. याउलट, अमेरिकी लेखकांवर अशी विषयांची बंधने नसल्यामुळे 'अणुयुद्धोत्तर दुर्धर हिवाळा' ही संकल्पना वारंवार प्रकट होताना दिसते. आण्विक युद्धानंतर जो प्रचंड साधा

आणि आण्विक धुरळा उडतो, त्यामुळे पृथ्वीवर हिमयुगासारखी परिस्थिती निर्माण होते. सर्वत्र हिमनद्यांचा संचार होतो. विषुववृत्तापर्यंत हिमाच्छादन वाढते. अशा प्रकारची पार्श्वभूमी वापरून त्यातून वाचलेल्या मानवी समूहांचे जीवन, या प्रकारच्या कथा-कादंबऱ्यांमधून चितारण्यात आलेले होते.

अमेरिकेत डिसेंबर २०१३मध्ये तापमान काही ठिकाणी उणे ५१ अंश सें.पर्यंत घसरले. पण ही परिस्थिती नवी नाही. प्रत्येक शतकात हे घडते. यासाठी उत्तर ध्रुवीय चक्रीवादळे कारणीभूत ठरतात, हेही आता सिद्ध झाले आहे. ही चक्रीवादळे दोन्ही ध्रुवीय प्रदेशांत पृथ्वीच्या स्वतःभोवतीच्या फिरण्यामुळे होत असतात. दर वर्षी ती इतकी भयावह नसतात. काही वेळा मात्र 'विअर्डिंग ऑफ द वेदर' प्रकारातली परिस्थिती उद्भवते. तापलेल्या उत्तर अमेरिकी खंडातली आणि युरोपातली गरम हवा उत्तरेकडे सरकते. त्यामुळे विक्षिप्त जलवायुमानाची (फ्रिक वेदर कंडिशन) परिस्थिती निर्माण होते. ही गरम हवा ध्रुवीय प्रदेशात पोहोचली की ध्रुवीय चक्रीवादळ वर उचलले जाते आणि युरोप, अमेरिकेवर त्यातले थंड वारे पसरतात. याच सुमारास दक्षिण गोलार्धात मात्र सरासरी तापमान वाढते. म्हणजे, एका ध्रुवावर हिमवर्षावासह कडाक्याची थंडी आणि दुसऱ्या ध्रुवावर घामाच्या धारा, असे दृश्य असते.

इथे एक गोष्ट स्पष्ट करणे भाग आहे, ती म्हणजे- पृथ्वीच्या वातावरणाचे, त्यातील बदलाचे, त्या संबंधित घटनांबद्दलचे संशोधन खऱ्या अर्थाने सुमारे दीडशे वर्षांपूर्वी म्हणजे १८५०-६०च्या सुमारास सुरू झाले. जोपर्यंत दूरसंवेदन करणारे उपग्रह पृथ्वीभोवती प्रदक्षिणा करू लागले नव्हते, तोपर्यंत जागतिक जलवायुमानाबद्दलची परिस्थिती 'हत्ती आणि सात आंधळे' अशी होती. त्यानंतर प्रथम 'मोनेक्स' प्रकल्पातून आणि इतर माहिती संकल्पनातून जे सत्य समोर आले, ते वैश्विक गोंधळ म्हणजे 'केऑस' सिद्धान्ताने शब्दबद्ध केले. बीजिंगमध्ये एखाद्या फुलपाखराने पंख फडफडवले, तर त्याचा परिणाम म्हणून न्यूयॉर्कमध्ये झंझावात उद्भवू शकतो, अशी 'केऑस' सिद्धान्ताची मांडणी होती. याचा अर्थ, पृथ्वीवरील एका कानाकोपऱ्यातील घटनेचा दुसऱ्या टोकावरील भूभागाच्या पर्यावरणावर परिणाम होऊ शकतो. त्यामुळे अमेरिकेतील भयाण गारठा का निर्माण झाला, याची कारणे इतरत्र शोधावी लागतील. या गारठ्याचा अमेरिकेतील पर्यावरणावर जसा परिणाम होईल, तसा तो इतरत्रही होईल; पण तो परिणाम किंवा इतरही अनेक परिणाम उघड व्हायला अजून काही वर्षे जावी लागतील. सध्या भारतात आणि महाराष्ट्रातही अकाली गारठा आणि पावसाच्या घटना घडत आहेत. यामागेही जागतिक स्तरावर घडणाऱ्या घटना कारणीभूत आहेत. फक्त त्या स्थानिक पातळीवर घडत असल्याने आपल्याला त्याची सुसंगती लावता येत नाही.

अमेरिकेच्या जलवायुमानावर अनेक घटक प्रभाव पाडतात. पॅसिफिक महासागराचे तापणे, एलनिनो प्रवाह, गल्फस्ट्रीम, विषुववृत्तीय अटलांटिकमधील परिस्थिती आणि ध्रुवीय वारे हे यातील सहज लक्षात येणारे काही घटक आहेत. याशिवाय ज्वालामुखींचे जगात इतरत्र होणारे उद्रेक, हे जागतिक हवामानासंबंधीचे सर्व अंदाज चुकवू शकतात. १८८३ मध्ये क्राकाटोआ (जावा आणि सुमात्रा बेटांदरम्यानचा ज्वालामुखी) नावाच्या ज्वालामुखीचा उद्रेक झाला, त्यानंतरची काही वर्षे सर्वत्र असाच पर्यावरणीय गोंधळ झाला होता. १९८३च्या सुमारास माउंट सेंट हेलेन्स (स्कॅमॅनिआ काउंटी, वॉशिंग्टन, अमेरिका येथील ज्वालामुखी) या ज्वालामुखीनेही जागतिक जलवायुमानाचे अंदाज चुकवले होते. या वर्षी आणि २०१३ मध्ये जगभर पाच ज्वालामुखींचे उद्रेक झाले. त्यांचे जलवायुमानविषयक परिणाम कळायला वेळ लागेल. तेव्हाच खरे म्हणजे, या घटनेबद्दल अधिक स्पष्टीकरण मिळू शकेल.

आजमितीस अमेरिकेचे राष्ट्रीय धोरण हे अमेरिकेच्या आर्थिक नाड्या हातात असलेले बडे उद्योगधंदे ठरवत आले आहेत. त्यांनी त्यांच्या फायद्यासाठी पर्यावरणीय प्रश्नांचा वापर करून घेतलेला आहे. १९८५च्या सुमारास ओझोन होल अर्थात ओझोन विवराचा खूप गवगवा झाला होता. हे ओझोन विवर खरे म्हणजे ओझोनचा थर विसविशीत व्हायला सीएफसी (क्लोरो फ्युरो कार्बन्स) कारणीभूत ठरतात, अशी हाकाटी पिटण्यात आली. त्याच सुमारास अमेरिकी रासायनिक उद्योगांनी सीएफसीला पर्यायी रसायने शोधून काढली. मग विविध जागतिक संघटनांद्वारा ती इतर म्हणजे बहुतांश विकसनशील देशांच्या गळ्यात बांधून भरपूर पैसा कमावला. त्यानंतर पद्धतशीरपणे ओझोन थराबद्दलची हाकाटी कमी झाली. ओझोन विवर मागे पडले आणि मग जागतिक तापमानवाढीबद्दल ओरड सुरू झाली. खरे तर पृथ्वीवरील इतर कुठल्याही देशापेक्षा जास्त कारखाने आणि जास्त पेट्रोल जाळणाऱ्या महागड्या गाड्या एकट्या अमेरिकेत आहेत. जागतिक परिषदांमध्ये प्रदूषण कमी करण्याचा प्रश्न येतो, तेव्हा स्टॉकहोम, जोहान्सबर्ग, रिओ व अशा इतरही अनेक परिषदांमध्ये अमेरिकेने स्वतःवर कुठलीही बंधने घालून घ्यायला नकार दिला आहे. राशेल कार्सनपासून ('सायलेंट स्प्रिंग' या गाजलेल्या पुस्तकाच्या लेखिका आणि जागतिक कीर्तीच्या पर्यावरणातज्ज्ञ) अनेक पर्यावरणतज्ज्ञांना अमेरिकी उद्योगधंद्यांनी आपला शत्रू मानले आहे.

या उद्योगांनी आम्ल पर्जन्याच्या प्रश्नावर बोलायचे टाळले आहे. एवढेच नव्हे, तर मोटारींमुळे होणारे प्रदूषण दुर्लक्षित राहावे, म्हणून गाईची ढेकर, गोवऱ्या जाळणे आदी मुख्यतः विकसनशील देशांतील परंपरेने चालत आलेल्या इंधन स्रोताशी संबंधित क्रियांना जागतिक तापमानवाढीसाठी जबाबदार ठरवले आहे. ट्वेंटी फर्स्ट सेंच्युरी सायन्स अँड टेक्नॉलॉजी या नियतकालिकाचे मुख्य संपादक

असलेल्या लॉरेन्स हेक्ट यांनी १९९३ मध्येच जागतिक तापमानवाढ ही बकवास असून, सध्याच्या जलवायुमानातील गडबड ही आगामी हिमयुगाची नांदी असू शकते, असा इशारा दिला होता. त्यांच्या म्हणण्यानुसार, आपण दोन हिमयुगांच्या मध्ये असून त्या हिमयुगातील मधला काळ संपत आलेला असू शकतो. हिमयुग एका दिवसात येत नाही, असे त्यांनी म्हटले होते. हिमयुग ही एक दीर्घकालीन प्रक्रिया आहे, असेही त्यांचे म्हणणे होते; पण तिकडे सोयीस्कररीत्या दुर्लक्ष केले गेले.

आतापर्यंतचे जाणवले गेलेले पर्यावरणाचे प्रश्न हे नेहमीच अमेरिकी उद्योगधंद्यांच्या अर्थकारणाशी संबंधित आहेत. युद्ध करून जगावर सत्ता गाजवणे किंवा नवी भूमी पादाक्रांत करणे शक्य नाही, हे उमजलेल्या अमेरिकी उद्योगधंद्यांनी सध्याच्या परिस्थितीचा फायदा घेऊन पर्यावरणाचा शस्त्र म्हणून वापर करायला सुरुवात केली आहे. २०१६च्या तीव्र हिवाळ्याचा ते असाच फायदा घेतील, यात शंका नाही. कारण कडाक्याच्या थंडीमुळे जगात गव्हाचे उत्पादन मोठ्या प्रमाणात घटले आहे. अशा परिस्थितीत आपल्या जवळचा साठवलेला गहू अमेरिका बाजारात हुशारीने चढ्या भावात विकणार, हे निश्चित आहे. संकट जगावर येवो वा स्वतःवर येवो, त्यातून स्वतःचा फायदा करून घ्यायचे तंत्र अमेरिकींनी चांगलेच विकसित केले आहे. डिसेंबर महिन्यात हिमवर्षावासह आलेली कडाक्याची थंडीही त्यांच्यासाठी अशीच आर्थिकदृष्ट्या फायद्याची ठरणार आहे.

❖

दलदलीचे प्रदेश आणि पर्यावरण

इ.स. १९८० मध्ये विषुववृत्तीय पर्जन्यारण्यांची मोठ्या प्रमाणावर तोड झाल्यामुळे जगभर फार मोठी खळबळ माजली होती. याचं कारण अरण्य जेव्हा तोडलं आणि जाळलं जातं, तेव्हा असंख्य जातीच्या वनस्पती आणि प्राण्यांचा नाश होत असतो. कार्बन-डाय-ऑक्साईड मुक्त होऊन वातावरणाच्या वरच्या थरात जातो. त्यामुळं हरितगृह परिणामास चालना मिळते. त्याचबरोबर वातावरणातील कार्बन-डाय-ऑक्साईड साठवून ठेवणारी प्रणाली कोलमडत असते, ते वेगळंच. हे सर्व आपल्या लक्षात आलं ते विषुववृत्तीय पर्जन्यारण्यांमुळे. आता अशाच एका प्रणालीच्या नष्टचर्यामुळे ओढवणारं संकट शास्त्रज्ञांच्या लक्षात आलं आहे. ही प्रणाली तशी कुणाला फारशी परिचित नाही, त्यामुळं तिच्या विनाशामुळं फारशी सार्वजनिक ओरडही होणार नाही. पण पृथ्वीच्या पर्यावरणाच्या संरक्षणाच्या दृष्टीनं ती अतिशय महत्त्वाची प्रणाली आहे, ती म्हणजे आर्क्टिक टुंड्रा. आर्क्टिक टुंड्रा पृथ्वीवरच्या एकूण जमिनीपैकी एक पंचमांश भूभागावर पसरलेला प्रदेश आहे. या प्रदेशात कायमस्वरूपी गोठलेल्या जमिनीत फार मोठ्या प्रमाणावर कार्बन गाडला गेला आहे. आज ॲमेझॉनच्या जंगलाला जेवढ्या मोठ्या प्रमाणात धोका पोहोचतो आहे त्या प्रमाणात टुंड्राचा नाश होत नसला तरी इथली परिस्थिती प्रणाली इतकी नाजूक आहे की, थोड्याशा गैरव्यवहाराचे इथं फार मोठे दूरगामी दुष्परिणाम घडून येऊ शकतात. जर हरितगृह परिणामामुळे पृथ्वीचं तापमान वाढलं, तर टुंड्रा प्रदेशातून साठवलेला कार्बन कार्बन-डाय-ऑक्साईडच्या रूपात वातावरणात मिसळेल. यामुळे आधीच वाढलेलं तापमान आणखी वाढेल. त्यामुळे टुंड्रा प्रदेशातून आणखी मोठ्या प्रमाणावर कार्बन-डाय-ऑक्साइड वातावरणात मिसळेल. ही प्रक्रिया बऱ्याच काळापर्यंत अशी वाढतच राहील. नेचर या विख्यात आणि सुप्रतिष्ठित वैज्ञानिक

नियतकालिकामध्ये प्रसिद्ध झालेल्या एका शोधनिबंधानुसार अलास्कातील टुंड्रा प्रदेशातून कार्बन-डाय-ऑक्साइड मुक्त होऊ लागला आहे. याचाच अर्थ हरितगृह परिणामानं त्याचं अस्तित्व दाखवायला सुरुवात केली आहे. स्टीव्हन हेस्टिंग्ज या शास्त्रज्ञाच्या म्हणण्यानुसार ही पृथ्वीचं तापमान वाढायला लागल्याची पूर्वसूचना आहे आणि दिवसेंदिवस हरितगृह परिणाम वाढत जाणार आहे व त्याचे दुष्परिणाम हळूहळू आपल्याला जाणवू लागणार आहेत. हेस्टिंग्ज हे नेचरमधल्या शोधनिबंधाचे एक सहलेखक आहेत.

टुंड्रा प्रदेशातून कार्बन-डाय-ऑक्साइड वायू वातावरणात मिसळतोय हे लक्षात आल्यावर प्रथम शास्त्रज्ञांना धक्का बसला होता. अलास्काच्या उत्तर भागातल्या भूप्रदेशात त्यांचा अभ्यास सुरू होता. हा भाग उताराचा आहे. युरोप, आशिया आणि उत्तर अमेरिकेच्या टुंड्रा प्रदेशाप्रमाणं या भागातही मोठे वृक्ष नाहीत. इथं कायमस्वरूपी गोठलेल्या जमिनीवर झुडपं वाढतात. त्यांच्या मुळांचं, भूमिगत खोडांचं आणि मृत वनस्पतीचं गचपण हे या भागाचं वैशिष्ट्य असतं. या कार्बनी पदार्थांमध्ये फार मोठ्या प्रमाणात कार्बन असतो.

जॉर्न हुर्लिटिस हे हेस्टिंग्जबरोबर या प्रदेशात काम करणारे आणखी एक शास्त्रज्ञ. त्यांच्या मते या गोठलेल्या मातीचे थरावर थर चढत जातात आणि त्यात कार्बन वेगवेगळ्या स्वरूपात अडकून राहतो. हा प्रदेश कायमस्वरूपी गोठलेल्या थरांचा असल्यानं तो वातावरणात मिसळण्याची शक्यता दुरावते. हा कार्बन इथं अडकून पडायचं प्रमुख कारण म्हणजे या गोठलेल्या मातीत आणि उन्हाळ्यात ती थोडी ओली बनते तेव्हाही ऑक्सिजन नसल्यामुळे कार्बनचं मिथेन या संयुगात रूपांतर होतं. तसंच जमिनीतील सूक्ष्मजीव आणि बुरशीचे नानाविध प्रकार यांचं कार्य मंद गतीनं होतं. त्यामुळे निर्माण होणाऱ्या कार्बन-डाय-ऑक्साइडचं प्रमाण अत्यल्प असतं. यामुळं टुंड्रा प्रदेशातल्या वनस्पती प्रकाश संश्लेषण प्रक्रियेमध्ये जेवढा कार्बन-डाय-ऑक्साइड वायू शोषून घेतात, त्यातला फारच थोडा भाग वातावरणात परत जात असतो. शास्त्रीय भाषेत 'कार्बन अडकवून ठेवणाऱ्यांपैकी टुंड्रा प्रदेशातील वनस्पती हा एक उत्कृष्ट कार्बन सापळा आहे.' १९८० च्या दशकात सॅन डिएगो विद्यापीठाच्या परिस्थितीकी आणि पर्यावरण तज्ज्ञांना या भागाचा अभ्यास करताना अनपेक्षितपणे धक्कादायक माहिती हाती आली. वातावरणात वाढणाऱ्या कार्बन-डाय-ऑक्साईडचे वेगवेगळ्या परिस्थिती प्रणालींवर कोणते परिणाम होतात, याचा हे शास्त्रज्ञ अभ्यास करीत होते. वॉल्टर ऑयकेल यांच्या नेतृत्वाखाली हा अभ्यास चालू होता. आर्क्टिक सागराच्या दक्षिणेस २०० कि.मी. अंतरावर टुलिक सरोवराच्या परिसरात यासाठी खास हरितगृहांची निर्मिती करण्यात आली. या हरितगृहांमधल्या कार्बन-डाय-ऑक्साईडचं मोजमाप संगणकांच्या साहाय्यानं

दर तीन मिनिटांनी केलं जात होतं. तेव्हा इथल्या वनस्पती जेवढा कार्बन-डाय-ऑक्साईड ग्रहण करतात त्यापेक्षा अधिक कार्बन-डाय-ऑक्साईड बाहेर सोडतात असं त्यांना आढळून आलं. ही घटना लक्षात आल्यावर या शास्त्रज्ञांनी टुलिक लेक परिसरात आणि पुढे बे परिसरात आणखी काटेकोर चाचण्या फार पाडल्या तेव्हा त्यांचे आधीचे निष्कर्ष बरोबर आहेत, याची त्यांना खात्री पटली. याच सुमारास आर्क्टिक म्हणजे उत्तर ध्रुवीय प्रदेशामधील सरासरी तापमानात वाढ झाली असल्याचंही त्यांच्या निदर्शनास आलं. यावरून त्यांनी असा निष्कर्ष काढला की या अनपेक्षित उबदार वातावरणामुळे कायमस्वरूपी गोठलेली माती मोकळी झाली. यामुळे मातीतील हिमकणांचं पाणी बनून ते वाहू लागलं. याचा परिणाम म्हणून भूजलाची पातळी खालावली. त्या पाण्याची जागा इतके दिवस तिथं पोहोचू शकत नसलेल्या हवेनं घेतली. यामुळे मातीतील कार्बनी पदार्थांचे ऑक्सिडेशन होऊ लागलं. त्यातून मग कार्बन-डाय-ऑक्साईड तयार होऊन हवेत मिसळू लागला. हा अर्थात ठाम निष्कर्ष नव्हे. गेल्या शतकामध्ये (म्हणजे १९ व्या शतकाच्या उत्तरार्ध ते विसाव्या शतकाचं अखेरचं दशक हा काळ.) आर्क्टिक भूप्रदेशाचं सरासरी तापमान हळूहळू वाढतच गेलं आहे. आर्क्टिक अलास्का, कॅनडा आणि उत्तर सैबेरियातील नित्य गोठीत भूमी हळूहळू उबदार होऊ लागल्याचे पुरावेही शास्त्रज्ञांच्या हाती आहेत. मागील जल-वायुमानाचा अभ्यास करून बांधलेले अंदाज आणि अलास्कातील उत्तरी उतरणीचं वाढतं तापमान यांचा मेळ बसतो.

असं असलं तरी काही शास्त्रज्ञांच्या मते स्थानिक स्वरूपाच्या बदलानुसार कदाचित अलास्कातील नित्य गोठीत भूमीचं तापमान वाढलं असण्याची शक्यता आहे. तसं जर असेल तर पृथ्वीचं तापमान साकल्यानं वाढल्यावर काय घडू शकेल याची ही चुणूक आहे; असे हेस्टिंग्जना वाटतं. या अभ्यासातून आणखीही एक अंदाज बाहेर पडला. पृथ्वीवरल्या सर्वच टुंड्रा प्रदेशातील माती उबदार झाली तर वातावरणातील कार्बन-डाय-ऑक्साईडचे प्रमाण ७% वाढेल. खनिज तेल जाळून ज्या प्रमाणात कार्बन-डाय-ऑक्साईड वातावरणात मिसळतो, त्या तुलनेत हे प्रमाण कमी असलं तरी त्याकडे दुर्लक्ष करता येणार नाही. मात्र ही सर्व सैद्धान्तिक चर्चा आहे, हे इथं लक्षात ठेवायला हवं. समजा उद्या टुंड्रा प्रदेशाचं तापमान वाढायला लागलं, तर परिस्थितीतले इतर घटकही बदलू लागतील. कार्बन-डाय-ऑक्साईडचं प्रमाण वाढलं, की झाडांची वाढ झपाट्यानं होते. काही झाडं नेहमीचं खुरटं रूप सोडून जास्त वाढतात. माती गोठलेली असल्यानं जी झाडं वाढू शकत नव्हती, अशा झाडांच्या जाती या मोकळ्या आणि नैसर्गिक खत उपलब्ध असलेल्या जमिनीत वाढू लागतील. या वनस्पती मोठ्या प्रमाणावर हवेतील कार्बन-डाय-ऑक्साईड शोषून घेऊ लागतील. यामुळे लगेच जरी नाही तरी कार्बन-डाय-

ऑक्साईडचं प्रमाण वाढून मोकळ्या मातीच्या टुंड्रातील परिस्थिती शे-दोनशे वर्षात नक्कीच बदललेली दिसेल. यामुळे बिघडलेला कार्बन-डाय-ऑक्साईडचा समतोल पुन्हा साधला जाईल. टुंड्रा प्रदेशातील कार्बनची मुक्तता पृथ्वीच्या एकूण वातावरणाच्या दृष्टीनं किती महत्त्वाची ठरेल, हाही एक वादाचा विषय आहे. बहुतेक सर्व शास्त्रज्ञांच्या मते पृथ्वीवर नैसर्गिकरीत्या कार्बन-डाय-ऑक्साईडचा सतत समतोल राखला जातो. एके ठिकाणी जर कार्बन-डाय-ऑक्साईडचं वातावरणातलं प्रमाण वाढलं, तर दुसरीकडे वनस्पती या कार्बन-डाय-ऑक्साईडचं शोषण करतात.

क्हर्जिनिया विद्यापीठातील दोन पर्यावरण शास्त्रज्ञ टॉम स्मिथ आणि हँक शुगार्ट यांनी या प्रश्नाचा अभ्यास केला. त्यांच्या मते, हा समतोल साधला जायला फार वेळ (मानवी दृष्टीनं) जातो. निसर्गाच्या दृष्टीनं तो काळ अत्यल्प असला तरी मानवाच्या दृष्टीनं तो फार मोठा ठरणार आहे. त्यांनी निसर्गातल्या घडामोडीचं संगणक सादृशीकरण करून हा निष्कर्ष काढला. एकूण सरासरीनं मरणारी झाडं, वनस्पतींच्या एका जातीची जागा दुसऱ्या जातीनं घ्यायला लागणारा वेळ आणि कार्बनचे जमिनीतील बदलतं प्रमाण, असे अनेक निकष या प्रतिरूपात विचारात घेण्यात आले होते. या सादृशीकरणाचे निष्कर्ष स्मिथ आणि शुगार्टनी नेचरमध्येच प्रसिद्ध केले आहेत. त्यांचं सार आपण बघितलंच.

केवळ टुंड्रा प्रदेशाचाच पृथ्वीच्या वातावरणातील कार्बन-डाय-ऑक्साईडच्या समतोलावर परिणाम होईल असंही नाही, तर त्याबरोबर इतर कार्बनसमृद्ध मृदांचाही वातावरणावर जाणवण्याइतका प्रभाव पडत राहणार आहे. उत्तर भूखंडातील अरण्यांमधल्या जमिनी, तैगा आणि बरेच दलदलीचे प्रदेश, तसेच पीट (कच्चा कोळसा) जमिनी यांचासुद्धा कार्बन-डाय-ऑक्साईड वातावरणात सोडण्याबाबतीत मोठा वाटा असेल. झाडाचे अभ्यासक अशा जमिनींचा विचार करीत नाहीत हे खरं; पण हरितगृह परिणाम वाढून पृथ्वीच्या सरासरी तापमानात वाढ झाली की, या घटकांचा नक्कीच विचार करावा लागेल, असं जेम्स टीटी या मिशिगन विद्यापीठामधील पर्यावरण शास्त्राच्या प्राध्यापकाचं मत आहे. पुढच्या शंभर वर्षात एकूण दोनशे गिगॅटन्स एवढा (गिगॅ म्हणजे एक अब्ज) कार्बन-डाय-ऑक्साईड वायू भूपृष्ठीय पर्यावरण प्रणालीतून वातावरणात मिसळेल. 'फ्रेंडस् ऑफ द अर्थ', या संस्थेच्या वतीनं इंग्लंडमधील एक्झीटर विद्यापीठातील संशोधकांनी पीट जमिनींचा कार्बनचक्रावर होणारा परिणाम अजमावण्यासाठी १९९२ मध्ये अभ्यास केला. टुंड्राप्रमाणेच पीट जमिनीसुद्धा कायमस्वरूपी जलसंपृक्त असतात. त्यामुळे त्या जमिनीत ऑक्सिजन नसतो. या जमिनीत काही विशिष्ट झुडपं आणि मॉस वर्गी वनस्पती वाढतात. बहुतेक पीट जमिनी अति उत्तरी अक्षांशांवर आढळतात. काही पीट जमिनी विषुववृत्तावर पाहायला मिळतात. एक्झीटर विद्यापीठाच्या अभ्यासगटानुसार पृथ्वीवर

पीट जमिनीचं प्रमाण फक्त ३% आहे; पण या जमिनीमध्ये ५२८ अब्ज टन कार्बन अडकलेला आहे. विषुववृत्तीय पर्जन्यारण्यामधील एकूण कार्बनच्या साडेतीनपट हा कार्बनचा साठा आहे. सध्या फार मोठ्या प्रमाणावर व्यापारीकरणासाठी पीट जमिनींचा वापर केला जातो. त्यामधल्या पाण्याचा निचरा करून ती माती खत म्हणून विकून निर्माण झालेल्या भूभागावर शेती केली जाते. पीटमातीचा इंधन म्हणूनही वापर होतो तर पीटचं खत बागांमध्ये आणि मळ्यांमध्ये विशेषतः हजारो एकर फुलबागांमध्ये वापरण्यात येतं. यामुळे एक्झीटर शास्त्रज्ञांना चिंता वाटते.

जर पृथ्वीचं जलवायुमान बदलून उबदार झालं तर वातावरणात कार्बन-डाय-ऑक्साईड मिसळण्याचा वेग आणि प्रमाण हे दोन्हीही मोठ्या प्रमाणात वाढेल असं बऱ्याच शास्त्रज्ञांना वाटतं. 'अ फोकस ऑन पीट लँड्स अँड पीट मॉसेस' या पुस्तकात मिशिगन विद्यापीठातले वनस्पतिशास्त्रज्ञ हॉवर्ड क्रम यांनी हे विचार व्यक्त केले आहेत. ते पुढं म्हणतात, 'जोपर्यंत पीट दलदली आणि पीट जमिनी जलसंपृक्त, शीत आणि ऑक्सिजनविरहित आहेत, तोपर्यंत त्यातले कार्बनी घटक कुजण्याची मुळीसुद्धा शक्यता नाही; त्यामुळे पीटचं (अगदी कच्चा कोळसा) विघटन होऊन त्यातून कार्बन-डाय-ऑक्साईड वातावरणात मिसळेल, ही शक्यता उद्भवत नाही. हिमयुगोत्तर काळी जसं वातावरणाचं तापमान वाढलं तसं जर पुन्हा वाढलं तर पीट वाळून त्याच्या विघटनाला सुरुवात होईल; आणि जसजसं तापमान वाढेल तसतसा विघटनाचा वेग वाढेल. गेल्या शतकातच ही प्रक्रिया सुरू झाली असावी, अशी शक्यता नाकारता येत नाही.' पीटजमिनी आणि इतर जलसंपृक्त मृदा (यात टुंड्रा नित्य गोठीत भूमी आलीच.) यांचा कार्बनचक्रातला वाटा आज नक्की सांगता येत नाही; पण कार्बनचक्रावर त्यांचा प्रभाव निश्चित पडतो. या जमिनींतून विशेषतः पीट जमिनीतून सतत मिथेन बाहेर पडत असतो. तोही हरितगृह परिणामास साथ देणारा वायू आहे; पण जर चुकून यातलं पाणी निघून गेलं आणि या कच्च्या कार्बनी पदार्थांचा ऑक्सिजनशी संबंध आला, तर वातावरणात फार मोठ्या प्रमाणावर कार्बन-डाय-ऑक्साईड मिसळेल आणि आधीच तापणाऱ्या वातावरणाला आणखी तापायला मदत होईल; त्याचे फार दूरगामी परिणाम होतील, हे लक्षात ठेवायला हवं. भारतात किनारपट्टीवरच्या दलदली बुजवून, त्यांचा निचरा करून तिथं झपाट्यानं बांधकाम केलं जातंय, तेव्हा आपणही याबाबत सखोल विचार करायची वेळ आली आहे, असं वाटतं.

❖

पर्यावरण आणि आरोग्य

सर्वसाधारणपणे पर्यावरण आणि आरोग्य या विषयावर जेव्हा लिहिलं जातं त्या वेळी प्रदूषणामुळं होणारे विविध विकार यांचा विचार केला जातो. शहरीकरण, कारखाने व मोटारी यांचा धूर, ओझोन विवर आणि त्याचे हवामानावर होणारे परिणाम त्यामुळे जीवनावर होणारा परिणाम, जागतिक हवामानाच्या सरासरी तापमानातील वाढ आणि हरितगृह परिणाम, या घटनांचा मानवी आरोग्यावर परिणाम अशा विविध प्रकारच्या घटकांचा आपण 'पर्यावरण आणि आरोग्य' या संदर्भात ऊहापोह करतो. त्याचा इथे आढावा घेऊन पर्यावरणाचे किंवा पर्यावरणहानीचे मानवी आरोग्यावर इतर प्रकारे होणारे परिणाम यांचाही येथे विचार करण्याची आवश्यकता आहे; त्या दृष्टीनेही या लेखात नेहमी सहज वाचनात न येणारी माहिती घ्यायचा प्रयत्न आहे.

जसजसं शहरीकरण वाढत चाललं आहे; तसतशी विविध प्रदूषणांमध्ये भर पडून पर्यावरण बिघडत आहे. या प्रदूषणामुळे नाना प्रकारचे श्वसनमार्गाचे विकार आणि त्वचारोग यांच्यात वाढ होते. या धुरामुळे आम्लपर्जन्याची निर्मिती होते. हा धूर ढगात मिसळला की पावसाच्या थेंबांमध्ये त्या धुरातील कार्बन-डाय-ऑक्साईड आणि सल्फर-डाय-ऑक्साईडच्या रेणूंचा संयोग होऊन कार्बॉलिक आणि गंधकाम्लातील सल्फ्युरस आम्लाची निर्मिती होते. ही आम्ले त्या ढगाबरोबर वाहून नेली जातात. जिथे हा पाऊस पडतो, तिथल्या वनस्पती आणि माती यांचे अतोनात नुकसान होते. एखाद्या जलाशयाच्या परिसरात ही वृष्टी झाली तर त्या जलाशयातील सजीवांना या आम्ल पर्जन्यामुळे धोका पोहोचतो.

कार्बन-डाय-ऑक्साईडचे कण हवेत गेले की, ते सूर्यकिरणांना पृथ्वीवर येऊ देतात; मात्र परावर्तित झालेल्या उष्णतेस अडवतात. याला 'हरितगृह परिणाम' असे

म्हटले जाते. यामुळे वातावरणाचे सरासरी तापमान वाढते. पर्जन्याचे प्रमाणही वाढते. आम्ल पर्जन्य आणि हरितगृह परिणामांचे मानवी आरोग्यावर परिणाम होतात; पण ते झटकन लक्षात येणारे नसतात. आम्ल पर्जन्यवृष्टीमुळे त्वचारोगात वाढ होते. विशेषत: आम्ल पर्जन्यवृष्टी एखाद्या जलाशयाच्या परिसरात सातत्याने होत असेल तर त्या जलाशयाच्या पाण्यामुळे ते पोटात गेल्यास त्रास होतोच; शिवाय अशा जलाशयात जे काही जीव उरतात, त्यांच्या सेवनानेही पोटाचे विकार वाढतात.

आम्ल पाणी जेव्हा धातूच्या नळातून नेले जाते, तेव्हा त्या नळाच्या धातूशी आम्ल पाण्याची प्रक्रिया होते आणि आवश्यकतेपेक्षा अधिक प्रमाणात लोह, ॲल्युमिनियम, टिन आणि काही प्रमाणात शिसे शरीरात जाऊन या धातूंमुळे विषबाधा होते.

या धातूबाधेबद्दल विचार करताना आणखी काही जलजन्य नैसर्गिक विषबाधा लक्षात घ्यायला हव्यात. या विषबाधाही बहुधा मानवी व्यवहारांमुळेच होतात. यातली पहिली बाधा म्हणजे फ्लुओरॉसिस. याचा अर्थ पाण्यावाटे शरीरात गेलेले फ्लुओरीनयुक्त क्षार- बहुधा कॅल्शियम फ्लुओराईड आणि काही प्रमाणात सोडियम व मॅग्नेशियम फ्लुओराईड शरीरात साठून त्यामुळे हाडे वाकडी होतात, सांधे सुजून मरणप्राय वेदना होतात. बऱ्याच अग्निजन्य खडकात हे फ्लुओराईड क्षार नैसर्गिकरीत्या सापडतात. ज्वालामुखींच्या विवरांजवळ गंधकाप्रमाणे बऱ्याचदा क्लोरीनची ही संयुगे आढळतात. भारतात गुजरातमध्ये छोटा उदेपूरजवळ अंबाडोंगर इथे कॅल्शियम फ्लुओराईड सापडते. त्या भागातल्या भूजलात फ्लुओरोईडचे प्रमाण वाजवीपेक्षा जास्त असल्याचे दिसून आले आहे. त्यामुळे त्या भागात फ्लुओरॉसिसचे रुग्ण आढळतात.

राजस्थान आणि मध्य प्रदेशामध्ये काही ठिकाणी असेच भूजलात फ्लुओराईडचे प्रमाण आढळते. हे फ्लुओराईड तिथल्या ग्रॅनाईट खडकांचे विघटन होऊन भूजलामध्ये मिसळते. म्हैसूरजवळ वृंदावन बगीच्याची सौंदर्याबद्दल प्रसिद्धी आहे. ज्या कृष्णराज सागर धरणामागे हा बगीचा आहे. त्या कृष्णराज सागर धरणात अडवलेल्या पाण्यामुळे आजूबाजूची भूजल रेषा उंचावली गेली आहे. ज्या वेळेस ते धरण पूर्ण भरते, तेव्हा काही गावांतल्या विहिरींमध्ये फ्लुओराईडयुक्त पाणी पाझरते. याचे कारण एका विशिष्ट उंचीवर या खडकांमध्ये फ्लोरीनयुक्त संयुगे जास्त प्रमाणात आहेत.

भूजलामधून सजीवसृष्टीला हानी पोचवणारे आणखी एक मूलद्रव्य म्हणजे आर्सेनिक. बंगालच्या मिदनापूर जिल्ह्यात आणि बांगलादेशातील बऱ्याच मोठ्या भूभागामध्ये भूजलामधून आर्सेनिकची संयुगे यांना आर्सेनाईड्स म्हणतात, ती

भूजलातून पोटात गेल्यामुळे पशू, पक्षी, वनस्पती आणि मानवी जीवन धोक्यात आले आहे. पद्मा आणि इतर नद्यांना पूर येऊन भूजलाची पातळी वाढली की, या नैसर्गिक बाधेचे प्रमाण अतिशय तीव्र रूप धारण करते.

आता आपण आणखी एका नैसर्गिक प्रकोपाकडे वळू या. हा प्रकोप आपल्याला अत्यावश्यक अशा सूर्यप्रकाशाचा परिणाम आहे. पृथ्वीभोवती जे ओझोनचे आवरण आहे, ते सूर्याकडून येणाऱ्या प्रारणांपैकी आपल्या दृष्टीने घातक असे जंबूपार प्रारण (अल्ट्रा व्हायोलेट रेडिएशन) अडवते, त्याची तीव्रता कमी करते. त्यामुळे आपण उन्हात वावरूनही आपल्याला फारसा अपाय होत नाही. हे ओझोनचे आवरण पातळ झाले असल्याचे संशोधकांना आढळून आले आहे. ज्या ठिकाणी हे आवरण जास्त प्रमाणात विसविशीत झालेय, वातावरणाच्या या भागात 'ओझोन विवर' (ओझोन होल) तयार झाले आहे, असे म्हटले जाते. हे ओझोन विवर आधी अंटार्क्टिक भूभागाच्या वातावरणाच्या वरच्या थरात आढळले; मग ते आर्क्टिकवरही आढळले. या ओझोन कमतरतेचा परिणाम अर्थातच जंबूपार प्रारणे मोठ्या प्रमाणावर पृथ्वीवर पोचण्यात होतो. त्यामुळे मोतीबिंदू, त्वचेचा कर्करोग, त्वचेचे इतर रोग अशा बाधा निर्माण होतात.

वातावरणाच्या प्रदूषणामुळे होणाऱ्या बदलातील आणखी एक परिणाम म्हणजे वातावरणातील कार्बनी संयुगांची वाढ आणि हरितगृह परिणाम. या हरितगृह परिणामाचा थेट परिणाम माणसांवर होतोच असे नाही; पण हरितगृह परिणामांमुळे जी भौगोलिक परिस्थिती निर्माण होते, त्यामुळे मानवी आरोग्यावर परिणाम करणाऱ्या रोगांना पुष्टीकारक परिस्थिती निर्माण होते, असे दिसून येते. सागराची पातळी वाढणे, पावसाचे प्रमाण वाढून पूर येणे आणि सागरी वादळांची निर्मिती, यामुळे मानवी वस्त्यांचे जे नुकसान होते, त्यावरून कॉलरा, विषमज्वर आणि कावीळ अशा जलजन्य रोगांच्या साथी पसरतात. या रोगांचे सूक्ष्म जीव पाण्यावाटे मानवी शरीरात पोहोचतात. पूरग्रस्त किंवा वादळग्रस्त परिस्थितीमुळे उपासमार होत असते. या पुराच्या पाण्यातच सर्व मानवी व्यवहार घडतात, त्यामुळे हे साथीचे रोग, तसेच इतर संसर्गजन्य रोग यांच्यात वाढ होत असते.

साथीच्या रोगांचा विचार करायचा तर त्यांचा पर्यावरण आणि परिस्थितीकीशी (एन्व्हायर्नमेंट अँड इकॉलॉजी) जवळचा संबंध आहे, असे दिसून येते. मानवी रोगांचा विशेषतः साथीच्या काही रोगांचा आणि माणूस आणि प्राणी यांच्या परस्पर संबंधाचा साथ पसरवण्यात मोठा हात असतो, हे सिद्ध झाले आहे. त्यातले काही रोग हे कारण समजल्यामुळे आटोक्यात आणण्यात आपण यश मिळविले आहे; तर मलेरियासारखे रोग अजूनही मानवाला दाद न देता टिकून आहेत. आपण जे प्राणी प्रेमाने म्हणून, उपयुक्त म्हणून पाळतो किंवा जे प्राणी मानवी वस्तीत अन्न

सहजगत्या उपलब्ध असते म्हणून मानवी वस्तीत येऊन राहतात आणि घरादारातून वावरतात, अशा सजीवांकडून होणाऱ्या रोगांची यादी फार मोठी आहे. अशा रोगांना इंग्रजीत झूनॉसेस आणि मराठीत 'प्राणी संसर्गजन्य रोग' असे म्हणतात.

पोपटामुळे सिट्टॅकॉसिस, कुत्रे व त्या कुटुंबातील कोल्हे, लांडगे, खोकड अशा प्राण्यांमुळे रेबीज, मांजरामुळे दमा तर पिसूवाहक उंदरामार्फत प्लेगचा प्रसार होतो. बऱ्याच प्रकारच्या ॲलर्जींना झुरळे जबाबदार असतात. माश्यांमुळे पसरणारे रोग आपण स्वच्छतेचे महत्त्व शिकताना शाळेतच माहिती करून घेतो. त्या सर्व रोगांशी आपण परिचित असलो तरी सुमारे पाच हजार वर्षांपूर्वी मानवी वसाहतींमधून असे रोग क्वचितच आढळत. वेगवेगळ्या उत्खननातून जी हाडे उकरून काढण्यात आली आहेत, त्यावरून त्या काळातल्या रोगांची आपल्याला थोडीफार कल्पना येऊ शकते. त्यात आजकालचे बरेचसे रोग गैरहजर आहेत, हे सहज लक्षात येते.

खि.पू. ५०० ते इ.स. ५०० या काळाचे आणि साथीच्या रोगांचे जवळचे नाते आहे. या काळात पृथ्वीवरील सर्व भागांत पशुपालन मोठ्या प्रमाणावर सुरू झालेच; शिवाय फार मोठ्या प्रमाणावर एका भूभागातील माणसे दुसऱ्या भूभागात पोचली. ग्रीक युरोपात गेले. मॅसिडोनियन ग्रीसमध्ये आलेच, शिवाय त्यांचा सम्राट सिकंदर भारतापर्यंत पोचला, भारतीय वसाहती व्हिएतनामपर्यंत पसरल्या. चिनी अमेरिकेत पोचले, असे मानण्याइतपत पुरावा आता उपलब्ध झाला आहे. मंगोल चीनमध्ये आणि अफगाणिस्तानपर्यंत लुटालूट करीत हिंडत होते, तर रोमचं साम्राज्य इजिप्तपर्यंत पसरलं आणि रोमचा भारताशी व्यापार सुरू झाला होता. या सर्व ठिकाणी या लोकांबरोबर त्यांचे पशू आणि त्यांचे आजारही पोचले होते.

त्याच काळात मोठमोठी शहरे उदयास आली. यामुळे युरोप, आफ्रिका आणि आशियातले स्थानिक सूक्ष्मजीव या तीनही खंडांत सर्वत्र पसरले. गोठमोठी शहरे उदयास येतात तेव्हा आजूबाजूची वनराई तोडून ती वाढत असतात. त्यामुळे नवे रोग मानवी समुदायास त्रास देतात. त्याची आधुनिक उदाहरणे आपण बघणार आहोतच. तत्पूर्वी जहाजबांधणी आणि जलवाहतूकवाढीमुळे आजार कसे पसरले ते आपण बघू या. त्या काळातली जहाजे जरी मोठी असली तरी त्यांचा वेग कमी असायचा. भूमध्य सागरातली आणि उत्तर आफ्रिकेतली बंदरे चांगल्या हवेत एकमेकांपासून दोन-तीन दिवसांच्या अंतरावर असत. तर एडन आणि बसरा ही भारताशी व्यापाराची केंद्रे आठवडा ते वीस दिवस, काही वेळा पन्नास दिवस अंतरावर होती. रोगजंतूंची बाधा झालेली व्यक्ती जहाजावर चढताना ठणठणीत असे; मात्र जहाजावर तिचा आजार बळावत असे. या आजाराची बाधा जहाजावरच्या आणखी काही जणांना होत असे. मग त्यांना जवळच्या बंदरांमध्ये उतरवले जात असे.

त्या काळात इतर दळणवळणाची साधने मर्यादित होती. गावातले लोक ज्या गावात जन्माला येत त्याच गावात साधारणपणे सर्व आयुष्य घालवीत. ज्या गावांचा इतर गावांशी फारसा संपर्क नसे, त्या गावात साथीचा रोग येत नसे. शहरे वाढल्यावर मात्र उंदीर, घुशी, पोपट, कुत्रे, गाई, म्हशी, शेळ्या, मेंढ्या, कोंबड्या आणि कबुतरे हे सतत मानवी संपर्कात येऊ लागले. यांतले काही नकोसे तर काही मुद्दाम पाळलेले असत. या प्राण्यांमार्फत अनेक रोगांचा प्रसार होत होता. शहरीकरण आणि व्यापारी तांडे आशिया-युरोपात हिंडू लागल्यावर साथीचे रोग वाढले. एवढेच नव्हे तर मानव काही साथीच्या रोगांचा वाहक (कॅरियर) बनला तर काही रोगांचा यजमान (होस्ट) बनला.

मानवाच्या काही उद्योगांमुळे काही रोग पूर्वी जिथे नव्हते तिथे पसरतात, असे दिसून आले आहे. आफ्रिकेच्या रवांडासारख्या देशात जेव्हा क्रांती झाली किंवा इतर ठिकाणीही आफ्रिकेमध्ये जेव्हा जेव्हा क्रांत्या झाल्या, यादवी युद्धे झाली, तेव्हा पीडित प्रजा जंगलांच्या आश्रयाला गेली. इथे यापूर्वी प्राण्यांना न झालेले रोग तिथल्या प्राण्यांमध्ये नव्याने आढळले तर त्या भागातील प्राण्यांचे रोग मानवांना झालेले आढळले. मानवी मृतदेह, पळ काढणाऱ्या माणसांनी टाकून दिलेले खाद्य पदार्थ यामुळे प्राण्यांमध्ये रोग पसरतात, तर मिळेल तो प्राणी किंवा प्राण्याचा मृतदेह खाण्यामुळे प्राण्यातले रोग माणसात येतात.

बऱ्याच आदिवासी लोकांमध्ये एखाद्या अनोळखी गुहेत राहण्याबद्दलच्या, जंगल नव्याने तोडल्यावर तिथे राहण्याबद्दलच्या समजुतींना आपण खुळचट समजतो. गुहेत छताला लटकणाऱ्या वटवाघुळांच्या विष्ठेत अनेक रोगजंतू असतात. त्यांचा मानवाला त्रास होतो. ब्राझीलमध्ये जंगलतोड करणाऱ्या काही कामगारांनी श्वसनाचा त्रास होतो अशी तक्रार केली. त्यांतले दोघे मरण पावले. त्या भागातल्या रानउंदरांच्या बिळावरच त्यांची झोपडी होती. त्या उंदरांमार्फत उंदरांचा रोग माणसात पोचला होता, अशी अनेक उदाहरणे आहेत. जगद्विख्यात त्रासदायक एड्सचे विषाणूदेखील माकडाकडून माणसामध्ये आले, असे मानण्यात येते.

वाढत्या मानवी लोकसंख्येमुळे माणूस अनेक नवनव्या परिस्थिती प्रणालीत जातो. तिथल्या पर्यावरणाचा समतोल बिघडवतो.

मानवी लोकसंख्या अतिशय झपाट्याने वाढत आहे. त्यामुळे अनेक नवनव्या सूक्ष्मजीवांना उत्क्रांत होण्याची संधी मिळते आहे आणि नव्याने काही विषाणू तयार होत आहेत. उत्परिवर्तन हे उत्क्रांतीचे सर्वांत मोठे साधन आहे; (Mautation is the greatest tool for advancement of evolution) असे म्हटले जाते. उत्परिवर्तन का आणि केव्हा होईल हे सांगणे अवघड असते. त्यामुळेच एके काळी प्रतिजैविक औषधांमुळे मरणारे रोगजंतू आता प्रतिजैविकांना दाद देईनासे झाले आहेत.

या उत्परिवर्तनामुळे आता केवळ माणसांमध्येच नवे रोग निर्माण होतात असे नाही, तर वनस्पतींमध्ये आणि प्राण्यांमध्येही नव्या रोगजंतूंचा किंवा आधीच्या रोगजंतूंच्या सुधारित उत्परिवर्तित जातींचा प्रादुर्भाव झालेला दिसतो. मानवी व्यवहारांमुळे पर्यावरणाचे जे थेट नुकसान होते ते, आपल्याला लगेचच लक्षात येते; पण त्या रोगप्रसारामुळे आडवळणाने मानवाचे इतर प्राण्यांवर आणि इतर प्राण्यांचे मानवावर होणारे परिणाम आपल्या लक्षात येत नाहीत. पर्यावरणाची हानी कधीच होत नाही तर पर्यावरणात बदल घडून नवे पर्यावरण तयार होते. या नव्या परिस्थितीशी जे प्राणी जुळवून घेत नाहीत, ते लयास जातात. जे जुळवून घेतात ते तरतात, हा निसर्गनियम आहे. रोग हे निसर्गाचे एक साधन आहे, असे काही वेळा म्हटले जाते. ते साधन किती कार्यक्षम होऊ द्यायचे, याचा विचार करायची वेळ आता आली आहे.

❖

धुळीच्या वादळांचे परिणाम

मध्यंतरी एक दिवस नेहमीप्रमाणे चष्मा साफ करून डोळ्यावर चढवला आणि रोजच्या कामांना बाहेर पडलो. रस्त्यात सगळं नेहमीपेक्षा अस्पष्ट दिसत होतं. परत चष्मा काढून बघितला. चष्मा बऱ्यापैकी स्वच्छ होता. शहराच्या मध्यभागात राहिल्याचा परिणाम असणार, प्रदूषण वाढलंय, अशी मनाची समजूत घातली. घरी आलो. बातम्या लावल्या तर सौदी अरब प्रदेशातील धुळीच्या वादळाचा भारताच्या पश्चिम भागात त्रास किंवा असाच काहीसा मथळा असलेली बातमी. धुळीची वादळं वाळवंटात नेहमीच होतात; पण अधनंमधनं त्यांचा पसारा मोठा होतो. 'स्कॉर्पियन किंग'सारख्या चित्रपटात ती बघायला मिळत असली तरी आपला प्रत्यक्षात त्यांच्याशी क्वचितच संबंध येतो. या वेळी तो दुरान्वयानं आला, हे खरं. माझी पत्नी डॉ. सविता घाटे राजस्थानच्या वाळवंटात डॉ. राजगुरूंसोबत शोधकार्य करीत असताना एका धुळीच्या वादळात सापडली होती. त्यांची जीप उलटी व्हायच्या आत स्थानिक मार्गदर्शकानं त्यांना जीपबाहेर काढलं होतं, इतका या वावटळीचा वेग आणि मारा प्रचंड असतो. वाळवंट सर्वत्र सारखं तापत नाही. त्याचा एक भाग जास्त तापतो. तिथली हलकी धूळ वर जाते. त्यामुळे कमी तापलेल्या भागातील वाळू तिकडे सरकू लागते. यामुळे वाळूच्या टेकड्याच्या टेकड्या- त्यांना बार्कन्स म्हणतात- त्या स्थलांतर करू लागतात.

वाळवंटात जी वाळू असते, त्यातल्या सर्व कणांचा आकार एकसारखा नसतो. तापमानातील फरकामुळं जेव्हा हे कण एकमेकांवर घसरून जागचे हलतात, त्या वेळी त्यांचा आकार त्रिकोणी बनतो. या मोठ्या त्रिकोणी आकाराच्या चकाकी मिळलेल्या कणांना ड्रायकँटर म्हणजे तीन (ड्राय) कँटर (बाजूचे) असं म्हटलं जातं. हे जेव्हा सरकताना एकमेकांवर घासले जातात त्या वेळी जे अगदी बारीक

वस्त्रगाळ चूर्ण तयार होते, तीच वाळवंटी धूळ. वाळवंटाच्या विषम तापण्यामुळे ही धूळ वरवर जात काही काळ तपांबरापर्यंत जाते आणि मग तिची जागा घेण्यासाठी आलेल्या धुळीमुळे ती पुढे ढकलली जाते. आणि तिचा प्रवाह वेगवान बनतो. साधारणपणे ती जवळपासच्या प्रदेशात परत खाली पडते, पण जर या वादळाचा वेग जास्त असेल आणि ती वातावरणात येताना तिला मागून धक्का आणि पुढे कमी दाबाचा पट्टा असेल तर ती आणखी पुढे सरकते. मॉन्सून पूर्वकाळात भारताच्या पश्चिम भागात कमी दाबाचा पट्टा तयार व्हायला सुरुवात होते. धुळीच्या वादळाच्य अतिरिक्त वेगामुळे आणि या कमी दाबाच्या परिणामामुळे हे धुळीचं वादळ भारतात आलं असावं, असा अंदाज आपण बांधू शकतो.

या वादळांचे अनेक परिणाम होतात. ते परस्परविरोधीसुद्धा असू शकतात. सुमारे चाळीस वर्षांपूर्वी काही शास्त्रज्ञांच्या डोक्यातून दोन अफलातून कल्पना निघाल्या होत्या. त्यातली एक म्हणजे दक्षिण ध्रुवीय प्रदेशातील हिमखंड सौदी अरब प्रदेशापर्यंत ओढून नेणं आणि दुसरी कल्पना म्हणजे सहारा वाळवंटातला काही भाग हा सागरसपाटीपेक्षाही खाली आहे. तिथपर्यंत कालवे खोदून त्यात भूमध्य सागराचं पाणी नेणं. या दोन्ही बाबींवर बरीच साधकबाधक चर्चा झाली. त्यातल्या पहिल्या गोष्टीचा वाळूशी संबंध नाही, पण दुसऱ्या गोष्टीच्या दूरगामी परिणामांचा जो अभ्यास झाला तो महत्त्वाचा आहे. इऑस म्हणजे अर्थ ऑब्झर्वेशन सॅटेलाइटच्या साह्यानं सरकत्या वाळूचा आणि वाळवंटी वादळाचा त्या वेळी अभ्यास करण्यात आला होता. सहारातील वादळातील धूळ इंग्लंड आणि वायव्य युरोपात पोहोचते त्या वेळी तिथं विषाणुजन्य आजार आणि श्वसनविकारात वाढ होते, हे या वेळी स्पष्ट झालं. त्यापूर्वी ही धूळ इतक्या दूरवर जात असेल याची विज्ञानाला कल्पना नव्हती. मात्र या धुळीचा काही भाग भूमध्य सागरात, तसंच पूर्व अटलांटिकमध्ये पडतो. त्यामुळे तिथल्या सागरी वनस्पती आणि जलचर यांना क्षारपुरवठा होतोच, पण वाळवंटातील कीटकांची अंडी आणि त्यांच्या मृतदेहांचे सूक्ष्मविशेष सागरात पडतात. त्यामुळे मासे आणि इतर जलचरांना नवा प्रथिनयुक्त अन्नपुरवठा होतो, असं दिसून आलं.

यानंतरच्या काळात ही बाब पुन्हा एकदा पृथ्वीच्या दुसऱ्या एका भागात सिद्ध झाली. गोबीचं वाळवंट पुढंपुढं सरकू नये म्हणून त्या वाळवंटाच्या कडेनं चीननं एक हिरवी भिंत उभी करायचं ठरवलं होतं. त्याप्रमाणे कार्यवाहीसुद्धा सुरू झाली. गोबी वाळवंटाच्या कडेनं १० कि.मी. रुंद आणि सुमारे ११० कि.मी. लांब अशी हिरवी भिंत म्हणजे अर्ध वाळवंटी आणि कमी पावसाच्या प्रदेशात वाढणाऱ्या झाडांची लागवड करायला चीननं सुरुवात केली. यामुळे पॅसिफिकमधल्या मच्छीमारांच्या धंद्यावर परिणाम झाला; कारण या वाळवंटातील धूळ कमी प्रमाणात पॅसिफिक

महासागरात पडू लागली. त्यामुळे सागरी वनस्पती आणि त्यांच्यावर अवलंबून असलेल्या सागरी जिवांची वाढ कमी प्रमाणात होऊ लागली. त्याचा परिणाम माशांना मिळणाऱ्या खाद्याचं प्रमाण कमी होण्यात झाला होता. ऑस्ट्रेलियातल्या धुळीच्या वादळामुळे सिडनी शहर काही वर्षांपूर्वी झाकोळलं होतं. त्या वेळी ही धूळ पॅसिफिक महासागराच्या दक्षिण भागात पसरली. याचा परिणाम पॅसिफिकमधल्या सागरी प्रवाहावर झाला होता.

यावेळच्या धुळीच्या वादळाचा परिणाम हवामानावर काय झाला, याचे निष्कर्ष जाहीर व्हायला वेळ लागेल. ते जाहीर झाल्यानंतरच त्याबद्दल बोलता येईल. मात्र या वर्षी यापुढे जर हवामान नेहमीपेक्षा वेगळं वाटलं तर त्यासाठी हे वादळ खरंच किती जबाबदार धरायचं, याचं उत्तर हवामान शास्त्रज्ञ देऊ शकतील असं म्हणायचं; कारण जेव्हा जेव्हा ज्वालामुखीचे मोठे उद्रेक होतात, त्या वेळी फार मोठ्या भूभागावरचं सरासरी तापमान कमी होतं. त्याचा पाऊस, हिमपात, थंडी त्यावर परिणाम होतो, हे दिसून आलं आहे. याआधी १९९०च्या आखाती युद्धाच्या वेळी जेव्हा इराकनं कुवेतच्या तेल विहिरींना आगी लावल्या होत्या, त्याही वेळी त्याचा परिणाम भारतात जाणवला होता. त्यामुळे आता या धुळीच्या वादळाचे परिणाम काय होणार, हे बघायचं.

पाऊस आणि भारत

भारतात साधारणपणे दीड कोटी वर्षांपूर्वी मोसमी पावसाच्या चक्रास सुरुवात झाली असावी, असे मानण्यात येते. २५ लाख वर्षे इकडेतिकडे; पण त्यापूर्वी भारतात मोसमी पाऊस नसावा असे मानले जाते. असे का, यासाठी मोसमी पाऊस का व कसा, याचा थोडक्याच विचार करू या. आपण जर पृथ्वीचा नकाशा बघितला तर पृथ्वीवरचे जमिनीचे भाग किंवा एकूण भूभागांपैकी फार मोठा भूभाग उत्तर ध्रुवीय वर्तुळाभोवती गोळा झाल्याचे आपल्याला दिसते. याचाच अर्थ सागराचे जास्तीत जास्त पाणी हे दक्षिण गोलार्धात एकवटलेले आहे. मोसमी पावसासाठी असे पाणी आणि जमिनीचे झालेले विभाजन हा एक महत्त्वाचा घटक ठरला आहे.

जेव्हा पृथ्वी अस्तित्वात आली तेव्हा तिचे तापमान खूप म्हणजे खूप जास्त होते. पुढे ती नैसर्गिक कालगणनेत बऱ्यापैकी झटकन निवली; म्हणजे कसे, तर ४५० कोटी वर्षांपूर्वी पृथ्वी अस्तित्वात आली आणि सुमारे ४०० कोटी वर्षांच्या आगेमागे तिच्यावर सजीवांची निर्मिती होऊ लागली असावी, असा कयास आहे. त्या वेळी पृथ्वीवर तुम्हा-आम्हाला जगणे, तसे अवघडच होते. कारण पृथ्वीवर पडलेला पहिला पाऊस हा पृथ्वीच्या आद्य वातावरणाशी सुसंगत होता. त्या वेळी पृथ्वीच्या वातावरणात ऑक्सिजन नव्हता. मिथेन, अमोनिया, नायट्रस ऑक्साइड, सल्फर डाय ऑक्साइड असे पृथ्वीच्या वातावरणाचे घटक हे आजच्या ९९ टक्के सजीवांच्या दृष्टीने महाविषारी ठरणारे होते. त्या वेळचा पाऊस या वायूंचा होता. पाण्यातही हेच वायू विरघळून त्यांची आम्ले बनत होती. आद्य सजीव हे या वातावरणात जगू शकतील, अशा स्वरूपाचे होते. पृथ्वीवर या काळात पाण्याचे साठे निर्माण व्हायला सुरुवात झाली होती. हे पाणी भूगर्भातून बाहेर पडणाऱ्या लाव्हा प्रवाहातून मुक्त होऊन पृथ्वीच्या वातावरणात मिसळत होते. तिथे असलेल्या

वायूंबरोबर त्याच्या प्रक्रिया होऊन ते विविध आम्लांच्या स्वरूपात पृथ्वीच्या पृष्ठभागावर येत असे. तिथे ते थंड झाले की, काही प्रमाणात कदाचित आद्य जीवांच्या जगण्याच्या प्रक्रियेचा एक भाग म्हणून या रसायनांचे विघटन होऊन ते मुक्त होत असावे. पृथ्वीवरचा पहिला पाऊस हा असा होता.

पुढे सागरात एकपेशी जीव निर्माण झाले. त्यातल्या काही जीवांनी थेट सूर्यप्रकाश वापरून अन्ननिर्मिती सुरू केली. हवेतला कार्बन डाय ऑक्साइड आणि सागरातले क्षार हा कच्चा मालही त्यांना उपलब्ध होता. या प्रक्रियेचा एक भाग म्हणून त्यांनी हवेत ऑक्सिजन सोडायला सुरुवात केली. हवेत ज्वालामुखीतून बाहेर येणाऱ्या पाण्याच्या वाफेबरोबर हायड्रोजनची संयुगे असतात. त्यातल्या हायड्रोजनच्या संयुगांचेही या ऑक्सिजनमुळे विघटन होऊन त्या प्रक्रियेचा एक भाग म्हणून पाणी बनू लागले. हळूहळू पृथ्वीवर जलधारांचा पाऊस पडू लागला.

याच काळात पृथ्वीवर जमीन अस्तित्वात येऊ लागली. पँजिया असे या आद्य भूखंडाला पुढे शास्त्रज्ञांनी नाव दिले. पुढे या भूखंडाचे दोन भाग झाले. एक दक्षिण ध्रुवाजवळ सरकला तर दुसरा उत्तर ध्रुवाभोवती गोळा झाला. शास्त्रज्ञांनी त्यांच्या सोयीसाठी या भूखंडांना लॉरेन्शिया आणि गोंडवन लँड अशी नावे दिली. या काळात हळूहळू सजीव जमिनीवर यायला सुरुवात झाली होती. पुढे वेगवेगळ्या आकार-प्रकारचे सजीव निर्माण झाले. मोठमोठे डायनासोर वर्गी प्राणी अस्तित्वात आले. त्या काळात पावसाला मोसम नव्हता. डायनासोरांच्या काळातच दोन्ही महाभूखंडांचे तुकडे व्हायला सुरुवात झाली. अमेरिकेचा भूभाग पश्चिमेकडे सरकला. भारत आणि ऑस्ट्रेलियाचा एकत्रित भूभाग दक्षिणी खंडापासून वेगळा झाला. तो विषुववृत्तावर आल्यावर पुन्हा फुटला. ऑस्ट्रेलिया आग्नेयेकडे तर भारत उत्तरेकडे सरकू लागला.

दक्षिण भारतीय द्वीपकल्पाच्या तळाने तिबेटच्या पठाराला धडक मारून त्याला शिंगावर घेतले आणि हिमालयाची निर्मिती झाली. त्याजागी जो सागरतळ होता त्याची पर्वतशिखरे बनली. ही प्रक्रिया काही कोटी वर्षे चालू होती. सुमारे अडीच कोटी ते दीड कोटी वर्षांपूर्वी हिमालयाने आजची उंची गाठली. या सर्व काळात सागराच्या पाण्याची वाफ होणे, ती आकाशात जाऊन त्याचे ढग बनणे, मग ते बरसणे हे चालूच होते; पण ते ढग भारतीय भूमीवर बरसतील याची खात्री देता येत नव्हती. ते तिबेटच्या पठारावरून चीनमध्ये किंवा पूर्व रशियाच्या भागापर्यंत कुठेही पाऊस पाडत असत. हिमालयामुळे ते अडू लागले. त्यांना त्यामुळे परत फिरून भारतावर रेंगाळणे भाग पडू लागले. दरम्यान दख्खनच्या पठाराच्या पश्चिम भागामुळेही काही ढग अडत होते. कोकणात पाऊस पाडत होते. या पावसाने त्या पठाराची झीज होत होती.

एकीकडे अशा तऱ्हेने दख्खनचे पठार झिजून सह्याद्री निर्माण होत असतानाच दुसरीकडे याच द्वीपकल्पाच्या धडकेमुळे हिमालयाचे उत्थान होत होते. ही प्रक्रिया खरे तर आजही चालूच आहे. साधारणपणे दीड-दोन कोटी वर्षांपूर्वी आजच्यापेक्षा थोडा बुटका असलेला हिमालय पावसाचे उत्तरेकडे जाणारे ढग अडवू लागला. याच वेळी पृथ्वीवरील सर्वच भूखंडे त्यांच्या सध्याच्या जागी जाऊन स्थिरावली होती. भूशास्त्रीयदृष्ट्या 'स्थिरावली' हा शब्द योग्य नाही; पण मानवी दृष्टिकोनातून त्यांना 'स्थिरावली होती', असे म्हणणे योग्य ठरेल. वर्षाला दीड-दोन सें.मी.चे भूखंडांचे सरकणे हे आपल्या दृष्टीने 'स्थिर' असेच ठरले. याचा परिणाम म्हणजे पृथ्वीच्या उत्तर गोलार्धात भूमीची गर्दी आणि दक्षिण गोलार्धात भरपूर पाणी असे दृश्य निर्माण झाले.

पृथ्वी जेव्हा सूर्याभोवती प्रदक्षिणा घालते, त्या वेळी दोन प्रकारच्या घटना घडतात. एक म्हणजे सूर्य हा आपल्या दृष्टीने दक्षिण गोलार्धात जातो म्हणजे पृथ्वीचा पाणीबहुल विभाग सूर्याच्या दिशेने असतो. याचे कारण पृथ्वीचा कललेला आस. दुसरी गोष्ट म्हणजे पृथ्वीची सूर्याभोवती फिरण्याची कक्षा ही लंब वर्तुळाकार आहे, म्हणजे काही वेळा पृथ्वी सूर्याजवळ असते तर काही वेळा ती सूर्यापासून लांब असते. याचा तिच्या तापण्यावर परिणाम होतो. तिसरे म्हणजे सौर शिखा किंवा सूर्यावरून निघणारे तप्त वायू या सौर शिखा साधारणपणे दर अकरा वर्षांनी निर्माण होतात. यामुळे सागराचे पाणी, तसेच भूमी यांचे तापणे सर्व काळ एकसारखे असत नाही. त्यातच हिमालयाने उत्तरेकडून येणारे गार वारे अडवले, याचाही भारतीय भूमी तापण्यावर परिणाम होऊ लागला. दक्षिण गोलार्ध तापतो त्या वेळी काय घडते, तर सर्वप्रथम सागराचे पाणी तापते पण त्याचबरोबर दक्षिण ध्रुवीय प्रदेशातील बर्फ वितळते. हे गार पाणी सागरात येते आणि तिथल्या तापलेल्या पाण्यात विसण घातले जाते. यामुळे हे कमी तापमानाचे पाणी जास्त तापमानाच्या पाण्याच्या दिशेने वाहू लागते. अशा तऱ्हेने जे सागरी प्रवाह निर्माण होतात, त्याचा परिणाम मोसमी पावसावर झाल्याशिवाय राहत नाही. याचे कारण जास्त तापमानाचे पाणी सागरी पृष्ठावर असते. ते हलके असते आणि त्याखाली हे गार पाणी येते, तेव्हा त्याचेही तापमान बदलते. दर वर्षी हे घडले तरी हे घडण्याचे प्रमाण मात्र वेगवेगळे असते. यामुळे पावसाच्या ढगांच्या निर्मितीसाठी आवश्यक ती पाण्याची वाफ वातावरणामध्ये मिसळण्याचे प्रमाणही बदलते. हे जसे पाण्याच्या बाबतीत घडते, तसेच ते जमिनीच्या बाबतीतही घडत असते. जमीन किती तापणार, तिथली गरम हवा किती वर जाणार, यावर दक्षिणेकडून उत्तरेकडे किती ढग येणार, किती वेगाने येणार, किती उंचीवरून येणार हे ठरत असते. पावसाळी ढग निर्माण होऊन ते भूखंडांवर येण्यासाठी जे असंख्य घटक जबाबदार

असतात, त्यातले हे काही महत्त्वाचे घटक, या घटकांमुळे उत्तर गोलार्धात उन्हाळ्याचे काही ठरावीक महिने पाऊस पडतो. या काळाला आपण पावसाळा म्हणतो. या ठरावीक काळात पडणारा पाऊस म्हणजे मोसमी पाऊस.

कालिदासाने 'आषाढस्य प्रथम दिवसे' किंवा वैशाखमासी प्रतिवर्षी येती, आकाशमार्गे नवमेघपंक्ती । नेमेचि येतो मग पावसाळा, हे सृष्टीचे कौतुक जाण बाळा ॥ हे आपण वाचत आलो आहे. कालिदासाच्या स्मरणार्थ जे तिकीट काढले आहे, त्यावरही मेघदूतातील 'आषाढस्य प्रथम दिवसे' हाच श्लोक आहे. हे म्हणायला वरकरणी योग्य वाटले तरी प्रत्यक्ष परिस्थिती काय आहे? डेक्कन कॉलेज या पुण्याला संस्थेतील संशोधकांनी प्राचीन पर्यावरणाचा अभ्यास केलाय. माझी पत्नी या गटात होती. तिने पूरा पर्यावरण या विषयात विद्या वाचस्पती ही पदवी मिळवली. त्यामुळे मला तिने जी माहिती दिली त्यानुसार गेल्या तीन लाख वर्षांत महाराष्ट्रात सामान्य पावसाळा, दुष्काळ आणि अतिवृष्टीचा एखादा पावसाळा हे चक्र चालू आहे. त्यापूर्वीही ते चालू असावे.

महाराष्ट्रात जरी सह्याद्रीच्या परिसरात दाट झाडी होती, तरी उर्वरित महाराष्ट्र हा अर्ध वाळवंटी प्रदेश होता. त्यात गवत आणि खुरटी झाडे होती. याचा पुरावा म्हणजे महाराष्ट्रात जागोजागी सापडणारे शहामृगांच्या अंड्यांचे अवशेष. शहामृग भरपूर पावसाच्या प्रदेशात आढळत नाहीत. दुसरा पुरावा नद्यांच्या गाळाचे जे थर साठले आहेत त्यात मिळतो. भरपूर पाऊस असेल त्या वेळी गाळाचा थर जाड असतो. कमी पाऊस असेल तेव्हा तो पातळ असतो. त्यावरून संशोधकांना महाराष्ट्रातल्या दुष्काळी वर्षांची आणि पावसाचा सुकाळ असलेल्या वर्षांची माहिती मिळवणे शक्य झाले आहे. प्राचीन भारतीय खलाशांना मोसमी पाऊस आणणाऱ्या वाऱ्यांची माहिती होती. ते आफ्रिकेतील स्थानिकांशी व्यापार करण्यासाठी या वाऱ्यांचा उपयोग करीत असत. आफ्रिकेत गेलेले दर्यावर्दी मोसमी पाऊस भारतात ढकलणाऱ्या वाऱ्याचा उपयोग करून जसे आफ्रिकेतून भारतात परतत असत, तसेच पूर्व किनाऱ्यावरील खलाशी या वाऱ्यांचा फायदा घेऊन व्हिएतनामपर्यंत जात, असेही पुरावे उपलब्ध आहेत.

ब्रिटिशांनी पावसाचा पद्धतशीर अभ्यास सुरू केला तरी त्याला मर्यादा होत्या. पुढे मानवी उपग्रह अवकाशात जाऊ लागल्यावर मोसमी पावसाच्या संशोधनास जोर चढला. 'मोनेक्स' हा अशा प्रकारचा पहिला प्रयत्न १९६०च्या सुमारास झाला. त्या वेळी 'एल निनो'चा आणि मोसमी पावसाचा संबंध प्रथम उघडकीस आला. त्यानंतर मोसमी पावसाच्या संशोधनाचा आढावा घेणाऱ्या परिषदा वारंवार भरवल्या जातात, याचे कारण या पावसाचा जगाच्या अर्थव्यवस्थेवर परिणाम होतो. इ.स. २००१ मध्ये पुण्यात 'मान्सून अँड सिक्विलायझेशन' अशी एक आंतरराष्ट्रीय

परिषद पार पडली. ती 'एशियन लेक ड्रिलिंग प्रोग्रॅम' या आंतरराष्ट्रीय प्रकल्पांतर्गत भरली होती. तळी आणि सरोवरांच्या गाळाचे क्रोड काढून त्यांचा अभ्यास करून मोसमी पावसाचा इतिहास शोधून काढण्याचा हा प्रकल्प आहे. त्यातून तसेच जगभरातल्या मोसमी पावसाचा जो अभ्यास चालू आह, त्यातून बाहेर पडलेल्या माहितीची देवाण-घेवाण हा या परिषदेचा हेतू होता. त्यात भारत, बांगलादेश, चीन, जपान, कोरिया, मंगोलिया, श्रीलंका, रशिया, आफ्रिका आणि द. अमेरिकी देशांमधील मोसमी पावसाबद्दल शोधनिबंध सादर केले गेले होते. कारण या देशांचे पीकपाणीही मोसमी पावसाशी संबंधित असते. या सर्व भूभागात मानवी वसाहती आणि मोसमी पाऊस यांचे पूर्वापार असलेले संबंध यांची चर्चा प्रामुख्याने या परिषदेत झाली. इथे हे सांगायचे कारण मोसमी पाऊस हा भारताबरोबर इतर देशांच्या दृष्टीनेही गेली काही लाख वर्षे महत्त्वाची भूमिका बजावत आला आहे. प्राचीन भारतीय विद्वानांनी मोसमी पावसाबद्दल बरेच काही लिहून ठेवले आहे. वराहमिहिराच्या बृहत्संहितेचा अनुवाद आता उपलब्ध आहे. (वरदा बुक्स, पुणे) त्याचबरोबर ग्रंथालीमार्फत कॅ. जयराम बोडस यांचे वराहमिहिरावरचे पुस्तक प्रसिद्ध झालेले आहे. त्यामुळे पावसाच्या अंदाजाबद्दल बरीच माहिती उपलब्ध आहे. थोडक्यात म्हणजे आपल्या पूर्वजांनीही मोसमी पावसाचा अभ्यास केला होता आणि त्यांचे निसर्ग निरीक्षणही पक्के होते. त्यामुळेच कुठल्या पक्षाने त्याचे घरटे कुठे बांधले यावरून ते पावसाचा अंदाज व्यक्त करीत असत. अशा प्रकारचे अनेक अडाखे वराहमिहिराच्या, तसेच इतरही काही ग्रंथांमधून पाहावयास मिळतात. त्यावरून मौसमी पावसाच्या आणि भारताच्या पुरातन संबंध लक्षात येतो.

❖

पाण्याचे भविष्य

सहा हजार वर्षांपूर्वी मेसोपोटेमियात म्हणजे आजच्या इराकमध्ये युफ्रेटीस नदीचं पाणी खड्डे खणून वळवण्यात आलं. त्यामुळं प्रथमच कालव्याच्या पाण्यावर शेती केली गेली. या प्रयोगामुळे मानव स्थिरावला. पहिल्या मानवी संस्कृतीचा जन्म झाला. नदीपासून दूर अंतरावर शेती करणं प्रथमच शक्य झाल्यानं नदीकाठापासून काही अंतरावर मानवी वसाहत करणं शक्य झालं. प्राचीन सुमेरमध्ये मानवी व्यापार आणि संस्कृतीची ही सुरुवात सर्वज्ञात असली तरी या जलसिंचित शेतीतच सुमेर संस्कृतीच्या ऱ्हासाची कारणं होती, हे बऱ्याच जणांना माहीत नसतं. एकविसाव्या शतकात मानवी युद्धांनाही ही जलसिंचित शेतीच कारणीभूत ठरण्याची शक्यता आहे. या भाकिताकडेही बऱ्याच देशांनी दुर्लक्ष केलंय. या प्रकारच्या शेतीतच अर्ध वाळवंटी प्रदेशाची मुळं आहेत आणि पुढं त्याचंच वाळवंटीकरण होणार आहे, हे इराकमधल्या प्राचीन सुमेरी संस्कृतीचे पाठही आपण विसरलो आहोत.

सुमेरमध्ये सुमारे २००० वर्षे शेतकरी गहू आणि बार्लीचं पीक कालव्याच्या पाण्यावर घेत होते. त्या भागात कालव्यांचं जाळं पसरवण्यात आलं होतं. पण हे जे कालव्यांचं पाणी शेतात पसरवण्यात येत होतं, त्यामुळे हळूहळू सुमेरची जमीन खारवट बनली. पाण्याची वाफ होऊन ते वातावरणात जातं. जे पाणी जमिनीत मुरतं ते परत वर येताना जमिनीतले क्षार वर आणतं, पण शेतीला दिलेल्या पाण्याची जेव्हा वाफ होते, तेव्हा मूळ पाण्यातील फक्त पाणीच हवेत जातं, क्षार खालीच राहतात. अशा तऱ्हेनं जमीन नापीक बनली. सुमेरीन संस्कृतीच्या लोकसंख्येस पुरेल एवढं धान्योत्पादन होईना. त्यातच इ.स. २१००च्या सुमारास फार मोठा आणि दीर्घ काळ दुष्काळ पडला. त्यात सुमेरियन संस्कृतीची वाताहत झाली. आज पृथ्वीवर जे अन्न पिकतं त्यातलं ४०-४५ टक्के अन्न हे जलसिंचनानं पिकवलं

जातं, असं वर्ल्ड वॉच संस्थेची आकडेवारी सांगते. त्यासाठी पृथ्वीवरील १८-२० टक्के जमीन वापरली जाते. जलसिंचनामुळे शेतकरी वर्गात २ ते ३ पिकं घेतो. यामुळेच १९५० नंतरच्या ५० वर्षांत जागतिक अन्नधान्याचं उत्पादन तिपटीनं वाढलं आहे. जर हे जलसिंचन काळजीपूर्वक आणि योग्य तऱ्हेनं केलं, तर मानवजातीला अन्नपुरवठा करण्यात पाणी अग्रभागी राहील. पण सध्या विकसनशील देशात ज्या पद्धतीनं पाणी वापरलं जातंय, ते पाहता सुमेरियन संस्कृतीप्रमाणेच आधुनिक संस्कृतीची ही परिस्थिती व्हायला फार वेळ लागणार नाही, असं इतिहासाचे अभ्यासक म्हणतात.

आज जगात जेवढं पाणी वापरलं जातं, त्यांपैकी ६५ ते ७० टक्के पाणी कालव्यांमुळे घरोघरी पोचतं. काही देशांत जलसिंचनाचं प्रमाण ९० टक्के एवढं आहे. इ.स. २०२५ मध्ये जगाची लोकसंख्या सुमारे ८ अब्जाच्या आगेमागे असेल. या लोकसंख्येला ७६८ घन किमी जास्तीचं पाणी पुरवावं लागेल, असा अंदाज आहे. साधारणपणे दर वर्षी गंगेतून जेवढं पाणी वाहतं त्याच्या दहापट पाणी इ.स. २०२५ मध्ये उपलब्ध करून द्यावं लागेल, असा त्याचा अर्थ आहे. हे एवढं जास्तीचं पाणी आणायचं कुठून, याचं उत्तर आज तरी कुणाजवळ नाही. याचाच अर्थ इ.स. २०२५ मध्ये मानव जातीला गंभीर अशा पाणीटंचाईला तोंड द्यावं लागणार आहे.

आजच जगात सर्वत्र भूजलाचे साठे संपत चालले आहेत. उद्योगधंदे आणि शेती ज्या झपाट्यांं किंबहुना अविचारानं पाण्याचा उपसा करतात, त्या प्रमाणात भूजलाचं पुनर्भरण होत नाही. नद्यांना मोठमोठी धरणं बांधल्यामुळे नद्यातलं बरंच पाणी सागरापर्यंत पोहोचतच नाही. उपग्रहांनी केलेल्या पाहणीनुसार नाईलचा त्रिभुज प्रदेश आक्रसत चालला आहे. शहरांची लोकसंख्या वाढतेच आहे. इ.स. २००५ मध्ये जागतिक पर्यावरण समितीच्या (कमिटी ऑन एनव्हायर्नमेंट) अंदाजानुसार शहरांची एकूण लोकसंख्या ५ अब्जांवर जाईल. त्यामुळे शेतीला उद्योगधंदे आणि शहरे या दोन स्पर्धकांमुळे कमी प्रमाणात पाणी उपलब्ध होईल आणि त्याचा परिणाम म्हणून अन्नटंचाई वाढेल, असं भाकीत केलं जातं. या सर्व माहितीचा अर्थ एवढाच, की पाण्याचं नियोजन आणि मिळेल त्या मार्गानं पाणी उपलब्ध करणं, ते जपून वापरणं, ही काळाची गरज आहे. जागतिक अन्न आणि शेती संघटनेनं (युनायटेड नेशन्स फूड अँड ऑग्रिकल्चरल ऑर्गनायझेशन) यासाठी त्यांच्यापुरता म्हणजे शेतीसाठी एक मार्ग सुचवलाय. तो म्हणजे शेतीला पाणीपुरवठा करण्याच्या पद्धतीत बदल करणं. ज्या पिकांना जास्त पाणी लागतं, ती पिकं जास्त पाणी उपलब्ध होण्याची शक्यता आहे त्या भागातच घेणं. तसंच कुठल्याही परिस्थितीत पाण्याची उधळण न करणं, असा हा मार्ग आहे.

पाटानं पाणी देण्याच्या पारंपरिक पद्धतीमध्ये बाष्पीभवनानं आणि जमिनीत मुरून पाणी वाया जातंच; पण कालांतरानं जमिनी खारवट बनतात. ते टाळण्यासाठी ठिबक सिंचन, पाण्याचे फवारे (स्प्रिंकलर) वापरणं आणि पिकांवर पारदर्शक पॉलिएथिलीनचं आच्छादन घालून बाष्पीभवनानं वाया जाणारी वाफ अडवणं, हे मार्ग आहेत. इस्त्राईलमध्ये ते तंत्र वापरलं जातं. सांडपाण्याचे पुनर्चक्रीकरण आणि जनन अभियांत्रिकीनं तयार झालेली कमी पाण्यात अधिक उत्पादन करणारी पिकं हे आणखी दोन मार्गही सुचवण्यात आले आहेत. यातील जनन अभियांत्रिकी पिकांना विरोध आहे. कारण या पिकांचे मानवी शरीरावर आणि पर्यावरणावर दुष्परिणाम होत नाहीत असं सिद्ध झालं तरच या पिकांचा विचार करता येईल. बांगलादेशात भूजल मोठ्या प्रमाणावर उपलब्ध आहे. तिथं शेतकरी पायानं चालवायचे पंप वापरून भूजल काढतात. या तंत्रात विजेचा वापर करावा लागत नाहीच, शिवाय भरमसाट पाणीही उपसलं जात नाही. भूजल सहज उपलब्ध आहे तिथं असं तंत्र वापरायला हरकत नाही.

हे सर्व शेतीबाबत. शेतीला लागणारं पाणी आणि पिण्याचं पाणी यांत फरक असतो. हे शहरातल्या माणसांना खेड्यात गेल्यावरच कळतं. श्रीमंत देशात जिथं पाण्याचं दुर्भिक्ष आहे, तिथं निक्षारीकरणाचा वापर करून सागरातून प्यायचं पाणी मिळवलं जातं. विषुववृत्तीय सूर्यप्रकाशाचा आणि उष्णतेचा वापर करून निक्षारीकरण शक्य आहे. त्यशिवाय परासरण पटलांचा (ऑस्मॉटिक मेंब्रेन्स) वापर करूनही पिण्यायोग्य पाणी मिळवता येतं. इ.स. १९९० नंतर याबाबत अनेक प्रयोग झाले असून, अशा प्रकारच्या प्रकल्पांमध्ये झपाट्यानं वाढ होते आहे.

अनोखी सृष्टी

सारगासो सागरातील वैशिष्ट्यपूर्ण जीवसृष्टीबद्दल माहिती करून घेऊ या. कारण तिच्याबद्दल आपरूपाला फारशी माहिती नसते. निसर्गाला ही अनोखी जीवसृष्टी निर्माण करण्यासाठी कोटी-दोन कोटी वर्षे फुरसत मिळाली होती. याचाच अर्थ त्याहून अधिक काळ गल्फ प्रवाह किनारी वनस्पतींना विस्थापित करून त्यांना या नैसर्गिक सापळ्यात आणून सोडत होता. सुरुवातीच्या हजारो टन वनस्पती मेल्या. त्यांच्या मृतदेहांवर नव्या वनस्पती उभ्या राहिल्या. त्यांनी पाण्यावर तरंगत सूर्यप्रकाश मिळवता यावा म्हणून बलूनसारख्या नैसर्गिक फुग्यांची निर्मिती केली. या वनस्पतींच्या गाड्याबरोबर नाळ्याची यात्रा म्हणून आलेले जे सजीव इथे जगले त्यांनी परिस्थितीनुरूप त्यांच्या शरीरात बदल घडवून आणले आणि नव्या प्राणिजाती निर्माण झाल्या.

इथल्या गोगलगाई त्या वनस्पतींच्या जाड गरयुक्त भागांना भोक पाडतात. मासे त्यांची घरटी या वनस्पतींमध्ये करून त्यामध्ये अंडी घालतात, तर कृमी पानं आणि खोडांमधला रस शोषून उपजीविका करतात. इथल्या वनस्पती पाण्यावर तरंगत स्वतःचं पुनरुत्पादन विभाजन करत राहतात. इतरत्र जमिनीचा आधार सुटलेल्या वनस्पतीत कुजून सागरतळी जातात. तसं इथं घडत नाही. हे एक तरंगतं बेट तयार झालं असून, त्यातले जे सजीव मरतात ते दुसऱ्या सजीवांना जगण्यासाठी उपयुक्त ठरतात. हे महाप्रचंड तरंगतं बेट वारा आणि प्रवाह यापासून मुक्त असून इथं भुताळी जहाजं नाहीत, तर एक अद्भुत सजीव विश्व इथं शास्त्रज्ञांना बघायला मिळतं.

या सागरात राहणारा वैशिष्ट्यपूर्ण मासा म्हणजे सारगासम मासा. दुरून बघितलं तर सागरी शैवालाचा एक तुकडा सुटून पाण्यात पडला आहे, असं वाटतं.

त्याच्या अंगावर पानाच्या तुकड्यांसारखे पंख वनस्पतींना आधारासाठी असतात. तशा प्रताणांसारख्या (टेंड्रील) मिशाही आढळतात. हा मासा तेथील झिंग्यांवर आणि कवचधारी प्राण्यांवर जगतो. आपली अंडी केल्पांच्या पानांवर चिकटवतो. या सागरांत अश्ममत्स्य आणि नलिकामत्स्य (सी-हॉर्स आणि पाईप फिश) देखील आढळतात. केल्पाच्या जंगलात आढळणारे हे प्राणी इथं बहुसंख्येनं आढळतात. कारण इथं शत्रूंची संख्या कमी असते.

सारगासोचं आणखी एक वैशिष्ट्य त्याच्याबद्दलच्या आख्यायिकेत भर घालणारं आहे. युरोपमधील आवडीचं खाद्य असलेला ईल नावाचा मासा आणि सारगासो यांचा जवळजवळ संबंध आहे. १८८५ मध्ये कॉप नावाच्या शास्त्रज्ञाला खूप छोटे काचेसारखे काही जीव अॅटलांटिक आणि युरोपजवळच्या सागरात सापडले. हे जीव विलो वृक्षाच्या पानांच्या आकृतीप्रमाणे दिसत होते. त्या जीवांना कॉपनं लेप्टोसिफॅलस असं नाव दिलं. १८९५ मध्ये ग्लाची आणि कालांड्रेचीओ या दोन इटालियन शास्त्रज्ञांच्या संशोधनातून ही माशांची नवी जात नसून ईलची बाल्यावस्था असल्याचं सिद्ध झालं. त्यांनी जेव्हा या विलोपानसदृश अळ्यांच्या हालचाली बघितल्यानंतर त्यामध्ये वैशिष्ट्य जाणवलं. या अळ्या नेहमीच युरोपीय भूखंडाच्या दिशेनं पोहतात; तर मोठ्या इल माशांचा प्रवास हा नेहमी युरोपच्या विरुद्ध दिशेनं सुरू असतो. या दोन्ही घटना वर्षाच्या विशिष्ट काळातच घडतात असंही त्यांच्या लक्षात आलं. यावरून ईल अटलांटिक महासागरात विशिष्ट ठिकाणी जाऊन अंडी घालत असावीत, असा निष्कर्ष काढण्यात आला. १९०४ मध्ये डॅनिश शास्त्रज्ञ योहानेस श्मीड याला अटलांटिक महासागराच्या पृष्ठभागावर विलोपानी अळ्या सापडल्या. त्यांची काही इंच वाढ झाली होती. याचा अर्थ त्या अंड्यातून बाहेर पडून बराच वेळ झाला होता. या अळ्यांवर शास्त्रज्ञांनी पहारा ठेवायला सुरुवात केली. त्यांचा पाठलाग सुरू केला. त्या वेळी या अळ्या सारगासो सागराच्या पोर्टोरिकी आणि बर्म्युडा बेटांच्या दरम्यान विशिष्ट भागातून युरोप आणि अमेरिकेकडे जायला निघतात, असं दिसून आलं. युरोप आणि अमेरिकेतल्या नद्यांमधले इल मासे लैंगिक पुनरुत्पादन क्षमता गाठतात तेव्हा ते त्यांच्या ठराविक मार्गानं सारगासो सागराच्या विशिष्ट भागाकडे जायला निघतात. वाटेत त्यांचं रूपांतर होतं. प्रथम त्यांचा मूळ रंग बदलून ते रुपेरी रंग धारण करतात. त्यांना सिल्व्हर इल म्हणतात. त्यानंतर सापासारखं शरीर बदलून सागरी माशासारखे बनतात आणि सारगासो सागरात शिरताना पूर्णपणे वयात आलेले दिसतात.

सारगासो सागरात त्यांचं मिलन होतं. नंतर मादी या सागराच्या तळाशी जाते आणि केल्पच्या अरण्याच्या तळाशी जाऊन लक्षावधी अंडी घालते. इथं नर आणि मादी इल दमछाक झाल्यानं आणि उपासमारीनं मरतात. कुठलाही इल जिवंतपणे

सारगासो सागरातून परतत नाही. परततात त्या अंड्यातून बाहेर पडणाऱ्या अळ्या. या अळ्या त्यांच्या जन्मदात्यांनी अनुसरलेल्या मार्गावर उलटा प्रवास सुरू करतात. या प्रवासाला काही वर्षे लागतात. त्या काळात त्यांचं रूप बदलत जातं. आधी विलोपानी अळ्यांचं काचनळ्यांसारख्या जिवांमध्ये रूपांतर केलं आहे. मग नद्यांच्या मुखातून आत शिरल्यावर त्यांचं शरीर सापासारखं बनतं. काही काळनंतर सारगासोची साद त्यांना हाक देते आणि त्यांचा उलटा प्रवास जन्मभूमीच्या दिशेनं सुरू होतो.

या सागरातील अनेक कोड्यांपैकी हे शेवटचं कोडं असून, त्यातले अनेक प्रश्न अनुत्तरित आहेत. इलची सारगासोकडे परतायची वेळ कशी ठरते, ते ठरावीक मार्गच का पकडतात, सारगासोचा परतीचा मार्ग कसा सापडतो, त्या इतक्या दूरच्या ठिकाणी पुनरुत्पादनासाठी का जातात, ही जागा त्यांनी कशी, का आणि केव्हा निवडली, सुमारे ३००० कि.मी.चा हा प्रवास न करता ते जवळच्या एखाद्या ठिकाणीच जननप्रक्रिया पूर्ण करू शकणार नाहीत का, असे अनेक प्रश्न आहेत. याबाबत अटलांटिसच्या पुरस्कर्त्यांच्या मते फार वर्षांपूर्वी इथं एक मोठं खंड होतं. ते काही कारणानं बुडालं. हे खंड अमेरिका व युरोपच्या किनाऱ्यापर्यंत पसरलं होतं. त्यातल्या नद्यातले हे मासे आहेत, असं ते सांगतात, पण हे अर्थात खोटं आहे. कारण अशा कुठल्याही खंडाचा कोणताही पुरावा उपलब्ध नाही. आशिया आणि दक्षिण अमेरिकन भूखंडातले इल पॅसिफिक आणि हिंदी महासागरातील अशाच सागरी वानसांच्या जंगलात पुनरुत्पादनासाठी जातात. एवढंच नव्हे, तर जगण्यासाठी त्यांना खारं पाणीच आवश्यक असतं. तेसुद्धा सागरी वानसांच्याच जंगलात पुनरुत्पादन करतात. विलोपत्री अळ्यांचं परतणं हेही आश्चर्यच आहे. युरोपीय इलची अळी युरोपातच परतणार तर अमेरिकन इलची अळी अमेरिकेच्या दिशेनंच प्रवास करणार. भूमध्य सागरातल्या इलची जाता उत्तर युरोपात चुकूनही आढळत नाही. प्रत्येक भौगोलिक भागात राहणारा इलच्या अळीचा आणि इलच्या प्रवासाचा मार्ग ठरलेला आहे. सारगासोच्या केल्प जंगलाचा गेली ५० वर्षे अभ्यास सुरू असून केल्प्यापासून काही उपयुक्त औषधं मिळतील का यावरही संशोधन सुरू आहे. असा हा अद्भुत सागर शास्त्रज्ञांसमोर एक आव्हान म्हणून उभा आहे.

❖

कोकण किनाऱ्याचे भवितव्य?

परवाच म्हणजे ३१ जुलै २००७ या दिवशी एक बातमी वाचली. सागरी पाण्याची पातळी वाढल्यामुळे ओरिसाच्या किनारपट्टीवर पेचप्रसंग निर्माण झाला, किनारपट्टीचं नुकसान झालं आणि अंदाजे ५५ खेडी आताच्या भरतीरेषेपासून दूर नव्यानं वसवावी लागली. या बातमीमध्ये हा जागतिक तापमानवाढीचा परिणाम असल्याचे म्हटले होते. त्याआधी गेल्या तीन-चार वर्षांमध्ये अशाच बातम्या कोकण किनाऱ्यावरून येत होत्या. त्या वेळी जागतिक सरासरी तापमानवाढीचा आजच्याएवढा गवगवा झाला नसल्यामुळे असेल कदाचित; पण या किनारपट्टीवरील सागरी आक्रमणाला मुंबईची वाढ जबाबदार आहे, असं म्हणण्यात आलं होतं. मुंबईत भराव टाकून सागरावर जे आक्रमण केलं जातं त्यामुळं कोकणातल्या बऱ्याच सागरकाठच्या वस्त्यांना सागरी आक्रमणाला तोंड द्यावं लागतं, असं म्हणण्यात आलं होतं. हे कारणही पटण्यासारखं होतं.

कोकणामध्ये सागरी आक्रमणाला एक कारण आणि ओरिसात सागरी आक्रमणास दुसरं कारण असं दुजाभाव सागर दाखवेल का, या प्रश्नाचं उत्तर 'नाही' असं आहे. या बातम्यांनुसार दोन्ही वेळा दोन्ही कारणं योग्यच आहेत असं दिसतं, जागतिक तापमानवाढ हे आता एक नैसर्गिक सत्य असल्याचा स्वीकार वैज्ञानिक समुदायानं केलेला आहे. तेव्हा कोकण किनाऱ्यावर झालेलं आक्रमण हे या दोन्ही कारणांची एकत्रित परिणती असावी, असा निष्कर्ष काढायला हरकत नाही. ओरिसामध्येही ही दोन्ही कारणं लागू असतीलही; पण तिथं मुंबईएवढं झपाट्यानं वाढणारं महानगर अस्तित्वात नाही.

दुसरी एक गोष्ट म्हणजे ओरिसाच्या किनाऱ्यावर भरती आणि ओहोटीच्या रेषांमध्ये खूप अंतर असतं. किनाऱ्याचा उतार सौम्य असतो. यामुळे काही वेळा ५

ते ६ कि.मी. एवढा किनारा उघडा पडतो. याचा फायदा भारतीय संरक्षण दले घेतात. या किनाऱ्यावर नवनव्या दारूगोळ्याच्या आणि क्षेपणास्त्रांच्या चाचण्या घेतल्या जातात, त्यामुळं चंडीपूर हे गाव सतत बातमीत असतं, याचाच अर्थ जर ओरिसाच्या किनाऱ्यावरील गावांना सागराची पातळी वाढल्याचा फटका बसला असेल तर त्याला मानवी उद्योगाऐवजी निसर्गाचंच कर्तृत्व कारणीभूत ठरलेलं असणार, असा काढता येतो.

कोकणात ही दोन्हीही कारणं जबाबदार धरता येणं शक्य आहे; याचं कारण मुंबईच्या सागरकिनारी भर टाकण्याचे उद्योग आणि जागतिक तापमानवाढ या दोन्ही गोष्टी एकत्रित चालू आहेत, असं म्हटलं तर आता मुंबई आणि आसपासच्या किनाऱ्यावरचं मानवी अतिक्रमण बंद करण्याचे आटोकाट प्रयत्न केले जात आहेत, असं उत्तर दिलं जाईल. पूर्वी बॅक बे रेक्लमेशनसारखे मोठे प्रकल्प राबवले गेले. त्याआधी ब्रिटिश काळापासून बेटांच्या दरम्यानच्या खाड्या आणि खाजणं बुजविण्यात आली होती. इतक्या मोठ्या प्रमाणावर आता प्रकल्प हाती घेतले जात नसतील, असं आपण गृहीत धरलं तरी नवी मुंबई आणि इतरत्रची कांदळवनं किंवा तिवरांची जंगलं तोडली जात आहेत, याबद्दल रोज वृत्तपत्रातून पत्रव्यवहार होत आहे, याबद्दल तज्ज्ञांची मतं काय आहेत हे बघितलं तर, मुंबईलगतच्या किनाऱ्यावर आक्रमणं वाढत आहेत, हे लक्षात येतं आणि त्याचा इतरत्र परिणाम होत असणारच, हे गृहीत धरावं लागतं.

कांदळवनं/तिवरांची जंगलं ही सागरकाठच्या दलदलीमध्ये वाढतात. पर्यावरणाच्या दृष्टीनं ती महत्त्वाची भूमिका बजावत असतात. त्यांच्या मुळांमुळे किनारपट्टीची धूप थोपवली होती. किनाऱ्यालगतच्या भूप्रदेशातून येणारी माती अडवली जाते. यामुळे सागरलाटांचा जोर कमी प्रमाणात किनाऱ्यावर आघात करतो, हे महत्त्वाचं. फ्लोरिडा या अमेरिकन राज्याला फार मोठ्या सागरी वादळांना तोंड द्यावं लागतं. तिथं ज्या भागातली ही जंगलं शाबूत आहेत, तिथं किनारपट्टीवर नुकसान कमी प्रमाणात होतं तर जिथं जंगलतोड करून किनाऱ्यावरची दलदल बुजवून बांधकामं करण्यात आली आहेत, तिथं मोठ्या प्रमाणावर आणि खूप आतपर्यंत लाटा पोहोचून जास्त नुकसान होतं, असं निदर्शनास आलेलं आहे.

जागतिक सरासरी तापमानवाढीबद्दलचा आणखी एक मुद्दा, ज्यावर अनेक वैज्ञानिक नियतकालिकांनी खास लेख लिहून घेतले, तो म्हणजे वाढती सागरी वादळे आणि या वादळांची तीव्रता. हा मुद्दा 'टाईम'सारख्या नियतकालिकांना इतका महत्त्वाचा वाटला की, त्यांनी या सागरी वावटळींच्या वाढत्या तीव्रतेवर खास मुखपृष्ठ कथा केलीच, पण एरवी राजकारणी खळबळजनक घटनेला जेवढी जागा दिली जाते, तेवढी जागा या कथेला दिली. असा जनजागृतीचा प्रयत्न आपल्याकडे

कुणी केलेला दिसत नाही. कोकणपट्टी एकतर अतिशय अरुंद आहे. जिथं मानवी वसाहती आहेत त्या सर्व जागा जवळ जवळ समुद्रसपाटीला आहेत. तिथंच खऱ्या अर्थानं शेतीही होते आणि भूजल उपलब्ध असतं. प्रत्येक गावच्या सड्यावर म्हणजे समुद्रसपाटीपासून उंचावर असलेल्या पठारी भागावर पाण्याची बोंब असते. हा भाग बऱ्याच ठिकाणी जांभ्या दगडानं बनलेला असतो. अशा परिस्थितीत सागरी वादळांची वारंवारता आणि तीव्रता वाढली तर किनाऱ्यालगतच्या गावाचं काय होईल? सिंधुदुर्गापासून रत्नागिरी, हर्णे-मुरुड, जंजिरा मुरुड, रेवदंडा, मुंबई आणि गुजरातच्या सीमेपर्यंतच्या लोकांच्या जीवनाचा हा प्रश्न आहे, याचा विचार कुणी केलेला नाही.

इथं आणखी एक बाब महत्त्वाची वाटते. कोकण किनाऱ्यावर अगदी मुंबईजवळसुद्धा सागरात आणि जमिनीवर जिथं विहिरी खणल्या जातात तिथं वीस ते पंचवीस फूट (७ ते ८ मीटर) खोलीवर बऱ्याच ठिकाणी प्राचीन वनस्पतींचे अवशेष आणि कच्च्या कोळशात रूपांतर होण्याच्या (पीट बनण्याच्या) प्राथमिक अवस्था आढळून येतात. याचाच अर्थ हा किनाऱ्याचा भाग काही कारणांनी दोन-तीन लाख वर्षांपूर्वी सागरात गेला. त्याआधी तो वीस-पंचवीस फूट वर होता. ही हालचाल भू-विवर्तनी होती की सागर पातळी वाढल्यानं हा भाग खाली गेला, हा प्रश्न वादाचा आहे; पण गेल्या काही वर्षांत त्या भागात भूकंपाचे धक्केही वाढलेले आहेतच; शिवाय आता सरासरी तापमानवाढीमुळे सागराची पातळी हळूहळू उंचावणार, असं भाकीत केलं जातंय. अशा परिस्थितीत या भागात सेझ निर्माण करून नक्की काय साध्य होणार हे कळत नाही. शेतकरी नाराज कारण त्यांच्या जमिनी बळकावल्या जाणार, पुढं सेझ पाण्याखाली जाणार, त्या वेळी ही गब्बर धनाढ्य मंडळी विम्याचे पैसे घेणार आणि मोकळी होणार. मग परत नवी भूमी सेझसाठी मागणार. शिवाय सरकारकडून झालेल्या नुकसानासाठी मदत घेणार. अशी मदत यांना लगेच मिळेल; कारण ते सामान्य नागरिक नाहीत. तेव्हा भविष्यकाळाचा थोडा विचार करून कोकण किनाऱ्यावरील असे प्रकल्प राबविले तर सर्वांचेच भले व्हायला मदतच होईल.

❖

पर्यावरण आणि राजकारण

पर्यावरण आणि राजकारण या दोन गोष्टींचा संबंध असेल असे १९६० सालापूर्वी कुणाच्याही लक्षात आलं नव्हतं. याचं कारण तोपर्यंत पर्यावरणासंबंधी जनसामान्यांना कधीच फारशी माहिती नसे. किंबहुना पर्यावरणीय बदलांचा मानवी दैनंदिन जीवनावर काही परिणाम होत असेल, याचीही रस्त्यावरच्या एखाद्या माणसाला किंवा अगदी जीवशास्त्रज्ञांनादेखील जाणीव असावी, असं दिसत नाही.

१९६० पूर्वी कुठल्याही विद्यापीठात 'पर्यावरणशास्त्र' हा विषय शिकवला जात नव्हता. कुठल्याही व्यासपीठावर पर्यावरणासंबंधी चर्चा होत नव्हती. पर्यावरणविषयक परिषदा भरविल्या जात नव्हत्या. सगळीकडं सगळं कसं सुरळीत चाललं होतं.

ही परिस्थिती त्यानंतर थोड्याच काळात बदलली. कुठल्याही विज्ञान शाखेची सुरुवात अमुक एका दिवशी, अमुक एका व्यक्तीमुळं झाली असं ठामपणे सांगता येत नाही. अगदी पुंज सिद्धान्तानंतर पुंज भौतिकी, पुंज यांत्रिकी या शाखा फोफावल्या. त्यासंबंधात मॅक्स प्लँकपासून अनेक शास्त्रज्ञांची नाव घेतली जातात; पण जेव्हा या शास्त्राचा उगम केव्हा झाला, कशामुळे झाला हा प्रश्न विचारला जातो, त्या वेळी आइन्स्टाइन यांच्या 'सार्वत्रिक सापेक्षतावाद'च्या सिद्धान्तात याचं मूळ असल्याचं सांगितलं जातं. स्वतः आइन्स्टाइन यांनी पुंजवाद बराच काळ नाकारला होता. त्याबद्दल बोलताना त्यांनी 'गॉड डझ नॉट प्ले डाइस विथ द युनिव्हर्स' असे उद्गार काढले होते.

पर्यावरणाला प्राधान्यक्रम मिळायला आणि पर्यावरणाचा वैज्ञानिक अभ्यास होण्यासाठी मात्र जी घटना कारणीभूत ठरली त्या घटनेची विज्ञानेतिहासात नोंद आहे. राचेल कार्सन या अमेरिकी महिलेचं 'सायलेंट स्प्रिंग' हे पुस्तक प्रकाशित झालं आणि

त्यातून पर्यावरणवादी चळवळीचा जन्म झाला, हे आता सर्वमान्य झालेलं आहे.

या पुस्तकाच्या प्रकाशनानंतर आधी अमेरिकेत आणि नंतर जगात इतरत्र पर्यावरणीय प्रश्नांविषयी जशी जागृती निर्माण झाली, त्याचप्रमाणे पर्यावरणीय राजकारणाची सुरुवात झाली. ती कशी ते आता आपण बघू या.

दुसऱ्या महायुद्ध काळात डीडीटी या रसायनाची निर्मिती झाली. हे कीडनाशक औषध त्यानंतर अमेरिकी सैनिकांबरोबर जगभर पसरलं. मलेरिया म्हणजे हिवतापाचा प्रसार करणाऱ्या डासांचा नाश करण्यासाठी त्याचा फार मोठ्या प्रमाणावर सर्वच देशांमधून वापर होऊ लागला. डीडीटीचा शोध लावणाऱ्या वैज्ञानिकाला त्यानंतर रसायनशास्त्राचं नोबेल पारितोषिक मिळालं. डीडीटीची निर्मिती हा एक फार मोठा व्यवसाय बनला. त्यात कोट्यवधी डॉलर्सची गुंतवणूक केली गेली.

रीचेल कार्सन हिच्या 'सायलेंट स्प्रिंग' या पुस्तकानं या व्यवसायाच्या मुळालाच हात घातला. 'सायलेंट स्प्रिंग'ची प्रकरणं लेखमाला या स्वरूपात 'न्यूयॉर्कर' या नियतकालिकात १९५२मध्ये छापली जाऊ लागली; आणि पर्यावरणातील राजकारणाची सुरुवात झाली, असं म्हटलं तर ते वावगं ठरणार नाही. डीडीटीच्या उद्योगात पैसा होताच, पण डीडीटी फार मोठ्या प्रमाणावर अमेरिकी सैन्याला आणि शासकीय आरोग्य खात्याला पुरवलं जात होतं. या व्यवहारात राजकारण्यांचे हात गुंतलेले होते.

राचेल कार्सन त्या वेळी शासनाच्या मत्स्य आणि वन्य जीव विभागात वैज्ञानिक सल्लागार म्हणून काम करीत असे. डीडीटीचं उत्पादन करण्यात आजकाल जनन अभियांत्रिकीत गुंतलेली आणि वादग्रस्त ठरलेली मोन्सांटो ही कंपनी आघाडीवर होती. काही राजकारण्यांना हाताशी धरून या आणि इतर डीडीटी उत्पादकांनी राचेल विरुद्ध मोहीम उघडली. तिचं मानसिक संतुलन ढळलं आहे, अशा आरोपांना तिला सामोरं जावं लागलं. तिच्या नोकरीवर गदा आणण्याचे प्रयत्न झाले. तिला मिळणाऱ्या संशोधन अनुदानावर टाच आणण्याचेही घाट घातले गेले. राचेलनं डीडीटीविरुद्ध सादर केलेले पुरावे इतके भक्कम होते, की त्यापुढे शासनाला नमावंच लागलं. तोपर्यंत इतर शास्त्रज्ञही या लढाईत राचेलच्या बाजूनं उतरले आणि अमेरिकेत डीडीटीच्या वापरावर कायमस्वरूपी बंदी घातली गेली.

राचेल कार्सनच्या 'सायलेंट स्प्रिंग'मुळं जगभर पर्यावरणीय क्रांती घडून आली. मोठमोठ्या बहुराष्ट्रीय कंपन्या आणि त्यांना पाठिंबा देणारे राजकारणी यांना जनमतापुढं झुकावं लागलं. 'सायलेंट स्प्रिंग' प्रसिद्ध व्हायच्या आधी अमेरिकेमधील बऱ्याच वृत्तपत्रांनी राचेलचे पर्यावरणविषयक लेख नाकारले होते. १९५२ मध्येच तिनं शासकीय नोकरीचा राजीनामा दिला होता. आता ती मानद सल्लागार म्हणून मत्स्योद्योग आणि वन्य प्राणी संरक्षण विभागाशी संबंधित होती. उद्योगधंद्याच्या दबावामुळं आता तोही संबंध संपुष्टात आला होता. तिचे लेखही आता छापून

येईनासे झाले. ती निराशावादी लेखन करते म्हणून रीडर्स डायजेस्टनं तिचे लेख छापायला नकार दिला होता.

अमेरिकेच्या दक्षिणेकडच्या राज्यांमध्ये 'फायर अँटस्' या हिंस्र मुंग्यांच्या विरोधात डीडीटी आणि डिझेलच्या मिश्रणाची फवारणी करण्यात येत होती. यामुळे तिथल्या वन्य जीवांचं इतकं नुकसान झालं की इथल्या शेतकऱ्यांनी या फवारणीविरुद्ध मोहीमच उघडली. त्यामुळं ही फवारणी थांबविण्यात आली.

राचेल कार्सनच्या लेखांची परिणामकारकता १९५७च्या या घटनेनंतर पुन्हा एकदा १९५९मध्ये अनुभवायला मिळाली. क्रॅनबेरीच्या पिकावर आमायनोड्रायझोल नावाचं कीटकनाशक फवारलं जात होतं. त्याची बाधा होऊन माणसं आजारी पडतात, हे लक्षात आल्यानंतर १९५९मध्ये हे सर्व पीक नष्ट करणं शासनाला भाग पडलं.

उद्योगधंदे आणि राजकारणी यांचे घनिष्ठ संबंध जगाच्या दुसऱ्या टोकाला म्हणजे जपानमध्येही होते. जपान अनेक बेटांनी बनलेलं राष्ट्र आहे. इथं मिनामाटा या शहरात फार मोठ्या प्रमाणावर औद्योगीकरण झालं होतं. या उद्योगांमधील सांडपाणी सागरात सोडलं जात होतं. जपानमधलं प्रमुख अन्न म्हणजे भात आणि प्रमुख कालवण म्हणजे मासे. माशांचे कालवण नसेल तर जपानी माणसाला जेवण झाल्यासारखं वाटतच नाही, अशी परिस्थिती होती आणि आहे. मिनामाटाच्या परिसरात एकाएकी लोक एका विचित्र आजारानं पछाडले जाऊ लागले. गर्भपातांचं प्रमाण वाढलं. जन्माला आलेल्या मुलांचे अवयव विकृत होते, तर वयात आलेल्या व्यक्तीचे अवयवही खूप वेडेवाकडे होऊ लागलेच, पण बऱ्याच मोठ्या जनसमूहाच्या वर्तणुकीत बदल घडला. हे का व्हावं याचा शोध घ्यायचा प्रयत्न केला गेला, तेव्हा हे सर्व प्रकार तिथल्या उद्योगांमधून बाहेर पडणाऱ्या आपशिष्टांमध्ये पारा असतो, तो पारा माशांच्या शरीरात जातो; तिथून त्याची बाधा ते मासे खाणाऱ्या व्यक्तींना होते, असे उघड झाले. त्या वेळी मात्र जपानी राजसत्तेनं ताबडतोब पावलं उचलली.

भारतातील चिपको आंदोलन यानंतर काही दिवसांतच घडलं होतं. यानंतर ही कल्पना जगभर पसरली. जागोजाग वृक्षप्रेमींनी या किंवा अशा प्रकारची आंदोलनं केली. रशिया म्हणजे पूर्वीचं साम्यवादी संघराज्य असो किंवा सध्याचं रशियाच्या लोकशाही शासनाचं धोरण असो, हे कायम पर्यावरणाच्या विरोधात आहेत आणि होते असंच वरकरणी दिसतं. फरक एवढाच की साम्यवादी रशियात पर्यावरण बचाव चळवळीला वावच नव्हता. आता तिथं पर्यावरणासाठी झटणारे कार्यकर्ते चळवळ उभारू शकतात, असं दिसतं. मग ती बैकल सरोवर वाचविण्याची चळवळ असो किंवा पूर्वी वळवलेल्या नद्यांचे मूळ प्रवाह पूर्ववत व्हावेत यासाठी केलेली चळवळ असो. मरिना रिख्वानोव्हा या रशियन कार्यकर्तीनं बैकल सरोवर

वाचविण्यासाठी उभ्या केलेल्या चळवळीमुळे जगाचं या प्रश्नाकडं लक्ष वेधलं गेलं आणि रशियन शासनानं काही प्रमाणात आंतरराष्ट्रीय दडपणापुढं झुकून सामोपचाराची भूमिका घेतली असल्याचं दिसतं.

ग्रीनपीस आणि राजकारण

सर्वसाधारणपणे पर्यावरणाचं नुकसान हे संपत्तीच्या लोभामुळे घडतं असं दिसतं. काही वेळा एखाद्या शासनाला आर्थिक लाभाचा लोभ सुटतो. बहुतेक देशांमध्ये धनदांडग्यांची, शासकीय अधिकाऱ्यांची आणि राजकारण्यांची हातमिळवणी असते. त्यामुळं एखाद्या व्यक्तीनं किंवा संस्थेनं पर्यावरणाची हानी होत असल्याचा नारा दिला की, पर्यावरणवादी विकासाच्या आड येत असल्याचा दावा केला जातो. त्यानंतर या संस्थेच्या किंवा व्यक्तीच्या आर्थिक व्यवहारावर संशय व्यक्त केला जातोच; पण त्या संस्था किंवा व्यक्तीनं केलेल्या आरोपांना नेहमीच बगल दिली जाते. संस्थेला परक्या देशांची मदत मिळत असल्याचं किंवा व्यक्तीचं मानसिक संतुलन बिघडलं, असल्याचं बोललं जातं. अखेरीस जनमानसाची जागृती त्रासदायक होऊ लागली की, चौकशी समिती नेमली जाते. पुढं या समितीच्या अहवालाचा स्वीकार करावा की नाही, याबाबत बरीच चालढकल केली जाते. तोपर्यंत पर्यावरणाची वाट लागलेली असते. काही वेळा हे प्रश्न न्यायालयात जातात. बऱ्याचदा न्यायालयाच्या आदेशांकडे दुर्लक्ष केलं जातं. हे आपल्याच देशात घडतं असं नाही, ते परदेशातही घडतं. पाश्चिमात्य प्रगत देशांमध्ये जसं हे घडतं, तसंच ते आफ्रिका खंडामधील विकसनशील देशांमध्येही घडतं. आशिया खंडातही हे मोठ्या प्रमाणावर घडत आहे. आपला देश जसा त्याला अपवाद नाही, तसेच इतर देशांतही पर्यावरणाकडे दुर्लक्ष करण्यात येतं. इंडोनेशियासारख्या देशात तिथल्या राजकारण्यांच्या मदतीनं अमेरिकी कंपन्यांनी जी लाकूडतोड सुरू केली आहे त्यामुळे ओरांग ऊटानसह इतर अनेक प्राण्यांना त्यांचा नैसर्गिक रहिवास गमावून बसण्याची वेळ आली आहे. यात एकशिंगी काळे गेंडे, इंडोनेशियन हत्ती, अनेक प्रकारचे पक्षी विशेषतः धनेशांच्या अनेक दुर्मिळ जाती धोक्यात आलेल्या आहेत. वाढत्या लोकसंख्येमुळे आणि चंगळवादी भोगसंस्कृतीच्या प्रसारामुळे दिवसेंदिवस ऊर्जा समस्या वाढू लागली आहे. अमेरिकी जीवन पद्धतीचा अंगीकार केल्यामुळे पुनर्वापर होईल अशा वस्तूंच्या ऐवजी 'वापरा आणि फेकून द्या' अशा वस्तूंची निर्मिती वाढली. त्यामुळं वस्तुनिर्मितीमधील कच्च्या मालाची मागणी जशी वाढते त्याचप्रमाणे कचऱ्याची समस्याही वाढीस लागते, हे आपण अनुभवत आहोच. आर्थिक आणि राजकीय दबावामुळे भारतासारख्या देशांना खुली अर्थव्यवस्था स्वीकारावी लागत आहे, त्यामुळे ही अमेरिकी पद्धत भारतात अनेक मार्गांनी शिरली आहे.

अशा प्रकारच्या समस्या आणि विशेषेकरून त्यामुळं होणारी पर्यावरणाची हानी टाळणं, पर्यावरणाच्या समस्याकडे जनसामान्यांचं लक्ष वेधून त्यातून राजकीय दबाव निर्माण करणं या उद्देशानं 'ग्रीन पीस' या चळवळीचा उगम झाला. 'शांत हिरवेपणा' निर्माण करणं म्हणजे चळवळीद्वारा निसर्गसंवर्धन करायचं, मात्र ही चळवळ अहिंसक ठेवायची, असा या चळवळीच्या संस्थापकांचा उद्देश होता. सुरुवातीला या चळवळीकडे राजकारण्यांनी एक किरकोळ तात्कालिक उपद्रव म्हणून दुर्लक्ष केलं खरं; पण या चळवळीच्या कार्यकर्त्यांनी प्रसंगी त्यांचे जीव धोक्यात घालून हे कार्य पुढं रेटलं. वृत्तपत्र आणि इलेक्ट्रॉनिक माध्यमांनी या चळवळीच्या कार्याची माहिती जगभर पसरवली. त्यामुळे राजकारण्यांना या चळवळीची दखल घेणं भाग पडलं. चळवळीच्या कार्यात मग अडथळे आणण्याचे प्रयत्न सुरू झाले. त्यातून चळवळीला अधिकच जोर चढला; पुढे या चळवळीनं आंतरराष्ट्रीय स्वरूप धारण केलं. चळवळीच्या कार्यकर्त्यांनी वेगवेगळ्या देशांमध्ये स्थानिक स्वरूपात चळवळ करणाऱ्या कार्यकर्त्यांशी संपर्क साधणं सुरू ठेवलं. जपानी कोळ्यांच्या डॉल्फिनांच्या शिकारी नॉर्थ सीमधल्या सागरी तेल फलाटांपासून होणारं प्रदूषण अशा सागरी प्रदूषणाविरुद्ध त्यांनी एका वेगळ्याच पद्धतीनं आवाज उठवला. त्यामुळे चळवळ प्रसिद्धीच्या झोतात आली. ग्रीन पीस चळवळीनं त्याचं ध्येय साध्य करण्यासाठी विविध तंत्रांचा वापर केला. त्यातलं या चळवळीचं सर्वांत गाजलेलं तंत्र त्या काळात नवीन होतं. आधी अर्ज, विनंत्या आणि निदर्शनं करायची. त्याला राज्यकर्त्यांकडून प्रतिसाद मिळाला नाही किंवा उद्योगधंद्यांनी दुर्लक्ष केलं तर मग हा चिपको आंदोलनाचा सागरी अवतार ते अमलात आणू लागले. या तंत्रामुळं ग्रीन पीस चळवळीला खूप प्रसिद्धी मिळाली. आधी सागरकिनारी राहणाऱ्या स्थानिकांच्या मदतीनं त्यांच्याकडून पडाव भाड्यानं घेऊन ते या योजनेची कार्यवाही करीत असत. जिथं सागरी प्रदूषण चालू असेल त्या ठिकाणी हे पडाव जात. नॉर्थ सीमध्ये जेव्हा सागरतळ्याशी विंधन विहिरी खणून तेल काढण्याचे प्रकल्प सुरू होत, तिथं खनिज तेलजन्य प्रदूषण बऱ्याच मोठ्या प्रमाणात होत असे. हा प्रकल्प ब्रिटिश सरकारच्या मालकीचा होता. त्यांनी काही ब्रिटिश कंपन्यांना तेल काढण्याचे परवाने या सागरी क्षेत्रात दिले होते. या कंपन्यांनी तेल बाहेर काढताना काही प्रमाणात सागरात सांडत होतं. त्यामुळं सागरी जीवनावर मोठा परिणाम होत होता.

ग्रीन पीसनं या सागरी फलाटांना रसद आणि इतर सामग्रीचा होणारा पुरवठा अडविण्याचा निर्णय जाहीर केला. त्या वेळी या फलाटावर सैन्य तैनात करण्याचं जाहीर झालं. त्यामुळं ब्रिटिश शासनावर टीकेचा भडीमार झाला. त्यानंतर शासनानं 'तेल काढताना आवश्यक ती काळजी घेतली जाईल,' असं आश्वासन दिलं आणि ग्रीन पीसचं नाव जगभर पसरलं.

ग्रीन पीस चळवळीचा दुसरा मोठा झगडा जपानी शासनाशी झाला. जपानी मच्छीमार मोठ्या प्रमाणावर शार्क माशांची आणि देवमाशांची हत्या करीत होते. त्यातले शार्क तर केवळ त्यांच्या पाखांसाठी शार्क फिन सूप करण्यासाठी मारले जात. हे पाख काढून शार्कना परत सागरात टाकले जाई. तिथं ते तडफडून मरत असत. या वेळी ग्रीन पीसनं त्याचं स्वतःचं जहाज 'रेन बो वॉरियर' वापरायचं ठरवलं. प्रत्येक वेळी स्थानिकांचे पडाव वापरणं योग्य ठरणार नाही, हे ओळखून त्यांनी ही पावलं उचलली होती. सर्व ठिकाणी स्थानिकांची मदत मिळणं अवघड जाईल याची त्यांना कल्पना होती. त्या वेळी जपानी मच्छीमारांना त्यांनी अडथळा आणायचा प्रयत्न केला, तेव्हा त्यांना सशस्त्र प्रतिकाराला सामोरं जावं लागलं; पण जगभरातून जपानविरोधी जनमत तयार झालं. अलीकडच्या काळात ग्रीन पीसनं भारताकडे पाठविण्यात येणाऱ्या आण्विक कचऱ्याविरुद्ध मोहीम उघडली. युरोपी देशांमधून हा कचरा घेऊन बाहेर पडणाऱ्या जहाजांना अडविण्याचं धोरण त्यांनी स्वीकारलंच, पण भारतातील सहकाऱ्यांना न्यायालयात जाऊन दाद मागायला उद्युक्त केलं. यात ग्रीन पीसचा विजय झाला. ग्रीन पीसकडून स्फूर्ती घेऊन युरोपमधील अनेक देशांमध्ये 'ग्रीन' पक्षांची स्थापना झाली. त्यांचे उमेदवार निवडून तर आलेच, पण जर्मनीमध्ये ते सत्तेतही सामील झाले. त्यामुळे पर्यावरणाच्या बाबतीत हा पक्ष सरकारवर दबाव टाकू शकतो. ते त्यांनी अणुऊर्जेच्याबाबत करूनही दाखवलं. फुकुशिमा अणू प्रकल्पाला सुनामीचा तडाखा बसून त्या प्रकल्पामुळं जो किरणोत्सर्ग झाला, त्यामुळं हादरलेल्या जगात अणुप्रकल्प बंद करण्याचे निर्णय ज्या देशांनी घाईघाईत घेतले, त्यात जर्मनी हा देश आघाडीवर होता. या पार्श्वभूमीवर जपानच्या शासनानं अणू प्रकल्पांबाबत पुन्हा ते सुरू करावेत, असा जो विचार सुरू केला आहे, तो महत्त्वाचा ठरतो.

आतापर्यंतचे अणुप्रकल्पातील अपघात एकतर अस्मानी म्हणजे नैसर्गिक संकटांमुळं झाले आहेत किंवा मानवी चुकांमुळं झाले आहेत. कुठलाही अणुप्रकल्प बांधताना योग्य ती काळजी घेतली जातेच, पण अणुभट्टीवर वीज पडणे, सुनामीच्या पाण्यानं अणुभट्टीचं नुकसान होणं, यावर मात करून जपान नव्यानं अणुऊर्जा प्रकल्पांचा विचार करीत आहे, हे लक्षात घ्यायला हवं.

पर्यावरण : अमेरिकेचा दुटप्पीपणा

अमेरिकेची बहुतेक धोरणं 'लोकासांगे ब्रह्मज्ञान' या स्वरूपाचीच असतात. राजकीय क्षेत्रात जसं हे अनुभवायला मिळतं, तसंच पर्यावरण क्षेत्रातही हा अनुभव येतो. १९९७ मध्ये पर्यावरणरक्षणासाठी क्योटो परिषद भरवण्यात आली होती. त्यातल्या धोरणांचा पाठपुरावा करण्यासाठी मोरोक्कोमध्ये माराकेश इथं आणखी

एक परिषद झाली. त्यात अनेक वाद मिटवण्यात आले. १९९० नंतर जी झाडी नव्यानं लावून अरण्य निर्माण करण्यात आलं, ती कार्बन-डाय-ऑक्साइड शोषून घेणारे सापळे म्हणून गृहीत धरण्यात यावीत आणि त्याप्रमाणे एखाद्या देशाच्या प्रदूषण प्रक्रियेतून कार्बन-डाय-ऑक्साइडचं प्रमाण कमी करण्यात यावं, असं क्योटो परिषदेत ठरवण्यात आलं होतं.

अमेरिकेने ३१ कोटी मेट्रिक टन कार्बन-डाय-ऑक्साइडची सूट मागताच मात्र या आकडेवारीची पुनर्तपासणी करण्याची गरज इतर राष्ट्रांनी व्यक्त केली. जंगल आणि सागर हे कार्बन-डाय-ऑक्साइड शोषून घेणारे प्रमुख सापळे मानण्यात आले तरी त्याचं प्रमाणीकरण करणं अवघड आहे. एखादं जंगल अमुक एका दिवशी अमुक इतकं कार्बन-डाय-ऑक्साइड शोधून घेईलच, याची खात्री देता येत नाही.

जे जंगलाचं, तेच सागराचं. त्यातच माराकेश परिषद सर्व युरोपीय राष्ट्रांनी आणि जपाननं क्योटो परिषदेचा मसुदा मान्य करण्याचं ठरवूनसुद्धा, एकट्या अमेरिकेनं राष्ट्रीय हिताच्या दृष्टिकोनातून या ठरावांवर सह्या करायचं नाकारलं. ११ सप्टेंबर २००१ रोजी अमेरिकेत झालेल्या घटनांमुळे माराकेश परिषदेकडे जगाचं दुर्लक्षच झालं; पण या परिषदेत 'त्याचा मार्ग त्यांना मोकळा आहे, आमचा मार्ग आम्हाला' असं सांगणाऱ्या अमेरिकेला पर्यावरणाची काळजी फक्त इतर देशांना त्रास देण्यासाठी उपयोगाची वाटते, हेच यावरून स्पष्ट होतं.

❖

एकविसाव्या शतकातील पर्यावरण

एकविसाव्या शतकाची सुरुवात आता तशी लांब नाही, यामुळं आणखी तीन वर्षांनी पर्यावरणात फारसा बदल घडेल असं नाही. पर्यावरणाची आजची स्थिती आहे तशीच ती पुढच्या म्हणजे एकविसाव्या शतकाच्या पूर्वार्धात राहील असं म्हटलं तर वावगं ठरणार नाही. यामुळेच ज्या वेळेला आपण एकविसाव्या शतकामधल्या पर्यावरणाचा विचार करायचं ठरवतो तेव्हा साहजिकच तो एकविसाव्या शतकाच्या दुसऱ्या दशकानंतरचं पर्यावरण कसं असेल, आजच्या परिस्थितीत त्यामुळं बिघाड होईल की आज पर्यावरणाची जी स्थिती आहे त्या परिस्थितीत काही सुधारणा होईल, ह्याचा आपण अंदाज घेणार असतो; शिवाय जर पर्यावरणाच्या परिस्थितीत बदल घडून येणार असेल तर त्याचे मानवी राहणीवर काय परिणाम होतील; याचाही आपल्याला विचार करावा लागेल.

ज्यावेळी आपण पर्यावरणाच्या भवितव्याचा विचार करतो त्यावेळी तो मानवकेंद्रित विचार असतो. खरं तर मानव हाही पर्यावरणाचा एक घटक आहे, हे या विचारात विसरलं जातं आणि मानवाच्या कल्याणासाठी पर्यावरण असा हा विचार घडतो. यात काहीच चूक नाही. प्रत्येक सजीव हा स्वतःच्या वंश सातत्यासाठी आणि स्वसंरक्षणासाठी झटत असतो. तसा तो झटतो म्हणूनच आजच्या सजीव सृष्टीस आजचे स्वरूप प्राप्त झाले आहे, असं उत्क्रांतीचा अभ्यास करून आपण म्हणू शकतो. यामुळे मानवी व्यवहारांमुळे उद्या जर आज आपण बघतो, अनुभवतो, तशी सृष्टी राहिली नाही तर आजचा मानवही आज दिसतो तसा असणार नाही. सृष्टीबदलाच्या घडामोडीत मानव जात एकतर नव्या रूपात दिसेल किंवा नष्ट झाली असेल. हे घडायला आणखी काही लक्ष, दशलक्ष किंवा काही कोटी वर्षे जावी लागतील. म्हणजेच एकविसाव्या शतकात काही अस्मानी किंवा पृथ्वीवरील नैसर्गिक संकट आल्याशिवाय पर्यावरणाच्या परिस्थितीत साकल्यानं फार मोठा फरक पडेल असं वाटत नाही.

एखाद्या विषयाचं विवेचन करण्यापूर्वींच निष्कर्ष सांगून टाकणं हे लेखकाच्या दृष्टीनं फार धाडसाचं काम असतं पण आपण फक्त एकविसाव्या शतकाचा विचार न करता भविष्याचा म्हणजे पृथ्वीवरचा भविष्यकाळ, मानव आणि पर्यावरण अशा दृष्टीनं विचार करणार असल्यामुळे; ज्यांना फक्त एकविसाव्या शतकात, ते सुद्धा पूर्वार्धात काय घडणार याचीच माहिती हवी असेल त्यांना वेळीच मोकळं केलेलं बरं, म्हणून हे सांगून टाकलं. 'आप मेले जग बुडाले', अशी एक म्हण आहे. मानवी आयुष्य वाढलं तरी हा लेख विचारपूर्वक वाचणारी व्यक्ती पुढच्या शतकाच्या अखेरीस हयात असण्याची आणि कार्यक्षम असण्याची शक्यता अत्यल्प आहे. हे आपल्या सर्वांना मनातून कुठंतरी जाणवत असणारच. यातल्या बऱ्याच व्यक्ती जर आपण ज्या काळात हयात असणार नाही, त्या काळातल्या पर्यावरणाशी आपल्याला करायचंय काय? असं म्हणाली तर त्या व्यक्तीला दोष देण्यात काहीच अर्थ नाही. तिच्या दृष्टीनं ते बरोबरच आहे. पण...

मानवी इतिहासात आपण डोकावलो तर असं दिसतं की आपण मरणार हे ठाऊक असूनही मानवी मन त्यावर विश्वास ठेवायला तयार होत नाही. त्यामुळं आपण भरपूर जगणार आणि तो सर्वकाळ आपण सुखानं जगावं, आपल्या आप्तस्वकियांनी सुखानं जगावं, अशा कल्पनेनं बरीच माणसं वावरतात. त्यांच्या सुखाच्या कल्पना वेगवेगळ्या असतील पण त्या सुखाच्या मागं ही माणसं लागतात, म्हणून मानवी जमात, संस्कृती नावाची एक आकारविहीन कल्पना निर्माण करू शकली आणि आज आहे ह्या स्थितीत एकविसाव्या शतकाच्या उंबरठ्यावर येऊन पोहोचली. अशा व्यक्तींचं समाधान केवळ एकविसाव्या शतकातल्या पर्यावरणाची माहिती घेऊन होणार नाही. आणखी पुढं काय, कोणत्या शक्यता आज जाणवतात यांचीही या व्यक्तींना निकड भासणार, माहिती करून घ्यावीशी वाटणार, म्हणून पर्यावरणातील बदलांचा मागोवा घेत आपल्याला आणखी खूप खूप पुढं जावं लागणार आहे.

आपण आजच्या पर्यावरणास आदर्श पर्यावरण म्हणत नाही. विशेषत: शहरी पर्यावरणास तर मुळीच आदर्श पर्यावरण म्हणू शकत नाही. दोन पाचशे वर्षांपूर्वींच्या म्हणजे औद्योगिकीकरण होण्याच्या पूर्वींचं पर्यावरण हे आदर्श पर्यावरण मानायचं का? कारण त्या काळात पेट्रोलजन्य पदार्थ जाळले जात नव्हते. किंवा अणुऊर्जा निर्मिती केंद्रातून किरणोत्सर्जनांची गळती होत नव्हती.

या न्यायानं पृथ्वीवरचं आद्यपर्यावरण तर सर्वांत आदर्श पर्यावरण ठरायला हवं, त्या काळी तर प्रदूषण करण्यासाठी माणूस अस्तित्वात नव्हता; एवढंच नव्हे तर कुठलाही सजीवही अस्तित्वात नव्हता, इतकं आपण मागं जाऊ या आणि तिथून आजपर्यंतचे वातावरण आणि पर्यावरण कसं बदललं ते थोडक्यात पाहू या.

पुढं उडी मारायची तर थोडा मागं जाऊन स्टार्ट घ्यायला हवाच. तरच आपली उडी लांब पल्ल्याची ठरेल.

पृथ्वीच्या आद्य वातावरणात ऑक्सिजन नव्हता. मिथेन, सल्फर डाय ऑक्साईड आणि क्लोरीनची संयुगे असलेल्या या वातावरणात आजचा एखादा सजीव टिकू शकला असता; हे सुद्धा आज आपण म्हणू शकतो कारण सागरात खूप खोलवर सागरतळी उन्हाळी आहेत. त्या उन्हाळ्यांच्या तोंडाशी जे सजीव आहेत त्यांचा पंधरावीस वर्षांपूर्वी शास्त्रज्ञांना पत्ता लागला; आणि शास्त्रज्ञ आश्चर्यचकित झाले. अंटार्क्टिकात कायमस्वरूपी हिमावरणाखाली असलेल्या पाण्यात शास्त्रज्ञांना वनस्पती सापडल्या, ह्या दोन धक्क्यांमधून जीवशास्त्रज्ञ आत्ता जेमतेम सावरत आहेत. तर हे असे आजचे जीव कदाचित त्या काळात जगले असते.

त्या वातावरणात पहिला जीव कसा जन्मला असेल, याचा अजून शास्त्रज्ञांना नक्की पत्ता लागलेला नाही; पण त्याबद्दलचे बरेच विद्वत्तर्क (एज्युकेटेड गेस) करण्यात आलेले आहेत. कसंही असो हा पहिला सजीव पृथ्वीवर अवतरला तो ह्या अशा आजकालच्या दृष्टीनं विषारी वातावरणात अवतरला होता. ही घटना सुमारे ४ अब्ज वर्षांपूर्वी घडली. त्यानंतर तीन ते अडीच अब्ज वर्षांपूर्वी पृथ्वीवर काही एकपेशी सजीवांना प्रकाश संस्लेषणाच्या सहाय्यानं थेट ऊर्जा वापरायची किमया साध्य झाली. प्रकाश संस्लेषणाच्या प्रक्रियेत सहउत्पादन म्हणजे ऑक्सिजन. हळुहळू या प्रकाशसंस्लेषणाच्या सहाय्यानं ऊर्जेचा थेट वापर करू शकणाऱ्या सजीवांनी पृथ्वीवरचे सर्व सागर व्यापले. यामुळे हवेतलं ऑक्सिजनचं प्रमाण हळुहळू वाढू लागलं. यामुळे आधीचे विना ऑक्सिजन वाढणारे सजीव नाहीसे झाले आणि त्यांची जागा ऑक्सिजनने घेतली.

ह्या प्राण्यांच्या मदतीस आणखी एक प्रक्रिया आली. कार्बन-डाय-ऑक्साईड वायू पाण्यात मिसळून त्याचं आम्ल तयार होतं. या आम्लाचा मातीतल्या आणि पाण्यातल्या कॅल्शियमशी संयोग होऊन कॅल्शियम कार्बोनेटची निर्मिती होते. अशा तऱ्हेनं निर्माण झालेल्या चुनखडकांचे फार मोठे साठे सागरतळी निर्माण होतात. त्यात कार्बन-डाय-आक्साईड मोठ्या प्रमाणात अडकून पडतो. म्हणजेच वातावरणातील तेवढा कार्बन-डाय-ऑक्साईड काढून घेतला जातो. यामुळेही ऑक्सिजनवर जगणाऱ्या प्राण्यांचा फायदा होतो; कारण कार्बन-डाय-ऑक्साईड त्यांच्या दृष्टीनं प्राणघातक तर असतोच पण वातावरणात कार्बन-डाय-ऑक्साईड असेल तर काचघर परिणामामुळं वातावरणाचं सरासरी तापमान वाढतं. निसर्गानं वातावरणातील कार्बन-डाय-ऑक्साईड काढून घ्यायची आणखी एक सोय केली. बरेच सागरी प्राणी, त्यांची कवचं कॅल्शियम कार्बोनेटच्या सहाय्यानं तयार करतात. हे प्राणी मेले की ती कवचं सागरतळी जातात आणि कालांतरानं त्यांचा जीवाश्म बनतो. याचाही ऑक्सिजनवर

अवलंबून जगणाऱ्या प्राण्यांना फायदा होतो. हिमालयात, आल्प्समध्ये अशा तऱ्हेनं कोट्यावधी टन चुनखडकानं कार्बन-डाय-ऑक्साईड बंद करून ठेवलेला आढळतो. त्या आधीच्या काळातल्या चुनखडकांचं बऱ्याच ठिकाणी संगमरवरात रूपांतर झालेलं दिसून येतं. पृथ्वीवर जेवढे म्हणून घडीचे पर्वत आहेत त्यामधे इतर खडकांबरोबर फार मोठ्या प्रमाणात चुनखडक आढळतो.

सुमारे ६५ कोटी वर्षांपूर्वीपासून आपल्याला सजीवांच्या अस्तित्वाचे भक्कम पुरावे मिळतात. ४ अब्ज वर्षे ते १ अब्ज वर्षांपूर्वीपर्यंत पृथ्वीवर सजीव निश्चित वावरले पण त्यांच्या अस्तित्वाचे, त्यांच्या जीवनपद्धतीचे निश्चितस्वरूपी पुरावे मिळत नाहीत कारण ह्या प्राण्यांच्या शरीरात कठीण भाग नव्हते. त्यामुळे त्यांचे ठसे, कवचं वगैरे मागं राहिली नाहीत. शिवाय भूकवचातल्या निरनिराळ्या हालचालींमुळे आणि काही वेळा भूकवचांतर्गत घटनांमुळे त्या काळातल्या अवसादी (म्हणजे नद्यांनी आणलेला तसंच सागरतळी साठलेल्या गाळांपासून बनलेले) खडकांचे रूपांतर फार मोठ्या प्रमाणावर घडून आले. हे रूपांतरण होताना या खडकांवर खूप दाब आणि फार मोठ्या प्रमाणावर उष्णता यांचा प्रदीर्घकाल प्रभाव असतो. यामुळे यातले कार्बनी पदार्थ जळून जातात किंवा ओळखू येणार नाहीत इतके बदलतात. यामुळे ६५ कोटी वर्षांपूर्वीचे प्राणी कसे असावेत हे सांगणं फार अवघड आहे. मात्र त्यांच्या सरपटण्याच्या खुणा किंवा त्यांनी चिखलात तयार केलेले बोगदे काही वेळा आढळतात. त्यावरून त्याकाळात सजीव अस्तित्वात होते हे मात्र आपण सांगू शकतो. ते सर्व प्राणी किती होते, केव्हा नाहीसे झाले हे सांगणं अवघड असलं तरी ते नाहीसे झाले हे नक्की.

६५ कोटी वर्षांपूर्वी कवचधारी प्राणी अस्तित्वात आले. खूप फोफावले. त्यानंतर आजच्या संधिपाद प्राण्यांचे पूर्वज अस्तित्वात आले. फार मोठ्या प्रमाणावर त्यांच्या अस्तित्वाचे पुरावे उपलब्ध आहेत. दरम्यान वनस्पती जमिनीवर आल्या. हे सर्व प्राणी साधारणपणे ३५ कोटी वर्षांपूर्वी नाहीसे झाले. कां, कसे, कशाने? हे अज्ञात आहे. साडे तेवीस कोटी वर्षांपूर्वी डायनोसॉर अस्तित्वात आले. साडे सहा कोटी वर्षांपूर्वी डायनोसॉरांचा निर्वंश झाला. पृथ्वीवर एखादा मोठा लघुग्रह आदळला असावा आणि त्यात हा वंश होत्याचा नव्हता झाला असावा, असं म्हटलं जातं. यानंतर सस्तन प्राणी फोफावले. त्यातलेही खूप मोठमोठे प्राणी नाहीसे झाले. ते हिमयुगामुळं नाहीसे झाले असावेत असं म्हणतात. पृथ्वीवर वेळोवेळी अनेक हिमयुगं येऊन गेली. सध्याचा मानव हा दोन हिमयुगांमधल्या काळात वावरतोय असं म्हटलं जातंय; म्हणजे पृथ्वीवर वेळोवेळी अनेक वनस्पतींच्या जाती आणि प्राणी जातींचा 'येन केन प्रकारेण' निर्वंश झालेला आपल्याला दिसतो. सागराची पातळी वाढणे, हिमयुगात ती कमी होणे, कार्बन-डाय-ऑक्साईडचे प्रमाण वाढणे किंवा कमी होणे आणि पृथ्वीबाह्य वस्तूचे पृथ्वीवर आपटणे याशिवाय किंवा

याबरोबर ज्वलामुखींचे एकाएकी एकवटून झालेले उद्रेक (ज्यात दख्खनच्या पठारासारखी पठारे तयार करणाऱ्या बेसाल्ट खडकांच्या लाव्हाचा पूर येतो आणि हा लाव्हा भूप्रदेशावर पसरतो.) अशी वेगवेगळी कारणे सजीवांच्या वंशविच्छेदासाठी पुढे करण्यात येतात. प्रत्येक कारणाचा प्रायोजक त्याची बाजू मांडतो तेव्हा त्याचंच म्हणणं बरोबर असं वाटू लागतं. वरील प्रत्येक कारणाच्या अस्तित्वाचे पुरावे पृथ्वीवरल्या खडकांमध्ये उपलब्ध आहेतच. विरोधक ह्या पुराव्यांची चिरफाड करतात. काही बाबतीत शास्त्रज्ञात मतभेद असले तरी पृथ्वीवर अनेकवेळा अनेक प्राणिजाती निर्माण झाल्या, फोफावल्या आणि अचानक नाहीशा झाल्या या बाबतीत शास्त्रज्ञांचं एकमत आहे.

या जाती नाहीशा झाल्या त्यावेळी कुठल्या ना कुठल्या कारणाने पर्यावरणात अचानक बदल झाले आणि त्यामुळे या प्राणिजाती नष्ट झाल्या, असं म्हणणाऱ्या शास्त्रज्ञांची संख्या बरीच जास्त आहे; आणि या शास्त्रज्ञांना होणारा विरोध हळुहळू कमी होतोय. कधी सागराचं तापमान वाढल्यानं, कधी वातावरणात कार्बन-डाय-ऑक्साईड वाढल्यानं, कधी एकाएकी ज्वालामुखीचे उद्रेक झाल्यानं तर कधी लघुग्रह पृथ्वीवर आदळल्यामुळं. पण पृथ्वीच्या पर्यावरणात एकाएकी खूप बदल झाले की अनेक प्राणिजाती नष्ट होतात, असं शास्त्रज्ञांना वाटतं. वनस्पती इतक्या झटकन नाहीशा होत नाहीत, पण त्यांच्यातही बदल झालेत. आधी नेचे, मग प्रकटबीज वनस्पती, मग सपुष्प फलधारी वनस्पतींचं राज्य पृथ्वीवर आलं. अजूनही नेचे (फर्न्स) आणि प्रकटबीज (जिम्नोस्पर्म) वनस्पती पृथ्वीवर आढळतात पण सपुष्प वनस्पतींच्या मानानं त्यांचं प्रमाण क्षुल्लक आहे. असं असलं तरी एक पेशी वनस्पती, शैवाल आणि कवकं फार प्राचीन काळापासून अस्तित्वात आली असून ती अजूनही भरपूर प्रमाणात आढळतात पण त्यांच्या पूर्वजांची माहिती आणि त्यांच्यात कोणते बदल कसकसे घडत गेले हे सांगणं मात्र सोपं नाही; कारण त्यांचे जीवावशेष कठीण अवयवांच्या अभावी उपलब्ध नाहीत. प्राचीन वनस्पतींचा अभ्यास (पॅलिओबॉटनी) करणारे अभ्यासक प्राचीन प्राण्यांच्या अभ्यासकांइतके (पॅलिअेंटॉलॉजी) ठामपणे याच कारणाने बोलू शकत नाहीत. याचं कारण वनस्पतींच्या अभ्यासकांना पानांचे ठसे, वनस्पतींच्या सालींचे ठसे, त्यांचा बनलेला कोळसा आणि परागकण यावर अवलंबून राहावं लागतं. यामुळंच वनस्पतींना फुलं केव्हा येऊ लागली, ती रंगीत केव्हा बनली आदी गोष्टींबाबत ठोस पुरावे मिळणं जवळ जवळ अशक्यच मानलं जातं. ह्या पार्श्वभूमीवर आता आपण भविष्यकालीन पर्यावरणाचा विचार करायचा आहे. पर्यावरण म्हणजे केवळ मानव नव्हे तर जमिनीपासून आकाशापर्यंतच्या सजीव निर्जीवांचे परस्परसंबंध हेही आपण इथं लक्षात ठेवायला हवं. इथं आणखी एक गोष्ट लक्षात ठेवायला हवी ती म्हणजे होऊन गेलेल्या घटनांबद्दल भाष्य करणं सोपं असतंच पण त्याबद्दल ठामपणे बोलताही येतं. भविष्याबद्दल बोलणं अवघड

असतं. त्याबद्दल ठामपणे काही बोलणं बरेचदा आपलं हसू करून घेण्यास आमंत्रण ठरतं. तरीही भविष्याबद्दल तर्ककुतर्क करणं आपण थांबवू शकत नाही. याचं कारण ज्ञातसृष्टीत भविष्याबद्दल उत्सुक असलेला एकमेव सजीव म्हणजे माणूस, असं आपण म्हणू शकतो. यामुळेच ज्यावेळी आपल्या चुकांमुळे आपण स्वत:ला धोका निर्माण करतो तेव्हा ती चूक अक्षम्यच म्हणावी लागते.

पर्यावरणाच्या बाबतीत औद्योगिक क्रांतीनंतर अशा अनेक चुका घडल्या आहेत. गेल्या शतकात म्हणजे १८५० च्या सुमारास गिरण्यांच्या धुरांमुळे मँचेस्टर इथल्या आणि कारखान्यांच्या धुरामुळे लंडन इथल्या इमारती काळवंडल्याच, पण संगमरवराचे पुतळेही रासायनिक धुपण्यामुळे खराब झाले. त्याचवेळी कोळसा जाळून होणारा धूर हा माणसांबरोबर इमारतींनाही धोका पोचवतो हे लक्षात आलं होतं. त्याकाळात लंडन मधल्या श्रीमंतांपासून गरिबांपर्यंत दर तिसरा माणूस फुफ्फुसाच्या विकारानं आजारी होता. यापासून मानव जातीनं कोणताही धडा शिकायचा प्रयत्न केला नाही.

विसाव्या शतकात खनिज तेल जाळून निर्माण होणाऱ्या धुरामुळं प्रचंड प्रदूषण होतंच, पण त्यातलं शिसं हेही आरोग्यास घातक ठरतं हे लक्षात येऊनही या इंधनांचा वापर कमी करण्याचे प्रयत्न झाले नाहीत. आत्ता म्हणजे विसावं शतक संपत असताना त्यातलं शिसं कमी करायचा प्रयत्न सुरू आहे. मानवी लोकसंख्या प्रमाणाबाहेर वाढत आहे हे लक्षात येऊन सुद्धा ती कमी करायचे प्रयत्न झालेले नाहीत. पृथ्वीवरचे दोन प्रमुख धर्मपंथ म्हणजे कॅथॉलिक ख्रिश्चन आणि मुसलमान यांनी कुटुंबनियोजनास सतत विरोध केलेला आहे. याशिवाय अज्ञानामुळंही बऱ्याच समाजात लोकसंख्या वाढीचं प्रमाण फार मोठं आहे. या वाढत्या लोकसंख्येस अन्नवस्त्रनिवारा या प्राथमिक गरजा पुरवायच्या तरी फार मोठ्या प्रमाणावर ऊर्जेची आवश्यकता भासते; हे लक्षात येऊनही लोकसंख्या वाढ रोखण्याचे प्रयत्न म्हणावे तसे होत नाहीत; असे अनेक प्रश्न एकविसाव्या शतकात प्रवेश करताना मानवजातीसमोर उभे आहेत. यांची माहिती आपल्याला वेगवेगळ्या माध्यमातून होते आहेच. तेव्हा या माहितीच्या आधारे आपण आपल्या विचारांचं एकविसाव्या शतकात प्रक्षेपण केलं तर काय दिसतं.

एक आदर्श चित्र म्हणजे एकविसाव्या शतकाच्या सुरुवातीस जगातल्या सर्व शासनांच्या आणि शास्त्यांच्या लक्षात विसाव्या शतकातील पर्यावरणाची हानी होण्यास आपण कारणीभूत ठरलो हे लक्षात येऊन सर्व शासनांनी कडक कायदे करून पर्यावरणाची हानी टाळण्याचे प्रयत्न केले आहेत आणि सर्व प्रजाजन आपल्या शास्त्यांच्या सद्भावना लक्षात घेऊन हे कायदे कसोशीनं पाळताहेत; यामुळे हळुहळू जंगलं वाढताहेत, लोकसंख्या स्थिरावली आणि मग कमी झालीय; रसायनांचा सुरक्षित वापर केला जातोय त्यामुळं आम्ल पर्जन्य, रासायनिक हानी, ओझोन विवर असे प्रश्न हळुहळू नाहीसे झाले आहेत. ऊर्जेचा स्वच्छ मार्ग

मिळालाय त्यामुळंही हे प्रश्न आटोक्यात आले आहेत. अशा तऱ्हेची आदर्श परिस्थिती निर्माण करणं आपल्याला शक्य आहे पण ती होऊ शकत नाही. याची दोन कारणं आहेत.

या दोन कारणांमधलं सर्वात मोठं कारण म्हणजे अमेरिका आणि तिचा अनुनय करणाऱ्या प्रगत राष्ट्रांचा स्वार्थ; आणि दुसरं कारण म्हणजे विकसनशील देशांची अगतिकता. याशिवाय मग इतर चिल्लर कारणं असतीलही, पण ही दोन परस्परावलंबी कारणं जोपर्यंत दूर होत नाहीत तो पर्यंत पर्यावरणाची स्थिती सुधारणं अशक्य आहे. अमेरिकेवर माझा वैयक्तिक राग नाही, अमेरिकेनं माझं काहीही वैयक्तिक पातळीवर नुकसान केलेलं नाही. पण आजपर्यंत अमेरिकेनं मानवी हक्क आणि पर्यावरण या दोन विषयांचा स्वत:च्या स्वार्थासाठी जेवढा उपयोग करून घेतलाय तसा आणि तेवढा दुरूपयोग दुसऱ्या कुणीही केलेला नाही. मानवी हक्क हा आपला इथं विषय नाही त्यामुळे याबाबतीत मी लिहित नाही पण पर्यावरणाच्या बाबतीत एक, दोन उदाहरणं देतो.

दुसऱ्या महायुद्धानंतर पॅसिफिकमधली अनेक बेटं फ्रान्स आणि अमेरिकेनं वाटून घेतली. तांत्रिकदृष्ट्या युनोनं ही बेटं अमेरिका आणि फ्रान्सला संरक्षणासाठी दिली; खरं तर ह्या बेटांचं पालकत्व ह्या दोन देशांकडं देण्यात आलं होतं. या बेटांवरच्या नागरिकांकडे आधुनिक, (दुसऱ्या महायुद्धानंतरच्या) जगात स्वसंरक्षणाचं कोणतंही साधन नव्हतं. त्यांना गुलाम केलं जाऊ नये म्हणूनही सोय करण्यात आली होती. पुढं या देशातील लोकांना लोकशाही पद्धतीनं राज्यकारभार करण्याची जाणीव झाली की ही बेटं स्वतंत्र होणार होती. थोडक्यात म्हणजे ह्या बेटांचं ती वयात येईपर्यंतचं पालकत्व फ्रान्स आणि अमेरिकेकडे देण्यात आलं होतं. आपल्या पाल्याला कसं वागवू नये याचे धडे या दोन देशांनी जगाला दिले. या बेटावरल्या मूळ रहिवाश्यांना जबरदस्तीनं हलवून त्यांना दुसरीकडं नेऊन टाकलं. त्यांच्या मूळ बेटांवर यांनी अणू चाचण्या घेतल्या. त्या अणू चाचण्यांचे दुष्परिणाम या विस्थापितांनाच भोगावे लागले.

त्यानंतर ज्या ज्या वेळी अमेरिकेचा स्वार्थ आड आला त्या त्यावेळी अमेरिकेनं पर्यावरण रक्षणाला विरोध केला; आणि जेव्हा स्वार्थ साधला जात होता; त्यावेळी पर्यावरण रक्षणाच्या नावाखाली इतर देशांना दमदाटी केली. ही दमदाटी सुद्धा फ्रान्स, इंग्लड, जपान किंवा बहुराष्ट्रीय कंपन्यांच्या अपराधांवर पांघरूण घालून किंवा पांघरूण घालण्यासाठी केली गेली हा इतिहास स्वतंत्र लेखाचा विषय आहे.

आज आपल्याला भविष्यातील पर्यावरण कसे असेल याबद्दल जी माहिती आहे ती अमेरिकन लष्कराच्या प्रयोगांमधूनच झाली हे वाचून बऱ्याच जणांना आश्चर्य वाटेल. दुसऱ्या महायुद्धात विमानदलाचा फार मोठ्या प्रमाणावर उपयोग करून

घेण्यात आला. त्याकाळात हवामानाच्या अंदाजाचं महत्त्व अमेरिकन लष्कराच्या लक्षात आलं. त्यानंतर अणुचाचण्यांमधून निर्माण होणारे किरणोत्सर्जन किती दूरवर पसरते आणि त्याच्या सहाय्यानं रशियन अण्वस्त्र चाचण्यांचा शोध घेता येईल हे लक्षात आल्यावर अमेरिकेत हवामान खात्याला फार महत्त्व प्राप्त झाले.

हवामान खात्याच्या आर्थिक अंदाजपत्रकात जरी लष्करासाठी होणारा खर्च दाखवला गेला नाही तरी लष्कराचं हवामान खातं आणि नागरी हवामान खातं यांच्यात अतूट नातं निर्माण झालं होतं. पुढे अवकाशात मानव निर्मित उपग्रह सोडले गेले. त्यांचा हेरगिरीसाठी उपयोग केला जाऊ लागला. त्यावेळी अमेरिकेत हवामानाचं नियंत्रण करून रशिया आणि पूर्व युरोपीय रशियन अधिपत्याखालील राष्ट्रांत दुष्काळ पाडता येईल आणि त्यांना नामोहरम करता येईल अशा तऱ्हेचा विचार बळावला. याबाबत बरेच प्रयोग झाले. त्यामुळे अमेरिकेला हवामानावर जरी नियंत्रण मिळवता आले नाही तरी हवामानाचा अंदाज बऱ्याच अंशी अचूक वर्तविता येऊ लागला. याचा फायदा अमेरिकेनं वेळोवेळी घेतला. रशियात जास्त थंडी पडून युक्रेन आणि सैबेरियातलं गव्हाचं पिक चांगलं येणार नाही हे कळलं की अमेरिकन गव्हाचा साठा चढ्या दरानं विक्रीस काढणे वगैरे प्रकार १९६५ सालापासूनच सुरू झाले होते. किंबहुना अमेरिका आणि कॅनडात गव्हाची साठेबाजी सुरू झाली की रशियात दुष्काळ पडणार की काय अशी विचारणा राजकीय तज्ज्ञ करू लागले होते. ''वेदर वॉरफेअर, फॉट बाय ग्लोबल सुपर पॉवर्स इज बियाँड द रिआम ऑफ सायन्स फिक्शन. इट इज इन द प्लॅनिंग स्टेजेस.' असा सीआयएचा रिपोर्ट इ.स. १९७० मध्ये सांगत होता. अमेरिकेच्या नॅशनल सायन्स फौंडेशनच्या शास्त्रज्ञांनी यामुळे फार गंभीर आर्थिक आणि सामाजिक परिणामांना तोंड द्यावं लागेल असा इशाराही १९७१ गधे अमेरिकन शासनाला दिला होता.

अमेरिकन लष्कराची सर्व दलं, नासा ही अवकाश संस्था, अमेरिकेचं गृहखातं, अमेरिकेचं नागरी विमान वाहतूक खातं, अणुऊर्जा खातं, शेती विभाग आणि सागर संशोधन संस्था या हवामान विषयक– विशेषत: हवामान नियंत्रण करण्यासाठी हे संशोधन चालू असतं; असं जाहीर झालंय. याशिवाय सीआयएचा एक खास विभाग इतर देशांच्या हवमान संशोधनावर लक्ष ठेवत असतो. अमेरिकेच्या वनविभागातर्फे ढगात तयार होणारी वीज हव्या त्या ठिकाणी पाडता येईल का या विषयी किमान वीस वर्षे संशोधन चालू आहे. आता शीतयुद्ध संपल्यावर ज्या गोष्टी बाहेर आल्या आहेत त्या पाहता रशियात जास्त बर्फ कसं पाडता येईल या विषयी संशोधनावर अमेरिकेनं खूप खर्च केला होता. सहारा वाळवंटाच्या खोलगट भागात सागरी पाणी आणून भूमध्य सागराच्या आसपासच्या देशांच्या हवामानात बदल घडवून आणण्याची एक योजनाही पुढं आफ्रिकन देश स्वतंत्र होऊन अमेरिकेशी फटकून वागू लागल्यावर

सोडून देण्यात आली. अमेरिकेतल्या नेवाडा प्रांतातील वाळवंटाच्या दिशेनं सागरी वावटळी वळवून तिथं पाऊस पाडता येईल का, यावर प्रदीर्घ विचार झाला होता. आजही शंभराहून अधिक 'वेदर मॉडिफिकेशन' प्रकल्प अमेरिकेच्या विचाराधीन आहेत. हे प्रकल्प राबविण्यासाठी फार मोठ्या प्रमाणावर मानवनिर्मित उपग्रहांची मदत घेण्यात येत आहे. एवढंच नव्हे तर अमेरिकेनं भारताकडेही भारतीय उपग्रहांनी वेगवेगळ्या भूभागांची घेतलेली छायाचित्रे (यांना शास्त्रीय परिभाषेत भास प्रतिमा म्हणतात.) विकत मागितली आहेत. अशा प्रकारचं संशोधन दिवसेंदिवस वाढतच जाणार आहे.

या संशोधनाचा उपयोग कसा करता येईल याची चुणूक 'गलिव्हर्स ट्रॅव्हल' मध्ये आपल्याला बघायला मिळते. एक बेट हवेत असतं. ते एखाद्या भूप्रदेशावर जाऊन छत्रीसारखं स्थिर राहतं. मग त्याखालच्या देशाला ऊन मिळत नाही, पाऊस पडत नाही. संशोधन चांगलं किंवा वाईट नसतं हे इथं आपण लक्षात ठेवायला हवं. ते वापरणाऱ्या माणसाची किंवा नेत्याची वृत्ती ही महत्त्वाची असते. जर वाईट नेते मिळाले तर एकविसाव्या शतकात पर्यावरणाचा नाश ठरलेला आहे. कारण हवामान नियंत्रणामुळं हे नेते शत्रूच्या प्रदेशातील पर्यावरणाचा नाश करू शकतात. सद्दामने पेटवून दिलेल्या कुवेती तेलविहिरींनी पार्शियाच्या आखाताचं झालेलं नुकसान बघितलं तर हवामान बदलल्यावर पर्यावरणाचं किती वाटोळं होऊ शकतं ते लक्षात येईल. पार्शियाचं आखात पुन्हा पूर्ववत व्हायला पुढच्या शतकाचा मध्य उजाडेल असं म्हणतात.

पर्यावरणाचा किंवा हवामान बदलाचा शस्त्र म्हणून वापर केला जातो तेव्हा असा वापर करणारे एक महत्त्वाची गोष्ट विसरतात, ती म्हणजे मानवानं आखलेल्या सीमारेषा निसर्गाला मान्य होत नाहीत. निसर्गाचं चक्र फिरतं ते त्याच्या वेगळ्याच परिमाणांमध्ये, त्याला मानवी बंधनं नसतात. यामुळं दुसऱ्या देशाचं हवामान बदलायला निघालेल्या देशावर पश्चात्ताप करायची पाळी येणं शक्य असतं.

याच बरोबर पावसावर नियंत्रण ठेऊन आलेल्या ढगातलं पाणी पाडायची व्यवस्था करणं शक्य झालं तर शहरांवर पडून वाया जाणारा पाऊस धरणांच्या पाणलोट क्षेत्रात पाडून दुष्काळाविरुद्ध उपाय योजना करणंही शक्य होईल. तसंच शेतीचं नुकसान टाळणंही शक्य होईल. केवळ पाऊसच नव्हे तर अतिथंडी, अति हिमवर्षाव, फ्रॉस्ट (म्हणजे हिमकणयुक्त धुकं) वगैरे निसर्गाविष्कारांनी होणारं नुकसान टाळता येईल. यात शेतीबरोबर रस्त्यांवर होणारे अपघातही टाळता येतील.

सध्याच्या माहिती विस्फोटाच्या युगात घरोघर संगणक झाले तर पुढच्या २४ तासात कुठं, कधी, केव्हा पाऊस पडेल, हवा कशी असेल. मुंबई-पुण्यासारख्या शहरांमध्ये एका उपनगरातून दुसरीकडं जाताना त्या त्या उपनगरात कुठल्या वेळी पावसाची शक्यता आहे, हे कळू शकेल.

काही वेळा हवामान तज्ज्ञाचा उपयोग गुन्ह्याचा शोध लावण्यासाठी होऊ शकतो. हे शास्त्र पुढल्या शतकामध्ये अधिक पूर्णत्वाकडं झुकलेलं असेल. या शास्त्राचा उपयोग कसा केला जातो याचं एक उदाहरण पाहू या. फेब्रु. १९७८ मध्ये एका आठ वर्षाच्या मुलीचा खून झाला. ती मुलगी नाहीशी झाल्याचं लक्षात आल्यापासून चार दिवसांनंतर तिचं प्रेत सापडलं होतं. ज्या व्यक्तीवर संशय होता त्या व्यक्तीविरुद्ध पुरावा मिळणं अवघड होतं कारण त्या व्यक्तीच्या हालचालीचे साक्षीदार ती व्यक्ती सादर करू शकत होती. पोलिसांनी डेव्हिड मरडॉक या हवामान शास्त्रज्ञाची मदत मागितली. त्या मुलीच्या चेहेऱ्यावरंच बर्फ प्रेत सापडताच मरडॉकनी तपासलं होतं. त्या बर्फाचे स्फटिक तयार झाले होते. याचा अर्थ मुलीच्या प्रेतावर बर्फ पडून नंतर ते वितळलं होतं आणि मग त्यांचं स्फटिकीकरण झालं होतं. यावरून मरडॉकनी मुलीच्या मृत्यूची नक्की वेळ निश्चित केली. त्यावेळी आपण कुठं आणि कुणाबरोबर होतो हे तो संशयित सांगू शकला नाही; आणि पोलिसांकडे त्यानं गुन्हा कबूल केला.

वाऱ्याबरोबर येणारे परागकण, वाऱ्याच्या वेगानं दूरवर ऐकू जाणारी किंकाळी अशा अनेक गोष्टी हे वेदर डिटेक्टिव सांगू शकतात. पुढच्या शतकात हे शास्त्र अधिक प्रगत होईल. याचं कारण त्या शास्त्राला उपग्रह आणि संगणक यांची होणारी मदत. यामुळे केवळ गुन्हा अन्वेषणच नव्हे तर हवामानाचा लहरीपणा ताडून त्याचा मर्यादित फायदा उठविता येईल. मात्र हवामानावर शंभर टक्के नियंत्रण ठेवता येणं मात्र अशक्य आहे.

आता प्रश्न उद्भवतो पर्यावरणाचा. पर्यावरण ही एक सतत बदलती नैसर्गिक प्रणाली आहे. आपल्या महाराष्ट्राचा जरी विचार केला तर हा भूभाग कोणे एकेकाळी जेव्हा माणूसही अस्तित्वात नव्हता त्यावेळी दक्षिण आफ्रिका, अंटार्क्टिका आणि ऑस्ट्रेलियास जोडलेला होता. हे खंड फुटले तेव्हा तिथे खूप मोठ मोठी जंगलं होती. त्यात घारीच्या आकाराचे चतूर होते. ऑस्ट्रेलिया आणि दक्षिण भारतीय भूभाग पूर्वेकडं निघाले, मग उत्तरेकडं आले. त्यानंतर त्यांच्यातही फाटाफूट झाली. ऑस्ट्रेलिया अग्नेयेस गेला, दक्षिण भारतीय द्वीपकल्प उत्तरेकडं निघून सध्याच्या तिबेटखाली घुसलं आणि या धडकेमुळं हिमालय निर्माण झाला. तिकडं आफ्रिकन खंड उत्तरेकडं धडका मारू लागलं आणि आल्प्सची निर्मिती झाली. यामुळं संपूर्ण जगाचंच वातावरण बदललं. या सर्व प्रकारात अनेक प्राणिजाती नष्ट झाल्या. दक्षिण भारतीय भूखंड उत्तरेकडं सरकायला सुरुवात झाली त्यावेळी त्याच्यावर लाव्हाचे थर पसरले. ही साडे सहा कोटी वर्षापूर्वीची गोष्ट. त्याचवेळी डायनोसॉर नाहीसे झाले. त्यानंतर हिमालयाच्या उत्थानामुळं पुन्हा एकदा असाच उत्पात घडला. त्यानंतर पृथ्वीवर एक हिमयुग आलं. या घटना सतत चालूच असतात. या घटनांना जो कालखंड लागतो

त्यामानानं एकंदर मानवी इतिहास इतका अत्यल्प आहे की या घटनांचा आवाका फार थोड्या माणसांच्या– या विषयाच्या अभ्यासकांच्या जेमतेम लक्षात येतो. अशा घटना केव्हा घडतात, कशा घडतात हेही आपल्या नीटसं लक्षात येत नाही. यामुळे पर्यावरणावर फार मोठा परिणाम घडून येत असतो. असे काही निसर्गाविष्कार आपण बघणार आहोत ज्याला आपण भूकंप म्हणतो. त्यांच्या मागची कारणं वेगवेगळी असतात. भूकवचाच्या खाली खोलवर घडणाऱ्या वेगवेगळ्या हालचाली हे भूकंपांचे प्रमुख कारण. गेली कित्येक लक्ष वर्षे साठलेला ताण सुसह्य करायच्या भूकवचाच्या प्रयत्नात भूकंप घडतात, असं आपण थोडक्यात म्हणू शकतो. आपल्या परिचयाचंच उदाहरण घ्यायचं तर भारतीय द्वीपकल्पाचं घेता येईल. हे द्वीपकल्प प्रतिवर्षी दीड ते तीन सें.मी. ईशान्येस सरकतंय. ते तिबेटचं पठार उचलायचा प्रयत्न करतंय. या घडामोडीत या द्वीपकल्पात भूकवचाच्या तळावर थोडाफार ताण पडणार; उत्तरेच्या बाजूनं त्यावर तिबेट पठाराचं वजन असल्यामुळं दक्षिणेकडं ते एखादा मिलीमीटर किंवा दोन मिलीमीटर प्रतिवर्षी (हा वेग नक्की ठाऊक नाही) किंवा दर दहा वर्षास उचललं जाणार त्यामुळे भूकंप होणार. ते केव्हा होणार हे आपण सांगू शकत नाही. भूकवचांच्या ह्या हालचाली काही वेळा काही सें.मी. असतात तेव्हा मोठे भूकंप घडतात. अशा काही भूकंपात नद्यांचे प्रवाह बदलतात, प्रवाहांच्या दिशा बदलतात. मग साहजिकच त्याचा पर्यावरणावर परिणाम होतो. हे एकविसाव्या शतकात घडेलच असं नाही पण घडणार नाहीच असंही नाही.

अशाच हालचालींनी भारताचा पश्चिम किनारा वेळोवेळी दोन ते तीन मीटर उचलला गेला किंवा सागराच्या लाटांखाली बुडाल्याचे पुरावेही उपलब्ध आहेत. याला जशा भूभौतिक हालचाली कारणीभूत आहेत त्याचप्रमाणे जागतिक सागरी पातळीची वाढही कारणीभूत आहे. अशा घटना हळुहळू घडत असतात. त्या मानवी निरीक्षकांच्या लक्षात उशीरा येतात; एवढंच.

पर्यावरणावर परिणाम करणारा दुसरा मोठा दृश्य घटक म्हणजे ज्वालामुखी. एक ज्वालामुखी एका उद्रेकात, सर्व मानवी कारखाने एका वर्षात वातावरणात जेवढा सल्फर-डाय-ऑक्साईड, क्लोरीनची संयुगे आणि कार्बन-डाय-ऑक्साईड व कार्बन मोनॉक्साईड सोडू शकतो. क्राकाटोआ सारखा महास्फोट असेल तर हे प्रदूषण आणखी प्रचंड असतं. ती एक नैसर्गिक प्रक्रिया असते त्यामुळे तिला प्रदूषण म्हणणं मात्र योग्य होणार नाही; याच ज्वालामुखींमुळे आपल्याला सुपिक जमीन मिळाली हे विसरून चालणार नाही. महाराष्ट्रातील काळी माती ही ज्वालामुखीजन्य खडकांच्यापासून तयार झाली आहे. पृथ्वीवरले गंधक आणि पाण्याचे साठे हेही ज्वालामुखींमुळेच आपल्याला उपलब्ध झाले आहेत. पर्यावरणावर परिणाम करणारा आणखी एक घटक म्हणजे पर्जन्य. पर्जन्यनिर्मिती ही एक फार गहन प्रक्रिया आहे.

इतकी शतके पर्जन्याचा मागोवा घेऊनही आपल्याला पर्जन्याच्या निर्मितीतले सर्व घटक अजून कळलेले नाहीत. पृथ्वी हे एक प्रचंड मोठं यंत्र असून ते सूर्यापासून ऊर्जा मिळवतं. ती सागरी पाण्यात साठवतं. हे पाणी ही उष्णता घेऊन दोन्ही ध्रुवांकडं जातं; तिथून थंड पाणी त्याच वेळी विषुववृत्ताकडं येतं. ते पुन्हा तापतं. दरम्यान वाफ तयार होऊन वातावरणात साठत असते. पृथ्वी पश्चिमेकडून पूर्वेकडे अशी स्वत:भोवती फिरते त्या गतीचाही या पाण्याच्या साठ्यावर परिणाम होतो व ते ही पूर्वेकडे फेकले जाते. उत्तर गोलार्धात ते उत्तरेकडे तर दक्षिण गोलार्धात दक्षिणेकडे फिरते. उत्तर गोलार्धात जमीन जास्त असल्यानं ते जमिनीला अडते. दरम्यान त्याच्यावर चंद्राच्या आकर्षणाचा परिणाम होत असतो. ते हवेतला प्राणवायू आणि कार्बन-डाय-ऑक्साईड वायू शोषून घेत असते. सागरतळी एखादा ज्वालामुखीचा उद्रेक झाला तर त्याचा या यंत्रणेवर परिणाम होत असतोच शिवाय इतरही अनेक घटक या संपूर्ण यंत्रणेवर परिणाम करतात. या यंत्रणेचा एक भाग म्हणजे वातावरणात साठलेली पाण्याची वाफ पर्जन्य किंवा हिमरूपात जमिनीवर परतणे.

वनस्पतींचे परागकण, धुळीचे सूक्ष्म कण, यामुळे पावसाचे थेंब तयार व्हायला मदत होत असते. वनस्पती नाहीशा होणं यामुळे त्या त्या भूभागात पावसाचा परिणाम करते. त्या ऐवजी शहरातून वाहनांच्या आणि कारखान्यांच्या धुरातून हवेत जाणारे कण या परागकणांचं काम करतात. फक्त त्यामुळे पावसाचं स्वरूप बदलून त्यांचं आम्ल पर्जन्यात रूपांतर होतं. इथं पर्यावरणावर माणसाच्या परिणामाला सुरुवात होते. आम्ल पर्जन्याचं प्रमाण दिवसेंदिवस वाढतं आहे, ही बाब चिंता करण्यासारखी निश्चितच आहे. मुख्य म्हणजे आम्लकारक घटक एके ठिकाणी मिसळतात. ढगांबरोबर वाहून नेले जातात आणि दुसऱ्याच ठिकाणी नुकसान करतात.

आम्ल पर्जन्यामुळं वनस्पती मरतात, मासे नाहीसे होतात, जमीन नापिक बनते, जमिनीतले क्षार आम्ल पाण्याशी प्रक्रिया होऊन वाहून नेले जातात. पुढील शतकात कारखाने वाढले तर आम्ल पर्जन्य वाढणार, हे उघड आहे.

माणूस आणखी दोन प्रकारे पर्यावरणावर फार मोठ्या प्रमाणावर घाला घालतो, याला कारण वाढत्या लोकसंख्येसाठी लागणारं अन्न आणि निवारा. हा प्रश्न एकविसाव्या शतकात वाढत जाणार आहे. इ.स. २०५० मध्ये पृथ्वीची जनसंख्या दुप्पट होईल असं आजची आकडेवारी सांगते. एवढी लोकसंख्या वाढली की शहरं फुगतील. शहरांच्या परिसरातील शेतजमिनीवर घरं होतील. यामुळे नवीन शेतजमिनी मिळवण्यासाठी जंगलांची तोड होणं अपरिहार्य ठरेल. बरं, शेती करणारे माणसाच्या आवश्यकतेनुसार पीकं काढत नाहीत. ज्या पिकाला पैसा मिळतो तेच पीक घेण्याकडं त्यांचा कल असतो. शेतीत विकसनशील देशात ज्या पद्धतीनं पाणी

वापरलं जातं त्यानं शेत जमिनीचा तोटा तर होतोच पण ७० ते ९०% पाणी अनावश्यकरित्या वापरलं जातं. त्यात कीडनाशकं मिसळून ते प्रदूषित होतं. जमिनीत मुरतं आणि वाया जातंच पण त्यामुळं भूजलाचंही अपरिमित नुकसान होत असतं. पिकांचं उत्पन्न जास्त मिळावं म्हणून जे खत घातलं जातं ते जलप्रवाहात मिसळलं की तिथल्या वनस्पतींचं आयतंच फावतं, त्यांचीही बेसुमार वाढ होते. यामुळे अधिक जमीन शेतीसाठी मिळवली तरी सर्वांना खायला मिळेल एवढं अन्न मिळणार नाहीच पण वापरातल्या जमिनीस खार फुटून त्या वाया जाण्याचीही शक्यता अधिक; यावर अनेक सभा, चर्चासत्रे झाली आहेत पण नळी फुंकीली सोनारे, इकडून तिकडून गेले वारे असाच त्यांचा उपयोग झाला आहे.

एकविसाव्या शतकात या माणसांना निवारा पुरवावा लागणार. लाकडाची किंवा दगडाची घरं बांधण्याचा जमाना आता मागं पडलाय. एवढ्या जनसंख्येस लाकडी किंवा दगडाची घरं पुरवायची तर पर्यावरणाचं अपरिमित नुकसान होणार कारण अनेक मजली घरं बांधणं शक्य होणार नाही म्हणून मानवी वस्ती आडव्या वाढतील. यावर उपाय म्हणून अनेक मजली सिमेंट-काँक्रिटच्या इमारती बांधाव्या लागतील. अगदी सिमेंट काँक्रिटच्या इमारती बांधल्या तरी त्यासाठी जे साहित्य लागतं ते मिळवताना पर्यावरणाचं नुकसान होतच रहाते. एकविसाव्या शतकात ते अधिक मोठ्या प्रमाणावर होईल, कसं ते आपण पाहू या.

आधुनिक घरात सिमेंट काँक्रीट आणि लोखंडी सळ्यांचा वापर असतो. या लोखंडी सळ्यांसाठी लोह खनिज उकरून काढावं लागतं. तर सिमेंट निर्मितीत कॅल्शियम कार्बोनेटयुक्त चुनखडक वापरला जातो. गेली कित्येक वर्षे हा कॅल्शियम कार्बोनेट चुनखडकांमध्ये बंदिस्त होता. या कॅल्शियम कार्बोनेटचं विघटन झालं की त्यातला बंदिस्त कार्बन-डाय-ऑक्साईड वायू मोकळा होऊन हवेत मिसळतो. दरवर्षी किती कोटी टन सिमेंट बांधकामात वापरलं जातं याचा आपण कधी विचार केलाय का? ही आकडेवारी सहज उपलब्ध होऊ शकेल. दरवर्षीचे वेगवेगळ्या सिमेंट कंपन्यांचे वार्षिक अहवाल वृत्तपत्रात प्रसिद्ध होतात त्यावर नजर टाकली तरी पुरे; म्हणजे त्या प्रमाणात आपण कार्बन-डाय-ऑक्साईड वातावरणात मिसळून देतो. हे प्रमाण एकविसाव्या शतकात खूपच वाढणार आहे. मोटारी आणि इतर वाहने कार्बन मोनॉक्साईड आणि कार्बन-डाय-ऑक्साईड वातावरणात सोडतातच. त्याच्या कितीतरी पटीनं जास्त कार्बन-डाय-ऑक्साईड वातावरणात मिसळतो.

वातावरणातलं कार्बन-डाय-ऑक्साईडचं प्रमाण वाढलं की हरितगृह परिणाम वाढतो; म्हणजे पृथ्वीवर सूर्यकिडून येणाऱ्या प्रारणांनी पृथ्वी तापते पण पृथ्वीकडून अवकाशात जाणारी उष्णता अडवली जाते. ही उष्णता वाढली की सागरी पाण्याची वाफ जास्त प्रमाणात होते. त्यामुळे पर्जन्यमान वाढते. त्याचबरोबर कायमस्वरूपी

हिमटोपांमधलं बर्फही वितळू लागतं. हिमरेषा ध्रुवीय प्रदेशात मागं हटते तर पर्वतांवर वर जाते. यामुळे इतके दिवस बर्फ असलेलं पाणी वाहू लागतं. सागराची पातळी वाढते. अशी पातळी वाढली तर बांगला देश, मालदीव, पॅसिफिकमधली अनेक बेटं, युरोपच्या उत्तरेकडचे बरेच देश यांचं फार मोठ्या प्रमाणावर नुकसान होईल. जंगलातली सर्व महत्त्वाची व्यापारी शहरं सागरकाठी आहेत. त्यांचे बरेच मोठे भाग पाण्याखाली जातील. लाटांच्या माऱ्यामुळं किनाऱ्यांची मोठ्या प्रमाणावर धूप होईल. एकविसाव्या शतकात हे घडायचं नसेल तर माणसानं नीट वागायला हवं. मुख्य म्हणजे लोकसंख्येवर कडक नियंत्रण ठेवायला हवं. हळुहळू लोकसंख्या स्थिर करून पुढं ही संख्या कमी करायला हवी. प्रदूषण कमी होईल यासाठी प्रयत्न करायला हवेत.

हे सगळं करून सुद्धा निसर्गानं मनात आणलं तर हे सर्व प्रयत्न फोल ठरू शकतात. त्यांची चर्चा इथं करणं शक्य नाही; पण फार पुढे काहीही घडलं तरी नजिकचा भविष्यकाळ सुखाचा करायचा की विनाशाकडं वाटचाल करायची, हे शेवटी आपल्याच हाती आहे; पण...

... हा लेख लिहिताना पुढच्या शतकात अण्वस्त्र वापरून युद्ध होणार नाही हे गृहीत धरलं आहे, हे लक्षात ठेवायला हवं.

विज्ञानकथा आणि पर्यावरण

'विज्ञान कथांमधील पर्यावरण' हा विषय ऐकल्यावर वाचक कदाचित दचकतील पण तसं दचकण्याचं काहीच कारण नाही. किंबहुना पर्यावरणवादी चळवळ अस्तित्वात येण्याच्या कितीतरी आधीपासून विज्ञान कथाकार विज्ञान तंत्रज्ञानाचे धोके लक्षात आणून द्यायची कामगिरी करत आले आहेत. अनेकदा हेटाळणीनं अशा विज्ञान कथांना 'निराशावादी विज्ञानकथा' असं म्हटलं जातं. पण प्रत्येक गोष्टीची किंमत मोजावी लागते त्यानुसार वैज्ञानिक आणि तांत्रिक प्रगतीची किंमतही मानवास मोजावी लागणारच, असा सूर लावणाऱ्या बऱ्याच विज्ञानकथा लिहिल्या गेल्या. या कथांतून 'पर्यावरणाची हानी', हेच सूत्र नसेल पण प्रदूषण, वाढती लोकसंख्या आदी प्रश्नांची परिणती पर्यावरणाच्या हानीत होणार हे वेळोवेळी स्पष्ट करण्यात आलेलं होतं.

याबद्दल अधिक माहिती घेण्यापूर्वी विज्ञानकथा म्हणजे काय, आणि कशाला विज्ञानकथा म्हणायचं नाही, हे आपण पाहू या. सायकलची आत्मकथा, स्टोव्हचे आत्मकथन, वाफेचं इंजिन बोलते अशा तऱ्हेचं लेखन म्हणजे विज्ञान कथा नव्हे तर विज्ञान आणि तंत्रज्ञान यांचा मानवी जीवनावर होणारा परिणाम ज्यातून सहजपणे प्रकट होतो अशा कथा. साधारणपणे जी कथा लिहिली जाते, त्या काळातल्या विज्ञानाची प्रगती कोणत्या दिशेनं होते याचा मागोवा घेऊन भविष्यकाळातलं मानवी जीवन कसं असेल याचा विज्ञानकथा विचार करते. त्यात मानव हाच मध्यवर्ती घटक असतो आणि मानवी व्यवहारांचंच या कथांमधून बहुतेकवेळा चित्रण करण्यात येतं.

मानवी व्यवहारात पर्यावरण हे महत्त्वाची भूमिका बजावत असतं. पर्यावरणाचा परिणाम घडून सजीवांची उत्क्रांती झाली. त्या उत्क्रांतीच्या शिडीची आजमितीची

अखेरची पायरी म्हणजे मानव; यातला 'आज मितीची अखेरची पायरी' हा शब्दप्रयोग महत्त्वाचा. आपण कितीही नाकारायचा प्रयत्न केला तरी उत्क्रांती ही एक न थांबणारी, न संपणारी नैसर्गिक प्रक्रिया आहे. यामुळे आज ना उद्या मानवातल्या उणीवा निसर्गाला जाणवतील आणि त्या उणीवा दूर करायचा निसर्गाचा प्रयत्न असेल. यातून मानवजातीपेक्षा अधिक सुयोग्य अशी सजीव जात कदाचित पृथ्वीवर पुढे अस्तित्वात येऊ शकेल याची विज्ञानकथाकारांना जाणीव असते. त्याच बरोबर पृथ्वीवरचं पर्यावरण बदलण्यास सध्या इतर कुठल्याही नैसर्गिक घटकापेक्षा मानवी जीवन व्यवहार जास्त जबाबदार आहेत याची जाणीवही विज्ञान कथाकारांना फार पूर्वीपासून झाल्याचं दिसून येते.

विज्ञान कथाकारांनी केवळ पृथ्वीवरील पर्यावरणाचाच विचार केला आहे असंच नाही, तर त्यांनी आपल्या सूर्याभोवती फिरणारे इतर ग्रह आणि आकाशगंगेत इतरत्र असलेल्या सजीवांचे पर्यावरण याचाही वेळोवळी विचार केलेला आढळतो. केवळ कार्बनवर आधारित सजीव कसे असतील याचा विचार करून विज्ञान कथाकार थांबत नाहीत. काही विज्ञानकथांमध्ये श्रृंखला तयार करणाऱ्या इतर मूलद्रव्यांचा मूलाधार घेऊन वाढणाऱ्या सजीवांबद्दलही विचार आढळतो. यात सिलिका आणि गंधक ही मूलद्रव्ये गृहीत धरली जातात. अशा तऱ्हेच्या प्राण्यांच्या जीवनक्रिया या ऑक्सिजनवर आधारित असतीलच असं नाही. त्यांच्या दृष्टीनं ऑक्सिजन विषारीही ठरू शकतो. अशा प्राण्यांच्या दृष्टीनं मानव किंवा पृथ्वीवरील इतर प्राण्यांना आवश्यक असं पर्यावरण हे प्रतिकूल ठरणार हे उघडच आहे. यामुळे यांचा मानवी संस्कृतीशी झालेला संघर्षही आपल्याला बघायला मिळतो. तर काही वेळा मानव आणि असे सजीव परस्परांशी संपर्क साधण्याचा प्रयत्न करताना गमतीशीर प्रसंगही निर्माण होतात.

विज्ञान कथांतील पर्यावरणात एक मुद्दा वारंवार दिसून येतो. याला 'पृथ्वी सादृशीकरण' असं नाव आहे. इंग्रजीत याला टेरॅफार्मिंग असं म्हणतात. मानव ज्या परग्रहावर वसाहत करणार तिथलं पर्यावरण बदलून ते पृथ्वीवरील पर्यावरणाप्रमाणे करणे म्हणजे 'पृथ्वी सादृशीकरण'. यासाठी अनेक युक्त्या-प्रयुक्त्यांचा वापर करण्यात येतो. त्या ग्रहावर एखादा बर्फाचा लघुग्रह किंवा धुमकेतू आणून आपटला जातो. यामुळे मूळचे ऑक्सिजन विरहित वातावरण बदलायला सुरुवात होते. मग इथं अनेक प्रकारचे प्रकाशसंस्लेषण करणारे जीव सोडले जातात. ते कार्बन-डाय- ऑक्साईड वापरून स्वतःची वाढ करताना वातावरणात ऑक्सिजन सोडत राहतात. अशा तऱ्हेनं मग वातावरण मानवी वसाहतीस योग्य बनतं.

दुसरा उपाय म्हणजे एखाद्या ग्रहावरचे मृत ज्वालामुखी त्यांच्या उदरात अणुस्फोट करून जागृत करणे. यामुळेही या ग्रहावर वातावरण तयार होते. अशा नाना युक्त्या-

प्रयुक्त्यांचा वापर पर्यावरण बदलासाठी केला जातो. हे योग्य की अयोग्य यावर कथांमधली पात्रे वाद घालत असतात. गमतीची गोष्ट म्हणजे पृथ्वीचा इतिहास बघितला तर नैसर्गिकरित्या पृथ्वीवर असंच घडलेलं दिसतं. पृथ्वीच्या वातावरणात सुरुवातीस ऑक्सिजन नव्हता. पृथ्वीचे आद्यजीव ऑक्सिजन विरहित वातावरणात वाढले. पुढं क्लोरोफीलच्या म्हणजे हरितद्रव्याच्या सहाय्याने पृथ्वीवर सूर्यप्रकाशाचे वापरण्यायोग्य ऊर्जेत रूपांतर करणारे सजीव निर्माण झाले. यांना आज आपण वनस्पती म्हणतो. त्यांच्या जीवन व्यवहारानं वातावरणात ऑक्सिजनचं प्रमाण वाढलं आणि पूर्वींचे सजीव नाहीसे झाले. या सर्व घटना एकपेशी पातळीवर घडल्या असाव्यात. पृथ्वीवर मोठमोठ्या उल्का आदळून झालेले परिणाम आता सर्वज्ञात आहेतच.

विज्ञान कथेतील पर्यावरणाचे मुख्य प्रश्न म्हणजे वाढती लोकसंख्या. या लोकसंख्येस अन्न पुरवण्यासाठी करावी लागणारी वाढती शेती, वाढत्या उद्योगधंद्यांमुळे होणारे वाढते प्रदूषण आणि मानव जातीची ऊर्जेची वाढती गरज यातून निर्माण झालेले प्रश्न; म्हणजेच आज आपल्यासमोर पर्यावरण रक्षणाचे असलेले प्रश्न ज्या कारणांनी निर्माण झाले आहेत ती कारणं आणि विज्ञान कथाकारापुढे असलेली कारणं यात फरक नाही. फरक असलाच तर तो वाढत्या तीव्रतेचा आहे. या प्रश्नांवर मात करण्यासाठी विज्ञान कथाकार कोणते उपाय शोधतात, ते आपण पाहू या.

शून्य लोकसंख्या वाढ किंवा झिरो पॉप्युलेशन शोध हे शब्द बोलायला फार सोपे असले तरी अमलात आणायला खूप अवघड आहेत हे सत्य विज्ञान कथाकारांनी केव्हाच ओळखलं. त्यावर अनेक भावना हेलावणाऱ्या कथाही लिहिण्यात आल्या. दिवसेंदिवस घडणारी वैद्यकीय प्रगती, यामुळे वाढणारं आयुर्मान आणि कमीत कमी एक तरी मूल वंशसातत्यासाठी हवंच ही नैसर्गिक सहज भावना यामधला हा संघर्ष विज्ञान कथेत वेगवेगळ्या प्रकारे दिसून येतो. अखेरीस 'शून्य लोकसंख्या वाढ' हे तत्त्व वास्तववादी नाही हा निष्कर्ष विज्ञान कथाकार काढताना आढळून येतात.

मग काय करायचं: या तोंडाना खाऊ घालायचं, ते कसं? तर विज्ञानाच्या मदतीने. जलशेती अर्थात हायड्रोपोनिक्स, चंद्रावर शेती किंवा सागरी जीवांकडून प्रथिन पुरवठा; शैवालापासून वेगवेगळे खाद्य पदार्थ, कृत्रिम मांस, अशा वास्तवात सहज शक्य होणाऱ्या कल्पनांची कास या दहा अब्ज लोकसंख्येस अन्नपुरवठा करण्यासाठी विज्ञान कथांमधून धरली जाते. याच बरोबर जैविक तंत्रज्ञानाच्या सहाय्यानं वर्षात ३ ते ४ वेळा पीक देणाऱ्या वनस्पतींची निर्मिती ही सुद्धा विज्ञान कथेतून गृहीत धरली जाते.

पृथ्वीची लोकसंख्या कमी झाली, अशा तऱ्हेच्या अतिशय आशावादी विज्ञानकथाही काही वेळा वाचायला मिळतात. याचं कारण म्हणजे प्रकाशाच्या गतीनं प्रवास करणारी अवकाश याने, सुपीक आणि आरोग्यदायी ग्रहांचा शोध; यामुळं झपाट्याने

नशीब काढायला पृथ्वी सोडून या ग्रहांकडे धाव घेणारा मानव. याच्या उलट चित्र म्हणजे अणुयुद्ध, परग्रहांवरून पृथ्वीवर होणारा हल्ला किंवा पृथ्वीवर झालेल्या उल्कापातानं मानवजातीची वाताहत.

अशा प्रकारच्या कादंबऱ्यांहून जराशा वेगळ्या कादंबऱ्यांमध्ये माणूस सागरतळावर वसाहती करतो अशा प्रकारचं चित्रण असतं. आज माणसाला चंद्राची जेवढी माहिती आहे त्याच्या निम्म्यानं सुद्धा सागरतळाची माहिती नाही असं म्हटलं जातं. गेल्या वीस-पंचवीस वर्षात सागरतळी वावरायच्या साधनांमध्ये प्रगती होत चालली आहे. तसतशी सागरतळाची नवनवी आणि अद्भुत माहिती आपल्याला मिळत चालली आहे. ती पाहता सागर तळावर वसाहती करणाऱ्या माणसावर ओढवणाऱ्या संकटांच्या हकीकती अधिकाधिक रंजक आणि पृथ्वीच्या पर्यावरणाच्या एका वेगळ्याच घटकावरती आधारित असतील; हेच दृश्य विज्ञान कथांमधून दिसेल आणि दिसतेही.

किंबहुना उडत्या तबकड्या किंवा परग्रहवासियांच्या कथा या काल्पनिक आहेत याचं भान लेखकालाही ठेवावं लागतं आणि वाचकही ते ठेवतोच. या उलट सागरतळी घडणाऱ्या घटनांना योग्य वातावरण निर्मिती आणि पूरक संदर्भ देऊन त्यातली असंभाव्यता नाहीशी करता येते. भविष्यकाळात आपल्यावर अशी परिस्थिती ओढवू शकेल, या जाणिवेनं वाचकही समरसून अशा कथा वाचतो.

जर ऊर्जा प्रश्न यशस्वीरीत्या सुटला तर मानवी लोकसंख्येचा प्रश्न भविष्यकाळात फारसा भेडसावणार नाही. दरम्यान समाजशिक्षणाद्वारे लोकसंख्या नियंत्रण शक्य होऊन पृथ्वीवर नंदनवन निर्माण करणे शक्य होईल अशा तऱ्हेच्या आशावादी कथा बरीच वर्षे बरेच लेखक लिहित आले आहेत. या पृथ्वीवर नंदनवन कल्पनेस इंग्रजीत 'युरोपियन स्टोरिज्' असं म्हणतात. मराठीत ना. के. बेहेरे आणि कुसुमाग्रजांनीही अशा कादंबऱ्या लिहिल्या आहेत.

विज्ञान कथांनी ऊर्जा प्रश्न सोडवताना 'चांगली ऊर्जा' कोणती याचे आडाखे आजच्या विज्ञानावरच बेतलेले दिसतात. ती ऊर्जा सहज आणि भरपूर प्रमाणात उपलब्ध असावी, तिचं उत्पादन मूल्य अत्यल्प असावं, या ऊर्जा निर्मितीच्या वेळी किंवा ऊर्जा वापरानंतर कमीत कमी प्रदूषण व्हावे, हे सर्व गुण असलेली आखुडशिंगी, बहुदुधी आणि अल्पमोली ऊर्जा मिळवण्यासाठी बरेचदा कृत्रिम उपग्रहांचाही वापर करण्यात आला आहे. ऊर्जा मिळवण्याचे पृथ्वीवरील प्रदूषणविरहित स्रोत म्हणजे सागर. पाण्याचे आण्विक पातळीवरचे घटक म्हणजे हायड्रोजन आणि ऑक्सिजन यांच्या संयोगानं जी ऊर्जा निर्मिती होते त्यातून पाणी तयार होतं. विज्ञानकथाकार त्याच्या कल्पनेतून पाण्यापासून हायड्रोजन आणि ऑक्सिजन वेगवेगळे करण्याचा स्वस्त मार्ग शोधतो; आणि त्याच्या कथेपुरती स्वस्त प्रदूषण विरहित ऊर्जेची गरज भागवतो. काही वेळा हा शोध तो गृहीत धरतो.

दुसरा ऊर्जा निर्मितीचा मार्ग म्हणजे अणु संगठन किंवा ॲटॉमिक फ्यूजन. सूर्याच्या गर्भात जी प्रक्रिया चालते तीच पृथ्वीवर घडवून आणायची आणि भरपूर ऊर्जा मिळवायची. यावर मग अवकाश यानं चालतात. आकाशगंगेत प्रवास करू लागतात. पृथ्वीवरही भरपूर ऊर्जा उपलब्ध होते; पण हे मार्ग पृथ्वीवरचे झाले. जेराल्ड के. ओनील यांनी यापेक्षा वेगळे मार्ग आपल्या अनेक शोधनिंबधातून मांडले. ते विज्ञानकथाकारांना भावले, याचं कारण ते अधिक नाट्यमय आहेत. यातला एक मार्ग म्हणजे अवकाशातच ऊर्जानिर्मिती करायची आणि ही ऊर्जा पृथ्वीवर प्रक्षेपित करायची. पृथ्वीवर ही ऊर्जा ग्रहण करणारी ग्रहण स्थानके असतील. तिथून ही ऊर्जा विद्घुत ऊर्जेत रूपांतरित करून पृथ्वीवर वितरित केली जाईल. यासाठी खास कृत्रिम उपग्रह अवकाशात सोडावे लागतील.

अशा अनेक कल्पना विज्ञानकथाकार राबवतात. जेणेकरून पृथ्वीवरच्या पर्यावरणाचा समतोल न ढळता भरपूर ऊर्जा उपलब्ध होते. काही वाचकांना हे आशादायी कथाकार आवडतात तर काहींना धोक्याची सूचना देणारे कथाकार आवडतात. 'पिंडे पिंडे मतिर्भिन्न:!' हे विधान विज्ञान कथेच्या वाचकांच्या बाबतीतही लागू पडतं; हेच खरं.

❖

लोकसंख्येचा आविष्कार आणि एकविसावे शतक

१ जानेवारी २००१ या दिवशी एकविसावे शतक सुरू होणार आहे. या दिवशी जगाची लोकसंख्या सहा अब्जांपेक्षा अधिक असावी. सध्या ती सहा अब्जांपेक्षा थोडी कमी आहे. इ.स. २००० मध्ये भारतासह पृथ्वीवरील अनेक देशांमध्ये जनगणना होणार असून ती आकडेवारी लगेच उपलब्ध होईल. त्यामुळे इ.स. २००१ मध्ये या पृथ्वीवर नक्की माणसं किती हे स्पष्ट होईल अशी अपेक्षा आहे. निदान पृथ्वीवर माणसं किती याचा साधारण अंदाज येईल.

भारत स्वतंत्र झाला तेव्हा भारताची लोकसंख्या ३५ कोटी होती. पुढच्या पन्त्रास-पंचावन्न वर्षांत म्हणजे इ.स. २००० अखेरीस म्हणू, ती सुमारे तिप्पट वाढली. कुठल्याच देशात जनगणना अचूक नसते. एक अब्ज संख्येत पाचपन्त्रास लाख माणसं इकडे तिकडे होणार हे गृहीत धरलं जातं. अखेरीस १ कोटी म्हणजे अब्जाचा एक शतांश हिस्सा, इतका किरकोळ फरक संख्याशास्त्रज्ञ नगण्य मानतात. याचाच अर्थ असा की, उद्या अचानक मुंबई किंवा कलकत्त्याची सगळी लोकसंख्या गायब झाली तरी ती भारताच्या एकूण लोकसंख्येच्या तुलनेत किरकोळ ठरते. हे गणित अशासाठी मांडलं की ज्या वेळी शीतयुद्ध जोरात होतं आणि जग अण्वस्त्रयुद्धाच्या तोंडावर होतं, तेव्हा अमेरिका किंवा रशिया किंवा या दोन्ही महासत्ता मिळून चीनविरुद्ध अण्वस्त्रांचा वापर करतील, अशी एक शक्यता वर्तवली जात असे.

चौ एनलाय आणि माओ त्से तुंग हे चिनी नेते त्या वेळी क्वचितच बोलत असत, पण पाश्चात्त्य पत्रकारांना जे काही त्यांचे विचार अधूनमधून ऐकावयास मिळत त्यातल्या एका मुलाखतीनं वर्णन 'क्रिटिकल मास' या अण्वस्त्रांवरील ग्रंथात करण्यात आलं आहे. माओ त्से तुंग हे त्या वेळचे रशियन सर्वेसर्वा क्रुश्चेव्ह यांना भेटले होते. रशिया आणि चीन यांच्यातला दुरावा तेव्हा फार तीव्र नव्हता. 'तुम्ही

आणि आम्ही मिळून अमेरिकेशी युद्ध करू. अमेरिकी अण्वस्त्रांनी आमचे दोन-पाच कोटी नागरिक मरतील, त्यामुळे आमचं फारसं नुकसान होणार नाही. तेवढेच अमेरिकन नागरिक मेले तर अमेरिकेचं मात्र भरपूर नुकसान होईल,'' असं माओनं क्रुश्श्चेव्हना सांगितलं. क्रुश्श्चेव्हना काय बोलावं ते सुचेना. 'माओला वेड लागलंय' असं ते नंतर म्हणाले. यानंतर हळूहळू रशिया आणि चीन यांचे परस्परसंबंध आणखी ताणले जाऊन ते शत्रूवत् झाले, हे आपणही लक्षात ठेवायला हवं.

लोकसंख्या आणि गुन्हेगारी

प्रयोगशाळांतून प्राण्यांच्या वर्तणुकीबाबत असंख्य निरनिराळे प्रयोग केले जातात. माणसाच्या वागणुकीचा छडा लावायचा प्रयत्न या प्रयोगांमधून केला जातो. उंदीर आणि माकडं यांवर वेळोवेळी असे प्रयोग करण्यात आले आहेत. या प्रयोगात एका पिंज‍ज्यात भरपूर जागा आणि कमी प्राणी असायचे तेव्हा ते प्राणी गुण्यागोविंदानं आणि एकमेकांशी सहकार्यानं वावरायचे. पिंज‍ज्यांचा आकार प्राण्यांची संख्या तीच ठेवून कमी केला किंवा पिंज‍ज्याचा आकार तोच ठेवून प्राण्यांची संख्या वाढवली तर प्राणी हिंस्त्र आणि आक्रमक बनतात; एवढंच नव्हे तर पूर्वीच्या मित्रांना शत्रू समजून वागतात, असं दिसून आलं. प्रत्येक प्राण्याला वावरताना काही मोकळीक मिळेल आणि कुठलाही आडोसा नसतानाही तो प्राणी एकटाच कुठंतरी थोडा वेळ बसू शकेल, एवढी जागा असली की एक प्राणी दुसऱ्या प्राण्याशी मैत्री करतो. मात्र असा खासगीपणा मिळणार नसेल तर तो हिंस्त्र आणि आक्रमक बनतो. एवढंच नव्हे, तर कुत्र्यांच्या कोंडवाड्यांमध्ये मग काही कुत्री एकत्र येऊन एक टोळी तयार करतात आणि इतर कुत्र्यांवर हल्ले चढवतात. या टोळीत नसलेली कुत्री दुर्दैवी ठरतात. विनोदच करायचा तर त्यांचे हाल कुत्रा खात नाही असं म्हणता येईल. पण जर अशी कुत्री त्या कोंडवाड्यातून वेगळी केली गेली तर उरलेल्या टोळीची आक्रमकता आणि हिंस्त्रपणा कमी होतो. मासे पाळणाऱ्यांनीही अशा घटना माशांबाबतीत बघितल्या आहेत. हेच नियम माणसालाही लागू पडतात. शहरातली गुन्हेगारी- विशेषतः संघटित गुन्हेगारी अशाच स्वरूपाची असते. भारत काय किंवा चीन काय... त्यांच्या अफाट लोकसंख्येबरोबर तिथं गुन्हेगारी वाढल्याचं दिसून येतं. आर्थिक बळ हे सत्ता आणि हुकमत मिळवून देऊ शकतं हे लक्षात आलं, की आर्थिक गुन्हेगारी वाढते. असे आर्थिक गुन्हेगार मग सभ्यतेच्या बुरख्याआड इतरांच्या बाबतीत आक्रमक बनताना दिसून येतात. नवश्रीमंत धनिकांची पोरं ज्या गुर्मीत वागतात आणि गरिबांवर अन्याय करतात, त्यात आणि कोंडवाड्यात तयार झालेल्या कुत्र्यांच्या टोळीत मनोव्यापारांच्या बाबतीत फारसा फरक नसतो. याचं कारण उद्या जर गरिबांकडे पैसा आला तर त्या आर्थिक स्तरावरचे लोक एकत्रित

होऊ शकतात. एकत्र विचाराची माणसं मग अन्यायाविरुद्ध आवाज उठवू शकतात. ती यशस्वी झाली की काही काळ गुण्यागोविंदानं नांदतात आणि मग अन्याय अत्याचाराची नवी मालिका सुरू होते. माकडांच्या टोळ्यांचा जो अभ्यास झालाय त्यात अशा घटना दिसून येतात. बऱ्याचदा एखादा हुप्प्या– याला अल्फा नर म्हणतात– एखाद्या टोळीचा नायक असतो. तो या टोळीचा सर्वेसर्वा असतो. अशा टोळ्यांमध्ये वयात आलेल्या नरांना स्थान नसते. वयात आल्यावर त्यांना बाहेर पडावे लागते. हुप्प्या जेव्हा या टोळीचा ताबा घेतो, तेव्हा तो माद्यांना आधीच्या नरापासून झालेली नर अपत्ये मारून टाकतो. त्या वेळी वयात येऊ लागलेली बरीच नर पिल्ले स्वतःहून या टोळीबाहेर जातात. केवळ अशा नरांची एक टोळी होते. ती टोळी एखाद्या वयस्क आणि त्यामुळे अशक्त अशा टोळीप्रमुखाच्या शोधात हिंडते. त्याच्यावर हल्ला चढवून त्याचा पराभव करते. मग या नरांमधला सशक्त नर त्या टोळीचा ताबा घेतो. बाकीच्या नरांना हाकलून देतो. हे सर्व माकडात काय किंवा इतर प्राण्यात काय आपले जीन म्हणजे गुणधर्म वाहक पुढच्या पिढीत जावे म्हणून चालते. इथं शारीरिक बळाला महत्त्व देते. मानवी व्यवहारात शारीरिक बळाची जागा आर्थिक बळानं घेतली आहे. कॉर्पोरेट कंपन्यांचे व्यवहार पाहा, राजकारण पाहा, हेच आढळेल. मग प्रत्येकाची वंशसातत्याची धडपडही स्पष्ट होते.

लोकसंख्या आणि भावनांचा उद्रेक

ज्या वेळी लोकसंख्या कमी असते, त्या वेळी प्रत्येक जण दुसऱ्याचा नातेवाईक असण्याची शक्यता जास्त असते. प्रत्येकाला स्वतःच्या वंशसातत्यासाठी लागणाऱ्या आवश्यक गोष्टी म्हणजे जोडीदार, अन्न, पाणी, निवारा हे उपलब्ध होण्याची शक्यता जास्त असते. त्या वेळी माणूस किंवा इतर प्राणी हे सुखानं नांदताना आढळतात. ज्या वेळी लोकसंख्या भरपूर वाढते, तेव्हा त्या समुदायातील अनेक व्यक्तींशी म्हणजे समुदायातील घटकांशी नातेसंबंध असण्याची शक्यता दुरावतेच. पण जे नातेसंबंध जुने असतात त्यात ते इतके दूरचे ठरतात की, त्यांना नातेसंबंध म्हणणंही हास्यास्पद ठरतं. अशा वेळी नव्यानं प्रस्थापित झालेले नातेसंबंध जवळचे वाटू लागतात.

जास्त लोकसंख्येत दुसरा एक घटक असतो तो म्हणजे गर्दीत असूनही तुम्ही अलिप्त आणि ओळखशून्य असता. ओळखशून्य हा शब्द 'ॲनॉनिमस' या शब्दास प्रतिशब्द म्हणून वापरला आहे. मुंबईत लोकलच्या गर्दीत तुम्ही असता तेव्हा सबंध डब्यात किंवा स्थानकावरच्या गर्दीतली किती माणसं तुम्हाला ओळखतात? ओळखीच्या माणसात माणूस गुन्हा करायला घाबरतो. खेडेगावातून शहरात आलेली आणि गावात निरुपद्रवी ठरलेली माणसं याचमुळे शहरात गुन्हे करायला धजावतात, असं

मानसशास्त्रज्ञ म्हणतात. बिहारमधून मुंबईत आलेला माणूस किंवा राजस्थानातून मुंबईत आलेला माणूस याचमुळे एखाद्या वृद्ध स्त्रीचा सहजपणे खून करून पैसे अथवा दागिने पळवतो. मुंबईत त्याला कुणी ओळखत नसतं आणि मुंबईतून तो पळून गावी गेला तर तिथपर्यंत पोलीस पोचणार नाहीत अशी त्याला खात्री वाटते. एकविसाव्या शतकात अशी गुन्हेगारी निश्चितच वाढणार आहे.

पूर्वी गावातल्या गावात किंवा शहरात राहणारी माणसं एकमेकांशी परिचित असत. कुणाकडे अनोळखी व्यक्ती आली तरी लगेच त्याचा बोलबाला होत असे. एखादा माणूस गरीब असेल तर त्याला मान असे. आपल्याला मिळणारा मान शाबूत राहावा म्हणून ती व्यक्ती तिचं वागणं जास्तीत जास्त चांगलं आणि स्वच्छ असावं या प्रयत्नात असे. गर्दीतल्या ओळखशून्यतेमुळे हा प्रामाणिकपणा हरवला जातो. आज प्रत्येक जण पैशाच्या भाषेत बोलतो. त्यातून शेजारीसुद्धा एकमेकांकडे पाहत नाहीत. दुसरं म्हणजे ज्याच्याकडे कमी पैसा असेल तो आपली संपत्ती लुटायच्या तयारीत आहे आणि ज्यानं आपल्यापेक्षा जास्त पैसा मिळवला आहे त्यानं नक्कीच तो वाममार्गानं मिळवलाय ही भावना शहरातल्या चाळीतून पाहायला मिळते. प्रत्येक जण दुसऱ्याबद्दल द्वेषपूर्ण भावना मनात बाळगून जगायचं आणखी एक कारण म्हणजे प्रसारमाध्यमातून समोर येणारी बातमी. ज्याच्यावर विश्वास टाकावा त्यानंच खून केलाय, फसवलंय या स्वरूपाच्या अनेक बातम्या कानावर पडत असतात. दूरचित्रवाणीवर आणि चित्रपटातनं फक्त श्रीमंतांवर लक्ष केंद्रित केलेल्या मालिका असतात. त्यांची अनेक लफडी कुलंगडी बघायला मिळतात. या मालिकांमधून एखादा सज्जन गरीब असतो. त्याच्या झोपडीत राहणं (एखाद दुसरा वास्तववादी अपवाद सोडला तर) उच्च मध्यम वर्गीयालाही शक्य नसतंच. त्यानं बंडाचा झेंडा उभारला की, शेवटी तो ज्याच्याविरुद्ध लढला त्याच श्रीमंताचा अनौरस मुलगा किंवा हरवलेला मुलगा असल्याचं उघड होतं. मला कळायला लागल्यापासून अशा कथानकाची रेलचेल मी बघतोय. 'गारंबीचा बापू'चं कथानक हेच आहे. पण निदान ती कादंबरी कलेचा किंवा मराठी साहित्याचा उत्कृष्ट नमुना तरी आहे. त्यानंतर असंख्य नाटकं, हिंदी चित्रपट आणि दूरचित्रवाणी मालिका यांच्यातून आपल्याला हेच खूप बटबटीतपणे सतत दाखविण्यात येतं. याचा सुप्तपणे (सब्लिमिनल) परिणाम होत असतोच. यामुळेही वर्गकलह वाढण्यास मदत होते; असं अमेरिकेतील आफ्रिकन वंशीयांवर होणारा टीव्हीचा परिणाम अभ्यासणाऱ्या तज्ज्ञांचं मत आहे. हे सर्व पाहता, भारताची आणि जगाची लोकसंख्या वाढली तर पुढच्या शतकात हिंस्रपणा, आक्रमकता वाढून माणसं माणसांना मारू लागल्याच्या घटनांत आणखीच वाढ होईल.

बेदरकारपणे वाहने चालवणं, वाहनांचे अपघात अशा पद्धतीनं काय चाललंय

ते आजही आपण बघतोच. पूर्वी रोगाच्या साथी आणि नैसर्गिक आपत्तींमुळे माणसांच्या संख्येवर नियंत्रण होतं, ते मोठ्या प्रमाणात आपण झुगारून दिलं. त्यानंतर औद्योगिकीकरणाच्या लाटेत झपाट्यानं शहरीकरण झालं. यातून प्रचंड प्रमाणात प्रदूषण होऊ लागलं. शहरीकरणाचा आणखी एक परिणाम म्हणजे सिमेंटचा मोठ्या प्रमाणावर वापर. यासाठी चुनखडक आणि फरशीचा दगड वापरला जात असतो. हा कुटला की त्यातून मोठ्या प्रमाणावर कार्बन-डाय-ऑक्साइड वायू मुक्त होतो. यात खनिज इंधन जाळून मुक्त होणाऱ्या कार्बन-डाय-ऑक्साईडची भर पडत राहते. जंगलतोडीमुळे ऑक्सिजन निर्माण करणारे नैसर्गिक कारखाने आपण नष्ट करतोच, पण लाकूड जाळून कार्बन-डाय-ऑक्साइडही निर्माण करतो. अशा तऱ्हेनं आपण हरितगृह परिणाम जवळ आणतो.

हरितगृह परिणामामुळे पृथ्वीचं तापमान वाढेल. ध्रुवीय हिमरोप विरघळतील आणि सागराची पातळी वाढेल. यामुळे फार मोठ्या प्रमाणावर जनसमुदाय विस्थापित होतील. पृथ्वीवरील बरीच महत्त्वाची आर्थिक केंद्रे आणि लोकसंख्येचे गड्डे हे सागरकिनारी आहेत. या सागरपातळीच्या वाढीमुळे ती विचलित होणार आहेत. आपणच आपल्या पायावर कुऱ्हाड चालवतोय आणि एकविसाव्या शतकात त्याचे परिणाम आपल्यालाच भोगावे लागणार आहेत. वाढत्या लोकसंख्येमुळे हे फायदे सर्वांना मिळणं अवघड आहे. सध्याची लोकसंख्यावाढीची गती बघता, हे फायदे कुणालाही मिळणं अवघड होईल असं वाटतं.

❖

भविष्यातील शहरे

कुठल्याही देशाचं, कुठल्याही संस्कृतीचं वर्णन करताना त्या देशातील, त्या संस्कृतीमधील शहरांचं वर्णन अपरिहार्य असतं. किंबहुना शहरांवरूनच एखाद्या देशाचं महत्त्व ठरतं आणि संस्कृतीची महत्ता कळते, असं म्हटलं तर वावगं ठरणार नाही. उर, बॅबिलॉन, अथेन्स, मोहेंजोदडो, हडप्पा, लोथल, अंगकोरवट ही प्राचीन शहरं आजही त्या काळाचं महत्त्व, त्या काळची संस्कृती जगापुढं आणतात. विज्ञानकथेत भविष्यकाळाचं दर्शन घडवताना त्यामुळंच विज्ञानकथाकाराला असंच एखादं शहर कल्पनेनं उभं करावं लागतं. नाहीतर मग आज अस्तित्वात असलेलं एखादं शहर भविष्यकाळात कसं असेल, ते चितारावं लागतं. अशा तऱ्हेच्या वर्णनातून आपल्या भविष्यकाळाबद्दलचं धास्तीयुक्त कुतूहलही प्रकट होत असतंच. सर्वसाधारणपणे भविष्यकाळ अंधकारमय आहे, अशीच बहुतेक विज्ञानकथाकारांची धारणा दिसते. वाढती लोकसंख्या, ऊर्जा समस्या, पाणी समस्या, वाढत्या लोकसंख्येस अन्नधान्य कसं पुरेल हा प्रश्न, हे वास्तव विज्ञानकथाकार कितीही आशावादी असला तरी नाकारू शकत नाही. यामुळं भविष्यकालीन शहरांचं चित्रीकरण करताना, हे वास्तव प्रकर्षानं पुढं येत राहतं. काही वेळा ते सांकेतिक पद्धतीनं पुढं येतं, तर काही वेळा ते थोडंसं बटबटीत स्वरूपात आपल्यापुढे मांडण्यात येत असतं.

फार पूर्वीपासून कथाकारांनी अशा तऱ्हेच्या विद्रूप शहरांबद्दल त्यांची निराशा व्यक्त करण्यासाठी कथांचा वापर केला आहे. औद्योगिक क्रांतीच्या सुरुवातीपासून झपाट्यानं वाढणारी शहरं; त्या शहरात काम मिळविण्यासाठी येणारे विस्थापित लोंढे, खेड्यातून शहराकडं येणाऱ्या या श्रमिकांनी वसवलेल्या झोपडपट्ट्या, त्यात जोपासली जाणारी गुन्हेगारी, वाढणारी रोगग्रस्त प्रजा आणि व्यसनाधीनता यांची

वर्णनं शोधत आपण मागं मागं गेलो तर स्वर्गतुल्य समाजाच्या चित्रणाबरोबरच बकाल शहरांचं वर्णन १७व्या शतकापासून आपल्याला वाचायला मिळतं. १९व्या शतकातल्या लेखकांनी स्वर्गतुल्य समाज रचनेचं चित्र रंगवताना अशा शहरांना पूर्णपणे नष्ट करून त्या जागी नवीन शहरं वसवलेली दिसतात. हे अर्थात त्यांचं स्वप्नरंजन ठरतं. १८५२ मध्ये लंडन शहर जळळं आणि मग पुन्हा वसवलं गेलं. तेव्हाही अशा लेखकांची स्वप्नं पुरी झाली नाहीत, हे इथं लक्षात घ्यायला हवं. दुसऱ्या महायुद्धानंतर मात्र लंडन उभारताना थोडी फार योजनाबद्धता दिसते. ब्रेमेन, ड्रेस्डेन या शहरांचं पुनर्निर्माणिही पद्धतशीरपणे घडविण्यात आलं. हिरोशिमा आणि नागासाकी तर पूर्णपणे बेचिराख झालेली शहरं होती. त्यांची जपानी कलात्मकतेनं आणि अमेरिकन पैशानं पुनस्थापना झाली; पण हे सगळं अपवादात्मक परिस्थितीत घडलं. मुद्दाम नव्यानं शहर वसवायचं म्हणून पूर्वींचं शहर उद्ध्वस्त केल्याचं एकही उदाहरण आपल्याला मानवी इतिहासात आढळत नाही. ते आर्थिकदृष्ट्या तरी आज शक्य नाही.

१८व्या आणि १९व्या शतकात शहरांची बेसुमार वाढ व्हायला सुरुवात झाली. यामुळे प्रगतीच्या विरोधकांच्या हाती एक शस्त्र मिळालं. प्रगतीमुळे विनाश हे सूत्र मांडणाऱ्यांमध्ये रिचर्ड जेफ्रीज हा लेखक आघाडीवर होता. त्यानं १८८५ मध्ये 'आफ्टरलंडन' नावाची एक कादंबरी लिहिली. या कादंबरीमध्ये लंडन शहर (आणि इतरही अनेक शहरं) नष्ट झाल्याचं चित्रण आहे. ही शहरं संपली आहेत पण त्यांचे अवशेष अजूनही पृथ्वीचं वातावरण विषारी बनवताहेत, असं भयाण चित्रण आहे.

ह्युगो गर्न्सबॅकच्या आधीच्या काळात जी विज्ञानकथा लिहिली गेली त्या विज्ञानकथेतील शहरं ही तत्कालीन शहरांचीच प्रतिबिंबे होती. एकीकडे उच्चभ्रू श्रीमंती आणि दुसरीकडं दारिद्र्याच्या खाईतली प्रजा, असं हे चित्रण असे. समाजाचे हे दोन्ही घटक शेजारी शेजारी नांदत; पण त्याच वेळी परस्परांबद्दल त्यांच्यात अविश्वास असे. श्रीमंत समाज दरिद्री समाजाचं दर्शन त्यांच्याशी संबंधितांना होऊ नये याची काळजी घेत असे.

एच. जी. वेल्सनी 'अ स्टोरी ऑफ डेज् टू कम' आणि 'व्हेन द स्लीपर वेक्स'मध्ये या 'आहे रे' आणि 'नाही रे', समाजाचं सुंदर चित्रण केलंय. या कादंबऱ्या अनुक्रमे १८९७ आणि १८९९ मधल्या. दरम्यान १८९८ मध्ये इग्नेशियस डोनेलींनी 'सीझर्स कॉलम'मध्येही शहरांचा ऱ्हास दाखवला आहे. १९२६ मध्ये शहरांचं भवितव्य दाखविणारी 'मेट्रोपोलीस' ही कादंबरी जर्मन भाषेत प्रसिद्ध झाली. थिआफॉन हार्बूच्या या कादंबरीचा इंग्रजी अनुवादही लगेच प्रसिद्ध झालाच; शिवाय या कादंबरीवर आधारित चित्रपट निघाला, तोही गाजला.

एच. जी. वेल्स काय किंवा त्याचे समकालीन इतर लेखक काय, ते विज्ञान तंत्रज्ञानानं सुबत्ता येणार, सर्व माणसं सदाचारी बनणार अशा एका भ्रामक कल्पनेनं भारले गेले होते. ही सुबत्ता, 'सर्वेसन्तु निरामयः' असे जग निर्माण व्हायचे तर आधीची बकाल शहरं नष्ट व्हायला हवीत, अशी त्यांची धारणा होती. त्यामुळे युद्धात ही शहरं नष्ट होतात आणि मग त्यांची पुनर्रचना होते, अशा तऱ्हेचं कथानक या लेखकांकडून रचलं जात होतं. हे अर्थातच अवास्तव होतं, हे पुढे सिद्ध झालंच. तरीही एकोणिसाव्या शतकाच्या अखेरीस आणि विसाव्या शतकाच्या सुरुवातीस ज्या विज्ञानकथा लिहिल्या गेल्या, त्यात बऱ्याचदा शहरांच्या पुनर्वसनाच्या आणि मग वास्तुशास्त्रीय चमत्काराच्या या अशा कल्पना वारंवार वाचायला मिळतात.

हे कसं आणि का घडलं असावं, याचा पीटर निकोल्ससारख्या विज्ञानकथेच्या अभ्यासकानं छडा लावायचा प्रयत्न केला आहे. त्यानं काढलेला निष्कर्ष चमत्कारिक वाटेल; पण तो त्यासाठी बरेच पुरावेही सादर करतो त्यामुळं ते निष्कर्ष आपल्याला स्वीकारण्याशिवाय दुसरा पर्यायच उरत नाही. (जिज्ञासूंनी त्याचं 'सायन्स फिक्शन अॅट लार्ज' हे पुस्तक अवश्य वाचावं. पीटर निकोल्स नॉर्थ इस्टलंडन पॉलिटेक्निकमध्ये विज्ञानकथेचा प्राध्यापक होता. आता तो पूर्ण वेळ लेखक आणि संपादक आहे.) पीटर निकोल्सच्या मते या शतकातील सुरुवातीच्या काळातल्या विज्ञानकथांवर फ्रँक पॉल या चित्रकाराच्या चित्रांचा खूप प्रभाव पडलेला होता. फ्रँक पॉलला मानवी आकृती काढणं फारसं जमत नव्हतं, पण तो भविष्यकालीन शहरांची चित्रं समरसून चितारायचा. या अफलातून चित्रांनी अनेक विज्ञानकथाकारांवर प्रभाव पाडला होता.

१९३० नंतरच्या विज्ञान कथांमध्ये आपल्याला शहरांचे तीन प्रकार बघायला मिळतात. किंबहुना अशा तऱ्हेच्या शहरांनीच या विज्ञानकथा भरल्या असल्यामुळं हे तीन प्रकार प्रमाणी प्रतिरूप- स्टॅंडर्डाइज्ड मॉडेल- म्हणून वापरले जातात की काय, अशी शंका बऱ्याचदा विज्ञानकथा वाचताना येते. एखादं शहर आणि त्या भोवतालचा निसर्ग यांच्यामधील विरोधाभासाचं चित्रण करणाऱ्या कथांमध्ये शहराचा बकालपणा आणि निसर्गाचं सौंदर्य यांची तुलना असते. निसर्गसान्निध्यात सुखेनैव राहणारा समाज आणि शहरात जीव मुठीत धरून जगणारा माणूस, हे भडकपणे आपल्या नजरसमोर यावेत, अशा पद्धतीनं त्यांचं चित्रण केलेलं असतं, हा झाला एक प्रकार. दुसऱ्या प्रकारात उद्ध्वस्त शहरं, जीवनाच्या प्राथमिक गरजा भागल्या की झालं असं जीवन जगणारी माणसं किंवा त्यांच्या टोळ्या यांचं चित्रण अशा कथा-कादंबऱ्यांतून वाचायला मिळतं. तिसऱ्या प्रकारात दाटीवाटीनं राहणारी माणुसकीशून्य, परस्परांकडे संशयी नजरेनं पाहणारी, कमी उत्पन्न गटाची समाजरचना

चित्रित केलेली असते. यातली वर्णनं बऱ्याचदा हृदयस्पर्शी असतात; काही वेळा हृदयविदारक असतात. 'सॉयलंट ग्रीन' नावाच्या एका कादंबरीत (आणि त्या कादंबरीवरच्या चित्रपटात) माणसांना अन्न मिळत नाही म्हणून त्या शहरात एक कारखाना तयार केला जातो. इथं मेलेल्या नागरिकांच्या शरीराचं विघटन करून त्यातून प्रथिनं, कार्बोहायड्रेट असे जीवनावश्यक पदार्थ वेगळे करण्यात येतात; अशा तऱ्हेची परिस्थिती का ओढवली, याचं विश्लेषणही कथेच्या ओघात आणि कथेच्या अनुषंगानं करण्यात येतं. वाढत्या लोकसंख्येचा भस्मासुर मानव जातीवर कसा उलटणार आहे, ते स्पष्ट करणाऱ्या अशा कादंबऱ्या आपल्या भविष्यकाळाबद्दल सावधानतेचा इशारा देतात. शासकीय प्रचारापेक्षा त्या अधिक परिणामकारकही ठरतात.

आयझॅक ॲसिमोवच्या 'द केव्ह्ज ऑफ स्टील'मध्ये शहराचं एक विदारक दर्शन घडतं. भविष्य काळातलं हे शहर खरोखरच पोलादी पिंजऱ्यांचं बनलेलं आहे. भविष्यकालीन शहरांच्या वर्णनात आयझॅक ॲसिमोवनं आधी ट्रॅन्टॉर नावाचं शहर राज्य कल्पनेनं उभारलं. हे ट्रॅन्टॉर अख्खा ग्रह व्यापून उरलेलं आहे. मग त्यानं 'केव्ह्ज ऑफ स्टील'मधलं पाताळ जगत उभं केलं. इथल्या लोकांनी निळं आकाश, वाहणारे वारे यांचा कधीच अनुभव घेतलेला नाही. तिथली माणसं मोकळ्या आकाशाखाली वावरताना कावरीबावरी होतात. मोकळ्या वातावरणात तापमानात होणारे बदल त्यांना आश्चर्यकारक वाटतातच; पण अशा बदलांना आणि अशा वातावरणाला ते अनैसर्गिक समजतात. वाढत्या लोकसंख्येला तोंड देण्यासाठी आज ना उद्या अशी भूमिगत शहरं वसवायची वेळ आपल्यावर येणार आहे; हे सांगण्यासाठी 'केव्ह्ज ऑफ स्टील'ची निर्मिती केलेली नाही, तरीसुद्धा हे भीषण भवितव्य आपल्याला अस्वस्थ करतं, त्यात शंका नाही.

शहरांचा भविष्यकाळ अंधकारमय आहे, याचं चित्रीकरण बहुतांश लेखकांनी केलं असलं तरी याला जेम्स ब्लिश हा लेखक अपवाद म्हणावा लागेल. त्यानं 'सिटीज् इन फ्लाईट' नावाची एक कादंबऱ्यांची मालिकाच लिहिली. ही शहरं गुरुत्वाकर्षण रोधक म्हणजे प्रति गुरुत्वाकर्षण (अँटी ग्रॅव्हिटी) तंत्राचा वापर करून पृथ्वीपासून सुटी होतात आणि विश्वसंचार करू लागतात. त्यावरची जनसंख्या, उद्योग, उत्पन्न वगैरे सर्वच बाबींवर अर्थातच नियंत्रण असतं. मात्र या मालेतील अखेरच्या कादंबरीत 'अ ट्रायम्स ऑफ टाइम'मध्ये या शहरांचा नाश होतो.

एकूण काय, तर भविष्यकाळात शहरांचं भवितव्य चिंताजनकच आहे. आजच याचा पडताळा मुंबई, कोलकत्ता यांसारख्या शहरांमधून येतोय. तिथले नागरिक जीव मुठीत धरून हिंडतात. सकाळी घराबाहेर पडलेला माणूस संध्याकाळी घरी परत आला की तो आला, नाही आला तर रुग्णालयांमध्ये चौकशीला सुरुवात

करायची, अशी परिस्थिती. मतांचे लाचार राजकारणी यावर उपाय काढणार नाहीत, याची खात्री. याच आश्चर्याची गोष्ट अशी की, तरीही शहरातले नागरिक शहराबाहेर पडायला मात्र तयार नसतात. तीही एक गंमतच आहे.

शहरांवर विज्ञानकथांची यादी फार मोठी आहे; पण त्यातल्या बऱ्याच विज्ञानकथा भयावह भविष्याचं दर्शन घडवतात. सर्वसामान्यपणे भविष्यकालीन प्रश्नांवर काही ना काही उत्तर आपल्याला बऱ्याचदा विज्ञानकथांमधून मिळतं. मात्र शहरांच्या समस्यांची सोडवणूक करण्यास विज्ञानकथाही बऱ्याच अंशी असमर्थ ठरली आहे, हे मान्य करावं लागतं.

संदर्भ

१) अ शॉर्ट हिस्टरी ऑफ सायंटिफिक आयडिआज टू नाईटीन हंड्रेड – चार्ल्स सिंगर, ईएलबीएस १९५९.

२) द सायलेंट स्प्रिंग – राचेल कार्सन, पॉकिट बुक्स, १९६२.

३) द सायन्स ऑफ लाईफ – अ पिक्टोरियल हिस्टरी ऑफ बायॉलॉजी पँथर बुक्स, १९६७.

४) पॉकिट एनसायक्लोपिडिया ऑफ फिजिकल सायन्सेस – गोल्डन प्रेस १९६८.

५) इकॉलॉजी – यूजीन पी. ओडम ऑक्सफर्ड अँड आयबीएच, १९७५.

६) द पेस्टिसाईड कॉन्स्पिरसी – रॉबर्ट क्वॅन डेन बॉश, प्रिझम् प्रेस १९७८.

७) द रेस्टलेस अर्थ – नायगेल काल्डर पेंग्विन, १९८३.

८) विल्डरनेस – द वे अहेड. संपादक– क्वॅन मार्टिन, मेरी इंग्लिस. फाईंडहॉर्न प्रेस. १९८४.

९) ग्रीन फॅक्टस – मायकेल ऑलॅबी, हॅमलिन १९८६.

१०) ॲनिमल रिव्होल्यूशन – रिचर्ड रायडर, बेसिल ब्लॅकवेल लि. १९८९.

११) ग्लोबल वॉर्मिंग – स्टीफन श्रायडर, व्हिंटेज बुक्स १९९०.

१२) अवर अँग्री अर्थ – आयझॅक ॲसिमोव, फ्रेडरिक पोल, टॉर बुक्स, १९९१.

१३) हौ सून इजनौ – निकोलस बूथ, सायमन शूस्टर १९९४.

१४) एन्वीरॉनमेंटल केमिस्ट्री – एकेडे, वायली इस्टर्न १९९५.

याशिवाय सायंटिफिक अमेरिकन, नॅचरल हिस्टरी, स्मिथ्सोनियन डिस्कव्हर आणि वर्ल्ड वाईड फंड फॉर नेचर या नियतकालिकांची हे पुस्तक लिहिताना मदत झाली.

मानवाच्या गेल्या पाच हजार वर्षांतील
आश्चर्यकारक प्रगतीचा आलेख

लेखक
निरंजन घाटे
डॉ. प्रमोद जोगळेकर

ह्या ग्रंथात पिरॅमिड ते इ.स.२००० असा
साधारण पाच हजार वर्षांचा
मानवी प्रगतीचा पट आपल्यापुढं उलगडला जातो.
साधारण पाच हजार वर्षे म्हणायचं,
कारण त्या आधीचीही प्रगती थोड्याफार
प्रमाणात इथं पाहावयास मिळते.
माणसानं इतक्या अल्पकाळात घेतलेली
ही झेप थक्क करणारी आहे.